高职高专机电工程类系列教材

机械分析应用综合课题指导

主　编　黄劲枝　程时甘

机 械 工 业 出 版 社

根据高等职业教育培养生产一线技术应用型人才的目标，并针对高职生源的特点，本书提出了以接近职业岗位实际工作过程的训练形式和对实际机械传动装置进行综合分析的综合实训课题，多年的教学实践表明，该课题用于课程综合训练环节效果良好。本书是在此基础上编写而成的。全书贯彻以“机械分析为主线，实际应用为目的”的教学要求。

全书共十九章，包括：绪论、机械传动装置的总体分析、减速器的结构分析、减速器的拆装与测绘、减速器工作能力分析、减速器装配图、减速器零件工作图、编写课程说明书和准备答辩、综合课题题目与思考题、减速器参考图例及综合课题常用资料。

本书可供高职高专机械类、近机械类各专业“机械分析应用基础”或“机械设计基础”课程综合实践环节使用，也可供有关工程技术人员参考。

本书为2006年国家精品课程“机械分析应用基础”综合实践环节教学用书，相关教学资源可登陆“http：//218. 13. 33. 161/jpk/”查阅。

图书在版编目（CIP）数据

机械分析应用综合课题指导/黄劲枝，程时甘主编．—北京：机械工业出版社，2007. 4（2021. 8 重印）
高职高专机电工程类系列教材
ISBN 978-7-111-21223-2

Ⅰ. 机…　Ⅱ. ①黄…②程…　Ⅲ. 机械－结构分析－高等学校：技术学校—教学参考资料　Ⅳ. TH112

中国版本图书馆 CIP 数据核字（2007）第 040986 号

机械工业出版社（北京市百万庄大街 22 号　邮政编码 100037）
责任编辑：王海峰　版式设计：霍永明　责任校对：王　欣
封面设计：马精明　责任印制：郜　敏
北京盛通商印快线网络科技有限公司印刷
2021 年 8 月第 1 版第 4 次印刷
184mm×260mm · 16. 25 印张 · 401 千字
7 001—7 800 册
标准书号：ISBN 978-7-111-21223-2
定价：46. 00 元

电话服务
客服电话：010-88361066
010-88379833
010-68326294

网络服务
机　工　官　网：www. cmpbook. com
机　工　官　博：weibo. com/cmp1952
金　　书　　网：www. golden-book. com
机工教育服务网：www. cmpedu. com

前　言

围绕高职教育“培养学生综合职业能力，使学生具有职业岗位所需的知识、能力、素质结构”的教学目标，并针对传统的“机械设计课程设计”综合训练环节存在与高职教学目标和高职生源特点不相适应的种种弊端，本书提出了以接近职业岗位实际工作过程的训练形式和对实际机械传动装置进行综合分析的综合实训课题。全书贯彻以“机械分析为主线，实际应用为目的”的教学要求。与现行同类教材比较，本书主要有如下特点：

1）以机械分析为主线，淡化设计性内容。传统的“机械设计课程设计”选题是以机械设计为主线，适合研究型人才的培养，设计性内容和计算量比重较大。对技术应用型的高职类学生而言，传统的选题无疑难度大、费时多，不适合他们的学习特点，且与职业岗位实际工作需要脱节。本书以具有代表性、典型性和全面性的典型机械传动装置——齿轮减速器产品为对象，综合分析其运动、结构、工作能力、精度等，注重机械分析方法的综合应用，注重综合技能的训练和创新思维的培养，注重团队精神及与他人合作的能力，有效地避免了采用传统的设计性选题给高职类学生带来的弊端。

2）贴近职业岗位群的实际工作过程。对于高职毕业生就业岗位，需要解决现有机械设备使用、维护、维修、故障诊断、改造、仿制等过程中一些实际问题，对现有机械设备的分析是这一系列实践活动的前提和重要步骤。本书力求通过对现有机械传动装置的综合分析过程，使学生体验、模拟生产一线分工合作的工作氛围，解决一系列工程实际问题，达到手脑并用、学用结合、学以致用的目的。

3）注重基本技能的训练，以满足职业岗位所需。对现有机械产品的综合分析，必需具备较全面的基本技能，包括：计算和绘图技能、实际操作技能；使用技术资料（包括标准、规范、手册及使用经验数据等）和基本工具（如计算机、基本测量仪器等）的技能；以及进行经验估算、类比分析和数据处理等方面的技能。这些基本技能无疑是制造类技术应用型人才所必需的。

4）工程案例贯穿全书，设计思想与分析方法融于其中。本书通过用于螺旋输送机的斜齿圆柱齿轮减速器，从减速器的拆装、测绘到其运动分析、结构分析、工作能力分析、精度分析以及零件工作图和装配图等方面，使本综合实践环节的教学内容，包括机械设计的思想、机械分析的方法、实操的手段和技能、技术资料的索取和使用等得到融会贯通，并有利于施行自主学习、自由探究的学习方式。

5）图文并茂，力求简明实用。为突出教学内容的实用性，并帮助读者理解所述内容，全书除了采用大量的实物结构简图外，对文中错综繁杂且难以用简短语言表达的重要内容，尽可能采用图文对照、列表简叙的方法成文，使全文语言叙述简明扼要，内容表达一目了然、浅显易读。

6）全书采用了最新国家标准和规范；标准、规范索引明了；并为本综合课题训练提供了较齐全的参考资料。

本书由顺德职业技术学院黄劲枝、程时甘任主编。第一、三章由黄劲枝编写，第二、

五、十四～十九章由程时甘编写，第四、六～十三章由黄劲枝、朱敏编写。

由于编者水平所限，且高职高专教材改革尚处于探索阶段，书中不妥之处在所难免，欢迎读者提出宝贵意见。

编　者

目　录

第一部分　综合课题指导

第一章　绪　　论

第一节　综合课题的目的、内容和任务

一、综合课题的目的

机械分析是多学科知识的综合应用。“机械分析应用基础”课程是以机械分析为主线，有机地整合“机械原理”、“机械设计”、“互换性与测量技术基础”及“工程力学”等传统学科而成，是一门介绍机械分析的基本知识、基本理论、基本方法，并培养一定机械分析综合能力和技能的技术基础课。机械分析应用综合课题是针对高职高专生源特点，以接近职业岗位实际工作过程的训练形式，对实际机械传动装置进行综合分析的综合训练项目。它将贯彻以“机械分析为主线，实际应用为目的”的教学要求，是高职高专“机械分析应用基础”课程或同类课程综合实践环节较为适宜的选题。其目的在于培养学生综合分析和解决工程实际问题的能力、动手能力、合作能力和创新能力，以及对择业的适应能力等等，其具体目标是：

1）针对某一机械传动装置的现有产品，综合运用机械分析应用基础课程和其他先修课程的知识，分析和解决一系列工程实际问题。巩固、加深和拓宽机械分析的相关知识和技能。

2）通过对机械传动装置进行拆装和测绘，并从结构、运动、工作能力、精度、材料、工艺等方面对其进行综合分析，初步形成解决工程技术问题所需的正确、规范、严谨的思维方式，初步掌握机械分析的一般规律和基本方法及手段。

3）进行机械分析的基本技能训练。包括：计算和绘图技能、实际操作技能；使用技术资料（包括标准、规范、手册及使用经验数据等）和基本工具（如计算机、基本测量仪器等）的技能；以及进行经验估算、类比分析、数据处理和撰写技术文件等方面的技能。

4）通过完成接近职业岗位实际工作任务的一系列实践活动，初步形成分析和解决现有机械设备或产品在使用、维护、维修、故障诊断、改造、仿制等过程中相关技术问题的综合能力，以及初步具有考虑经济和安全等问题的能力。

5）通过对所分析的机械传动装置提出改进意见和措施，并通过模拟生产一线分工合作的工作氛围，培养学生创新意识和竞争意识，树立创业、敬业精神以及团队协作精神。

二、综合课题的内容

1. 分析对象

机械分析应用综合课题分析对象的选择应尽可能具有代表性、典型性和全面性。教学实践表明，一般用途机器的典型机械传动装置——齿轮减速器，适合作为分析对象，这是因为：

1）传动装置是动力机与工作机间的中间装置，它对所有的机器起着共同的作用，即实现变速及运动形式的转变，使执行机构或构件完成预期的运动，同时传递功率以克服生产和非生产阻力，因而具有较好的代表性。

2）机械传动装置中的齿轮减速器是应用最广泛的一种传动类型，其中有些类型已订有国家标准，形成了系列产品，因而具有典型性。

3）对齿轮减速器的分析几乎涵盖了“机械分析应用基础”课程中的所有主要内容；作为一个完整的机械部件，其分析程序也比较全面、综合。因此，无论从分析内容或从分析程序方面来看，齿轮减速器都不失为较完整和较理想的分析对象。

2. 主要内容

机械分析应用综合训练是选择以齿轮减速器为主的机械传动装置为分析课题，其主要内容一般包括以下几方面：

1）分析所用传动方案的合理性。

2）选择电动机，分配传动比，选配减速器；计算传动系统的运动和动力参数。

3）减速器的拆装及其运转情况检验。

4）减速器的测绘及结构分析。测绘全部非标准件零件草图，并测定所有结构尺寸；依据测量数据确定全部标准件的规格代号，并分析各零部件的功能，分析主要零件的结构合理性、工艺性。

5）减速器的工作能力分析。齿轮、轴、轴承、键的校核计算；联轴器的选择计算。

6）根据减速器及其零部件的功能要求，进行精度分析，合理选择主要零件配合处的配合性质和精度，合理确定主要零件的尺寸公差、形位公差及表面粗糙度。

7）绘制减速器装配图和主要零件工作图。

8）编写综合课题说明书。

9）总结和答辩。

三、课题任务

综合课题的工作任务可按小组以分工合作的形式进行。除要求每小组由各组员分工测绘的一套零件草图、装配示意图、轴系结构简图等外，还要求每个组员独立完成以下具体的工作任务：

1）绘制减速器装配图1张。

2）绘制零件工作图2张（齿轮、轴或箱体）。

3）编写课题说明书1份。

第二节　综合课题的一般方法和程序

综合课题一般按如下程序进行：课题准备、总体分析、测绘与结构分析、工作能力分析、绘制装配图、绘制零件工作图、编写课题说明书、总结和答辩。课题各阶段所包括的具体任务和计划时间比例见表1-1。

表1-1　课题的工作计划

<table>
<tr><th>工作阶段</th><th>具体工作任务</th><th>计划时间比例</th></tr>
<tr><td>课题准备</td><td>(1)阅读课题任务书，认真分析题目的数据和工作条件，明确课题要求、内容和步骤
(2)阅读课题指导书、参考图样及有关资料
(3)观看电视教学片、实物或模型，充分了解分析对象
(4)复习有关课程内容，熟悉有关零部件的分析方法和步骤
(5)准备好课题所需的图书、资料、仪器和用具以及拆装、测量工具等
(6)根据教学时数拟定具体的工作计划</td><td rowspan="2">10%</td></tr>
<tr><td>总体分析</td><td>(1)分析所用传动方案的合理性
(2)选择电动机。将电动机型号、有关数据和外形、安装尺寸列表
(3)计算机械传动装置总传动比，分配各级传动比
(4)选配减速器
(5)计算各轴的转速、功率与转矩，其结果列表</td></tr>
<tr><td>测绘与结构分析</td><td>(1)拆卸减速器，同时，测定轴承的轴向间隙、齿轮副的侧隙、齿轮接触状况；分析传动路线和装配联接关系，绘制装配示意图；分析各零部件的相互位置，测量并记录其尺寸，并绘制轴系结构简图
(2)列出标准件和非标准件明细表
(3)分析减速器的构造（包括主要零部件的功用、附件的选用等）
(4)测绘各非标准件零件草图，测量、计算并标注其结构尺寸
(5)分析传动件、轴、轴承组合、箱体、附件等的结构合理性，分析润滑方式和密封措施
(6)重新组装减速器，并检验其运转情况</td><td>20%</td></tr>
<tr><td>工作能力分析</td><td>(1)对传动系统中减速器外的传动零件（如开式齿轮传动、V带传动、链传动等），计算必要的原始数据
(2)齿轮传动的工作能力核算
(3)确定轴的跨距，分析轴所受的力，核算轴的工作能力
(4)分析轴承所受的力，核算滚动轴承的寿命
(5)核算键联接工作能力
(6)联轴器的选择计算</td><td>20%</td></tr>
<tr><td>绘制装配图</td><td>(1)根据装配示意图、零件草图、轴系结构简图，画装配图底图
(2)选择配合，标注尺寸
(3)编排零件序号，列出明细栏、填写明细表
(4)整理图面，画剖面线，加深线条
(5)书写技术条件、减速器特性等
(6)审核图样</td><td>30%</td></tr>
</table>

（续）

工作阶段	具体工作任务	计划时间比例
绘制零件工作图	（1）根据零件草图绘制齿轮类、轴类、箱体类零件工作图（具体由指导教师定） （2）分析所绘零件的结构工艺性和主要机械加工工艺过程 （3）确定所绘零件的细部结构，标注全部尺寸 （4）合理确定并标注尺寸公差、形位公差、表面粗糙度；书写其他的技术要求 （5）填写标题栏 （6）审核图纸	10%
编写课题说明书	（1）整理全部有效的测量数据，并列表或图示；说明结构合理性及依据 （2）整理全部有效的计算参数；说明计算采用的方法、过程和结果，并附必要的简图，注明计算的依据来源，注明标准值、经验值等的索取来源 （3）写出总结。总结课题的完成情况、个人的收获体会、对所分析的减速器不合理之处提出改进意见 （4）提供参考文献 （5）最后按规定格式和课题各阶段的顺序编制出课题说明书	10%
答辩	（1）作答辩准备。总结课题完成过程中的经验和不足；小组交流、讨论，理清课题各阶段的任务、目的、结果及分析思想 （2）参加答辩	

第三节　综合课题训练的基本要求

本综合课题训练是学生以实际机械产品为对象，并模拟职业岗位实际工作过程的一次比较完整的、全面的机械分析实践活动，也是理论联系实际、学用结合、培养初步机械分析综合能力的重要教学环节。为使学生尽快投入并适应综合课题训练，达到预期的教学目的，要求每个学生在完成综合课题过程中了解并正确处理以下几个关系：

1. 教师主导作用与学生主体地位的关系

机械分析应用综合课题的各项工作任务都是在教师指导下由学生独立完成。由于学生是第一次接受较全面的综合训练，学生一开始往往不知所措、无所适从，这就需要指导教师给予适当的指导。教师的主导作用在于引导学生的分析思路，启发学生独立思考，解答学生的疑难问题，按工作进度进行阶段性检查，并提倡个性发挥、因材施教。而学生作为综合训练的主体，应以主动的、积极的态度投入工作，并要注重培养和充分发挥自主学习、自由思考、自我探究的能力，从明确课题任务和要求、拟定详细工作计划入手，认真阅读课题指导书，查阅有关资料，并按教师的布置循序渐进地按时完成各阶段工作任务。在完成综合课题的过程中，应避免过分依赖教师和被动的工作状态，应充分体现自己分析问题和独立解决问题的能力，只有这样才能真正体验到完成一项贴近职业岗位实际工作任务的情境，并从中获得较为理想的效果。

2. 分析对象的整体与局部的关系

机械分析过程是由整体到局部、再由局部回到整体的一系列错综复杂的实践活动，本课题的综合分析将着眼于机械传动系统或机械装置的整体，落实在各组成部分的机械零部件，是一个循序渐进、逐步完善的过程。课题分析对象的整体与各零部件之间有着密不可分、互相依存的关系，其分析结果将相互关联与制约。因此，在综合分析过程中，应注意先整体分析、后零部件分析，先概要分析、后详细分析，先运动分析、后结构分析，先几何参数分析、后工作能力分析；应注意将后续阶段发现的矛盾或错误结论即时返回前阶段调整、修改，并从整体和全局的角度，反复推敲、认真思考、化解矛盾、纠正错误，使各部分的分析结果协调一致。杂乱无序、孤立片面的分析方式将会从局部到整体造成原始数据不准确、计算结果错误、分析结论失真等等，并导致大的返工而影响工作效率和课题进程，这是本课题训练过程中需要避免的一个问题。

3. 课题各阶段与各种分析手段的关系

课题各阶段的任务是相互联系的。例如，零件草图绘制及其结构尺寸的测量与数据处理，为后阶段的结构分析、工作能力计算以及零件工作图的绘制提供了原始资料；各零部件相对位置分析及其尺寸的测定是绘制装配图非常重要的前期工作；利用轴系结构简图确定了轴的支承跨距才能计算轴的支反力、画出弯矩图等等；除此以外，前阶段分析结果的某些问题和缺陷需经后阶段的进一步分析才能被发现、修正和完善。因此，课题各阶段的分析手段是交替结合的，即综合课题需通过边观察、边测量、边画图、边计算以及分析类比、反复核对、即时修改的过程才能逐步完成并不断完善。

4. 课题成员分工与协作的关系

本综合课题训练的内容丰富，分析的项目和涉及的零部件较多，有利于对某些阶段采取按小组分工协作的形式来完成整个课题任务。这不仅能解决综合课题任务重、学时有限的矛盾，更重要的是可使学生在分工协作的工作氛围中，学会与人合作，培养团队协作的精神。但是，由于各组员彼此分担的任务是有联系的，彼此所得的结果是有关联的，并且直接影响到每个组员的后续工作以及小组整个课题结果的正确程度。因此，既要独立完成所分配的各项任务，又要注意与同组其他同学的协作，即课题组成员应经常针对有关问题，互相讨论，互相了解、互相检查、互相协调，最后达成共识和统一，达到互相学习、共同提高并高效完成课题任务的目的。

5. 实测数据与使用标准和规范的关系

在机械分析中，必须遵守国家正式颁布的有关标准和技术规范。这既是产品生产降低成本的首要原则，又是评价产品质量的重要方面，也方便使用和维护。因此，熟悉并熟练使用标准和规范是本综合课题训练的一项重要任务。本综合课题分析对象各部分尺寸参数的确定是以实测数据为依据的，在尺寸测量及数据处理时既要求数据准确、真实，又要求符合标准、规范。采用的标准件（如螺栓、螺母、键、轴承等）其尺寸参数必须符合其标准规定；采用的非标准件其尺寸参数，若有标准，则应执行标准（如齿轮的模数），若无标准则应尽量圆整为标准尺寸系列（考虑方便制造和测量）。但对于一些有严格几何关系的尺寸（如齿轮传动的分度圆、齿顶圆直径等啮合尺寸参数），则必须保证其正确的几何关系，例如，以实测数据为依据确定了 $m_n = 3\text{mm}$、$z = 20$、$\beta = 8°6'34''$的斜齿圆柱齿轮，其分度圆直径 $d = 60.606\text{mm}$，不能圆整为 $d = 60\text{mm}$；其齿顶圆直径 $d_a = 66.606\text{mm}$，既不能随意圆整，也不能简单地取实测值。

6. 参考已有资料与创新的关系

机械分析是一项针对现有机器（装置、仪器、设备等）从多方面进行综合性分析、合理性分析的复杂细致、求真务实的工作，是机械产品使用保养、维修改善、技术改造、仿制或设计制造，乃至发明创造等的前提和重要步骤，并为之提供有关技术资料和依据。其完成过程需要工程技术人员的从业经验、感性知识和灵活性以及创新性。因此，在机械分析综合课题的训练过程中，只作实测记录或凭空想象而不依靠任何资料是无法完成各项工作的。善于了解、学习和继承前人所积累的经验和资料，是提高课题完成质量的重要保证，也是机械分析综合能力的重要体现。这就要求学生认真阅读指导书，仔细分析参考图例，充分利用已有参考资料，并在完成课题的过程中合理地吸取和创造性地发挥。既要反对盲目地、机械地抄袭资料，反对敷衍了事、容忍错误的存在；又要避免埋头照做、不求甚解的程序式、实录式的做法。而应该在全面综合所学的知识和参考已有资料的基础上，针对具体的分析对象（如机械传动装置），用正确的机械设计思想进行合理性分析；并从具体情况出发，分析现有机械传动装置的优点和缺点，指出其不足或不合理之处，并在此基础上发挥自己的创造性，大胆提出改进的措施和意见，亦即做到继承与创新相结合。

第二章　机械传动装置的总体分析

传动装置的总体分析，主要包括传动方案的分析、电动机型号的选择、各级传动比分配的合理性分析以及传动装置的运动和动力参数计算等。

第一节　传动方案的分析

一、传动方案的合理性

机器主要是由原动机、传动装置和工作机三个部分组成。传动装置位于原动机和工作机之间，用来传递运动和动力，并可用以改变转速、转矩的大小或变更运动形式或运动方向，以适应工作机功能要求。可见，传动装置是机器的重要组成部分。

传动方案的拟定通常是根据工作机的性能要求（如传递的功率大小、转速和运动方式）和工作条件（如工作环境、场地大小、工作时间等），选择合适的传动机构类型，确定不同传动机构类型的组合形式和各类传动机构的布置顺序，并用机构运动简图来表示（见表 2-1），以反映运动和动力传递路线以及各部件的组成和联接关系。

表 2-1　螺旋输送机传动方案及其特点

方案	1	2	3
机构运动简图	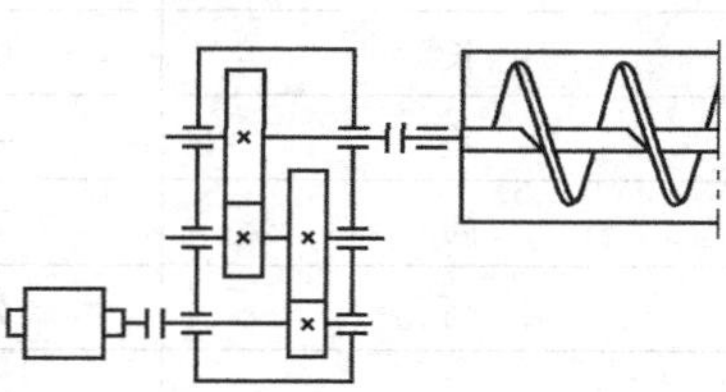	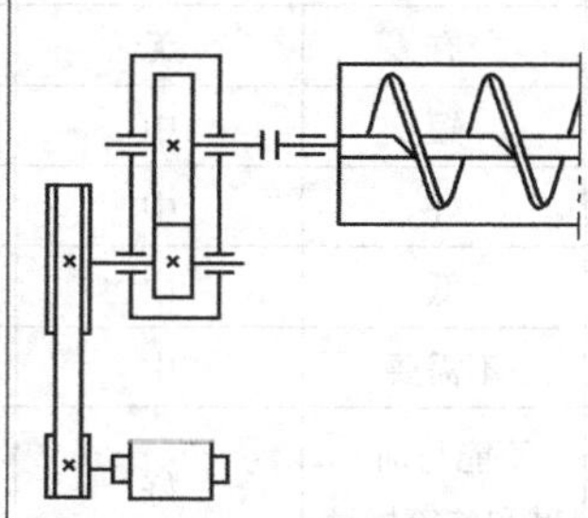	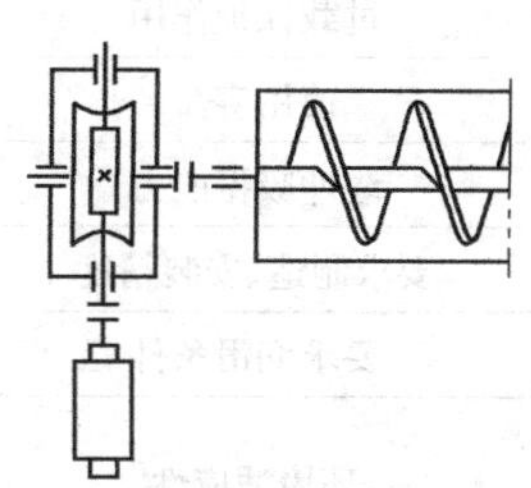
特点	采用二级圆柱齿轮减速器。这种方案结构尺寸小、传动效率高、维护方便、适合于较差环境下长期工作	采用 V 带传动和一级闭式齿轮传动。这种方案制造成本低、有减振和过载保护作用；但外廓尺寸较大，带传动不适合繁重的工作要求和恶劣的工作环境	采用一级蜗杆减速器。此种方案结构紧凑，环境适应性好；但传动效率低，长期连续工作不经济，且制造成本高

合理的传动方案不仅应满足工作机的性能要求，适应工作条件要求，而且应保证工作可靠、结构简单、尺寸紧凑、传动效率高、使用维护方便、工艺性和经济性好等要求。显然，一种方案要同时满足这些要求往往是困难的，在拟定传动方案时，通常是提出多种方案进行比较分析，在保证主要要求的同时，择优选定。表 2-1 列出了螺旋输送机三种传动方案及其特点的分析和比较。表中所列三种方案虽然都能满足螺旋输送机的要求，但结构尺寸、性能

指标、经济性等方面均有较大差异，要根据具体的工作要求来选择合理的传动方案。

二、传动机构类型的选择原则

常用传动机构的主要特性列于表 2-2。选择传动机构类型的基本原则为：

1）传递大功率时，应充分考虑传动装置的效率，以减少能耗、降低运行费用。这时应选用传动效率高的传动机构，如齿轮传动。在高速级或要求传动平稳的场合，常采用斜齿圆柱齿轮传动。而对于小功率传动，在满足功能条件下，可选用结构简单、制造方便的传动机构，以降低制造费用。

表 2-2　常用传动机构的主要性能

性能＼传动机构	V 带传动	链传动	齿轮传动		蜗杆传动
			圆柱齿轮	锥齿轮	
常用功率/kW	中(≤100)	中(≤100)	大(可达 65000)		小(≤50)
单级传动比常用值 (最大值)	2～4 (7)	2～5 (6)	3～5 (8)	2～3 (5)	10～40 (80)
传动效率	中	中	高		低
速度/(m/s) (一般精度等级)	≤(25～30)	≤40	≤15～30	≤5～15	≤15～35
外廓尺寸	大	大	小		小
传动精度	低	中	高		高
工作平稳性	好	较差	一般		好
自锁能力	无	无	无		有
过载保护作用	有	无	无		无
使用寿命	短	中	长		中
缓冲吸振能力	好	中	差		差
要求制造、安装精度	低	中	高		高
要求润滑条件	不需要	中	高		高
环境适应性	不能与油、 碱和酸等接触	好	一般		一般
成本	低	中	中		高

2）载荷多变或可能发生过载时，应考虑缓冲吸振及过载保护问题，如选用带传动、采用弹性联轴器等。

3）传动比要求严格、结构要求紧凑的场合，可选用齿轮传动或蜗杆传动。但蜗杆传动效率低，故常用于中小功率、间歇工作或要求自锁的场合。

4）在多粉尘、潮湿、易燃、易爆场合，宜选用链传动、闭式齿轮传动或蜗杆传动，而避免采用带传动。

三、多级传动的合理布置

在由多种常用传动机构组成的串联传动系中，确定各级传动形式以及它们之间的顺序时，应遵循如下原则：

1）将改变运动形式的传动装置（如连杆机构、凸轮机构）安排在串联传动系的最后一级，往往这种传动装置本身就是执行机构。

2）带传动的承载能力较小，在传递相同功率时，其结构尺寸较其他传动形式为大，故宜布置在高速级。这样布置既能使带传动的尺寸不致过大，又能充分发挥其工作平稳、噪声小、能缓冲吸振的特点。带传动还可对传动装置起过载保护的作用。

3）链传动工作可靠，且能适应恶劣的工作环境，但由于运转不均匀，有冲击，不宜用于高速传动，应布置在多级传动的低速级。

4）蜗杆传动工作平稳，可以实现较大的传动比。在一般传动系中，特别是当与齿轮传动同时应用时，宜于布置在高速级，使其工作齿面间获得较高的相对滑动速度，有利于形成流体动力润滑油膜，以提高效率延长寿命。

5）斜齿圆柱齿轮的平稳性和承载能力均较直齿圆柱齿轮为好，故当采用双级圆柱齿轮传动时，高速级常用斜齿圆柱齿轮，而低速级可用直齿圆柱齿轮。

6）开式齿轮传动的工作条件差，润滑不良，磨损较严重，因而寿命较短，只宜布置在低速级。

四、减速器的类型、特点及应用

减速器是应用最多的传动装置。一般用途的齿轮减速器作为一个完整的部件，具有较强的代表性、典型性和全面性，故在机械分析应用综合训练中作为主要分析对象。表 2-3 中列出了在工程上常用减速器的类型及其传动形式、特点及应用。

表 2-3　减速器的主要类型、特点及应用

类型		简　　图	传动比范围	结构特点和应用
单级圆柱齿轮减速器		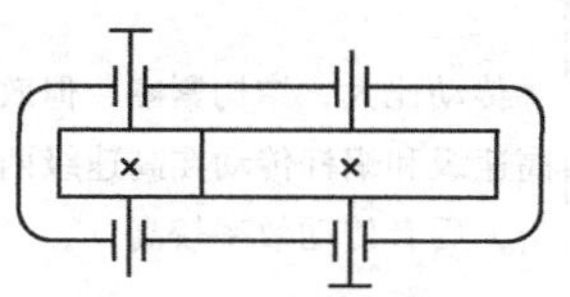	3～5	直齿用于低速轻载的传动，斜齿或人字齿用于速度较高、载荷较重的传动。箱体通常用铸铁制成，有时也用焊接结构或铸钢件。通常采用滚动轴承，只有重载或特高速时才用滑动轴承
两级圆柱齿轮减速器	展开式	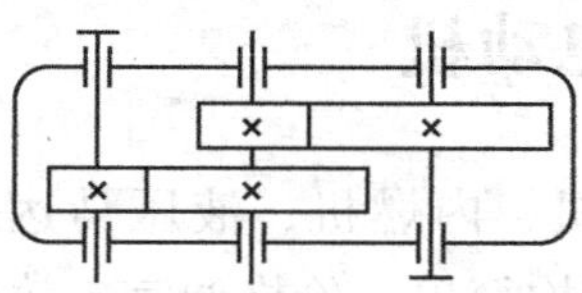	8～40	高速级一般用斜齿，低速级可用直齿。结构简单，但齿轮相对于轴承位置不对称，受力后沿齿宽载荷分布不均，要求轴有较大的刚度，高速级齿轮应布置在远离转矩的输入端，以减弱载荷沿齿宽分布不均现象。常用于载荷比较平稳的场合
	分流式	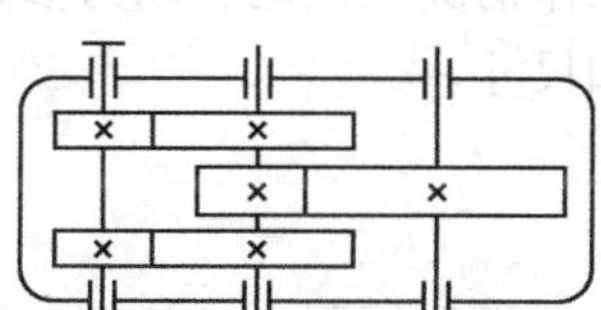		高速级用斜齿，低速级用人字齿或直齿，结构较复杂。但低速级齿轮相对于轴承对称分布，承载较均匀，能获得较小的外廓尺寸。齿轮采用等螺旋角不同向斜齿，轴承组合结构使轴能沿轴向自由游动。常用于变载荷场合

（续）

类型	简　图	传动比范围	结构特点和应用
两级圆柱齿轮减速器 同轴式	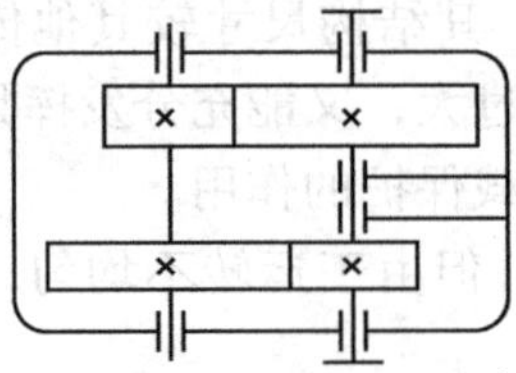	8 ~ 40	减速器的轴向尺寸较大，中间轴较长，刚度较差。当两个大齿轮浸油深度相近时，高速级齿轮的承载能力不能充分发挥。常用于输入轴和输出轴同轴线的场合
单级圆锥齿轮减速器	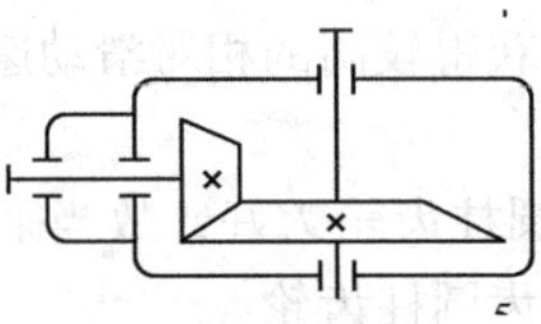	2 ~ 4	传动比不宜过大，以减小锥齿轮的尺寸，利于加工。由于锥齿轮制造较困难，仅用于两轴线垂直相交的传动中
圆柱-圆锥齿轮减速器	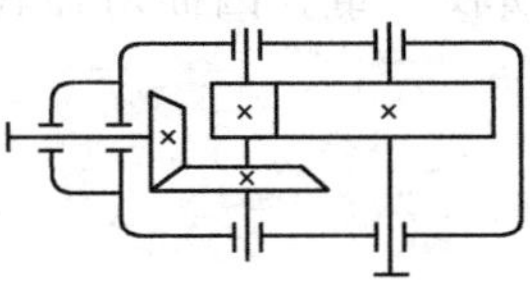	8 ~ 15	锥齿轮应布置在高速级，以减小锥齿轮的尺寸，利于加工。锥齿轮可为直齿或曲线齿。圆柱齿轮多为斜齿，使其能与锥齿轮的轴向力抵消一部分
蜗杆减速器	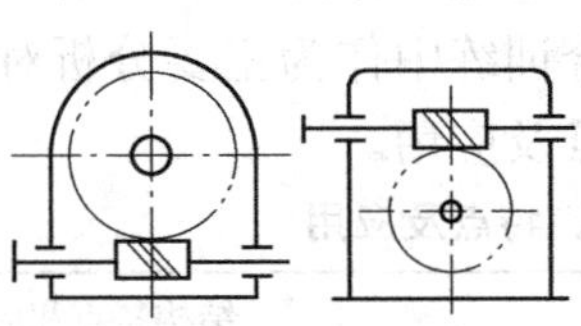	10 ~ 80	结构紧凑，传动比大，但传动效率低，适用于中小功率、间隙工作的场合。当蜗杆圆周速度 $v \leqslant 5\text{m/s}$ 时，蜗杆为下置式，润滑冷却条件较好；当 $v > 5\text{m/s}$ 时，油的搅动损失较大，一般蜗杆为上置式
蜗杆-圆柱齿轮减速器	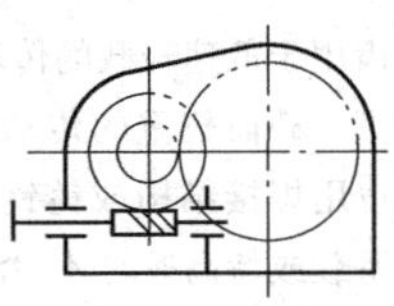	60 ~ 90	传动比大，结构紧凑，但效率低。有齿轮传动在高速级和蜗杆传动在高速级两种形式，前者结构紧凑，后者传动效率较高

第二节　选择电动机

根据动力源的不同，常用原动机可分为电动机、内燃机、液压马达（缸）、气马达（缸）四大类。由于电力供应普遍，且电动机具有结构简单、价格便宜、效率高、控制使用方便等优点，故目前大部分固定机械均优先选用电动机作为原动机。

电动机已经标准化、系列化。应根据工作机的工作情况及运动和动力参数，选择电动机的类型、容量和转速，并在产品目录中查出其型号和尺寸。

一、选择电动机类型和结构形式

电动机类型有交流电动机、直流电动机、步进电动机和伺服电动机等。直流电动机和伺服电动机造价高，多用于一些特殊需求的场合；步进电动机常用于数控设备中；而交流异步电动机结构简单、起动性能好、工作可靠、价格低廉、维护方便，且交流电源易于获得，故是机械设备最常用的原动机。

一般工程上常用三相异步交流电动机。其中，Y 系列为全封闭自扇冷式笼型三相异步电动机，电源电压380V，适用于不易燃、不易爆、无腐蚀性气体的工作环境，无特殊要求的机械设备，如运输机、机床、风机、农机、轻工机械等，也适用于某些起动转矩有较高要求的机械，如压缩机等。YZ 系列和 YZR 系列分别为笼型转子和绕线型转子三相异步电动机，具有转动惯量小、过载能力大的特点，允许有较大振动和冲击，适用于经常需要起动、制动和正、反转的机械，如起重、冶金机械设备等。对有防爆、防腐等特殊要求的工作场合，应按特殊要求选用电动机。

为适应不同的输出轴要求和安装需要，电动机有几种安装结构形式；根据不同防护要求，电动机的结构也有区别。最常见的结构形式为封闭型卧式电动机。在连续运转的条件下，电动机发热不超过许可温升的最大功率称为额定功率。负荷达到额定功率时的电动机转速称为满载转速。三相交流异步电动机的铭牌上都标有额定功率和满载转速。各种型号电动机的技术数据，如额定功率、满载转速、起动转矩和额定转矩之比、最大转矩和额定转矩之比、外形及安装尺寸等，均可查阅有关机械设计手册或电动机产品目录。

二、选择电动机的容量

选择电动机容量就是合理确定电动机的额定功率。电动机的容量选得是否合适，对电动机的工作性能和经济性能有直接影响。如果容量小于工作要求，则不能保证工作机的正常工作，使电动机经常过载而提早损坏；如果容量过大，则电动机经常不在满载下运行，功率因数和效率较低，从而增加电能消耗、造成浪费。对于载荷比较稳定、长期连续运转的机械，要求电动机的额定功率 P_{ed} 等于或稍大于工作机所需电动机的功率（即电动机的输出功率）P_d，即 $P_{ed} \geqslant P_d$。

1. 工作机所需输入功率 P_w

若已知工作机输入端的阻力矩 T(N·m)和转速 n_w(r/min)时，则工作机所需输入功率 P_w(kW)为

$$P_w = \frac{T \cdot n_w}{9550} \tag{2-1}$$

若已知工作机输入端的阻力 F(N)和线速度 v(m/s)时，则工作机所需输入功率 P_w(kW)为

$$P_w = \frac{Fv}{1000} \tag{2-2}$$

2. 电动机输出功率 P_d

$$P_d = \frac{P_w}{\eta} \tag{2-3}$$

式中，η 为电动机至工作机输入端之间的总效率；其值计算为

$$\eta = \eta_1 \eta_2 \eta_3 \cdots \eta_n \tag{2-4}$$

其中，η_1、η_2、η_3、…、η_n 分别为电动机至工作机之间每一传动副（齿轮、蜗杆、带或链）、每对轴承、每个联轴器的效率，其概略值见表2-4。

当给定工作机输出端动力参数时，电动机输出功率 P_d 还应计入工作机的总效率。

表 2-4　机械传动的效率概略值

类　别		传动效率 η	类　别		传动效率 η
圆柱齿轮传动	6 级和 7 级精度	0.98 ~ 0.99	圆锥齿轮传动	6 级和 7 级精度	0.97 ~ 0.98
	8 级和 9 级精度	0.96 ~ 0.97		8 级精度	0.94 ~ 0.97
	开式齿轮传动	0.94 ~ 0.96		开式齿轮传动	0.92 ~ 0.95
蜗杆传动	自锁蜗杆	0.40 ~ 0.45	带传动	平带传动	0.90 ~ 0.98
	单头蜗杆	0.70 ~ 0.75		V 带传动	0.96
	双头蜗杆	0.75 ~ 0.82	链传动	滚子链	0.96
	三头和四头蜗杆	0.80 ~ 0.92		齿形链	0.97
丝杠传动	滑动丝杠	0.30 ~ 0.60	滚动轴承	球轴承	0.99（一对）
	滚动丝杠	0.85 ~ 0.95		滚子轴承	0.98（一对）
滑动轴承	润滑不良	0.94（一对）	联轴器	十字滑动联轴器	0.97 ~ 0.99
	润滑正常	0.97（一对）		齿式联轴器	0.99
	压力润滑	0.98（一对）		弹性联轴器	0.99 ~ 0.995
	液体摩擦	0.99（一对）		万向联轴器	0.95 ~ 0.98

三、选择电动机的转速

同一类型、相同容量的三相异步电动机可有几种不同的同步转速（即磁场转速）。电动机常用的同步转速有 3000r/min、1500r/min、1000r/min、750r/min 四种。同步转速高的电动机磁极数少，其体积和重量较小、价格较低。此外，与低速电动机比较，高速电动机具有较高的效率和功率因素。但如果工作机转速较低时选用高速电动机，必将增加传动装置的级数，即加大总传动比，从而使传动装置的重量、体积、损耗、成本等均增加。因此，应从整机的需求出发，综合考虑各方面因素选取适当的电动机转速。

选择电动机的转速时，可由工作机输入端要求的转速 n_w 和传动系统中各级传动机构的常用传动比范围，推算出电动机转速的可选范围，即

$$n_d = (i_1' i_2' \cdots i_n') n_w \tag{2-5}$$

式中，n_d 为电动机可选转速范围；i_1'、i_2'、…、i_n' 分别为各级传动机构传动比的合理范围（见表 2-2）。

一般多选用同步转速为 1500r/min 或 1000r/min 的电动机。

由选定的电动机类型、结构、容量和转速查出电动机型号，并记录其型号、额定功率、满载转速、中心高、轴伸尺寸、键联接尺寸等（参见第十九章）。

分析传动装置时，一般按实际需要的电动机输出功率 P_d 考虑，转速则按满载转速 n_m 计算。

第三节　传动装置的传动比

一、计算总传动比

由选定电动机的满载转速 n_m 和工作机输入端要求的转速 n_w，可得传动装置的总传动比

为

$$i = \frac{n_m}{n_w} \tag{2-6}$$

对于多级传动，总传动比 i 为

$$i = i_1 i_2 i_3 \cdots i_n \tag{2-7}$$

式中，i_1、i_2、$i_3 \cdots i_n$ 分别为各级传动机构的传动比。

必须注意，传动装置的实际传动比应由齿轮齿数、带轮基准直径等准确计算，因而很可能与要求的传动比之间有误差。一般允许工作机实际转速与要求的转速之间相对误差为 ±(3 ~ 5)%。

二、传动比分配的合理性

合理地分配各级传动比，可使传动装置得到较小的外廓尺寸和较轻的重量，达到降低成本、结构紧凑的目的；可限制转动件的圆周速度以减小动载荷，降低传动精度等级的要求；还可使传动件得到较好的润滑条件。为此，分配各级传动比时主要应考虑以下几点：

1）各级传动比应在各自推荐的范围内选取（参见表 2-2），以保证符合各类传动机构的工作特点并使结构紧凑。

2）应使传动装置的结构尺寸较小、重量较轻。如图 2-1 所示，当二级减速器的总中心距和总传动比相同时，在粗实线所示方案中，因大齿轮直径较小，故使减速器具有较小外廓尺寸。

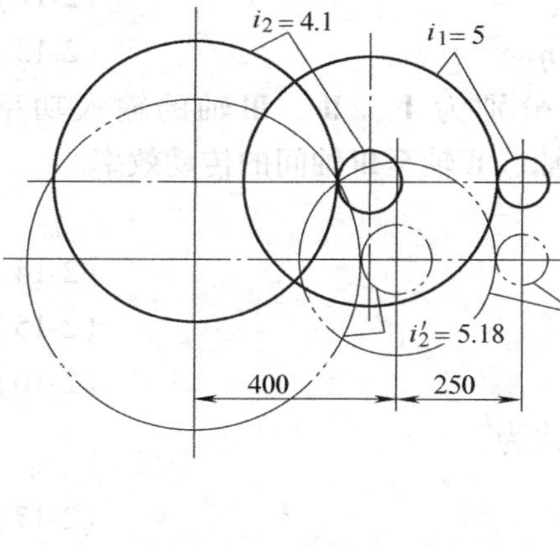

图 2-1　两种传动比分配方案的外廓尺寸比较

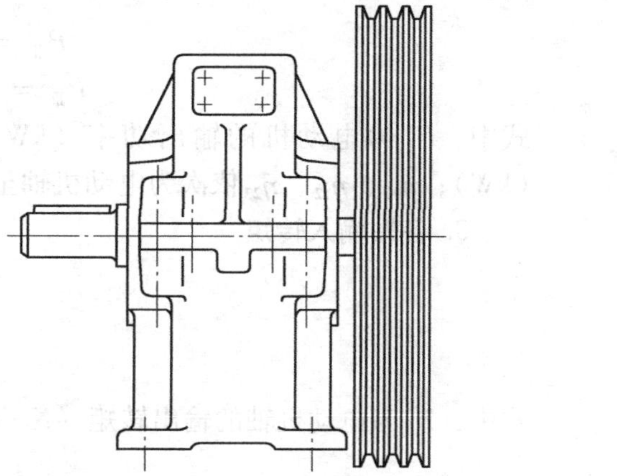

图 2-2　大带轮与底座相碰

3）应使各级传动件的尺寸协调，结构匀称、合理，并避免干涉和安装不便。例如，在带传动和齿轮减速器组成的传动中，如果带传动的传动比过大，将导致大带轮半径大于其中心高而与底座相碰（见图 2-2），给安装带来不便或困难。因此，一般应使带传动的传动比小于齿轮传动的传动比。

4）在二级减速器中，高速级和低速级的大齿轮直径应尽量相近，以便各级大齿轮充分浸油润滑，并避免某级大齿轮浸油太深而增加搅油损失。

一般对于展开式二级圆柱齿轮减速器，推荐高速级传动比 $i_1 = (1.3 \sim 1.5)i_2$，其中 i_2 为低速级传动比；同轴式减速器则取 $i_1 = i_2$。

第四节 传动装置的运动和动力参数计算

为进行传动件分析计算，应将工作要求的功率或转矩推算到各轴上，并分别求出各轴的转速、功率和转矩。通常将传动装置各轴由高速至低速依次定为Ⅰ轴、Ⅱ轴、Ⅲ轴等，按电动机至工作机之间运动传递的路线推算各轴的运动和动力参数。

1. 各轴转速

$$n_{\mathrm{I}} = \frac{n_m}{i_0} \tag{2-8}$$

$$n_{\mathrm{II}} = \frac{n_{\mathrm{I}}}{i_1} = \frac{n_m}{i_0 i_1} \tag{2-9}$$

$$n_{\mathrm{III}} = \frac{n_{\mathrm{II}}}{i_2} = \frac{n_m}{i_0 i_1 i_2} \tag{2-10}$$

式中，n_m 为电动机的满载转速（r/min）；n_{I}、n_{II}、n_{III} 分别为Ⅰ、Ⅱ、Ⅲ轴的转速（r/min）；i_0、i_1、i_2 依次为电动机至Ⅰ轴、Ⅰ轴至Ⅱ轴、Ⅱ轴至Ⅲ轴的传动比。

2. 各轴的输入功率

$$P_{\mathrm{I}} = P_d \eta_{01} \tag{2-11}$$

$$P_{\mathrm{II}} = P_{\mathrm{I}} \eta_{12} = P_d \eta_{01} \eta_{12} \tag{2-12}$$

$$P_{\mathrm{III}} = P_{\mathrm{II}} \eta_{23} = P_d \eta_{01} \eta_{12} \eta_{23} \tag{2-13}$$

式中，P_d 为电动机的输出功率（kW）；P_{I}、P_{II}、P_{III} 分别为Ⅰ、Ⅱ、Ⅲ轴的输入功率（kW）；η_{01}、η_{12}、η_{23} 依次为电动机轴至Ⅰ轴、Ⅰ轴至Ⅱ轴、Ⅱ轴至Ⅲ轴间的传动效率。

3. 各轴输入转矩

$$T_{\mathrm{I}} = T_d i_0 \eta_{01} \tag{2-14}$$

$$T_{\mathrm{II}} = T_{\mathrm{I}} i_1 \eta_{12} \tag{2-15}$$

$$T_{\mathrm{III}} = T_{\mathrm{II}} i_2 \eta_{23} \tag{2-16}$$

式中，T_d 为电动机轴的输出转矩（N·m）；T_d 的计算公式为

$$T_d = 9550 \frac{P_d}{n_m} \tag{2-17}$$

T_{I}、T_{II}、T_{III} 依次为Ⅰ、Ⅱ、Ⅲ轴的输入转矩（N·m）。

以上计算得到的各轴运动和动力参数以表格形式整理备用。

第五节 实例分析

例 2-1 如图 2-3 所示为螺旋输送机的传动方案，采用普通 V 带传动和单级斜齿圆柱齿轮减速器，且该齿轮减速器已选定，其传动比 $i_2' = 3.95$。运送物料为煤粉、砂、石灰等粉状或碎粒物料，连续单向工作，载荷变动小。已知输送螺旋轴要求的转速 $n_w = 120$ r/min。输

送螺旋轴的阻力矩 $T=360\ \text{N}\cdot\text{m}$。试对该螺旋输送机传动装置进行总体分析。

解 1. 分析传动方案的合理性

一般常选用同步转速为1000r/min或1500r/min的电动机作为原动机，而该螺旋输送传动装置的工作机输入端要求的转速 $n_w=120\ \text{r/min}$，因此，该传动装置的总传动比约为8或12。由总传动比数值表明，该螺旋输送机的传动方案采用二级传动适宜。

能够实现螺旋输送机传动要求的传动方案有多种。表2-1列出了三种传动方案，对这些方案的主要优缺点已有分析比较。就这三种方案而言，方案3不宜用于长时间连续工作，且成本高。根据该螺旋输送机工作条件，可在方案1和方案2中选择。该螺旋输送机所选方案2结构较简单、制造成本也较低。

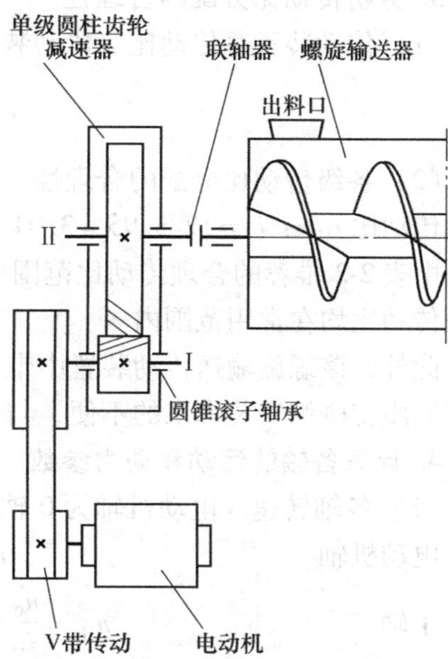

图2-3 螺旋输送传动装置简图

2. 选配电动机

（1）选择电动机类型和结构形式　按工作要求和条件，选用一般用途的Y系列三相异步电动机。采用封闭型卧式结构。

（2）确定电动机容量　输送螺旋轴所需的输入功率 P_w 为

$$P_w=\frac{Tn_w}{9550}=\frac{360\times120}{9550}\text{kW}=4.52\text{kW}$$

电动机的输出功率 P_d 为

$$P_d=\frac{P_w}{\eta}$$

其中，传动装置的总效率 $\eta=\eta_1\eta_2^2\eta_3\eta_4$。由表2-4查得，V带传动 $\eta_1=0.96$；一对滚动轴承 $\eta_2=0.99$；圆柱齿轮传动 $\eta_3=0.97$；弹性联轴器 $\eta_4=0.99$，则

$$\eta=\eta_1\eta_2^2\eta_3\eta_4=0.96\times0.99^2\times0.97\times0.98\approx0.90$$

故

$$P_d=\frac{P_w}{\eta}=\frac{4.52}{0.90}\text{kW}=5.02\text{kW}$$

（3）确定电动机转速　根据输送螺旋轴要求的转速 n_w 及有关机械传动的常用传动比范围（见表2-2），取普通V带传动的传动比 $i_1=2\sim4$，已选定的齿轮减速器的传动比 $i_2=i_2'=3.95$（实际传动比），可计算电动机转速的合理范围，即

$$n_d=n_wi_1i_2=120\times(2\sim4)\times3.95\text{r/min}=948\sim1896\text{r/min}$$

查表19-1，符合这一转速范围的电动机有同步转速为1000r/min和1500r/min的两种，现选用同步转速为1500r/min、满载转速 $n_m=1440\text{r/min}$ 的电动机。电动机型号和有关数据如下：

电动机型号	额定功率 P_{ed}/kW	电动机转速/（r/min）		传动装置的传动比		
		同步转速	满载转速	总传动比	带传动	齿轮
Y132S-4	5.5	1500	1440	12	3.04	3.95

（4）电动机的技术数据和外形、安装尺寸　由表19-3查出Y132S-4型电动机的主要技术数据和外形、安装尺寸，列表如下（单位：mm）：

中心高 H	外形尺寸 $L\times(AC/2+AD)\times HD$	底脚安装尺寸 $A\times B$	地脚螺栓孔径 K	轴伸尺寸 $D\times E$	装键部位尺寸 $F\times G$
132	475×345×315	216×140	12	38×80	10×33

3. 分析传动比分配的合理性

（1）传动装置总传动比　传动装置的总传动比 i 为

$$i=\frac{n_m}{n_w}=\frac{1440}{120}=12$$

（2）各级传动比分配的合理性　已选定的齿轮减速器的传动比 $i_2=i_2'=3.95$，则 V 带传动的传动比 $i_1=i/i_2=12/3.95=3.04$，其实际传动比 i_1' 应由带轮基准直径准确计算。

由表 2-2 推荐的合理传动比范围可知，该螺旋输送传动装置中，V 带传动和单级齿轮传动的传动比均在常用范围内。

此外，该螺旋输送传动装置中带传动的传动比 i_1 小于齿轮传动的传动比 i_2，避免了大带轮与底座相碰给安装带来的不便，与合理分配传动比的原则相符。

4. 计算各轴的运动和动力参数

（1）各轴转速　电动机轴为 0 轴，减速器高速轴为Ⅰ轴，低速轴为Ⅱ轴，各轴转速为

电动机轴　$$n_0=n_m=1440\text{r/min}$$

Ⅰ轴　$$n_{\text{I}}=\frac{n_0}{i_1}=\frac{1440}{3.04}\text{r/min}=473.68\text{r/min}$$

Ⅱ轴　$$n_{\text{II}}=\frac{n_{\text{I}}}{i_2}=\frac{473.68}{3.95}\text{r/min}=119.92\text{r/min}$$

（2）各轴的输入功率　按实际需要的电动机输出功率 P_d 计算各轴输入功率，即

电动机轴　$$P_d=5.02\text{kW}$$

Ⅰ轴　$$P_{\text{I}}=P_d\eta_1=5.02\times0.96\text{kW}=4.82\text{kW}$$

Ⅱ轴　$$P_{\text{II}}=P_{\text{I}}\eta_2\eta_3=4.82\times0.99\times0.97\text{kW}=4.63\text{kW}$$

（3）各轴输入转矩

电动机轴　$$T_d=9550\frac{P_d}{n_m}=9550\times\frac{5.02}{1440}\text{N}\cdot\text{m}=33.29\text{N}\cdot\text{m}$$

Ⅰ轴　$$T_{\text{I}}=9550\frac{P_{\text{I}}}{n_{\text{I}}}=9550\times\frac{4.82}{473.68}\text{N}\cdot\text{m}=98.27\text{N}\cdot\text{m}$$

Ⅱ轴　$$T_{\text{II}}=9550\frac{P_{\text{II}}}{n_{\text{II}}}=9550\times\frac{4.63}{119.92}\text{N}\cdot\text{m}=368.72\text{N}\cdot\text{m}$$

传动系统的运动和动力参数计算结果列于下表：

项目	转速 n/(r/min)	输入功率 P/kW	输入转矩 T/(N·m)	传动比 i	效率 η
电动机轴	1440	5.02	33.29	3.04	0.96
Ⅰ轴（高速轴）	473.68	4.82	98.27	3.95	0.96
Ⅱ轴（低速轴）	119.92	4.63	368.72		

第三章　减速器的结构分析

减速器的结构因其类型、用途不同而异。但减速器的基本结构都是由轴系部件、箱体及附件三大部分组成。本章主要针对圆柱齿轮减速器的三大部分，从各零部件的相对位置、结构形式、结构尺寸等方面，介绍减速器结构合理性分析的有关内容。

第一节　减速器各部分的名称及功用

图 3-1、图 3-2 分别为一级、二级圆柱齿轮减速器的典型结构。表 3-1 所列为减速器各部分的名称和功用。

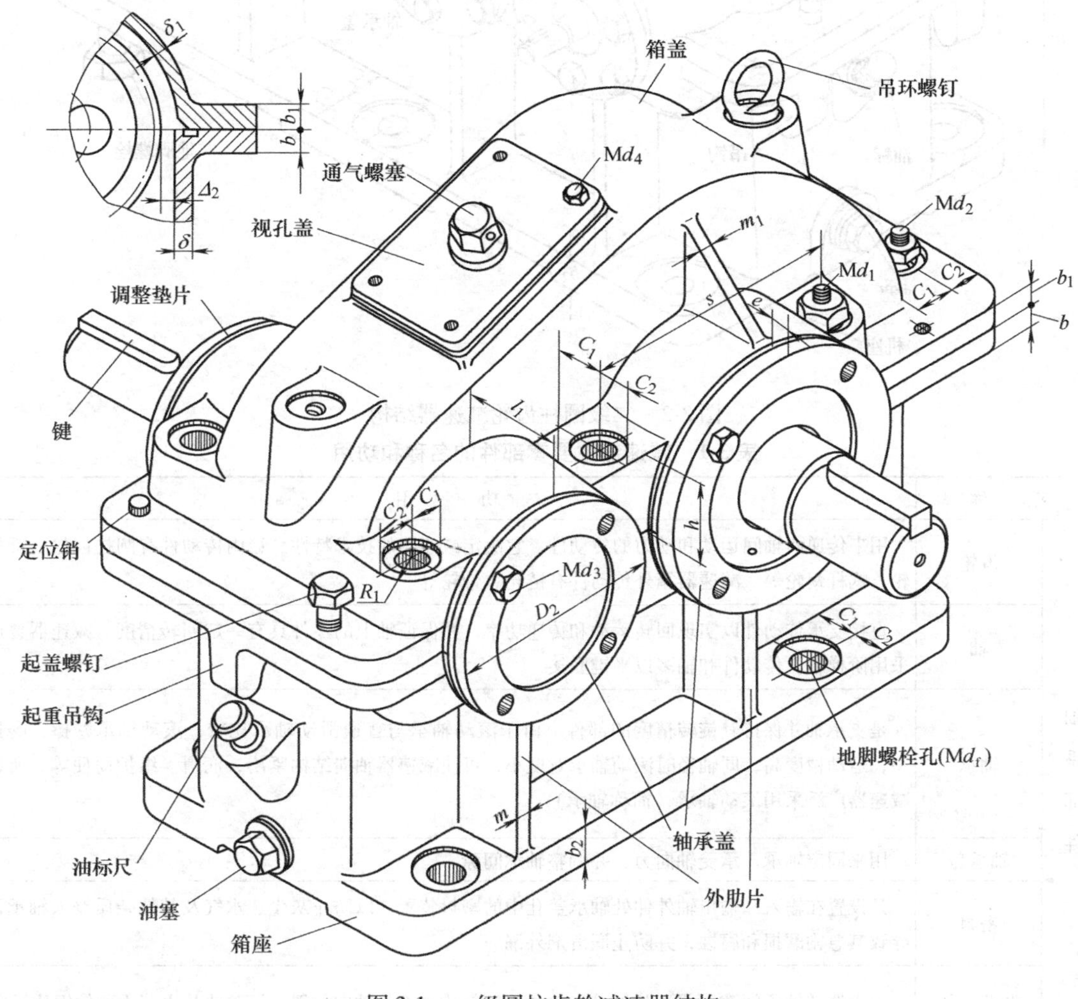

图 3-1　一级圆柱齿轮减速器结构

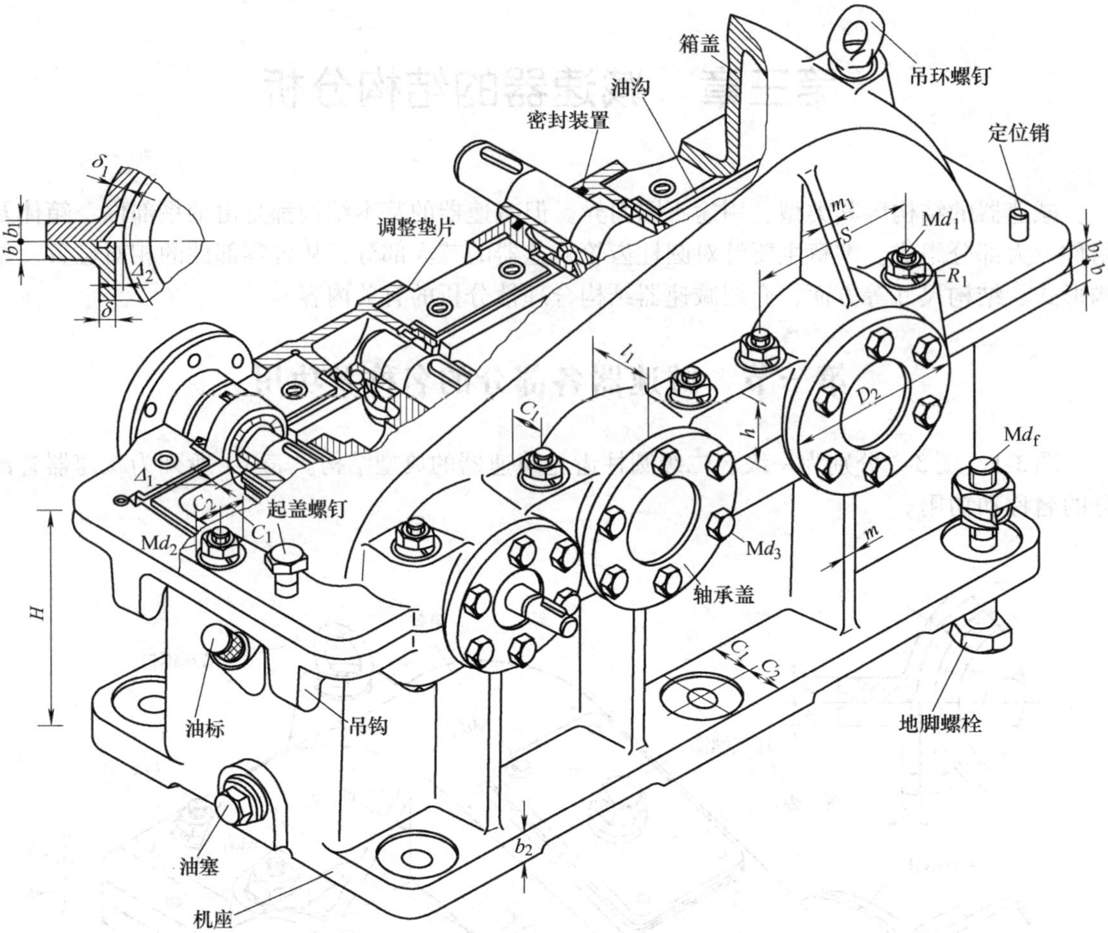

图 3-2　二级圆柱齿轮减速器结构

表 3-1　减速器主要零部件的名称和功用

名　称		功　用
轴系部件	齿轮	用来传递两轴间运动和动力的传动件。它决定减速器的技术特性。箱内传动件有圆柱齿轮、锥齿轮、蜗杆蜗轮等。减速器箱外传动件有链轮、带轮等
	轴	直接支承传动件以实现回转运动和传递功率，并保证轴上的零件具有一定回转精度。减速器普遍采用阶梯轴。传动件和轴多以平键联接
	轴承	是支承轴并保持其旋转精度的部件。由于滚动轴承与普通滑动轴承比较，滚动轴承摩擦、磨损小，运动精度高；同轴径时滚动轴承宽度小，可使减速器轴向结构紧凑，润滑、维护简便等，所以减速器广泛采用滚动轴承（简称轴承）
	轴承盖	用来固定轴承、承受轴向力、并调整轴承间隙
	密封	是设置在输入和输出轴外伸处轴承盖孔中的密封装置。以防止灰尘、水气及其他杂质浸入轴承而导致其急剧磨损和腐蚀，并防止润滑剂外漏
	调整垫片	用来调整轴承间隙，或调整如锥齿轮、蜗轮等传动件的轴向位置。调整垫片由若干薄软钢片组成

（续）

名称		功用
箱体	箱座和箱盖	是传动件的基座，用以支撑和固定轴系零件，是保证传动件的正确位置、啮合精度、良好润滑及密封的重要零件
附件	窥视孔及视孔盖	用于观察、检查传动件的啮合情况、接触斑点、侧隙，并由此处向箱体内注入润滑油。窥视孔应设置在箱体上部的适当位置。为防止润滑油飞溅出来和污物进入箱体内，在窥视孔上应加设窥视孔盖
	通气器	减速器工作时，箱体内温度升高，气体膨胀，压力增大，将引起润滑油沿分箱面和轴伸出段或其他缝隙渗漏。为使箱体内受热膨胀的空气能自由地排出，通常在窥视孔盖上装设通气器，以平衡箱体内外气压，保证箱体的密封性
	油面指示器	用来检查减速器箱体内油池油面的高度，以便保证油池内有适当的油量，油面指示器一般装设在箱体便于观察、油面较稳定的部位
	放油孔和油塞	用于减速器换油时排出污油和清洗剂。放油孔开设在箱体底部、油池的最低位置处。平时放油孔用带有细牙螺纹的油塞堵住。油塞和箱体接合面间加有防漏用的垫圈
	起吊装置	用于加工、装配及运输过程中起吊箱盖或整机。常有吊环螺钉或在箱体上铸出吊环或吊钩等
	定位销	在箱盖和箱座的联接凸缘上配装定位销，以保证精确地加工轴承座孔和重复安装时上下半轴承座孔始终保持加工时的位置精度
	起盖螺钉	为加强密封效果，通常在箱体剖分面上涂有水玻璃或密封胶，拆卸时因胶结紧而使其难以分开。常在箱盖联接凸缘的适当位置加工出1～2个螺孔，旋入起盖用的圆柱端或平端的起盖螺钉，旋动起盖螺钉便可将上箱盖顶起

第二节　减速器零部件的相对位置

减速器各零部件间的相对位置是由各自的类型、功用等所决定，而相对位置尺寸却影响到减速器整体结构的合理性，并与各零部件的结构密切相关。如图3-3、图3-4所示分别为

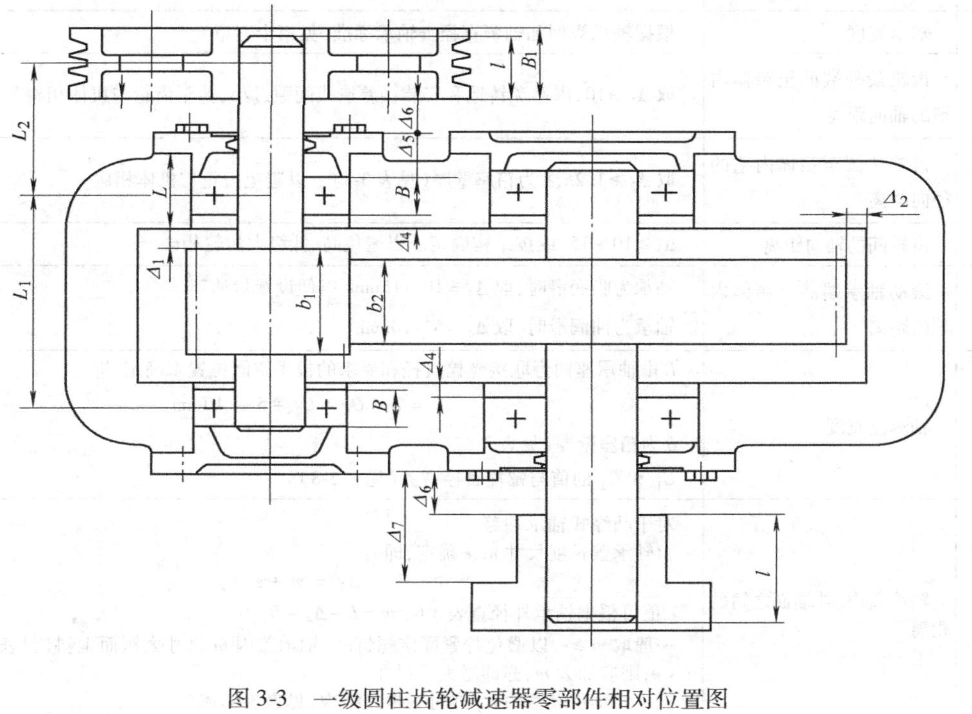

图3-3　一级圆柱齿轮减速器零部件相对位置图

一级圆柱齿轮减速器和二级展开式圆柱齿轮减速器的相对位置，其中各位置尺寸的代号和荐用值见表 3-2。

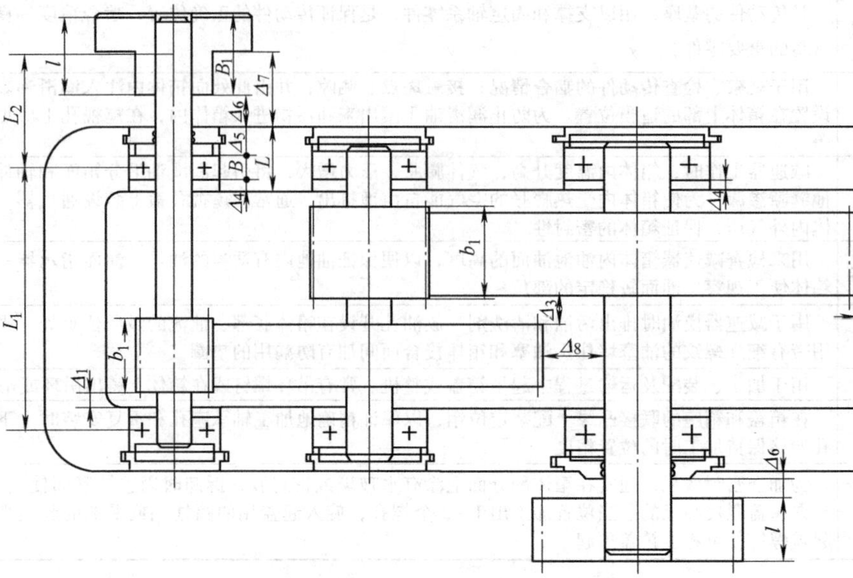

图 3-4　二级展开式圆柱齿轮减速器零部件相对位置图

表 3-2　减速器零部件的位置尺寸（代号含义参见图 3-3、图 3-4）

代号	名　　称	荐用值及说明
b_1	小齿轮的宽度	$b_1 = b_2 + (5 \sim 10)$ mm。b_2 为大齿轮宽度，即齿轮啮合的有效宽度，符合齿轮强度要求
B	轴承宽度	根据轴承类型和轴颈直径查轴承标准(见第十五章)
Δ_1	齿轮最外端面至箱体内壁的轴向距离	取 $\Delta_1 \geqslant 10$，以避免铸造和安装误差造成间隙过小，甚至齿轮与机体相碰
Δ_2	齿轮顶圆至箱体内壁的径向距离	取 $\Delta_2 \geqslant 1.2\delta$，$\delta$ 为箱座壁厚(见表 3-8)。以避免齿轮与机体相碰
Δ_3	齿轮间的轴向距离	$\Delta_3 \geqslant 10 \sim 15$，或按结构确定。以避免高、低级大齿轮相碰
Δ_4	滚动轴承端面至箱体内壁的距离	轴承为脂润滑时，取 $\Delta_4 = 10 \sim 15$mm，以便设置封油环 轴承为油润滑时，取 $\Delta_4 = 5 \sim 10$mm
L	轴承座宽度	L 由轴承座两旁联接螺栓直径和要求的扳手空间位置来确定，即 $$L = \delta + C_1 + C_2 + 5 \sim 10\text{mm}$$ δ 为箱座壁厚(见表 3-8) C_1 和 C_2 的值与螺栓直径有关(见表 3-8)
Δ_5	轴承盖内、外端面之间的距离	对于凸缘式轴承端盖： 由轴承盖长度尺寸 m、e 确定，即 $$\Delta_5 = m + e$$ e 值可根据轴承外径查表 3-6；$m = L - \Delta_4 - B$ 一般取 $m \geqslant e$，以避免拧紧固定螺钉时，轴承盖因 m 尺寸太短而歪斜(见表 3-6)；若 $m < e$，则应加大 m，亦即增大 L 尺寸 嵌入式轴承端盖的 Δ_5 亦可根据其结构(见表 3-6)确定

（续）

代号	名　　称	荐用值及说明
Δ_6	箱外传动件的内端面至轴承盖外端面的距离	与轴承端盖及联轴器或箱外传动轮的结构有关，满足： 1）轴承端盖固定螺钉的装拆要求（参见图 3-5） 2）联轴器柱销的装拆要求（参见图 3-5） 3）轴伸出端密封装置装拆要求 对于凸缘式轴承端盖：$\Delta_6 \geqslant 15 \sim 20\text{mm}$ 对于嵌入式轴承端盖：$\Delta_6 \geqslant 5 \sim 10\text{mm}$
B_1	外伸端传动件的毂孔长度	安装联轴器：符合联轴器标准（见表 17-1） 安装传动轮（带轮、链轮等）：是由传动轮的结构确定的，其值应符合轴伸标准（见表 11-12、表 11-13）
l	外伸端轴段长度	由轴的结构确定（见表 3-5）
Δ_7	联轴器至轴承盖外端面的距离	联轴器的装配尺寸。由联轴器的类型及安装位置确定，并符合联轴器标准（见表 17-3、表 17-4）
L_1	轴的支承间距	由减速器相对位置尺寸确定。其中，支承点位置由轴承类型确定，向心轴承的支承点可取在轴承宽度的中点，角接触轴承的支承点可查轴承标准确定（见表 15-3、表 15-4）
L_2	箱外传动件的中面到最近支承点的距离	$L_2 = l/2 + \Delta_6 + \Delta_5 + B/2$
Δ_8	齿轮齿顶圆表面至轴表面的距离	$\Delta_8 \geqslant 10\text{mm}$，以避免干涉

第三节　减速器轴系部件

轴系部件包括传动件、轴和轴承组合。

一、传动件的结构

圆柱齿轮是减速器中最常用、最基本的传动件。圆柱齿轮的结构通常与其几何尺寸、材料、毛坯及制造工艺有关，一般多采用锻造或铸造毛坯。当齿顶圆直径 $d_a \leqslant 400 \sim 500\text{mm}$ 时，常采用锻造毛坯；当受锻造设备限制或齿顶圆直径 $d_a > 500\text{mm}$ 时，常采用铸造毛坯。通常根据齿轮直径大小，选择合理的结构形式，然后再由经验公式合理地确定其结构尺寸，但都应尽量圆整，以便于制造和测量。圆柱齿轮的结构形式、结构尺寸见表 3-3。

各级大、小齿轮的结构尺寸和几何参数的测量和计算结果应及时整理并列表，同时画出结构简图，以备画装配图和工作能力核算时采用。

表 3-3　圆柱齿轮的结构

毛坯	形式	结构图例	结构尺寸
	齿轮轴	$d_a<2d$或$x\leqslant2.5m_t$ 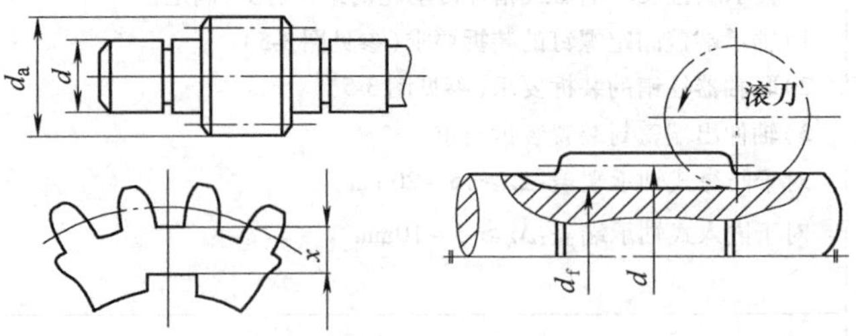	当 $d_a<2d$ 或 $x\leqslant2.5m_t$ 时，应将齿轮做成齿轮轴，以避免由于键槽处轮毂过于薄弱而失效 当齿轮的齿根圆直径 d_f 小于轴径 d 时，可采用右图所示结构
锻造齿轮	实心式齿轮	$d_a\leqslant200$ 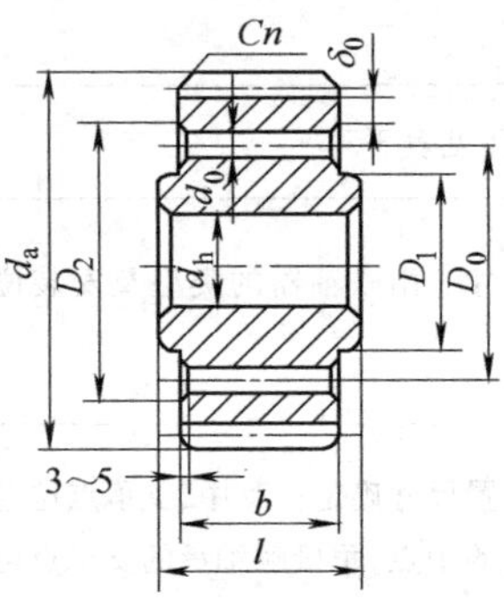	$D_1=1.6d_h$ $l=(1.2\sim1.5)\ d_h\geqslant b$ $\delta_0=2.5m_n\geqslant8\sim10\text{mm}$ $n=0.5m_n$ $D_0=0.5\ (D_1+D_2)$ $d_0=0.25\ (D_2-D_1)$，当 $d_0<10\text{mm}$ 时，不钻孔
	腹板式齿轮	$d_a>200\sim500$ 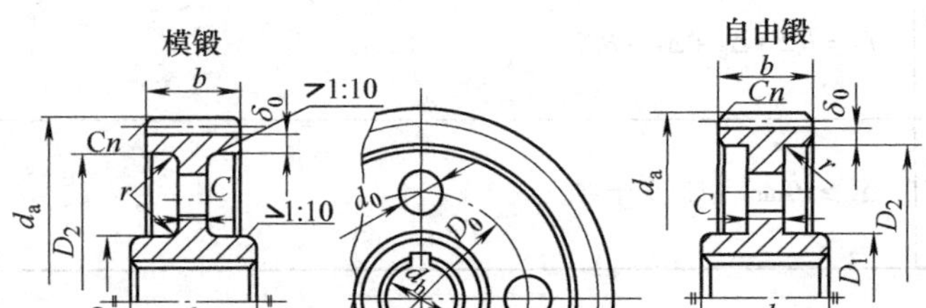	$D_1=1.6d_h$ $l=(1.2\sim1.5)\ d_h\geqslant b$ $\delta_0=(2.5\sim4)\ m\geqslant8\sim10\text{mm}$ $n=0.5m_n$ $r\approx0.5C$ $D_0=0.5\ (D_1+D_2)$ $d_0=0.25\ (D_2-D_1)$ $C=(0.2\sim0.3)\ b$（模锻） $C=0.3b$（自由锻）
铸造齿轮	腹板式齿轮	$d_a\leqslant400$ 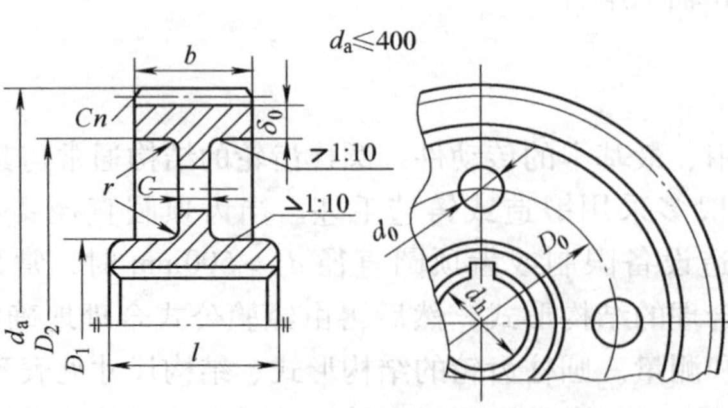	$D_1=1.6d_h$（铸钢） $D_1=1.8d_h$（铸铁） $l=(1.2\sim1.5)\ d_h\geqslant b$ $\delta_0=(2.5\sim4)\ m_n\geqslant8\sim10\text{mm}$ $n=0.5m_n$ $D_0=0.5\ (D_1+D_2)$ $d_0=0.25\ (D_2-D_1)$ $C=0.2b\geqslant10\text{mm}$

（续）

毛坯	形式	结构图例	结构尺寸
铸造齿轮	轮辐式齿轮	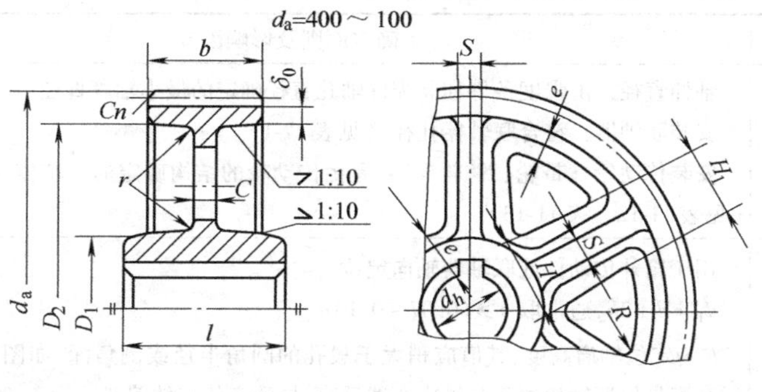	$D_1=1.6d_h$（铸钢） $D_1=1.8d_h$（铸铁） $l=(1.2\sim1.5)\ d_h \geqslant b$ $\delta_0=(2.5\sim4)\ m_n \geqslant 8\text{mm}$ $n=0.5m_n$；$r\approx0.5C$ $C=H/5\geqslant10\text{mm}$ $S=H/6\geqslant10\text{mm}$ $e=0.8\delta_0$ $H=0.8d_h$；$H_1=0.8H$ $R=0.5H$

二、轴的结构

轴的结构合理性通常综合了各种因素，如轴的强度、刚度、加工工艺性和轴上零件的安装、固定、拆卸等；轴的各段长度和直径的确定也涉及到其他零件和箱体有关尺寸的确定。下面以图 3-5 所示阶梯轴为例，通过轴的各段长度和直径的确定方法和步骤，介绍轴的合理结构所涉及的内容。各轴段直径的确定见表 3-4；各轴段长度的确定见表 3-5。

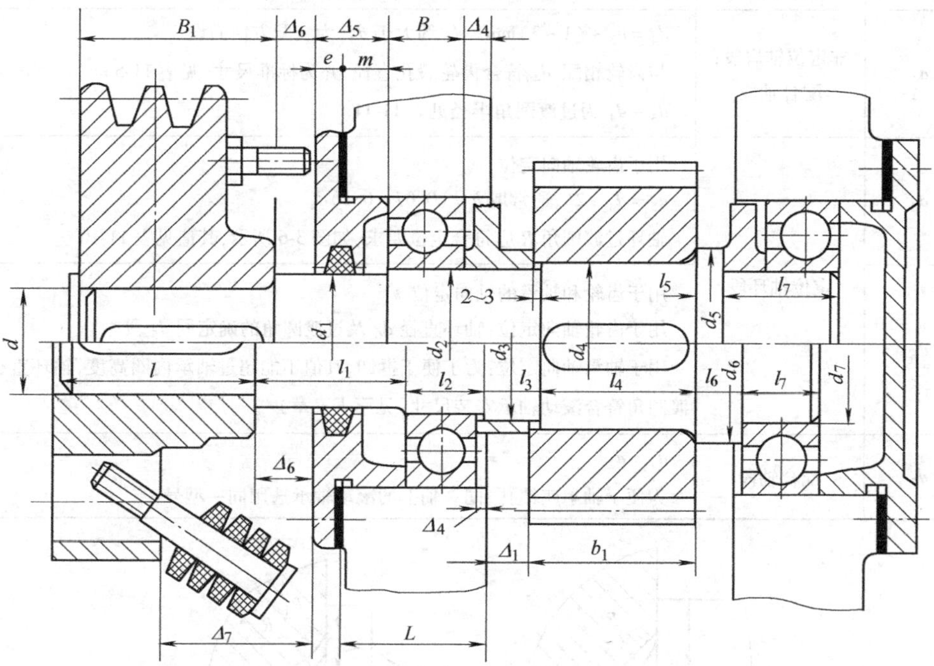

图 3-5　轴的结构尺寸确定

除此以外，在轴的装配工艺性和加工工艺性方面应考虑如下几点：

1）对需要车螺纹或磨削的轴段，应分别设螺纹退刀槽（见表 14-2）和砂轮越程槽（见表 11-8），以保证完整加工。

2）轴上不同轴段的键槽应沿轴的同一母线布置，以减少加工时装夹的次数。

3）如要求各轴段具有较高的同轴度，可在轴的两端开设中心孔（见表 11-6）。

4）为便于轴上零件的装配和去除毛刺，轴端应制出 45°倒角。

表 3-4　各轴段直径的确定（参见图 3-5）

栏目	直径符号	轴段的作用	确定原则及影响因素
1	d	外伸端； 配合轴段	轴伸直径。由强度条件和装配件轴孔直径确定的最小轴段直径 安装联轴器：符合联轴器孔径（见表 17-1） 安装传动轮（带轮、链轮等）：是由传动轮的结构确定的，其值应符合轴伸标准（见表 11-12、表 11-13）
2	d_1	定位轴肩段 （装有密封元件）	用于箱外传动件或联轴器轴向定位 $d_1=d+2h$，通常取 $h\geqslant(0.07\sim0.1)d$ h 为定位轴肩高度，其值应稍大于毂孔的圆角半径或倒角深，如图 3-6 所示。但 h 过高不易保证轴肩端面与轴中心线垂直，导致定位零件偏斜 d_1 应符合密封元件的孔径要求（见第十六章） 轴肩过渡圆角 R 应符合定位要求，如图 3-6 所示，其值见表 11-10
3	d_2	非定位轴肩段； 配合轴段	$d_2=d_1+(1\sim3)$mm。d_2 约大于 d_1，为加工（区分加工面）和装配方便而设 与滚动轴承相配：d_2 符合轴承孔径（见第十五章） $d_1\sim d_2$ 为自由表面（非配合面）过渡，其圆角半径见表 11-11
4	d_3	非定位轴肩段； 非配合轴段	$d_3\geqslant d_2$，为加工方便而设 $d_2\sim d_3$ 过渡圆角半径见表 11-11
5	d_4	非定位轴肩段； 配合轴段	$d_4=d_3+(1\sim3)$mm。d_4 约大于 d_3，为装配方便而设 与齿轮相配：d_4 符合齿轮毂孔直径，并为标准尺寸（见表 11-5） $d_3\sim d_4$ 为过渡圆角半径见表 11-11
6	d_5	定位轴环段	用于齿轮轴向定位 $d_5=d_4+2h$，通常取 $h\geqslant(0.07\sim0.1)d_4$ 轴环过渡圆角 R 应符合定位要求，如图 3-6 所示，其值见表 11-10
7	d_6		用于齿轮和轴承的轴向定位 用于齿轮轴向定位：轴环直径 d_6 及过渡圆角的确定同 d_5 段 用于轴承轴向定位：为了便于拆卸，其值不能超过轴承内圈高度，轴环直径 d_6 及过渡圆角符合滚动轴承安装尺寸（见第十五章）
8	d_7	配合轴段	$d_7=d_2$ 为便于轴承座镗孔，同一轴上的滚动轴承选用同一型号

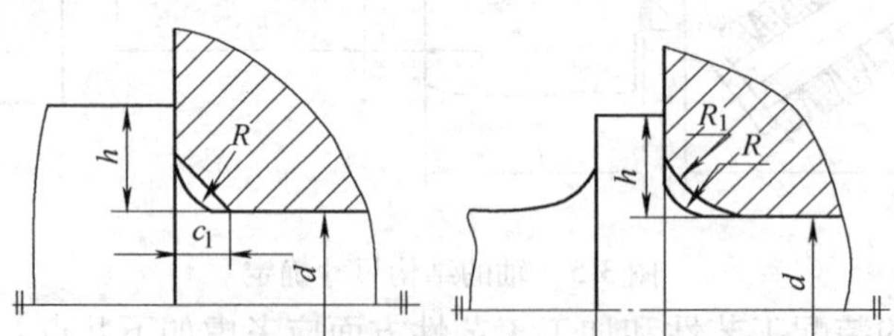

图 3-6　定位轴肩及轴环

$h>c_1>R$；$h>R_1>R$；$b\geqslant1.4h$

表 3-5　各轴段长度的确定（参见图 3-5）

栏目	轴段位置	长度符号	确定原则及影响因素
1	联轴器或箱外传动轮处	l	由轴上联轴器或传动轮的毂孔宽度及固定方式而定 当采用键联接时，l 应满足键的强度要求。键槽长度可比轴段长度 l 短 5～10mm，并按标准圆整 当采用轴端挡圈时，为压紧半联轴器或传动轮，以保证其轴向固定可靠，一般 l 比毂孔长度 B_1 略短 2～3mm
2	左端轴承端盖处	l_1	$l_1=\Delta_5+\Delta_6$，Δ_5、Δ_6 见表 3-2
3	左端轴承处	l_2	$d_3=d_2$ 时，$l_2=\Delta_1+\Delta_4+B+(2\sim3)$mm $d_3>d_2$ 时，$l_2=B+(2\sim3)$mm 其中，Δ_1、Δ_4、B 见表 3-2 尺寸（2～3）mm 为齿轮或轴承轴向固定可靠而设
4	左端轴承和齿轮的定位套筒处	l_3	$l_3=\Delta_1+\Delta_4$，其中，Δ_1、Δ_4 见表 3-2
5	齿轮处	l_4	$l_4=b_1-(2\sim3)$mm 为保证齿轮轴向定位可靠，与轮毂相配部分的轴段长度，一般应比轮毂长度短 2～3mm 采用键联接时，l_4 应满足键的强度要求。键槽长度可比轴段长度 l_4 短 5～10mm，并按标准圆整
6	右端轴环处	l_5	$l_5\geqslant1.4h$ h 为轴环高度（见图 3-6），l_5 等于轴环宽度，其值符合轴环定位可靠要求
7		l_6	$l_6=\Delta_1+\Delta_4$，其中：Δ_1、Δ_4 见表 3-2
8	右端轴承处	l_7	由轴承宽度 B 确定（无封油盘或挡油盘） 由轴承宽度 B 和封油盘（或挡油盘）的尺寸确定。封油盘结构尺寸参见图 3-7；挡油盘结构尺寸参见图 3-10

三、轴承组合结构

绝大多数的中、小型减速器均采用滚动轴承为支承。轴承外侧设有轴承盖，内侧设有封油盘和挡油盘，在轴外伸处采用密封结构。为保证轴上传动件及轴承正常运转，除正确选择轴承类型外，还应有合理的轴承组合结构。轴承组合结构包括轴系的轴向固定、轴承盖的结构形式、轴承的润滑与密封等。

1. 轴系的轴向固定与调整

轴的支承结构有三种基本形式，即两端固定支承，一端固定、一端游动支承和两端游动支承。其结构特点和应用可参阅教材。

普通齿轮减速器，其轴的支承跨距较小，多采用两端固定支承。轴承内圈在轴上可用轴肩或套筒作轴向定位，轴承外圈用轴承盖作轴向固定。

采用两端固定支承时，为补偿工作时轴的热伸长量，应留适当的轴向间隙。对于固定间隙轴承（如深沟球轴承），可设置调整垫片（见图 3-7），在装配时通过调整垫片来控制轴向间隙。

对于可调间隙的轴承（如圆锥滚子轴承或角接触球轴承），则可利用调整垫片或螺纹件

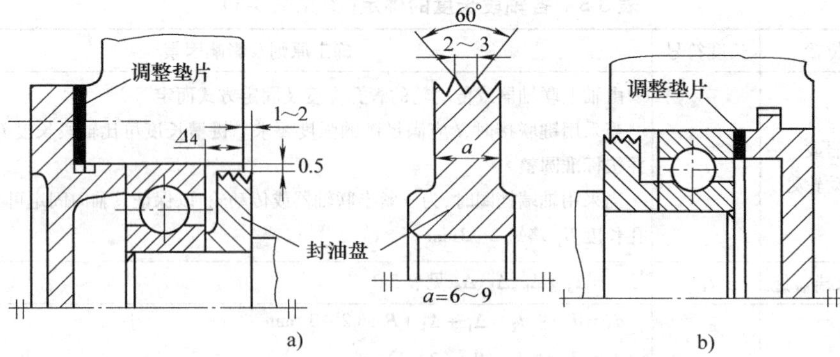

图 3-7　利用垫片调整轴向间隙

（见图 3-8）来调整轴承间隙，以保证轴系的游动和轴承的正常运转。

2. 轴承盖的结构

轴承盖类型有凸缘式和嵌入式两种，每一种类型按通孔与否，又有闷盖和透盖之分。

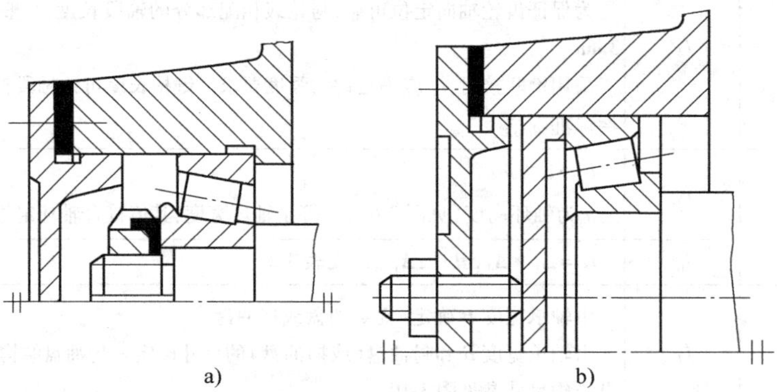

图 3-8　利用螺纹件调整轴向间隙

凸缘式轴承盖（见图 3-7a）调整轴系位置或轴系间隙时比较方便，密封性能好，应用较多。但需用螺栓将其与箱体相联，故结构较复杂，而且机体装拆受轴承盖限制。凸缘式轴承盖结构尺寸参见表 3-6。

图 3-9　带 O 形密封圈的嵌入式轴承盖

嵌入式轴承盖（见图 3-7b）无需用螺栓联接，轴向结构紧凑，质量较轻，机体装拆不受轴承盖限制；与 O 形密封圈配合使用可提高其密封效果（见图 3-9）。但不便于调整轴承间隙，需开启箱盖增减调整垫片，或采用调整螺钉调整轴承间隙，嵌入式轴承盖结构尺寸参见表 3-6。

当轴承用箱体内的油润滑时，轴承盖的端部直径应略小些，并在端部开槽，使箱座凸缘面上导油沟内的油可经轴承盖上的槽流入轴承，如图 3-10 所示。

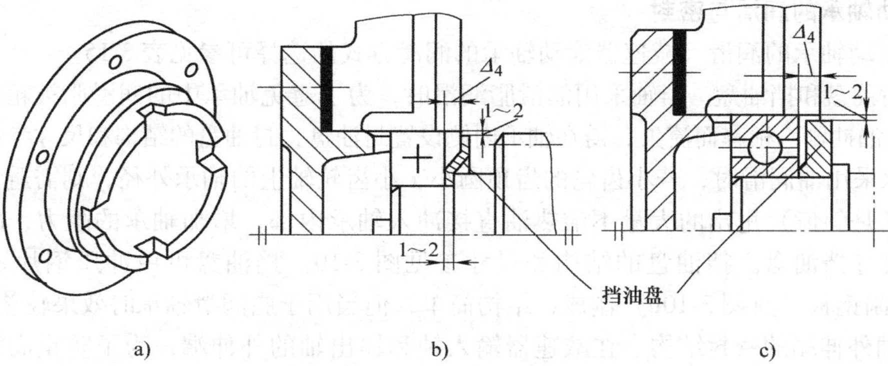

图 3-10　轴承盖上的油槽结构

表 3-6　轴承盖　　（单位：mm）

1. 凸缘式轴承盖

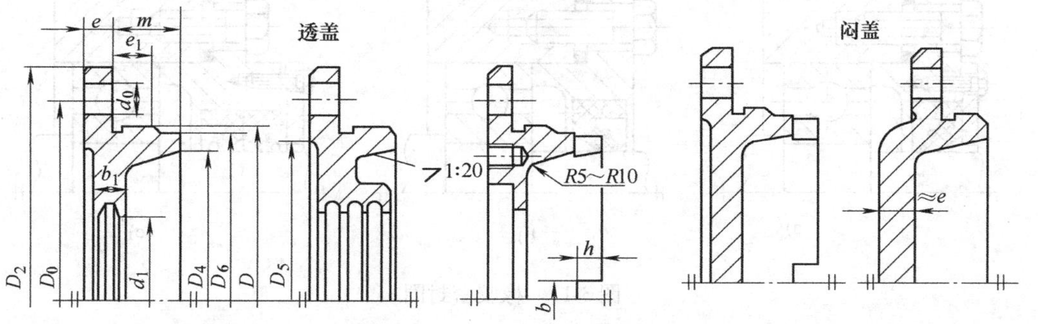

		轴承外径 D	螺钉公称直径 d_3	螺钉数
$d_0 = d_3 + 1$	$D_4 = D - (10 \sim 15)$	45 ~ 65	6	4
$D_0 = D + 2.5d_3$	$D_5 = D_0 - 3d_3$	70 ~ 100	8	4
$D_2 = D_0 + 2.5d_3$	$D_6 = D - (2 \sim 4)$	110 ~ 140	10	6
$e = 1.2d_3$	b_1、d_1 由密封件尺寸确定	150 ~ 230	12 ~ 16	6
$e_1 \geqslant e$	$b = 5 \sim 10$			
m 由结构确定	$h = (0.8 \sim 1)b$			

2. 嵌入式轴承盖

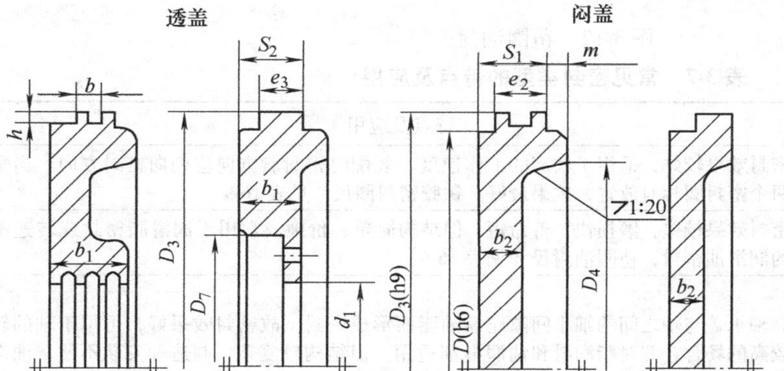

$S_1 = 15 \sim 20$

$S_2 = 10 \sim 15$

$e_2 = 8 \sim 12$

$e_3 = 5 \sim 8$

m 由结构确定

$D_3 = D + e_2$，装有 O 形密封圈时，按 O 形圈外径取整（见表 16-10）

$b_2 = 8 \sim 10$

b、h 尺寸见表 16-10

其余尺寸由密封尺寸确定

3. 滚动轴承的润滑与密封

（1）滚动轴承的润滑　减速器滚动轴承的润滑方式的选择可参见表 3-15。

（2）封油盘和挡油盘　当轴采用润滑脂润滑时，为了避免轴承中的润滑脂被箱内齿轮啮合时甩出的油冲刷、稀释而流失，需在轴承内侧设置封油盘，封油盘的结构和尺寸参见图 3-7。

当轴承采用油润滑时，若小齿轮的齿顶圆小于小齿轮轴上的轴承外径，则需避免沿啮合轮齿（尤其是斜齿）甩出的大量不洁热油直接冲入轴承内部，增加轴承的阻力，故常在小齿轮轴上设置挡油盘。挡油盘的结构和尺寸参见图 3-10。挡油盘可由冲压钢片（见图 3-10b）或车制钢板（见图 3-10c）制成，结构简单，但当用于脂润滑轴承时效果较差。

（3）轴外伸端的密封结构　在减速器输入轴和输出轴的外伸端，为了防止润滑剂外漏以及外界灰尘、杂质和水分等的渗入，在轴承盖与轴之间应设置密封件，常见密封类型的特点及应用见表 3-7。

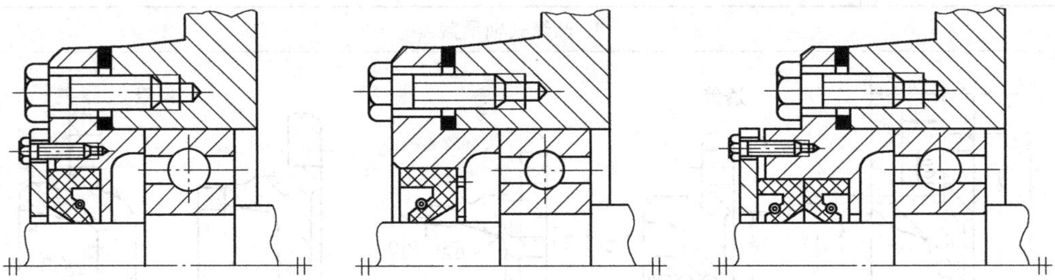

a)　　b)　　c)

图 3-11　橡胶密封圈

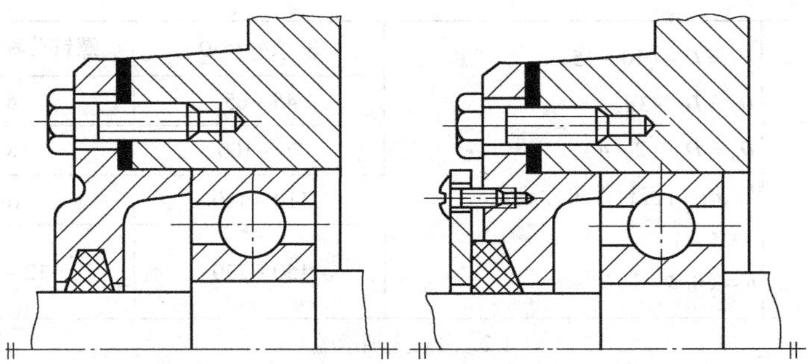

a)　　b)

图 3-12　毡圈油封

表 3-7　常见密封类型的特点及应用

密封类型	密封形式	特点及应用
接触式	橡胶密封圈（见图 3-11）	密封效果较好，适用于较高的工作速度。装配时密封唇方向应朝向密封方向。当采用两个密封圈相对放置，效果最好。橡胶密封圈尺寸见表 16-9
	毡圈油封（见图 3-12）	密封效果较差，磨损快、寿命短，但结构简单、价廉。常用于润滑脂密封或转速不高的润滑油密封，毡圈油封尺寸见表 16-6
非接触式	油沟式密封（见图 3-13）	靠轴承盖与轴之间的细小间隙充满油脂而形成密封，故密封效果好，可用于轴的转速较高的场合，并对脂润滑和油润滑都适用。但结构较复杂，制造和安装不便。油沟式密封槽尺寸见表 16-11；迷宫式密封槽尺寸见表 16-12
	迷宫式密封（见图 3-14）	

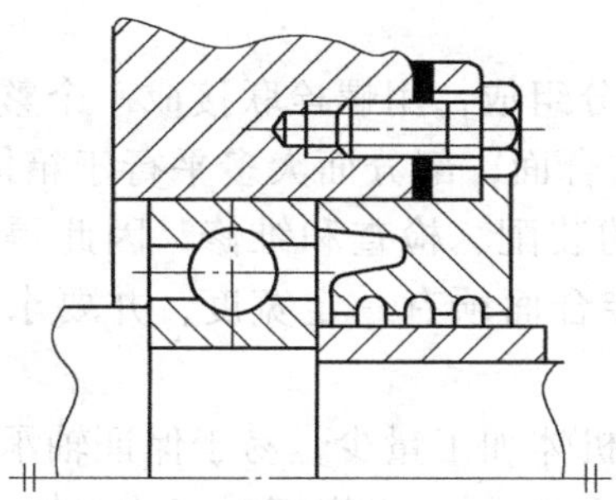

图 3-13　油沟式密封

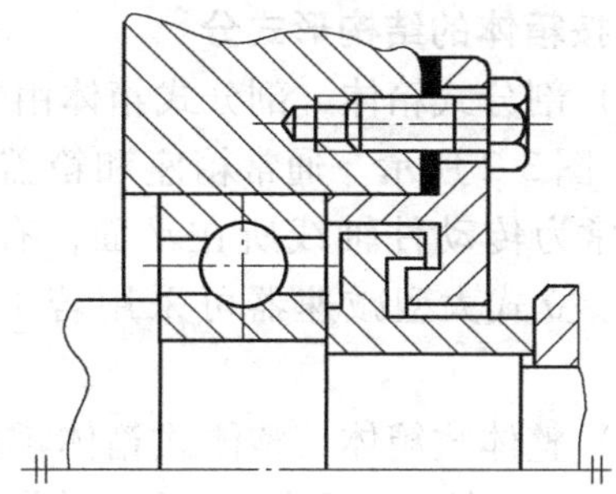

图 3-14　迷宫式密封

第四节　减速器的箱体

如前所述，箱体对支承和固定轴系、保证传动件的啮合精度、良好润滑及密封起着重要作用，其重量约占减速器总重量的 50%，因此，合理的箱体结构非常重要。箱体结构的合理性应该是在满足减速器的工作性能并保证强度、刚度的前提下，考虑结构紧凑、制造方便、重量轻、耗材小、成本低等一系列问题。

一、箱体的结构类型

1. 按箱体的制造方式分

（1）铸造箱体　减速器箱体形状较为复杂，一般多用铸铁 HT150 或 HT200 制造，铸铁具有良好的铸造性能和切削加工性能，易获得合理和复杂的结构形状，成本低，且承压强度高、刚度好、减振性好。但制造周期长，重量较大，因而多用于成批生产。受冲击载荷的重型减速器可采用球墨铸铁 QT500—7 或铸钢 ZG270—500、ZG310—570 制造。图 3-1、图 3-2 所示一级、二级圆柱齿轮减速器的箱体为典型的铸造箱体结构。

（2）焊接箱体　在小批量或单件生产中，特别是大型减速器箱体可采用 Q215 或 Q235 钢板焊接而成，如图 3-15 所示，其轴承座部分可用圆钢、锻钢或铸钢制造。一般焊接箱体比铸造箱体壁厚减薄 20% ~30%，其重量轻、生产周期短。但焊接时易产生热变形，故要求较高的焊接技术，焊接成形后需作退火处理。

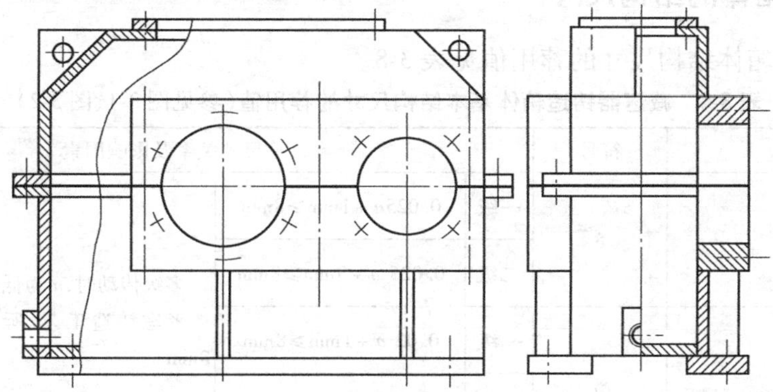

图 3-15　焊接箱体

2. 按箱体的结构形式分

（1）剖分式箱体　剖分式箱体由箱座和箱盖两部分组成，用螺栓联接成一个整体，如图 3-1、图 3-2 所示。通常箱座和箱盖之间具有剖分结合面，剖分面大多平行于箱体底面，而且通常为传动件轴线所在平面，有利于轴系部件的装配、检查和维修，因此得到广泛地应用。立式大型减速器可采用若干剖分面。剖分接合面须有一定宽度，并要求仔细加工。

（2）整体式箱体　整体式箱体零件少、重量轻、机体加工量少，易于保证轴承与座孔的配合要求。但拆装和调整不如剖分式箱体方便。图 3-16 所示为蜗杆减速器整体式箱体。图 3-17 所示为圆柱齿轮减速器整体式箱体。

除此以外，近年来设计生产出了一些造型简单、整齐的新型减速器箱体，如图 3-18 所示。这类箱体将传统的大圆角曲面过渡改为方形小圆角过渡；箱座和箱盖联接处的外凸缘结构改为内凸缘结构；加强肋板和轴承座均设置在箱体内部等等。

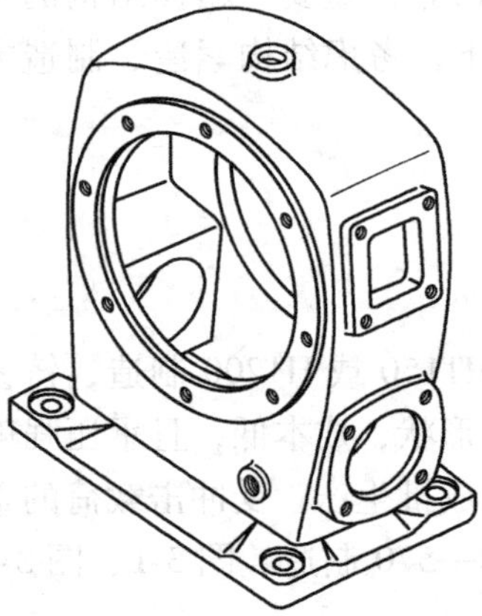

图 3-16　蜗杆减速器整体式箱体

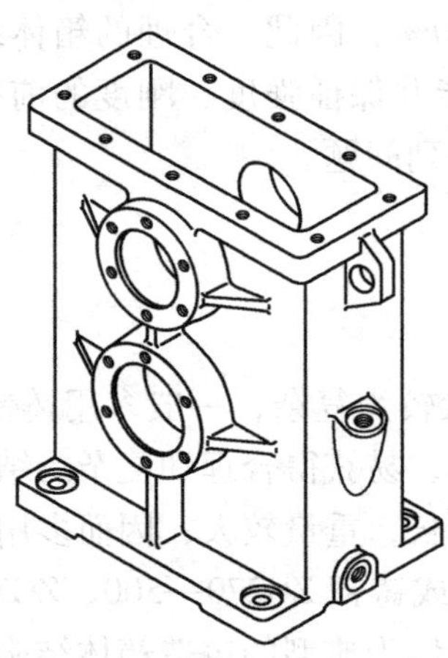

图 3-17　圆柱齿轮减速器整体式箱体

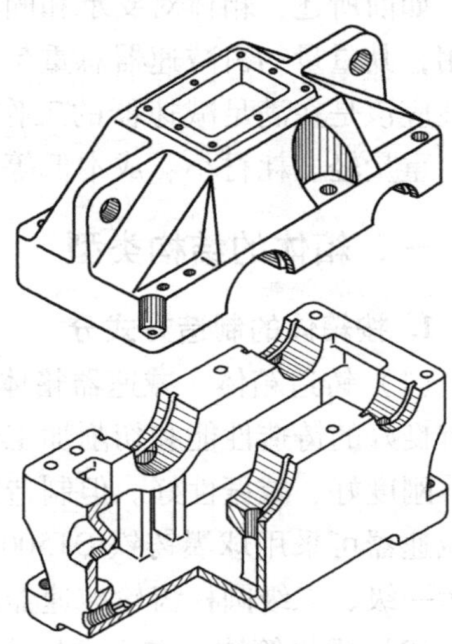

图 3-18　新型减速器箱体

二、铸造箱体的结构尺寸

减速器铸造箱体结构尺寸的荐用值见表 3-8。

表 3-8　减速器铸造箱体基本结构尺寸的荐用值(参见图 3-1、图 3-2)　(单位:mm)

名　称	符号	尺寸关系及影响因素		
箱座壁厚	δ	一级	$0.025a+1\text{mm}\geqslant 8\text{mm}$	多级传动时，a 为低速级中心距 考虑铸造工艺，所有壁厚都不应小于 8mm
		二级	$0.025a+3\text{mm}\geqslant 8\text{mm}$	
箱盖壁厚	δ_1	一级	$0.02a+1\text{mm}\geqslant 8\text{mm}$	
		二级	$0.02a+3\text{mm}\geqslant 8\text{mm}$	

（续）

<table>
<tr><th colspan="3">名　　称</th><th>符号</th><th colspan="7">尺寸关系及影响因素</th></tr>
<tr><td colspan="3">箱体凸缘厚度</td><td>b、b_1、b_2</td><td colspan="7">箱座 $b=1.5\delta$；箱盖 $b_1=1.5\delta_1$；箱底座 $b_2=2.5\delta$</td></tr>
<tr><td rowspan="2">加强肋厚</td><td colspan="2">箱座</td><td>m</td><td colspan="3">$m\approx0.85\delta$</td><td colspan="4" rowspan="2">提高轴承座附近箱体刚度</td></tr>
<tr><td colspan="2">箱盖</td><td>m_1</td><td colspan="3">$m_1\approx0.85\delta_1$</td></tr>
<tr><td colspan="3">地脚螺栓直径</td><td>d_f</td><td colspan="7">$0.036a+12$mm</td></tr>
<tr><td colspan="3">地脚螺栓数目</td><td>n</td><td colspan="3">$a\leqslant250$mm 时，$n=4$
$a>250\sim500$mm 时，$n=6$
$a>500$mm 时，$n=8$</td><td colspan="4">多级传动时，a 为低速级中心距</td></tr>
<tr><td rowspan="2">轴承旁联接螺栓</td><td colspan="2">直径</td><td>d_1</td><td colspan="7">$0.75\ d_f$</td></tr>
<tr><td colspan="2">间距</td><td>s</td><td colspan="7">以 d_1 和 d_3 互不干涉为原则尽量靠近，取 $s\approx D_2$</td></tr>
<tr><td rowspan="2">箱盖与箱座联接螺栓</td><td colspan="2">直径</td><td>d_2</td><td colspan="3">$(0.5\sim0.6)d_f$</td><td colspan="4" rowspan="2">应尽量对称布置，并且不与吊环、吊钩、定位销、油标尺等相干涉。l 不应小于扳手空间尺寸</td></tr>
<tr><td colspan="2">间距</td><td>l</td><td colspan="3">$\leqslant150\sim200$</td></tr>
<tr><td colspan="3">轴承盖螺钉直径和数目</td><td>d_3、n</td><td colspan="7">按轴承盖结构及尺寸确定，见表 3-6</td></tr>
<tr><td colspan="3">轴承盖（轴承座端面）外径</td><td>D_2</td><td colspan="7">按轴承盖结构及尺寸确定，见表 3-6</td></tr>
<tr><td rowspan="3">轴承座孔直径</td><td rowspan="2">外端大径</td><td>凸缘式轴承盖</td><td rowspan="2">D_2'</td><td colspan="7">$D_2'=D_2+(5\sim8)$mm</td></tr>
<tr><td>嵌入式轴承盖</td><td colspan="7">$D_2'=1.35D$（D 为轴承外径）</td></tr>
<tr><td colspan="2">嵌入槽底大径</td><td>D_3'</td><td colspan="7">$D_3'=D_3+(1\sim2)$（D_3 见表 3-6）</td></tr>
<tr><td colspan="3">视孔盖螺钉直径</td><td>d_4</td><td colspan="7">见表 3-9</td></tr>
<tr><td colspan="3">定位销直径</td><td>d</td><td colspan="7">$(0.7\sim0.8)\ d_2$</td></tr>
<tr><td colspan="3" rowspan="2">d_f，d_1，d_2 至外箱壁距离</td><td rowspan="2">C_1</td><td>螺栓直径</td><td>M8</td><td>M10</td><td>M12</td><td>M16</td><td>M20</td><td>M24</td></tr>
<tr><td>$C_1\geqslant$</td><td>13</td><td>16</td><td>18</td><td>22</td><td>26</td><td>34</td></tr>
<tr><td colspan="3">d_f，d_1，d_2 至凸缘边缘距离</td><td>C_2</td><td>$C_2\geqslant$</td><td>11</td><td>14</td><td>16</td><td>20</td><td>24</td><td>28</td></tr>
<tr><td rowspan="2">轴承旁凸台</td><td colspan="2">半径</td><td>R_1</td><td colspan="3">C_2</td><td colspan="4" rowspan="2">以便于扳手操作为原则，为方便制造，全部凸台高度一致。为此，可先根据低速级轴承座外径确定</td></tr>
<tr><td colspan="2">高度</td><td>h</td><td colspan="3">$h\approx(0.35\sim0.45)D_2$</td></tr>
<tr><td colspan="3">外箱壁至轴承座端面距离</td><td>l_1</td><td colspan="7">$C_1+C_2+(5\sim10)$mm</td></tr>
<tr><td colspan="3">铸造斜度、过渡斜度、铸造圆角</td><td colspan="8">参见表 11-15、表 11-16</td></tr>
</table>

三、铸造箱体的结构合理性

铸造箱体的合理结构除了按表 3-8 中的经验值确定有关尺寸外，还应从如下几方面考虑箱体结构的合理性。

1. 箱座高度 H 的确定

箱座高度 H 即为减速器轴心高（见图 3-2）。H 的确定应综合考虑润滑、散热等因素。

对于传动件采用浸油润滑的减速器，箱座高度除了应满足齿顶圆到油池底面的距离不小于 30 ~ 50mm 外（见表 3-14），还应使箱体能容纳一定量的润滑油，以保证润滑和散热。为

此，箱座高度 H 按下式确定

$$H > (d_a/2) + (30 \sim 50)\text{mm} + \delta + (5 \sim 8)\text{mm} \tag{3-1}$$

式中，d_{a2} 为大齿轮齿顶圆直径；δ 为箱座壁厚。

当减速器输入轴与电动机轴用联轴器直接相联时，箱座高度 H 最好与电动机轴心同高，以便于机座的制造及安装。

2. 箱盖外轮廓的确定

箱盖顶部外轮廓常以圆弧和直线组成。大齿轮所在一侧的箱盖外廓圆弧半径 R' 为

$$R' = d_a/2 + \Delta_2 + \delta_1 \tag{3-2}$$

式中，d_{a2} 为大齿轮顶圆直径；δ_1 为箱盖壁厚；Δ_2 为大齿轮顶圆至箱体内壁的径向距离。通常情况下，轴承座旁螺栓凸台处于箱盖圆弧内侧（见图 3-1、图 3-2）。

高速轴一侧箱盖外廓圆弧半径 R'' 是根据结构由作图确定，如图 3-19 所示。轴承座螺栓凸台的位置和高度确定后，一般取箱盖圆弧 $R'' > R$，使高速轴轴承座螺栓凸台位于箱盖圆弧内侧。当考虑结构紧凑时，也可使箱盖外廓圆弧中心偏离轴心，以至螺栓凸台位于箱盖圆弧外侧。由此可定出高速轴上小齿轮一侧箱体外壁和内壁的位置。因此，当在主视图上确定了箱盖基本外廓后，便可在三个视图上详细画出箱盖的结构。

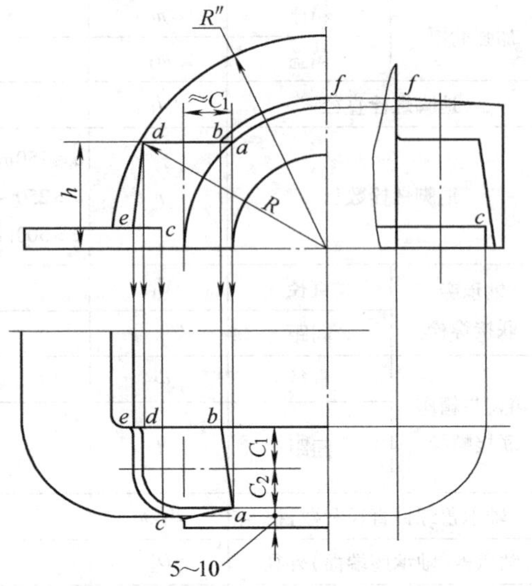

图 3-19　高速轴一侧箱盖外廓圆弧

3. 导油沟的结构

当轴承利用箱内传动件溅起的油润滑时，在箱座的凸缘面上需开设导油沟，使飞溅到箱盖内壁上的油经导油沟进入轴承（见图 3-20）。

导油沟的结构尺寸如图 3-20 所示。导油沟可以铸造，也可铣制而成，如图 3-21 所示。铣制油沟由于加工方便、油流动阻力小，故较常应用。

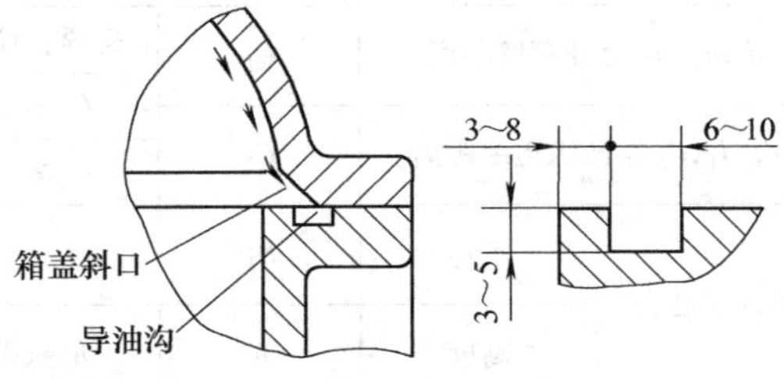

图 3-20　导油沟及其结构尺寸

4. 箱体的密封

为保证箱座与箱盖的密封，除箱体剖分面处的联接凸缘应有足够的宽度以及凸缘联接螺栓的间距不宜过大（荐用尺寸见表 3-8）外，对结合面的几何精度和表面粗糙度应有一定要求，一般要精刨到表面粗糙度值不大于 $R_a = 3.2\mu\text{m}$，重要的需刮研。为保证轴承座孔的精度，剖分面间不得加垫片。为提高结合面的密封性，常在箱座剖分面上制出回油沟，使渗向结合面的润滑油沿回油沟的斜槽流回箱内，如图 3-22 所示。回油沟的尺寸如图 3-20 所示。

5. 避免轴承座间的狭缝结构

若因相邻轴承座间两凸台相距太近形成如图 3-23a 所示的狭缝结构，将使铸造工艺性差，故以采用如图 3-23b 所示的结构为宜。

6. 箱座底面结构形式

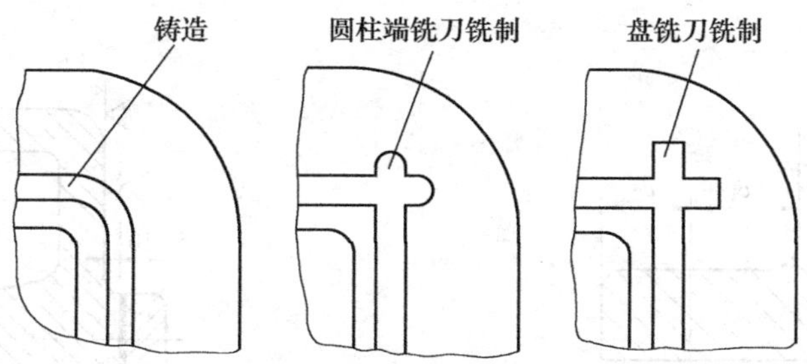

图 3-21　导油沟的形式

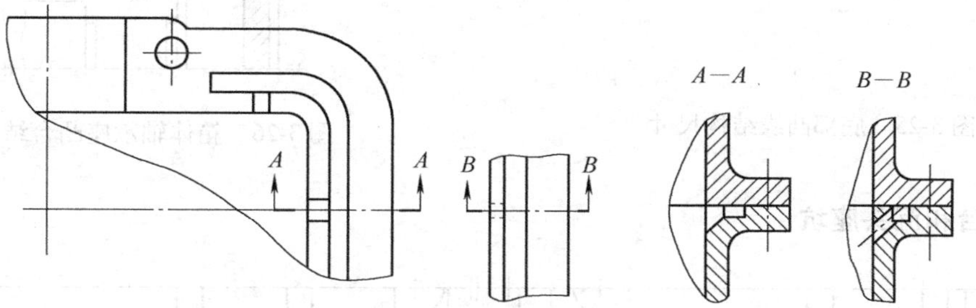

图 3-22　回油沟结构

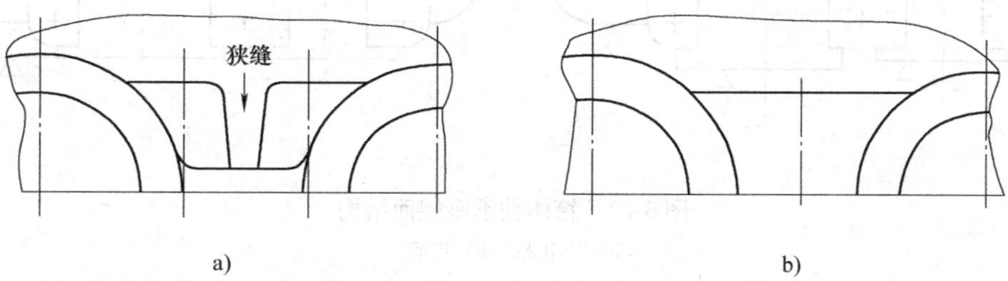

图 3-23　避免轴承座间的狭缝结构

为使下箱座与其他座架联接，下箱座也需做出凸缘底座。图 3-24 为箱座底面的一些结构形式，其中，图 3-24a 所示底面加工面积太大，且难于支承平整，故结构不合理。图 3-24b 所示底面结构较合理；中、小型机体的底面也可采用图 3-24c 或图 3-24d 所示的合理结构。

图 3-24　箱座底面结构形式

常用减速器的底部凸缘截面是矩形截面，如图 3-25 所示。底部凸缘宽度由地脚螺栓直径所需的 c_1、c_2 决定，为保证箱座刚性，底部凸缘的接触宽度 B 应超过箱座内壁位置，即 B

$\geqslant c_1 + c_2 + \delta$。

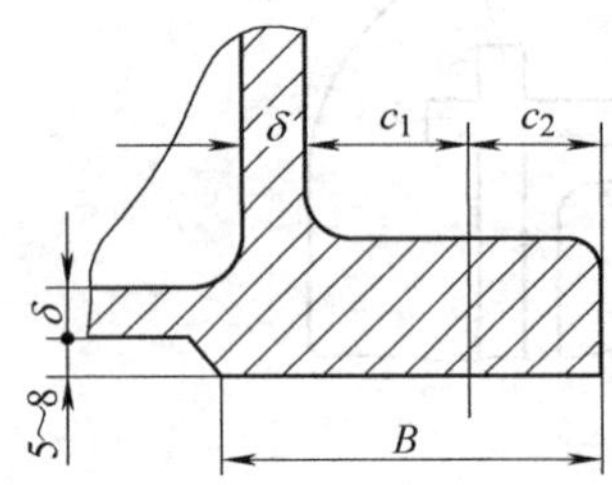

图 3-25　底部凸缘结构尺寸

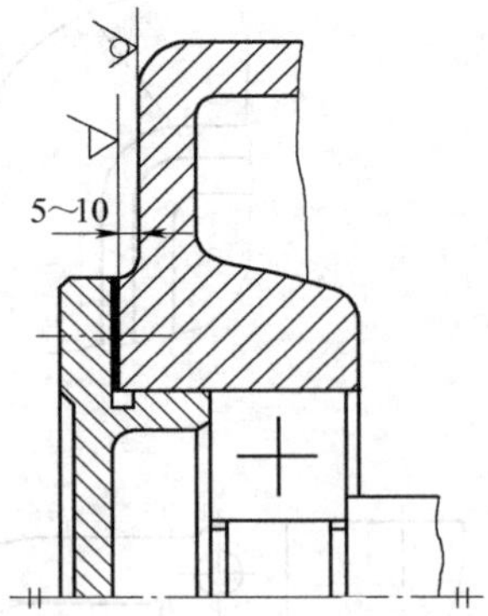

图 3-26　箱体轴承座凸台结构

7. 凸台和沉头座坑

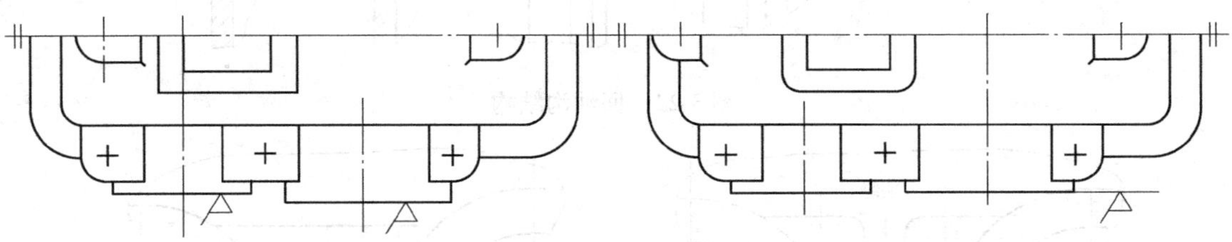

a)　　b)

图 3-27　箱体轴承座端面结构

a）不正确　b）正确

为便于加工，箱体上常做出凸台或锪出沉头座坑，以区分加工面和非加工面，并尽量减小加工面。如箱体与轴承盖、视孔盖的接合面，与油标、放油螺塞头部的接合面，与螺栓头部或螺母的接合面，均为加工面，需要与非加工面区分。图 3-26 所示为箱体轴承座凸台结构，为缩短加工时间，箱体轴承座端面应在同一平面上，如图 3-27 所示。图 3-28 所示为箱体与螺栓头部或螺母接合面处凸台或沉头座坑的加工方法，其中，图 c 和图 d 为刀具不能从下方加工时的方法。

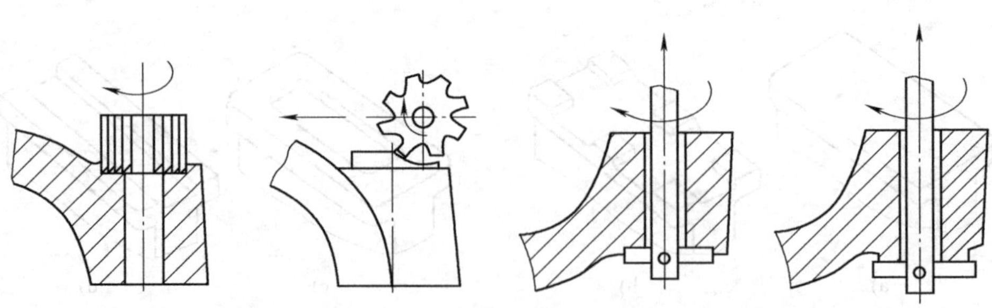

a)　　b)　　c)　　d)

图 3-28　凸台或沉头座坑的加工方法

第五节　减速器的附件

为了保证减速器的正常工作，除了对齿轮、轴、轴承组合和箱体的结构应给予足够重视外，还应考虑减速器的注油、排油、通气、吊运、检查油面高度、检查传动件啮合情况、保证加工精度和装拆方便等辅助零部件即附件的合理结构和尺寸。

1. 窥视孔和视孔盖

通过窥视孔检查传动件的啮合情况时，常需使用相应的工具并观察，所以窥视孔一般设在箱盖顶部能够看到齿轮啮合区的位置，其大小以手能伸入箱体进行检查操作为宜，如图3-29所示。窥视孔设有凸台，以便于加工。视孔盖可用螺钉紧固在凸台上，并采用密封垫，以防止杂质进入机体和机体内油液溢出。视孔盖可用不同材料、不同方法制成不同结构形式，如图3-30所示。图3-30c所示视孔盖的结构和尺寸可参见表3-9。

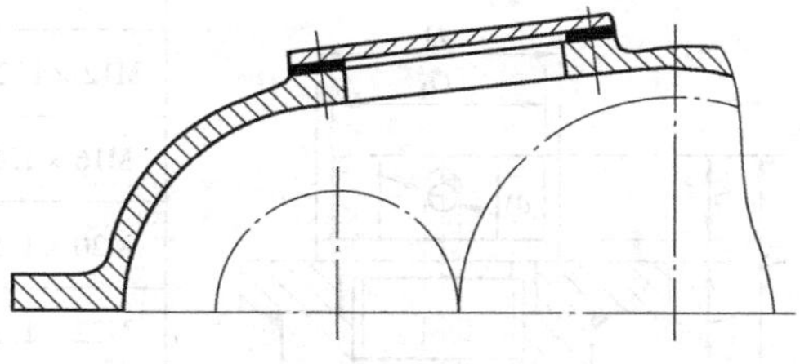

图3-29　窥视孔在箱盖上的位置

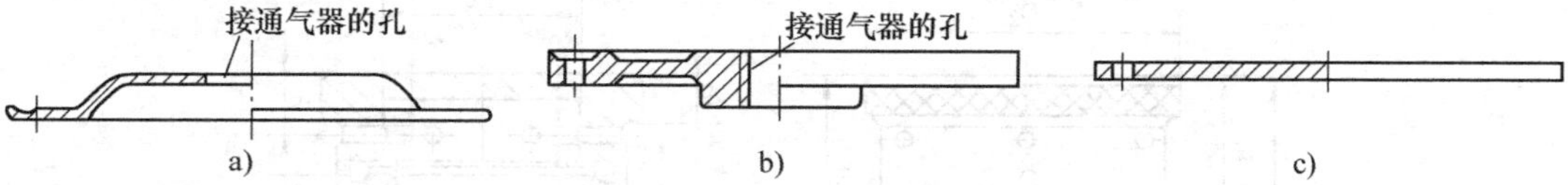

图3-30　视孔盖的结构

a）冲压薄钢板　b）铸铁　c）钢板

表3-9　视孔盖的结构和尺寸　（单位：mm）

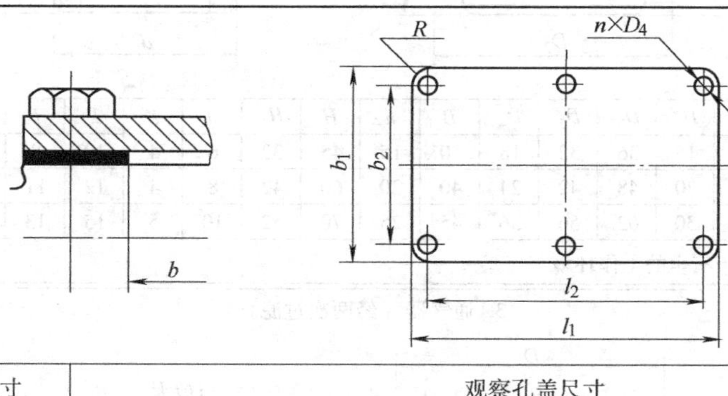

减速器中心距 a	观察孔尺寸		观察孔盖尺寸					螺钉		
	b	L	b_1	l_1	b_2	l_2	R	公称直径 d_4	孔径 D_4	孔数 n
100～150	50～60	90～110	80～90	120～140	$(b+b_1)/2$	$(L+l_1)/2$	5	6	6.5	4
150～250	60～75	110～130	90～105	140～160				8	9	6
250～400	75～110	130～180	105～140	160～210						

注：1. 二级减速器 a 按总中心距计并应取偏大值。

2. 视孔盖用钢板制作时，厚度取6mm，材料Q235。

3. b 为窥视孔宽度，L 为窥视孔长度。

2. 通气器

通气器设置在箱盖顶部或观察孔盖上，使机器运转升温时的混合体通畅逸出，停机后机器冷却时气体由此吸入。为避免停机时吸入粉尘，通常使用带有过滤网的通气器。常见通气器的结构和尺寸见表 3-10。选择通气器类型时，应考虑其对环境的适应性，其规格尺寸应与减速器大小相适应。

表 3-10　通气器　（单位：mm）

1. 通气螺塞（无过滤装置）

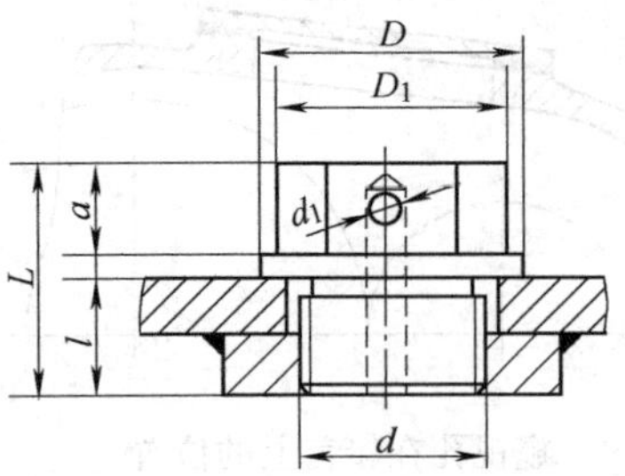

d	D	D_1	S	L	l	a	d_1
M12 × 1.25	18	16.5	14	19	10	2	4
M16 × 1.5	22	19.6	17	23	12	2	5
M20 × 1.5	30	25.4	22	28	15	4	6
M22 × 1.5	32	25.4	22	29	15	4	7
M27 × 1.5	38	31.2	27	34	18	4	8

说明：1. S 为扳手口宽。2. 材料为 Q235。3. 适用于清洁的工作环境

2. 通气帽（经一次过滤）

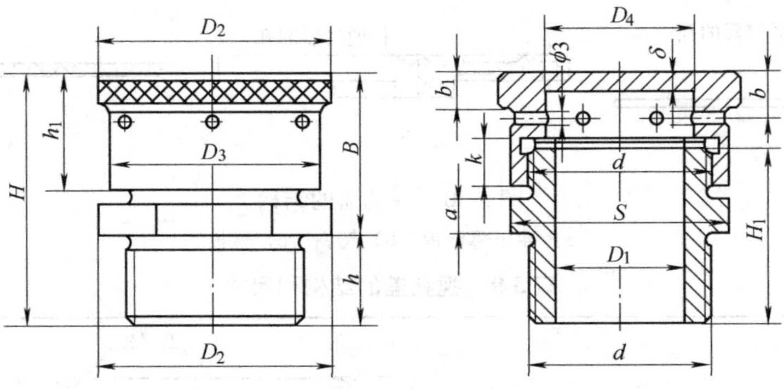

d	D_1	D_2	D_3	D_4	B	h	H	H_1	a	δ	k	b	h_1	b_1	S	孔数
M27 × 1.5	15	36	32	18	30	15	45	32	6	4	10	8	22	6	32	6
M36 × 2	20	48	42	24	40	20	60	42	8	4	12	11	29	8	41	6
M48 × 3	30	62	56	36	45	25	70	52	10	5	15	13	32	10	55	8

说明：有过滤网，适合于有尘的工作环境

3. 通气器（经两次过滤）

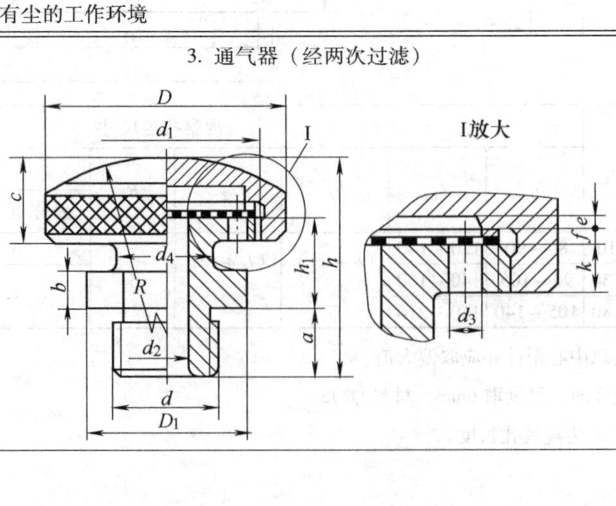

（续）

d	d_1	d_2	d_3	d_4	D	a	b	c	h	h_1	D_1	R	k	e	f	S
M18×1.5	M33×1.5	8	3	16	40	12	7	16	40	18	25.4	40	6	2	2	22
M27×1.5	M48×1.5	12	4.5	24	60	15	10	22	54	24	39.6	60	7	2	2	32
说明：此通气器经两次过滤，防尘性能好																

3. 油面指示器

供减速器内部机件润滑的润滑油的总量需要始终保持在一定范围，油位的高低一般用油面指示器观测。油面指示器应设置在便于观察且油面较稳定的部位，如低速轴附近。常用油面指示器的结构和尺寸见表3-11。其中，油标尺的结构简单，在减速器中较常采用。油标尺上有表示最高及最低油面的刻线。装有隔套的油尺，可以减轻油搅动的影响。

油标尺安置位置不能太低，以避免油溢出油标尺座孔。并且应使箱体油标尺座孔的倾斜位置便于加工和使用，如图3-31所示，其中，图a所示倾斜位置无法加工。

表3-11　油面指示器　（单位：mm）

1. 压配式圆形油标（JB/T7941.1—1995）

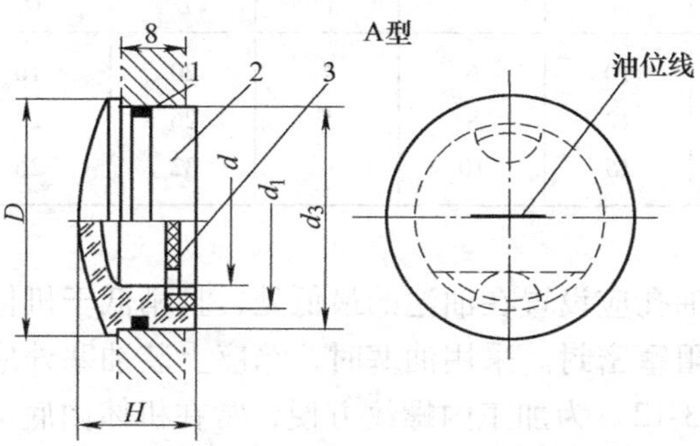

1—O形密封圈　2—透明有机玻璃　3—白色聚乙烯

标记示例

d=32，A型压配式圆形油标的标记：

油标 A32 JB/T7941.1—1995

d	D	d_1	d_3 基本尺寸	d_3 极限偏差	H	O形密封圈
12	22	14	20	−0.065 −0.195	14	15×2.65
16	27	18	25			20×2.65
20	34	22	32	−0.080 −0.240	16	25×3.55
25	40	28	38			31.5×3.55
32	48	35	45		18	38.7×3.55
40	58	45	55	−0.100 −0.290		48.7×3.55
50	70	55	65		22	—

2. 管状油标（JB/T7941.4—1995）

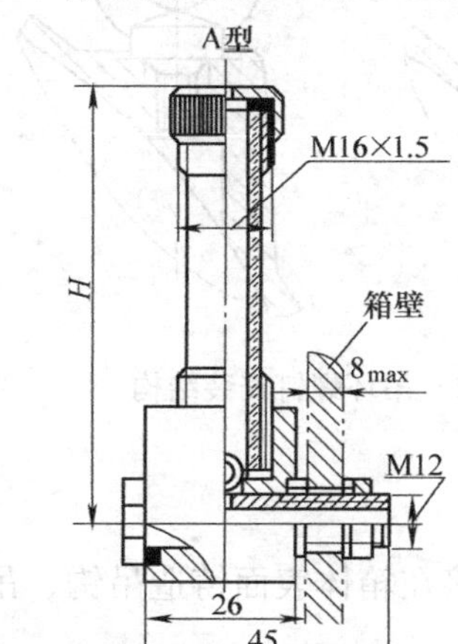

标记示例

H=160，A型管状油标的标记：

油标 A160 JB/T7941.4—1995

H	六角薄螺母	弹性垫圈	O形密封圈
80 100 125 160 200	M12	12	11.8×2.65

（续）

3. 油标尺

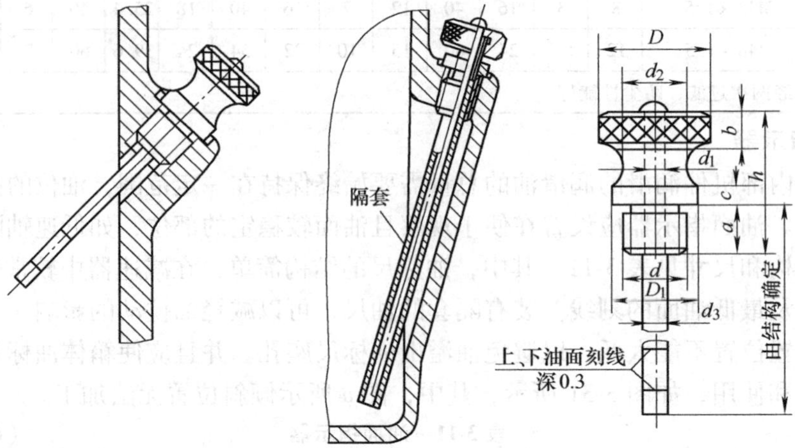

d（H9/h9）	d_1	d_2	d_3	h	a	b	c	D	D_1
M12（12）	4	12	6	28	10	6	4	20	16
M16（16）	4	16	6	35	12	8	5	26	22
M20（20）	6	20	8	42	15	10	6	32	26

4. 放油孔和油塞

为使机体内放出油液时将其基本排净，放油孔应设置在油池的最低处，且稍低于机体内底面。机器正常工作时，用油塞加封油垫将其阻塞密封。采用油塞时，箱座上装油塞处应设置凸台。六角油塞及封油垫的结构和尺寸见表3-12。为加工内螺纹方便，常在机体内底部靠近放油孔处铸造一小坑，如表3-12中图所示。

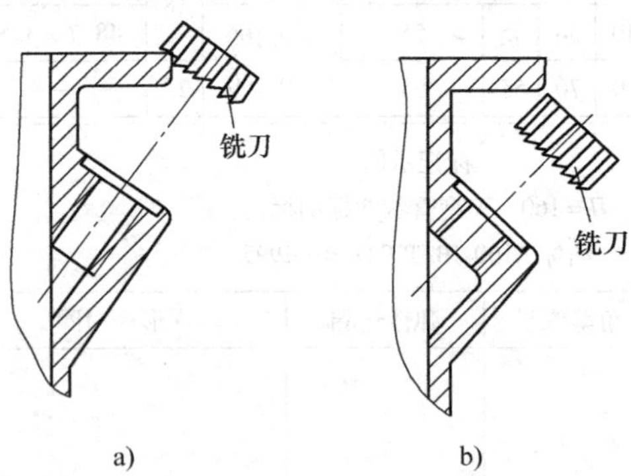

图3-31　油标尺安装位置
a）不正确　b）正确

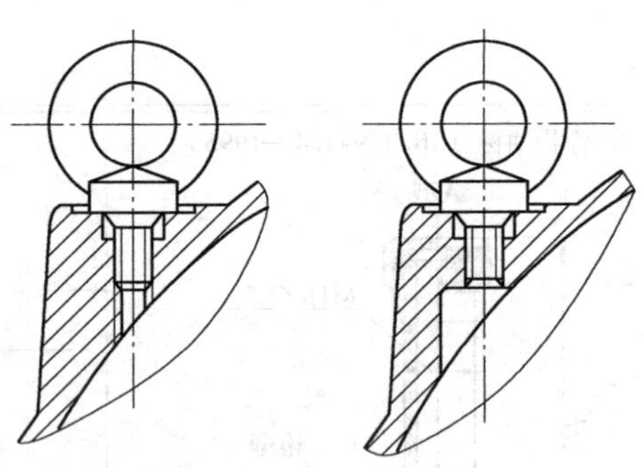

图3-32　吊环螺钉安装结构

5. 起吊装置

搬运箱座及箱盖的起吊装置可以采用吊环螺钉，也可以直接在箱体表面铸造吊钩、吊耳或吊耳环。

吊环螺钉常用于吊运箱盖或小型减速器，可按起吊重量选择（见表14-15）。箱盖安装吊环螺钉处应设置凸台，并使吊环螺钉有足够的深度，如图3-32所示。

表 3-12　外六角油塞及封油垫　　（单位：mm）

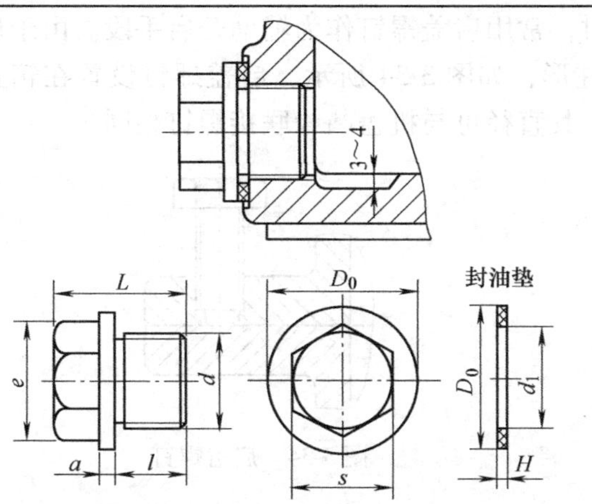

d	M14 × 1.5	M16 × 1.5	M20 × 1.5
D_0	22	26	30
e	19.6	19.6	25.4
L	22	23	28
l	12	12	15
a	3	3	4
S	17	17	22
d_1	15	17	22
H	2		

注：封油垫材料为耐油橡胶、工业用革；螺塞材料为 Q235。

对于重量较大的箱盖或减速器，可以直接在箱体表面铸造吊钩、吊耳或吊耳环，其结构形式和尺寸见表 3-13。其布置应与机器重心相协调，并避免与油标尺、凸缘联接螺栓、定位销、启盖螺钉等相干涉。

表 3-13　铸造吊钩、吊耳和吊耳环　　（单位：mm）

箱盖吊耳	箱盖吊耳环	箱座吊钩
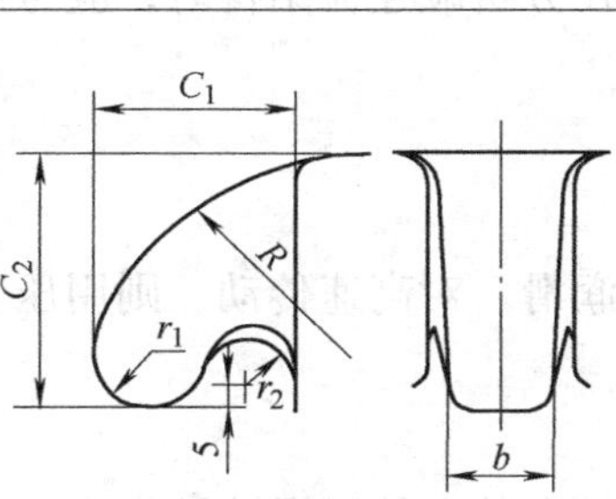	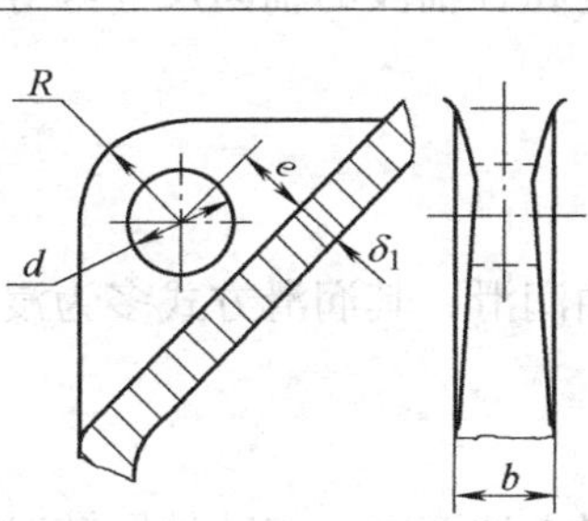	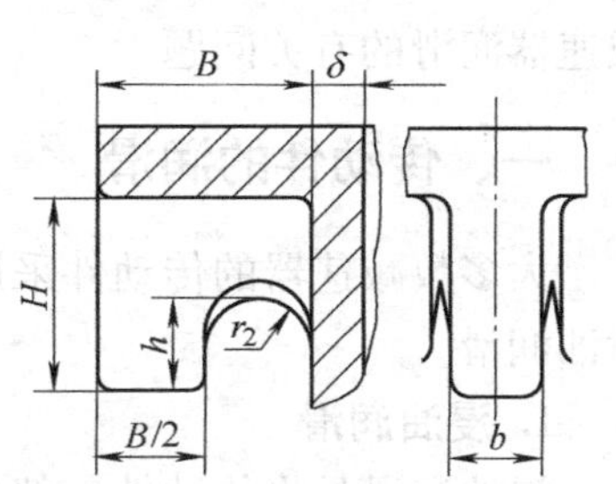
$C_1=(4\sim5)\delta_1$ $C_2=(1.3\sim1.5)C_1$ $b=2\delta_1$ $R=C_2$ $r_1=0.25C_1$ $r_2=0.2C_1$ δ_1 为箱盖壁厚	$d=(1.8\sim2.5)\delta_1$ $R=(1\sim1.2)d$ $e=(0.8\sim1)d$ $b=2\delta_1$ δ_1 为箱盖壁厚	$B=C_1+C_2$ $H=0.8B$ $h=0.5H$ $r_2=0.25B$ $b=2\delta$ C_1、C_2 为扳手空间尺寸 δ 为箱座壁厚

6. 定位销

通常在箱体结合面凸缘长度方向两侧各安装一个圆锥定位销，以保证箱体轴承座孔的镗制和装配精度。为可靠定位，通常将定位销设置在箱体联接凸缘的对角处，并作非对称布置。定位销的直径 $d\approx0.8d_2$（d_2 见表 3-8），其长度应大于箱盖、箱座凸缘厚度之和。定位销的典型结构如图 3-33 所示。

7. 启盖螺钉

启盖螺钉由普通螺栓经端头倒圆或加工成凸台制成。为满足减速器的密封要求，箱盖、箱座结合面常在装配时涂以密封胶，在开启时，常用启盖螺钉作为辅助开启手段。由于启盖时其下端受力大，因而常加工成半球形或圆柱形，如图 3-34 所示。启盖螺钉设置在箱盖联接凸缘上，其有效长度应大于机盖凸缘厚度，其直径可与机盖凸缘联接螺钉相同。

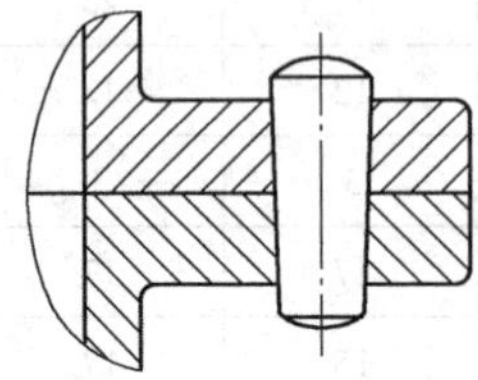

图 3-33　定位销的结构

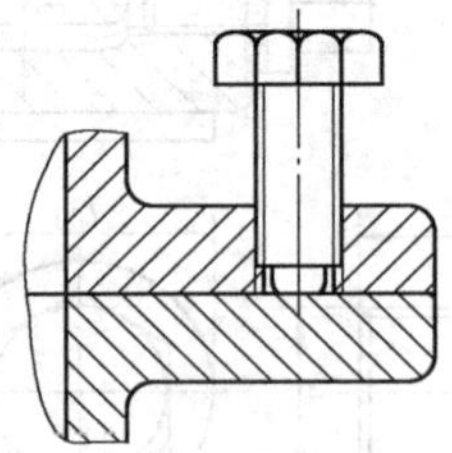

图 3-34　启盖螺钉

第六节　减速器的润滑

减速器传动件和轴承都需要良好的润滑，以减少摩擦、磨损，提高传动效率，防锈、散热，保证工作性能和使用寿命。

减速器润滑对减速器的结构有直接影响，例如，油面高度和需油量影响箱体的高度；轴承的润滑方式影响轴承的轴向位置和各轴段的轴向尺寸等等。在分析减速器结构时，应考虑减速器润滑的有关问题。

一、传动件的润滑

大多数减速器的传动件采用油润滑，其润滑方式多为浸油润滑。对高速传动，则用压力喷油润滑。

1. 浸油润滑

浸油润滑是将传动件一部分浸入油液中。传动件回转时，粘在其上的润滑油被带到啮合区进行润滑；并利用油池中被甩到箱壁上的油液散热。这种润滑方式适用于齿轮圆周速度 $v \leqslant 12\text{m/s}$、蜗杆圆周速度 $v < 10\text{m/s}$ 的场合。

为保证传动件充分润滑且避免搅油损失过大，合适的浸油深度可参见表 3-14。

表 3-14　浸油润滑时的浸油深度

减速器类型	传动件浸油深度
单级圆柱齿轮减速器 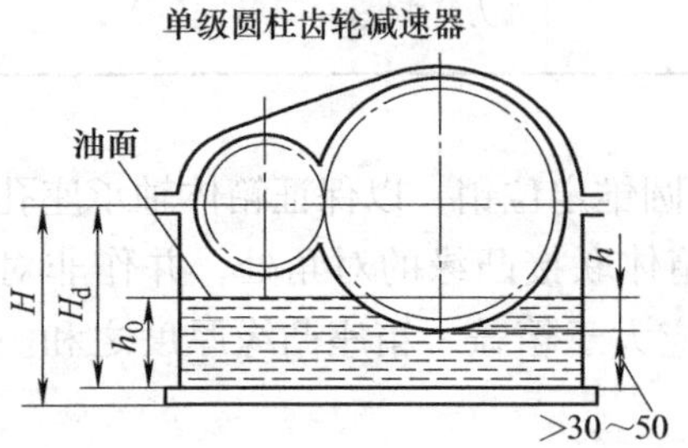	$m < 20\text{mm}$ 时，h 约为一个齿高，但不小于 10mm $m \geqslant 20\text{mm}$ 时，h 约为 0.5 个齿高 m 为齿轮模数

（续）

减速器类型	传动件浸油深度
二级级圆柱齿轮减速器 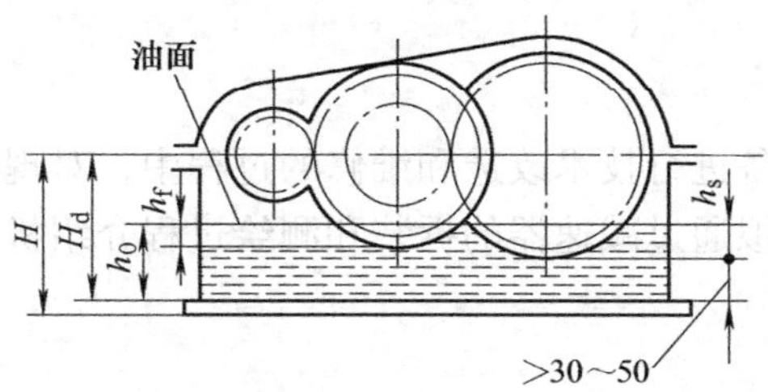	高速级：h_f 约为0.7个齿高，但不小于10mm 低速级：h_s 按圆周速度大小而定，速度大者取小值 $v=0.8\sim12\text{m/s}$ 时，h_s 约1个齿高（不小于10mm）～1/6齿轮分度圆半径 $v\leqslant0.5\sim0.8\text{m/s}$ 时，h_s 小于（1/6～1/3）齿轮分度圆半径

2. 喷油润滑

当齿轮圆周速度 $v>12\text{m/s}$，或蜗杆圆周速度 $v>10\text{m/s}$ 时，由于离心力作用，粘在传动件上的油易被甩掉，导致啮合区供油不可靠，并且搅油使油温升高。此时宜采用喷油润滑，即利用液压泵将润滑油通过油嘴喷至啮合区，直接对传动件润滑。

二、滚动轴承的润滑

对齿轮减速器，当浸油齿轮的圆周速度 $v<1.5\sim2\text{m/s}$ 时，滚动轴承宜采用脂润滑；当齿轮的圆周速度 $v\geqslant1.5\sim2\text{m/s}$ 时，滚动轴承多采用油润滑。

对蜗杆减速器，下置式蜗杆轴承用浸油润滑，蜗轮轴承多用脂润滑。

减速器滚动轴承常用的润滑方式及应用见表3-15。

表3-15　减速器滚动轴承的润滑方式及应用

润滑方式			应用说明
脂润滑		润滑脂直接填入轴承室	适用于 $v<1.5\sim2\text{m/s}$ 齿轮减速器。可用旋盖式、压注式油杯向轴承室加注润滑脂
油润滑	飞溅润滑	利用齿轮溅起的油形成油雾进入轴承室或将飞溅到箱盖内壁的油汇集到导油沟内，再流入轴承进行润滑	适用于浸油齿轮圆周速度 $v\geqslant1.5\sim2\text{m/s}$ 的场合。当 v 较大（$v>3\text{m/s}$）时，飞溅油可以形成油雾；当 v 不够大或油的粘度较大时，不易形成油雾，应设置导油沟等引油结构，其结构尺寸如图3-20所示
油润滑	浸油润滑	使轴承局部浸入油中，但油面应不高于最低滚动体的中心	适用于中、低速如下置式蜗杆轴的轴承润滑。高速时因搅油剧烈易造成严重过热

第四章　减速器的拆装与测绘

在新产品的开发、引进先进设备以及对原有设备进行技术改造和维修的过程中，对现有机器或部件的拆装和测绘是一项重要的工作。本章拟通过减速器的拆装和测绘过程介绍机械拆装和测绘的一般方法和步骤。

第一节　减速器的拆装

一、机械拆卸的一般方法和步骤

1. 观察并了解拆卸对象

在拆卸之前，首先需要对实物进行观察，参阅说明书和其他有关技术资料，或参考同类产品的图样，并向有关人员了解使用情况和存在的问题，以便对机器或部件的用途、性能、工作原理、功能结构特点、装配关系等进行深入地了解。

2. 拆卸的准备工作

1）编制拆卸计划，如拆卸顺序、拆卸方法、注意事项等。拟定拆卸前和拆卸中要记录和测量的原始数据表格，以避免机器或部件分解后无法复原。

2）准备拆卸用品和工具，如扳手、螺钉旋具、锤子、铜棒、轴承拆卸器，测量用的钢直尺、内卡钳和外卡钳、游标卡尺、百分表及表架、塞尺等量具，以及其他用品如铅丝、标签等和绘图用品以及有关手册。

3. 拆卸零件

1）拆卸前需测量并记录一些项目，如：某些零件的安装位置（有时用画线表示）、相对位置以及运动件极限位置；装配间隙、运动间隙和窜动量；可调零件的实际调节位置；密封及漆封情况；齿轮啮合情况及齿侧隙等等。测量并记录的结果将作为测绘中校核图样的参考，以便再装配时保持原来的装配要求。

2）拆卸时应根据零、部件连接方式和零件尺寸，选用合适的拆卸工具和设备，忌乱敲乱打和划伤零件。一般先附件后主机，先外部后内部，由上至下；先拆出部件，再拆出组件、零件。并考虑再装配时应保证原机的完整性、准确性和密封性，对过盈配合或配合精度高的零件以及一些经过调整且拆开后不易调整复位的零件，应尽量不拆或少拆，以免降低精度或损坏零件。

3）拆卸后要对拆下的零件进行清洗、编号、挂标签，并分类、分组有顺序地放置和妥善保管，以避免零件的混乱、损坏、变形、生锈或丢失，使零件再装配时仍能保证机器或部件的性能要求。

4）在拆卸零件的过程中，应注意分析机器或部件的传动方案、整体结构、功能要求、加工与装配工艺要求和润滑与密封要求等；分析各零件的功用、结构特点、定位方式以及零件间的装配关系、配合性质等；并测量各零部件的结构尺寸和各零部件之间的相对位置尺寸。

4. 画装配示意图

装配示意图是在零件拆卸过程中，用简明的符号和线条徒手画出的记录图样，以此表达部件装配体中各零件的名称、数量、相互位置关系和装配联接关系等，并从中可看出整个装配体的工作原理和传动路线。装配示意图是绘制装配图和零件拆卸后重新装配成机器或部件的依据。因此，正确绘制装配示意图是机械拆卸过程中重要的一步。

绘制装配示意图时应注意以下几点：

1）除轴、轴承、齿轮、弹簧等示意图应按国家标准（见表11-4）中规定的符号绘制外，一般零件可用简单图形画出其大致轮廓，形状简单的零件，例如螺钉、轴等可用线段表示。

2）装配示意图是用正投影法并按透明方法（不存在遮盖问题）绘制。各零件的表达，既画外形轮廓，又画内部结构，也不受其前后层次的限制，以使所有零件尽量集中在一个或两个视图上表达出来。

3）装配示意图一般按拆卸顺序对零件进行编号，并列明细表填写零件的拆卸序号、名称、数量、材料及标准件的标准代号等。

4）相邻两个零件的接触面或配合面应画出间隙，以便区别。通孔可按断面形状画成开口。

二、减速器的拆卸

下面以图3-1、图3-2所示齿轮减速器为例，介绍减速器拆卸的一般方法和步骤。

1）了解减速器的用途、类型、工作原理、性能参数、整体结构和布局等。

2）观察减速器外形结构，判断传动级数、输入和输出轴及安装方式；测出外廓尺寸。

3）观察、拆卸并分析减速器箱体附件。了解附件功能、结构特点、位置、数量及与箱体的联接方式。放尽箱内的润滑油，着手绘制装配示意图。

4）打开箱盖。拧下箱盖和箱座联接螺栓，拧下箱盖上凸缘式轴承盖的联接螺钉（注意保持轴承盖与箱座联接），拔出定位销，借助起盖螺钉和起吊装置打开箱盖，并注意保护箱盖和箱座结合面，防止碰坏或擦伤。仔细观察箱体的剖分面，了解箱体剖分面的密封方式。测出中心距、中心高。

5）测定轴承的轴向间隙。固定好百分表，用手推动轴至一端，然后再推动轴至另一端，百分表所指示出的量值差即为轴承轴向间隙的大小。然后拆下轴的外伸端联接键，卸下轴承盖。

6）测定齿轮副的侧隙。将一段铅丝插入齿轮间，转动齿轮碾压铅丝，铅丝变形后的厚度即是齿轮副侧隙的大小，用游标卡尺测量其值。

7）测定齿轮接触状况。在轮齿表面涂色，齿轮转动几周后，检查接触斑点。

8）观察箱体内部结构组成和布局。了解各轴系部件之间的相互位置关系，确定传动方式和传动路线；判定斜齿轮的旋向及轴向力方向，绘制机构传动示意图。

9）拆卸并分析轴系部件。一边转动轴，一边顺着轴旋转方向取出高速轴系部件，再用橡胶锤轻敲中、低速轴系部件并将其取出，然后拆卸各零件。观察并分析轴上各零件的作用、结构、周向和轴向定位方式以及与轴的配合情况等；观察确定轴承类型和型号并分析轴承的安装、定位、润滑与密封方式、间隙调整方式以及与轴和座孔的配合情况；观察并分析轴系部件与箱体的定位方式。

10）拆卸轴承。拆卸时为了不损坏轴承滚道，须采用专用工具，不得用锤子乱敲，不得将力施加于外圈上通过滚动体推动内圈。

11）画出轴系结构简图。在完成上述 9）、10）步骤的过程中，测量轴系零件，如轴、齿轮、轴套、键、挡油环、轴承盖、调整垫片等的有关结构尺寸，确定各零部件之间的相对位置尺寸。将各轴系结构分析的结果分别用轴系结构简图表示，并注出所测得的尺寸。

12）完成装配示意图。用以表示减速器中各零部件的相互位置和装配联接关系以及减速器的传动原理和传动路线，并给各零部件编出拆卸序号、填写明细表。

13）列出标准件和非标准件明细表。为方便分析与测绘，需将减速器的零部件分成标准件和非标准件两类，并分别列出标准件和非标准件明细表。

14）用煤油或汽油等清洗各零部件，按拆卸序号挂标签，然后分类放置并妥善保管，以备各零件的测绘和再装配。

15）对减速器的不合理结构进行分析、讨论，提出改进措施。

三、减速器的装配

在减速器的拆卸、观察与分析、测绘结束后，即可按拆卸的反顺序装配好减速器。下面仍以图 3-1、图 3-2 所示齿轮减速器为例，介绍减速器装配的一般方法和步骤。

1. 装配的注意事项

1）装配前对所有零件，经清洗后进行技术检验，避免因损伤而不合格零件装后返工。

2）对配合件和不能互换的零件，应按拆卸、修理或制造时所作的标记成对或成套装配。

3）运动零件的摩擦面，装配之前要涂抹润滑油。

4）避免密封件装反。定位销用手推入 75% 轻轻打入。

5）为保证装配质量，对拆卸前记录或作标记的一些项目，如装配间隙或过盈量、窜动量、齿轮传动侧隙、接触状况以及灵活性等，应边装配边进行调整、校对和技术检验，使其达到拆卸前要求。

2. 减速器的装配顺序

在装配减速器前，应研究和了解减速器的装配工艺和各项技术要求，并参照所绘制的装配示意图及零件的拆卸序号，确定装配方案。装配时按照先组件、后部件、最后整机的顺序以及先拆后装、后拆先装的原则进行返装。其具体的装配顺序如下：

1）将箱座置于装配工作台，检查箱座内有无零件和其他杂物留在箱座内，擦净箱座内部。

2）将轴上的零部件组装成轴系组件后，先将输出轴组件装到箱座上，再将输入轴组件装到箱座上。对脂润滑轴承加装润滑脂。

3）将轴承闷盖装在对应轴端的座孔处，用螺钉将其与箱座联接并锁紧（对于凸缘式轴承盖），再推动轴系组件靠向闷盖一端；装入轴承透盖和密封件组件（对于中轴是装入另一闷盖），打表检测轴向间隙，选取适当的垫片厚度并保证轴承间隙符合技术要求，然后用螺钉将轴承透盖组件与箱座联接并锁紧，并在轴承盖处涂密封胶。按照先低速轴系、再中轴轴系、最后高速轴系的顺序完成上述装配过程后，试运转2min，检测齿轮传动侧隙和齿面接触斑点。

4）将箱盖与其上附件的组件装在箱座上，打入定位销，用螺栓组件联接并锁紧，用塞尺检查结合面接触精度。检查合格后，旋入起盖螺钉起盖，涂密封胶，再装配。

5）将油塞组件旋入箱座，插入油标尺，加润滑油，将视孔盖用螺钉装在箱盖上并锁紧。

6）检查所有附件是否装好。用棉纱擦净减速器外部，放回原处，摆放整齐。

四、实例分析

例4-1 完成图2-3所示螺旋输送机中齿轮减速器的拆装。

解 该减速器的拆卸过程，也是对其传动原理和整体结构的分析过程，因此，需参照本节所述减速器拆卸的一般方法和步骤，对其进行拆卸并作相应的分析，具体操作与分析如下：

（1）该减速器为一级圆柱齿轮减速器，采用地脚螺栓安装在地基上。输入轴与大V带轮相连，输出轴经联轴器与螺旋输送机相联，轴与带轮和联轴器均采用平键联接。并测得减速器外廓尺寸为：长428mm、宽410 mm、高312 mm。

（2）打开箱盖之后，即可完成下述工作：

1）测量中心距、中心高，并检测轴承的轴向间隙、齿轮侧隙、接触斑点，并记录其结果。测量方法与检验项目结果见表4-1。

表4-1 测量方法与检测项目结果

序号	项　目	测量方法及工具	结　果
1	中心距	游标卡尺间接测量	150 mm
2	中心高	游标深度尺直接测量	170 mm
3	轴承的轴向间隙	千分表直接测量	0. 030 mm
4	齿轮侧隙	用压铅丝的方法，游标卡尺测量	0. 18 mm
5	接触斑点	齿面涂色检查接触斑点占齿宽的比例	较大宽度处约40%
			较小宽度处约37%
		齿面涂色检查接触斑点占齿高的比例	较大高度处约45%
			较小高度处约25%

2）分析减速器的传动方式和传动路线，绘制机构传动示意图，如图2-3中减速器传动示意图。

（3）在拆卸轴系部件的过程中，分别对高速轴轴系和低速轴轴系各零部件之间的相对位置进行分析与测量，并记录各尺寸的实测值及数据处理和合理性分析结果，见表4-2。

（4）依据表4-2中各零部件相对位置尺寸的测量与分析结果，分别绘制高速轴轴系和低速轴轴系结构简图，并注出表中相关尺寸。低速轴轴系结构简图如图4-1所示，同样可绘制出高速轴轴系结构简图（此处从略）。

（5）在拆卸的过程中，按拆卸顺序，给所拆下的零件编号，记录所拆零件的名称、数量、材料及标准件的标准代号等，并且一边拆卸，一边绘制装配示意图。当减速器拆卸结束时，即可完成如图4-2所示的装配示意图。

表 4-2 各零部件相对位置尺寸测量与分析（参见图 3-3、表 3-2）（单位：mm）

代号	名称			实测值	数据处理与合理性分析	结果
b	齿轮宽度	大齿轮 b_2		59.98	圆整。齿宽 $b_1>b_2$，并满足 $b_1=b_2+(5\sim10)$，合理	60
		小齿轮 b_1		66.05		66
B	轴承宽度	输入轴		17.99	分别与 6208、6211 型轴承标准宽度（见表 15-1）一致	18
		输出轴		20.99		21
Δ_1	齿轮最外端面至箱体内壁的轴向距离	输入轴		10.03	圆整。符合推荐值 $\Delta_1\geqslant10$ 的要求，合理	10
		输出轴		13.05		13
Δ_2	齿轮顶圆至箱体内壁的径向距离			9.11	圆整。接近推荐值 $\Delta_2\geqslant1.2\delta=1.2\times8=9.6$ 的要求，合理。其实际值还应考虑箱体内腔尺寸及齿轮顶圆直径才能确定	9
Δ_4	滚动轴承端面至箱体内壁的距离	输入轴		5.13	圆整。符合轴承为稀油润滑时推荐值 $\Delta_4=5\sim10$ 的要求，合理	5
		输出轴		5.01		5
L	轴承座宽度			54.92	圆整。其值大于推荐值 $L=\delta+C_1+C_2+(5\sim10)=8+18+16+(5\sim10)=47\sim52$（$C_1$ 和 C_2 见表 3-8），合理	55
Δ_5	轴承盖内、外端面之间的距离	输入端	e	10.02	圆整。符合表 3-6 推荐值的要求，即 $e=1.2d_3=1.2\times8=9.6$，取 $e=10$。合理	10
			m	31.95	圆整。符合结构要求：$m=L-\Delta_4-B=55-5-18=32$ 且 $>e$，合理	32
			Δ_5		由结构尺寸确定：$\Delta_5=m+e=32+10=42$	42
		输出端	e	10.20	圆整。符合表 3-6 推荐值的要求，即 $e=1.2d_3=1.2\times8=9.6$，取 $e=10$。合理	10
			m	28.96	圆整。符合结构要求：$m=L-\Delta_4-B=55-5-21=29$	29
			Δ_5		由结构尺寸确定：$\Delta_5=m+e=29+10=39$	39
Δ_6	箱外传动件的内端面至轴承盖外端面的距离	输入端		20.10	圆整。符合凸缘式轴承端盖推荐值 $\Delta_6\geqslant15\sim20$mm 要求，合理	20
		输出端		28.90		29
L_1	轴的支承间距	输入轴			由结构尺寸确定：$L_1=B+2\Delta_4+2\Delta_1+b=18+2\times(5+10)+66=114$	114
		输出轴			由结构尺寸确定：$L_1=B+2\Delta_4+2\Delta_1+b=21+2\times(5+13)+60=117$	117
l	外伸端轴段长度	输入轴		58.13	根据该测量值及 V 带轮处轴段直径 30 查表 11-12，外伸端轴段长度为 58	58
		输出轴		81.97	圆整。根据该测量值及联轴器处轴段直径 45 查表 17-1，联轴器毂孔长度 $B_1=84$，即符合 l 略小于 B_1 的结构要求，合理	82
B_1	外伸端传动件的毂孔长度	输入端			根据 l 并参考表 11-5 取标准尺寸	60
		输出端			根据 l 及联轴器处轴段直径 45 查表 17-1	84

（续）

代号	名　　称		实测值	数据处理与合理性分析	结果
L_2	箱外传动件的中面到最近支承点的距离	输入轴		由结构尺寸确定：$L_2 = B_1/2 + \Delta_6 + \Delta_5 + B/2 = 30 + 20 + 42 + 9 = 101$	101
		输出轴		由结构尺寸确定：$L_2 = B_1/2 + \Delta_6 + \Delta_5 + B/2 = 42 + 29 + 39 + 10.5 = 120.5$	120.5

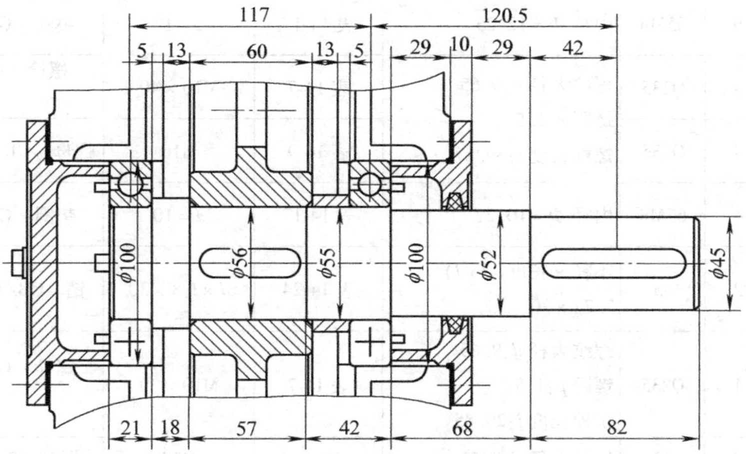

图 4-1　低速轴轴系结构简图

（6）将该减速器所有零部件分成标准件和非标准件两类，并分别列出标准件和非标准件明细表，见表 4-3、表 4-4。

表 4-3　标准件明细表

名称	数量	材料	实测值/mm	数据处理		标　　记
				查表	规格尺寸	
螺钉（视孔处）	4	Q235	螺纹大径 d:5.78 螺栓长度 l:20.10	表 14-7	M6 × 20	螺栓 GB/T 5783　M6 × 20
键（输入端）	1	45	宽 × 高 × 长（$b \times h \times l$） 8 × 7.01 × 50.02	表 14-23	$b \times h \times l$: 8 × 7 × 50	键　8 × 50 GB/T 1096—2003
键（输出端）	1	45	宽 × 高 × 长（$b \times h \times l$） 14 × 8.99 × 69.96	表 14-23	$b \times h \times l$: 14 × 9 × 70	键　14 × 70 GB/T 1096—2003
螺钉（轴承盖处）	24	Q235	螺纹大径 d:7.70 螺距 p:1.25 螺栓长度 l:25.10	表 14-7	M8 × 25	螺栓 GB/T 5783—2000 M8 × 25
毡圈油封（输入端）	1	半粗羊毛毡	轴径 Φ = 38	表 16-6	用 d = 35 配制	毡圈　35 JB/ZQ 4606—1986
毡圈油封（输出端）	1	半粗羊毛毡	轴径 Φ = 52	表 16-6	用 d = 50 配制	毡圈　50 JB/ZQ 4606—1986

（续）

名称		数量	材料	实测值/mm	数据处理		标记
					查表	规格尺寸	
轴承座旁	螺栓	6	Q235	螺纹大径 d:11.60 螺距 p:1.75 螺栓长度 l:120.30	表 14-7	M12×120	螺栓 GB/T5783—2000 M12×120
	螺母	6	Q235		表 14-9	M12	螺母 GB/T6170—2000 M12
	弹簧垫圈	6	65Mn	内径 Φ=12.25	表 14-17	d=12	垫圈 GB/T93—1987 12
箱盖与箱座	螺栓	4	Q235	螺纹大径 d:9.65 螺距 p:1.5 螺栓长度 l:39.87	表 14-7	M10×40	螺栓 GB/T 5783—2000 M10×40
	螺母	4	Q235		表 14-9	M10	螺母 GB/T6170—2000 M10
	弹簧垫圈	4	65Mn	内径 Φ=10.22	表 14-17	d=10	垫圈 GB/T93—1987 10
定位销		2	35	小径×长度($d\times l$) 7.72×30	表 14-24	$d\times l$:8×30	销 GB/T117—2000 8×30
起盖螺钉		1	Q235	螺纹大径 d:9.65 螺距 p:1.5 螺栓长度 l:29.85	表 14-7	M10×30	螺栓 GB/T5783—2000 M10×30
起吊螺钉		2	20	螺纹大径 d:9.72	表 14-15	M10	螺钉 GB/T825—1988 M10
轴承（输入轴）		2		内径×外径×宽度 ($d\times D\times B$) 39.99×80×17.99	表 15-1	$d\times D\times B$: 40×80×18	滚动轴承 6208 GB/T 276—1994
轴承（输出轴）		2		内径×外径×宽度 ($d\times D\times B$) 55×99.99×20.99	表 15-1	$d\times D\times B$: 55×100×21	滚动轴承 6211 GB/T 276—1994
键（齿轮处）		1	45	宽×高×长($b\times h\times l$) 16×9.99×49.98	表 14-23	$b\times h\times l$: 16×10×50	键 16×50 GB/T 1096—2003

表 4-4 非标准件明细表

序号	名称	数量	材 料	序号	名称	数量	材 料
1	视孔盖	1	Q215	11	大齿轮	1	45
2	垫片	1	石棉橡胶纸	12	轴	1	45
3	箱盖	1	HT200	13	轴承端盖	1	HT150
4	箱座	1	HT200	14	齿轮轴	1	45
5	轴承端盖	1	HT150	15	轴承端盖	1	HT150
6	挡油环	2	Q215	16	调整垫片	2 组	08F
7	轴承端盖	1	HT150	17	油标尺	1	Q235
8	调整垫片	2 组	08F	18	油塞	1	Q235
9	轴套	1	Q235	19	通气器	1	Q235
10	垫片	1	石棉橡胶纸				

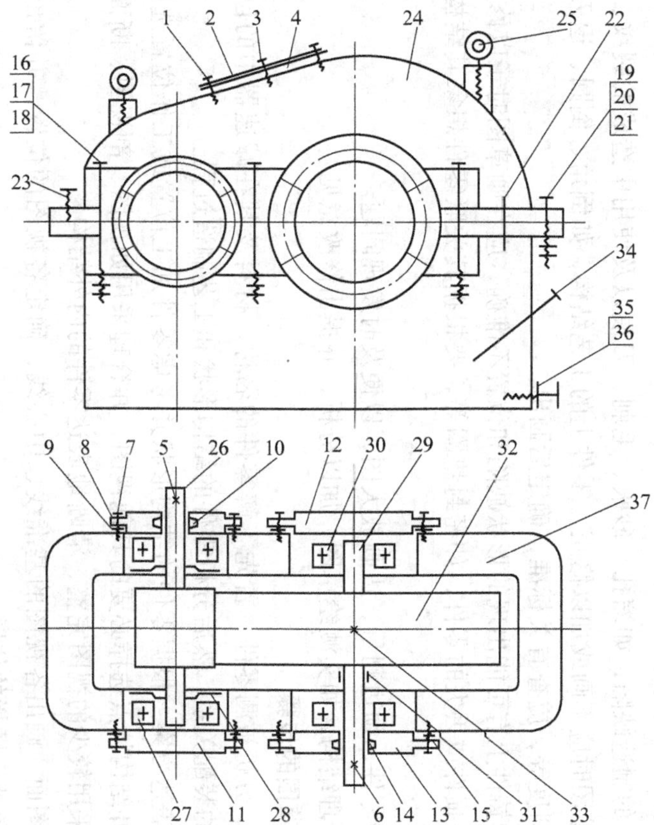

拆卸序号	名称	数量	材料	备注
37	箱座	1	HT200	
36	垫片	1	石棉橡胶纸	
35	螺塞	1	Q235	
34	油标尺	1	Q235	
33	键 16×50	1	45	GB/T1096—2003
32	大齿轮	1	45	
31	轴套	1	Q235	
30	轴承 6211	2		GB/T276—1994
29	轴	1	45	
28	挡油环 $\delta=1$	2	Q215	
27	轴承 6208	2		GB/T276—1994
26	齿轮轴	1	45	
25	起吊螺钉 M10	2	20	GB/T825—1988
24	箱盖	1	HT200	
23	起盖螺钉 M10×30	1	Q235	GB/T5783—2000
22	销 8×30	2	35	GB/T117—2000
21	弹簧垫圈 10	4	65Mn	GB/T93—1987
20	螺母 M10	4	Q235	GB/T6170—2000
19	螺栓 M10×40	4	Q235	GB/T5783—2000
18	弹簧垫圈 12	6	65Mn	GB/T93—1987
17	螺母 M12	6	Q235	GB/T6170—2000
16	螺栓 M12×120	6	Q235	GB/T5783—2000
15	调整垫片	2 组	08F	
14	毡圈油封 50	1	半粗羊毛毡	JB/ZQ4606—1986
13	轴承端盖	1	HT150	
12	轴承端盖	1	HT150	
11	轴承端盖	1	HT150	
10	毡圈油封 35	1	半粗羊毛毡	JB/ZQ4606—1986
9	调整垫片	2 组	08F	
8	轴承端盖	1	HT150	
7	螺钉 M8×25	24	Q235	GB/T5783—2000
6	键 14×70	1	45	GB/T1096—2003
5	键 8×50	1	45	GB/T1096—2003
4	垫片	1	石棉橡胶纸	
3	通气器	1	Q235	
2	视孔盖	1	Q215	
1	螺钉 M6×20	4	Q235	GB/T5783—2000

图 4-2　装配示意图

在完成减速器的测绘、零件工作图和装配图以后，即可按本节所述的装配顺序，将拆卸下来的零件重新组装，并进行必要的检测，使相应的检测项目满足图 10-7 所示装配图中提出的各项技术要求。

第二节　减速器的测绘

减速器的测绘是在完成上述拆卸过程以后，对所拆下的零部件作进一步结构分析，以徒手和目测比例画出零件的草图，并进行测量、分析、记录尺寸、制定技术要求、填写标题栏的过程，随即可画出装配草图。零件的测绘技术在机器的仿制、修配或技术改造中起着重要的作用，例如，机械产品设计时有时需要先对同类产品进行测绘，以获得设计所需的参考资料；机器或设备维修时，对于磨损或损坏而需要配制的零件，在缺少零件图的情况下，可对该零件进行测绘，以便于分析零件磨损或损坏的原因，提出合理的改进措施，并画出零件工作图，以作为制造的依据。

减速器的零件草图是减速器的结构分析、工作能力分析和精度分析以及零件工作图绘制、装配图绘制的重要依据。零件草图的要求是：图形正确、表达清晰、尺寸齐全，并注写包括技术要求的全部内容。本节将以减速器为例介绍零件测绘的一般方法和步骤。

一、徒手画零件草图

1. 画零件草图的注意事项

1）对标准件（如螺栓、螺母、垫圈、键、销等）不必画零件草图，只需依据主要尺寸的实测值由相应标准确定其规格和标记，并将这些标准件的名称、数量、材料和标记等列表即可。因此，除标准件以外，减速器的专用零件，如箱座、轴承盖等，都必须测绘，画出草图。

2）零件上的制造缺陷，如缩孔、砂眼、毛刺、刀痕以及使用中造成的裂纹、磨损和损坏等部位，画草图时应不画或加以修正。零件上的工艺结构，如倒角、倒圆、退刀槽、砂轮越程槽、起模斜度等，应查有关标准，确定后画出。

3）锻件和铸件上有可能出现的形状缺陷和位置不准确，应在画草图时予以修正。

4）对于易损件或丢失的零件，如密封垫圈等，要根据其关联零件想象其结构，画出草图。

5）对复杂零件，须边测量、边画放大图，以便及时发现问题。

6）对不合理结构，如实测绘草图，加以分析，并提出修改意见。

2. 画零件草图的步骤

（1）了解、分析被测零件　首先了解零件的名称、材料及其在减速器中的位置与功用和与相邻零件的装配关系，然后分析零件的结构形状和工艺制造过程。

（2）确定表达方案　根据零件的结构形状并考虑零件加工位置或工作位置选择主视图，再按零件的内外结构特点选择必要的其他视图，并合理采用如视图、剖视图、断面图等表达方法。尽可能采用较少的视图完整、清晰地表达零件的内外结构。

（3）布置图面　画出各视图的基准线、中心线，确定各视图的位置，并留出标注尺寸的间隙和右下角处标题栏的位置。

(4) 画零件草图　徒手、目测比例画出各个视图。先画底图、再加深图线，保持线条粗细分明。

二、标注零件的待测尺寸

零件草图画好后，即可按零件形状、加工顺序和便于测量等因素，确定尺寸基准。按正确、完整、清晰并尽可能合理地标注尺寸的要求，画出全部尺寸线、尺寸界线。待到量取尺寸后，即可填写尺寸数值。标注零件尺寸应考虑如下几点：

1）减速器中相邻零件有联系的部分，尺寸基准应统一；两零件相配合的部分基本尺寸应相同。

2）重要尺寸如配合尺寸、定位尺寸、保证工作精度和性能的尺寸等，应直接注出。

3）切削加工部分的尺寸标注，应尽量符合加工要求并使测量方便。

4）对于不经切削加工部分，一般由形体分析标注尺寸。

5）草图上标注尺寸时，允许将尺寸标注成尺寸链的封闭环，以便分析、核对尺寸。

6）圆角、倒角及中心孔等细小结构尺寸在草图上可不标注。

三、零件尺寸的测量和数据处理

1. 测量时的注意事项

1）测量时一般选择零件上磨损较小的较大加工表面为测量基准面。

2）零件上的尺寸应按各组成部分集中测量，这样不但能提高效率，还可避免重复和遗漏尺寸。

3）测量时应使零件呈自由状态，避免因零件变形而引起的测量误差。关键零件的尺寸、零件的重要尺寸以及较大尺寸，应反复测量，直到数据稳定可靠再计算其平均值。

4）应尽量直接测量尺寸，避免由多个尺寸累加计算总尺寸；对间接测量的尺寸数据应及时整理、标注。

5）草图上一般直接标注经数据处理后的实测值，但某些设计尺寸如齿轮啮合的中心距、齿顶圆直径等，应先记录其实测值，待计算确定后再标注其计算值。

表 4-5　零件尺寸的常用测量方法

项目	测量方法	项目	测量方法
直线尺寸	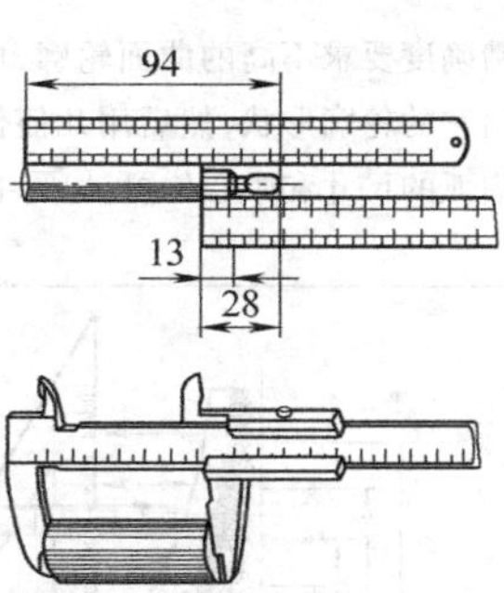 可用钢直尺或游标卡尺直接测量读数，如图中的长度 94、13 和 28	直径尺寸	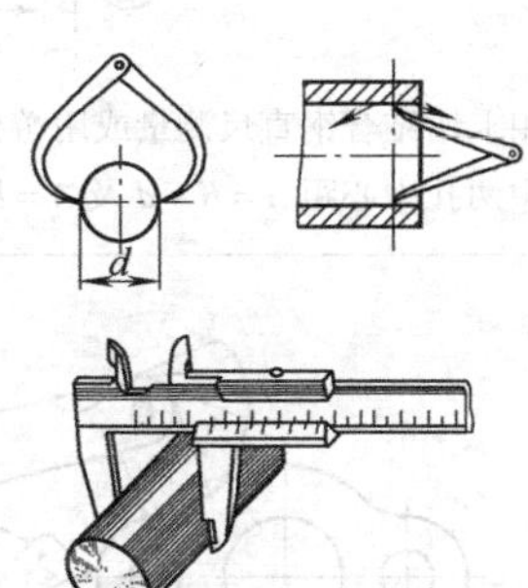 可用内、外卡钳间接测量或用游标卡尺直接测量读数，如图中的直径 d

（续）

项目	测量方法
中心高	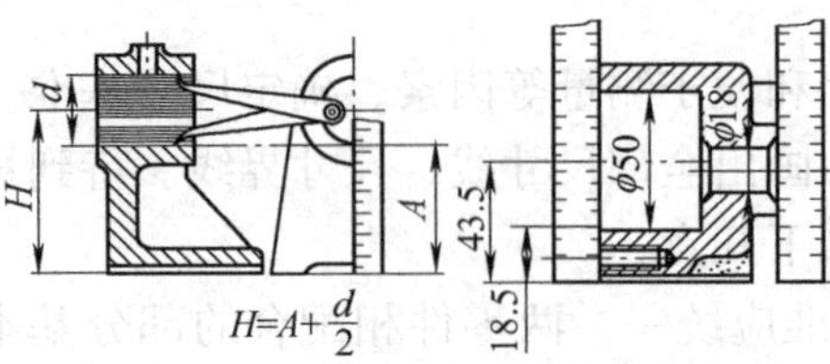 可用钢直尺或用钢直尺和内卡钳配合测量，如图中的中心高 $H=A+d/2$，即 $43.5=18.5+50/2$
壁厚尺寸	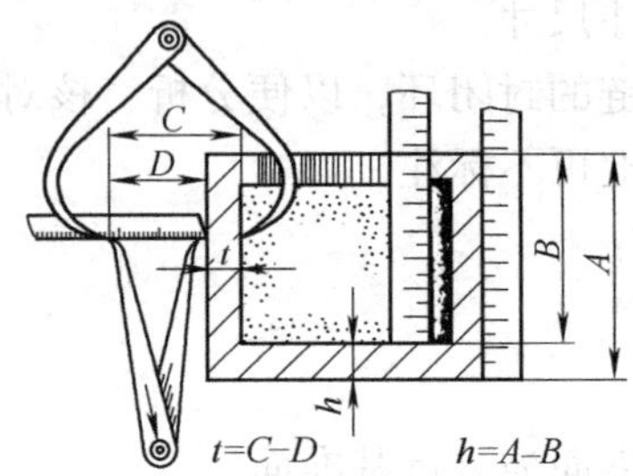 可用钢直尺测量，如图中底壁厚度 $h=A-B$，或用卡钳和钢直尺测量如图中侧壁厚度 $t=C-D$
孔间距	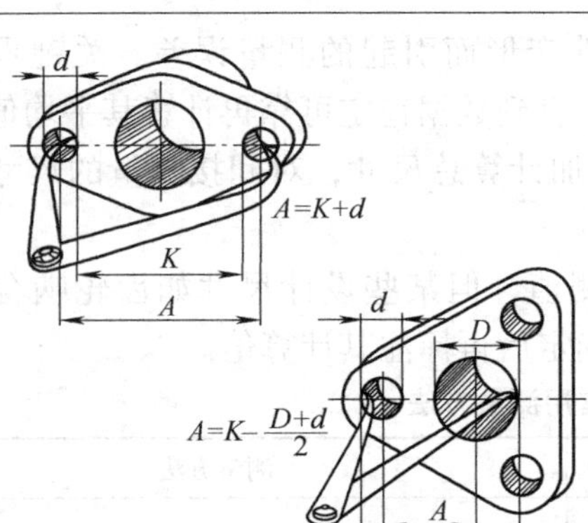 可用卡钳结合钢直尺测量或用游标卡尺直接测量，如图中两孔中心距 $A=K+d$ 及 $A=K-(D+d)/2$
曲面曲线轮廓	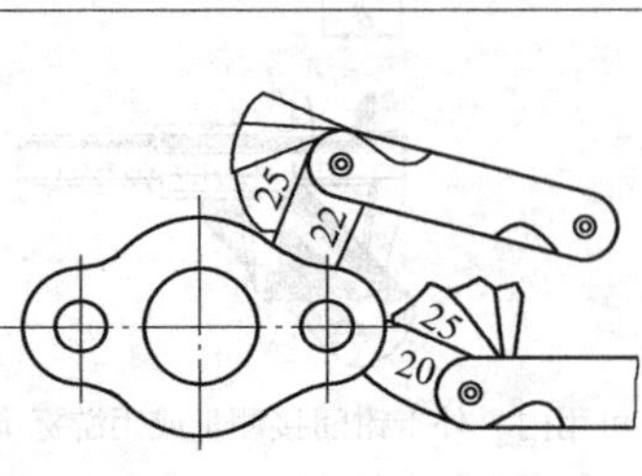 用圆角规测量圆弧半径
螺纹的螺距	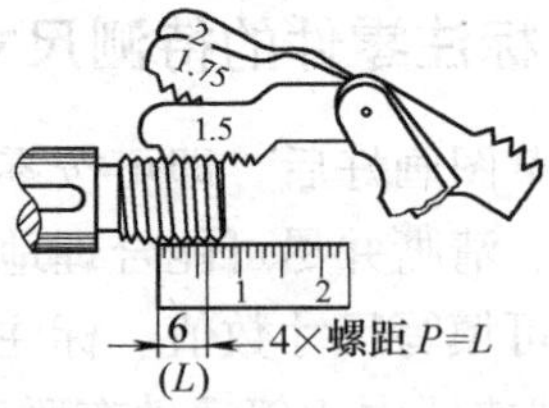 可用螺纹规或钢直尺测得，如图中螺距 $P=1.5$
齿轮的模数	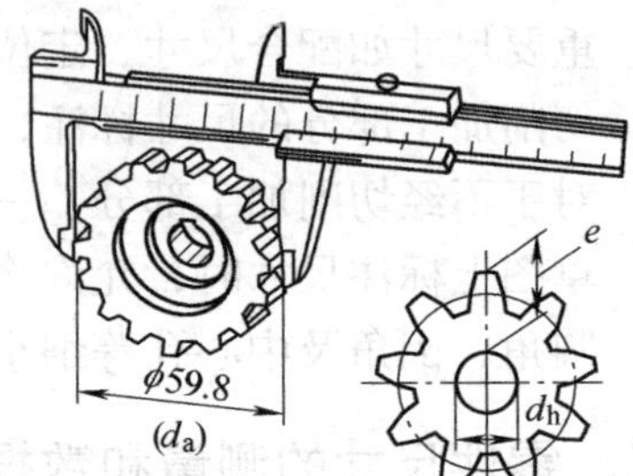 对标准齿轮，其模数 $m=d_a/(z+2)$。偶数齿可先用游标卡尺直接测得齿顶圆 d_a；奇数齿可间接测出齿顶圆 $d_a=d_h+2e$
曲面曲线轮廓	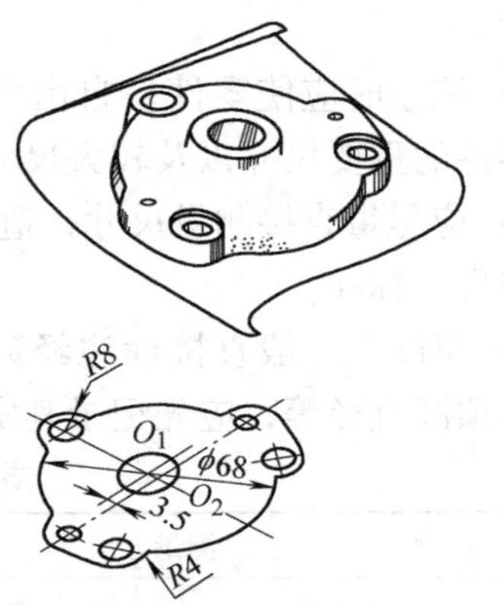 对精确度要求不高的曲面轮廓，可以用拓印法在纸上拓出它的轮廓形状，然后用几何作图的方法求出各连接圆弧的尺寸和中心位置，如图中的 Φ68、R8、R4 和 3.5
曲面曲线轮廓	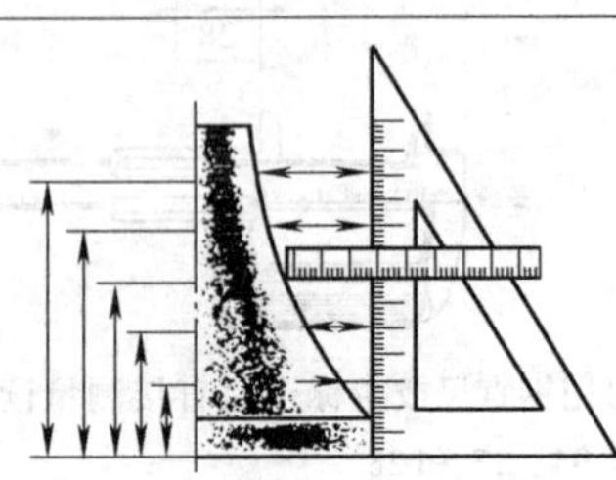 用坐标法测量非圆曲线

6）有配合要求或相互关联的尺寸，应在测量后同时填入两个相关的草图中，以节约时间、避免错误。对于相互旋合的内、外螺纹尺寸，一般只测量外螺纹尺寸；对于孔、轴配合尺寸，一般只测量轴的尺寸。

7）在测量过程中和测量结束时，要注意零件的防锈。

2. 尺寸测量的方法

在零件尺寸的测量阶段，通常是逐个测量尺寸数值并标注在零件草图上。在测量零件尺寸时，应根据零件尺寸的精度要求选用相应的量具，常用的测量工具有内卡钳、外卡钳、游标卡尺、钢直尺、角度尺、螺纹样板等。零件尺寸的常用测量方法见表4-5。

四、确定技术要求并填写标题栏

零件测绘时，可根据被测零件的功用和工作要求，参考同类产品有关资料，进行分析、类比后，确定零件在加工、检验或装配时应满足的一些技术要求，例如零件的表面粗糙度、尺寸公差、形状和位置公差，以及材料热处理等方面的要求。关于零件的技术要求详见第七章。

最后，将被测零件的名称、材料、比例、图号及有关责任人的签字等内容填入标题栏。

五、实例分析

例4-2 测绘图2-3所示螺旋输送机的齿轮减速器。

解 在拆卸和分析该减速器的过程中（见例4-1），列出了所有标准件和非标准件明细表，该减速器的测绘即是要对表中所列非标准件逐一进行测绘。减速器的非标准件包含有轴类、盘盖类和箱体类零件，下面主要完成该减速器中典型结构的轴、大齿轮、箱盖和箱座的测绘。

（一）轴的测绘

该轴属回转件，由实心圆柱体、键槽等构成，采用棒料，主要在车床上加工，轴上工艺结构有圆角、倒角及中心孔。该轴是被测减速器的输出轴，与轴配合的零部件有联轴器、轴承、密封件、轴套、大齿轮、键。测绘步骤如下：

1. 绘制零件草图

按加工位置选择主视图，轴线水平放置，轴上键槽朝前方放置，并采取移出断面表示键槽深度，该轴的零件草图如图4-3所示。

2. 尺寸测量与数据处理

该轴的测量尺寸有如下几类：

（1）轴段直径尺寸　用游标卡尺直接测量。与联轴器、轴承配合的轴段，其测量的直径尺寸应分别与联轴器、轴承内孔标准尺寸相匹配；其余轴段测量的直径尺寸应圆整，尽可能符合标准尺寸（见表11-5）。各轴段直径的合理性分析参见表3-4。

（2）轴段长度尺寸　用游标卡尺直接测量后圆整即可，注意避免用轴的各段长度累加总长。各轴段长度的合理性分析参见表3-5。

（3）键槽尺寸　该轴与联轴器和大齿轮均用键联接，从外观可判断与键槽配合的是A型平键。测量键槽宽 b、深 t、长 l，结合轴的公称直径查普通平键标准（见表14-23），取标准值。

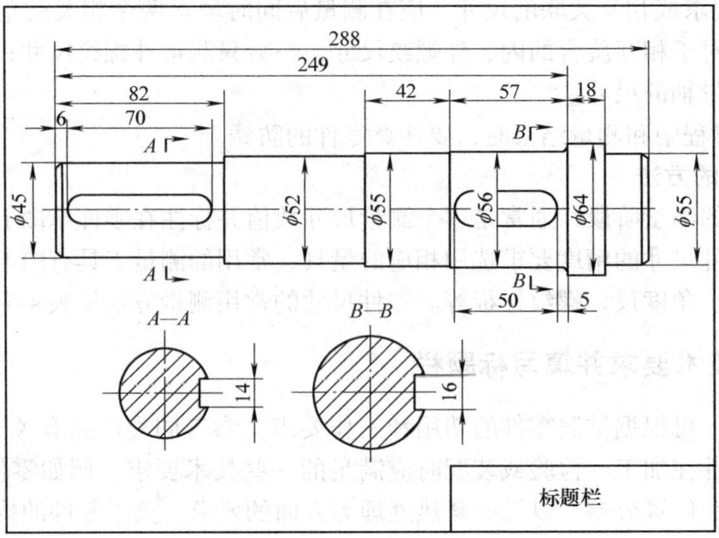

图 4-3 轴的零件草图

（4）中心孔及倒圆、倒角尺寸　均为标准结构尺寸，测量后应从相关标准（见表 11-6、表 11-10）中取标准值。对于自由表面过渡圆角尺寸参考表 11-11 取值。

该轴结构尺寸测量的数据处理和合理性分析及结果见表 4-6，将测量所得的尺寸数值标注在轴的零件草图上（见图 4-3）。

表 4-6　轴的结构尺寸测量与分析（参见图 4-1）　（单位：mm）

名称	测量尺寸	实测值	数据处理和合理性分析	结果
联轴器处轴段	直径 d	ϕ45.01	圆整。根据实测值查表 17-1，与联轴器轴孔直径 45、轴孔长度 84 相适应，且符合轴毂长度要求（见表 3-5 的 1 栏），合理	ϕ45
	长度 l	81.98		82
透盖处轴段	直径 d_1	ϕ51.99	圆整。参见表 3-4 的 2 栏，由 $d=45$、$d_1=52$ 得 $h=3.5$，符合 $h\geqslant(0.07\sim0.1)\ d=3.15\sim4.5$ 的定位要求，合理	ϕ52
	长度 l_1	68.01	圆整。参见表 3-5 的 2 栏，$l_1=\Delta_5+\Delta_6=39+29=68$，符合结构要求，合理	68
右端轴承处轴段	直径 d_2		与 6211 型轴承内径一致（见表 4-3）	ϕ55
	长度 l_2	42.10	圆整。参见表 3-5 的 3 栏，符合 $l_2=\Delta_1+\Delta_4+B+(2\sim3)=13+5+21+(2\sim3)=41\sim42$ 的结构要求，合理	42
齿轮处轴段	直径 d_3	ϕ56.01	圆整。参见表 3-4 的 5 栏，符合 $d_3=d_2+(1\sim3)=55+(1\sim3)=56\sim58$ 的结构要求，并与标准尺寸（见表 11-5）和齿轮毂孔 56 一致，合理	ϕ56
	长度 l_3	57.02	圆整。参见表 3-5 的 5 栏，符合 $l_3=b_2-(2\sim3)=60-(2\sim3)=57\sim58$ 的齿轮轴向定位要求，合理	57
定位轴环	直径 d_4	ϕ64.05	圆整。参见表 3-4 的 6 栏，由 $d_3=56$、$d_4=64$ 得 $h=4$，符合 $h\geqslant(0.07\sim0.1)d_3=3.92\sim5.6$ 的定位要求，合理	ϕ64
	长度 l_4	17.99	圆整。参见表 3-5 的 7 栏，符合 $l_6=\Delta_1+\Delta_4=13+5=18$ 的结构要求，合理	18

（续）

名称	测量尺寸	实测值	数据处理和合理性分析	结果
左端轴承处轴段	直径 d_5	ϕ54.99	参见表3-4的8栏，$d_5=d_2=55$，便于轴承座镗孔，合理	ϕ55
	长度 l_5	21.01	参见表3-5的8栏，$l_7=B=21$	21
联轴器处键槽	键槽宽 b	14.01	根据实测值和 $d=45$ 查普通平键标准（见表14-23），$b=14$、$L=70$。参见表3-5的1栏，L 比轴段长度 $l=82$ 短12（一般短5～10），合理	14
	键槽长 L	69.98		70
	键槽定位尺寸	6	键槽对中布置，合理	6
齿轮处键槽	键槽宽 b	16.02	根据实测值和 $d_3=56$ 查普通平键标准（见表14-23），$b=16$、$L=50$。参见表3-5的5栏，L 比轴段长度 $l_3=57$ 短7，合理	16
	键槽长 L	50.05		50
	键槽定位尺寸	5.01	圆整。键槽约靠近齿轮装入端布置，合理	5
中心孔	直径 D	ϕ4.01	根据实测值查中心孔标准（见表11-6），标准代号为GB/T4459.5—A4/8.5	ϕ4
	直径 D_1	ϕ8.52		ϕ8.5
定位轴肩处圆角	半径 R	$R1.6/R2$	查表11-10，联轴器段（$\phi30\sim\phi50$），$R=1.6$；齿轮段、轴承段（$\phi50\sim\phi80$），$R=2$。实测值符合零件倒圆标准，合理	$R1.6/R2$
非定位轴肩处圆角	半径 R	$R0.5$	参考表11-11，齿轮段 $R=(D-d)/2=(56-55)/2=0.5$，合理	$R0.5$
轴承段倒角	宽度 C	2.03	根据实测值查表11-10，轴承段倒角 $C2$，联轴器段 $C1.6$	2
联轴器段倒角		1.6		1.6

3. 确定技术要求

通过观察、类比和查阅有关资料可分析判断轴的材料为45钢。为了使材料具有好的力学性能，该轴应经调质处理，其硬度值为190～230HBW。该轴的尺寸公差、形状和位置公差及表面粗糙度等技术要求详见第七章。

（二）大齿轮的测绘

该大齿轮为腹板式结构，采用锻造轮坯。轮毂、轮缘各圆及倒角在车床上加工，键槽在插床上加工，腹板孔在钻床上加工。轮齿在滚齿机上连续切削加工，与其他加工方法比较，其精度、效率都较高，与大齿轮配合的件有低速轴、键。测绘步骤如下：

1. 绘制零件草图

主视图采用通过齿轮轴线的全剖视图，主要表达轮毂、轮缘、毂孔、腹板、键槽等结构，左视图采用以表达毂孔、键槽结构和尺寸为主的局部视图。轮齿部分按机械制图标准的规定绘制，该大齿轮零件草图如图4-4所示。

2. 尺寸测量与数据处理

除轮齿部分外，齿轮其他部分的测量方法与一般零件相同。对于轮齿，主要是通过测量有关的几何参数，确定模数 m_n 和螺旋角 β，据此可计算出制造时所需要的基本尺寸。测量步骤如下：

（1）几何参数的测量　测量 z、a、d_a 以确定模数 m_n 和螺旋角 β。

1）确定齿数 z。直接从齿轮上数出小齿轮齿数 $z_1=20$，大齿轮齿数 $z_2=79$。

2）测量中心距 a。中心距可通过测量箱体上两孔的内壁距离间接测得：$a=150.02$mm，查表18-11可知，该实测值接近中心距的标准值，则取标准值，即 $a=150$mm。若实测值与

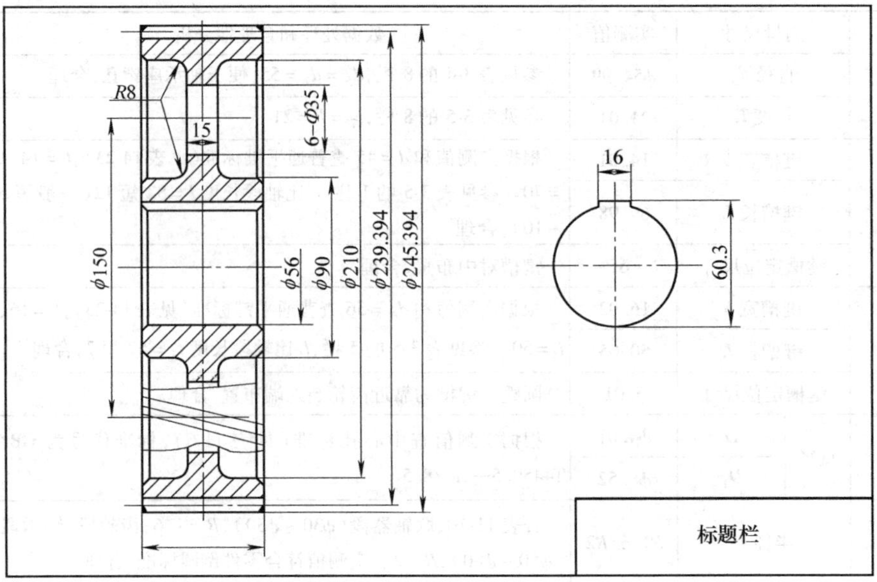

图 4-4　大齿轮零件草图

中心距标准系列值不接近，则测量结果取实测值。

3）测量齿顶圆直径 d_a。由于小齿轮为轴齿轮，不便测量，故测量大齿轮。因大齿轮为奇数齿，按表 4-5 中的奇数齿测量方法，可测得 $d_a = d_h + 2e = 56.02 + 2 \times 94.67\text{mm} = 245.36\text{mm}$。

4）确定模数 m_n 和螺旋角 β。将所测得的 z_1、z_2、a、d_a 代入下式

$$\begin{cases} d_a = \dfrac{m_n z}{\cos\beta} + 2m_n \\ a = \dfrac{m_n}{2\cos\beta}(z_1 + z_2) \end{cases}$$

联立解得 $m_n = 2.98$ mm，由表 18-17 取略大于计算值的标准模数 $m_n = 3$ mm；再将该 m_n 代入上式解得螺旋角 $\beta = 8°6'34''$。

需要说明的是，以上是针对所测齿轮为标准齿轮所作的简略测量。实际上，为使模数的确定无误，可通过测量其他参数确定模数，用多种方法互相印证。当模数确定后，应由标准齿轮几何尺寸的计算公式计算有关参数，若其计算值接近标准值，可判断所测齿轮为标准齿轮；否则，为非标准齿轮。

（2）基本尺寸的确定　当模数 m_n 和螺旋角 β 确定后，齿轮的基本尺寸可利用其几何尺寸的计算公式计算。应该注意，齿顶圆直径 d_a 需重新计算。将大齿轮及相配小齿轮的几何参数和基本尺寸计算及结果列于表 4-7，以备后用。

（3）结构尺寸的测量　齿轮的结构尺寸可用游标卡尺直接或间接测量，其合理性分析可参考表 3-3。圆柱齿轮的结构形式与齿顶圆直径有关，所测大齿轮的齿顶圆直径符合 $200 \leqslant d_a \leqslant 500\text{mm}$ 条件，其腹板式结构为合理。大齿轮结构尺寸测量的数据处理和合理性分析及结果见表 4-8。

表 4-7 大齿轮的几何参数和基本尺寸

名 称	符 号	确定方法	结果 大齿轮	结果 相配小齿轮
齿数	z	以实测值为依据确定	79	20
中心距	a		150mm	
法面模数	m_n		3mm	
螺旋角	β		8°6′34″	
法面压力角	α_n	正常齿制标准齿轮	20°	
法面齿顶高系数	h_{an}^*		1mm	
法面顶隙系数	c_n^*		0.25mm	
齿顶高	h_a	$h_a = m_n$	3mm	
齿根高	h_f	$h_f = 1.25m_n$	3.75mm	
分度圆	d	$d = m_n z/\cos\beta$	ϕ239.394mm	ϕ60.606mm
齿顶圆	d_a	$d_a = d + 2h_a$	ϕ245.394mm	ϕ66.606mm
齿根圆	d_f	$d_f = d - 2h_f$	ϕ231.894mm	ϕ53.106mm
齿宽	b	测量确定	60mm	66mm
旋向		观察	右旋	左旋

表 4-8 大齿轮结构尺寸的测量与分析（参见表 3-3、图 4-4） （单位：mm）

符号		实测值	数据处理和合理性分析（腹板式结构）	结果
d_h		Φ56.02	与大齿轮配合处的轴径 56 一致	Φ56
b		60.01	圆整	60
l		60.02	圆整。比经验值 $l = (1.2 \sim 1.5) d_h = 67 \sim 84$ 稍小，但符合 $l \geqslant b$ 的要求，基本合理	60
D_1		Φ89.98	圆整。与经验值 $D_1 = 1.6d_h = 1.6 \times 56 \approx 90$ 一致，合理	Φ90
D_2		Φ209.50	圆整。由经验式 $D_2 = d_f - 2\delta_0$、$\delta_0 = (2.5 \sim 4) m_n$ 可知：符合经验值 $D_2 = 231.89 - 2 \times (2.5 \sim 4) \times 3 = 216.89 \sim 207.89$ 范围，合理	Φ210
D_0		Φ150.37	圆整。与经验值 $D_0 = 0.5(D_1 + D_2) = 150$ 一致，合理	Φ150
C		15.10	圆整。符合经验值 $C = (0.2 \sim 0.3) b = 12 \sim 18$ 范围，合理	15
r		R8	圆整。与经验值 $r \approx 0.5C = 0.5 \times 15 = 7.5$ 一致，合理	R8
n		1.49	圆整。与经验值 $n = 0.5m_n = 0.5 \times 3 = 1.5$ 一致，合理	1.5
d_0		Φ34.86	圆整。与经验值 $d_0 = 0.25(D_2 - D_1) = 30$ 接近，基本合理	Φ35
键槽	宽	16.01	根据测量值和轴径 $d_h = 56$ 查平键标准（见表 14-23），键槽宽 $b = 16$	16
	深	60.25	根据测量值和轴径 $d_h = 56$ 查平键标准（见表 14-23），键槽深 $D + t_1 = 60.3$	60.3

将以上依据测量值所确定的基本尺寸和主要结构尺寸数值标注在大齿轮的零件草图上，如图 4-4 所示。

（4）公法线长度 W_k 的测量　齿轮公法线长度的测量与齿轮侧隙的评定有关。公法线长度 W_k 可用游标卡尺或公法线千分尺直接测量，齿轮齿数不同，所测的跨齿数将不同，跨齿数 k 的计算公式为

$$k = 0.111z' + 0.5 \tag{4-1}$$

式(4-1)中,对于齿数为 z 的斜齿轮,$z' = z(\tan\alpha_t - \alpha_t)/0.0149$;对于齿数为 z 的直齿轮,$z' = z$。其中 $\tan\alpha_t = \tan\alpha_n/\cos\beta$。

因被测大齿轮为斜齿轮,则其跨齿数 k 为

$$\begin{cases} k = 0.111[z(\tan\alpha_t - \alpha_t)/0.0149] + 0.5 \\ \tan\alpha_t = \tan\alpha_n/\cos\beta \end{cases}$$

将 $\alpha_n = 20°$、$\beta = 8°6'34''$、$z = 79$ 代入上式计算得 $k = 10$。

因此，采用公法线千分尺跨 10 个齿，测得大齿轮的公法线长度平均值为 87.62 mm。

3. 确定技术要求

通过观察、类比和查阅有关资料可判断大齿轮的材料为 45 锻钢。为了使材料具有好的力学性能，该大齿轮应经正火处理，其硬度值为 170～210HBW。该大齿轮的尺寸公差、形状和位置公差及表面粗糙度等技术要求详见第七章。

（三）箱体的测绘

减速器箱体包括箱盖和箱座，均属箱体类零件，采用铸造毛坯。这里主要以箱座为例介绍减速器箱体的测绘方法。

该箱座结构较复杂，基础形体由箱壳、底板、与箱盖联接处的凸缘、轴承座孔系及肋板等构成，并设有导油沟、油标尺座孔、放油孔、吊钩、螺栓孔及凸台、螺钉孔、定位销孔以及其他工艺结构。需经刨、铣、镗、磨、钻、钳等多道工序加工，且有多种加工位置。与箱座配合的零部件有轴承、轴承盖。测绘步骤如下：

1. 绘制零件草图

按工作位置和结构形状特征来选择主视图。该箱座采用三个基本视图和三个局部视图来表达，如图 4-5 所示。主视图主要表达高速轴和低速轴轴承座孔、箱壳的形状和位置关系、吊钩形状，并采取局部剖视图以反映油标尺座孔、放油孔、螺栓孔等结构；左视图采用半剖视图主要表达箱壳与轴承座的连接关系、肋板与轴承座和箱壳的连接关系、肋板的断面形状、螺钉孔，并采用局部剖视图反映地脚螺栓孔；俯视图绘制成外形图，主要表达箱壳和底板、两轴系座孔的位置关系以及导油沟、螺栓孔、销孔的布局和位置。除此以外，*D*、*E*、*K* 向局部视图分别反映油标尺座孔处、放油孔处和轴承座孔处的凸台形状。

2. 尺寸测量与数据处理

该箱座的测量尺寸有如下几类：

（1）箱座的基本结构尺寸　表 3-8 给出了减速器铸造箱体基本结构尺寸的荐用值，因此，箱座的基本结构尺寸可按表中所列项目，采用常用的测量工具逐一进行测量，并参照表 3-8 中的荐用值进行合理性分析，箱座基本结构尺寸的测量与分析见表 4-9。

（2）箱座的其他结构尺寸　该箱座的其他结构包括油标尺座孔、放油孔、吊钩、定位销孔、导油沟以及箱座底部凸缘结构，这些结构尺寸包括定形尺寸和定位尺寸，应逐一测量，并参考其结构尺寸的荐用值、相配零件的结构尺寸，或功能和结构要求进行合理性分析。箱座的其他结构尺寸的测量与分析见表 4-10。

将上述测量所得尺寸数值标注在箱座的零件草图上，如图 4-5 所示。

3. 确定技术要求

通过观察、类比和查阅有关资料可判断箱座的材料为 HT200，为了保证箱体具有良好的使用性能和不变形，要对箱体进行时效处理。该箱座的尺寸公差、形状和位置公差、表面粗

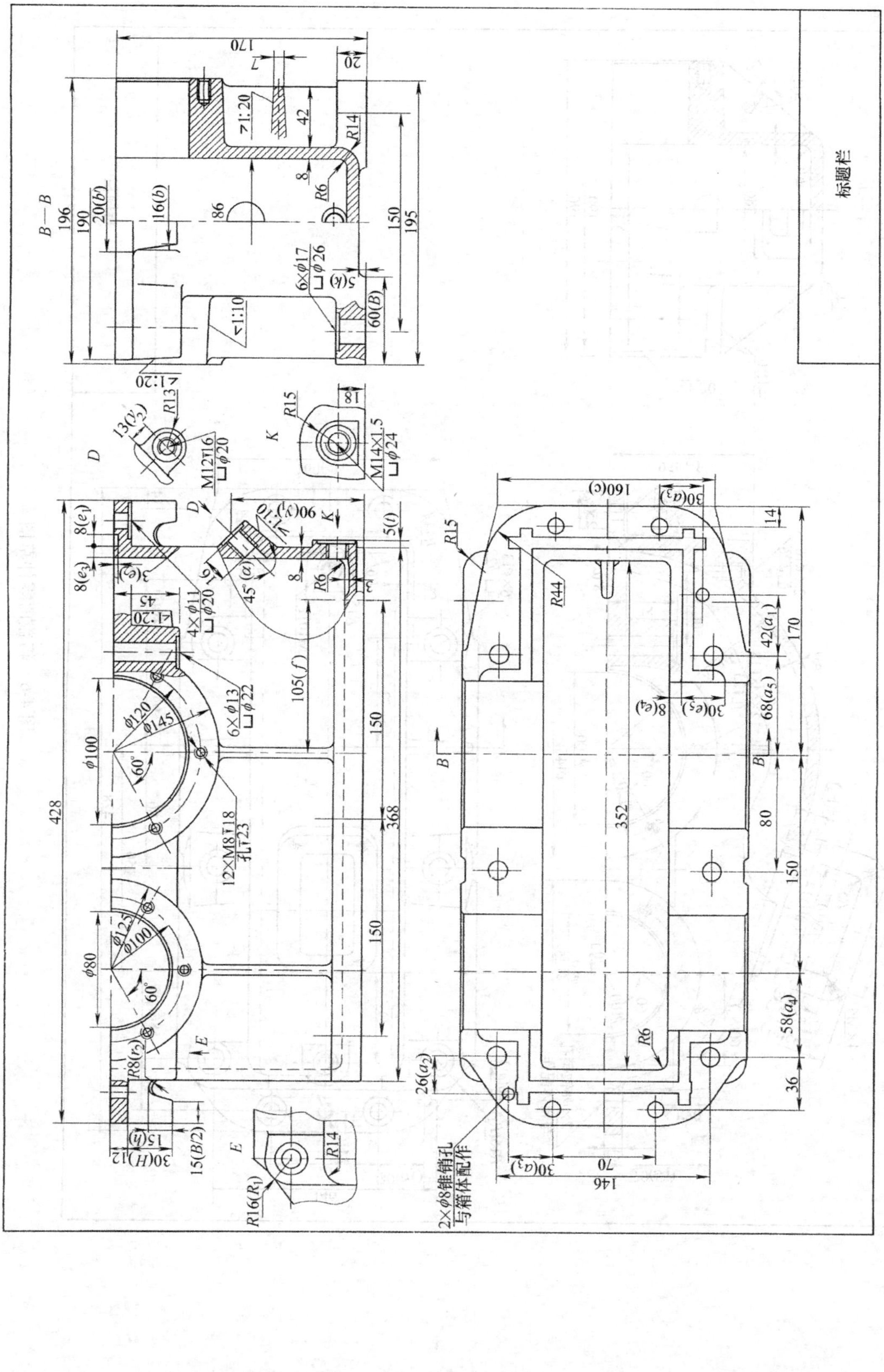

图 4-5　箱座的零件草图

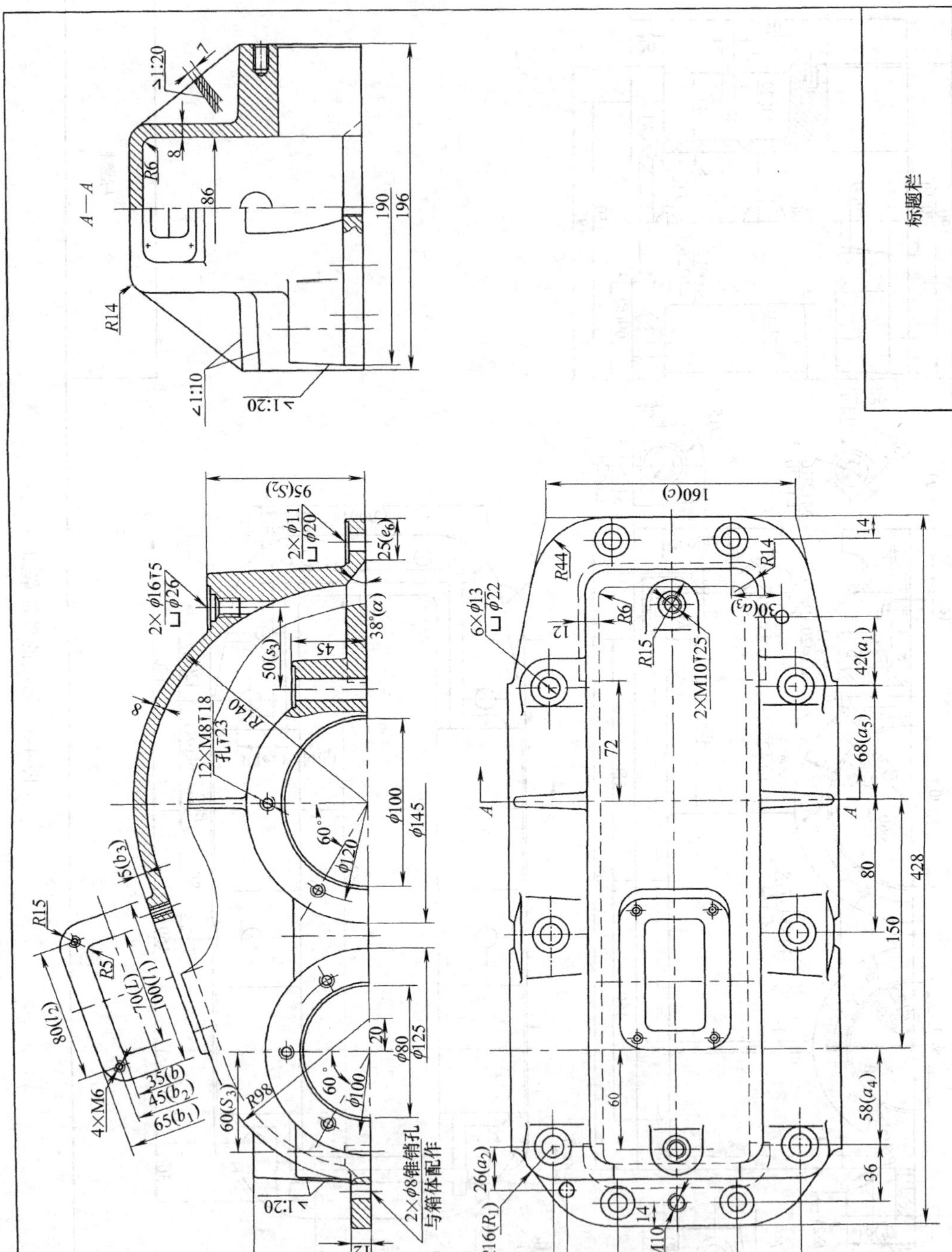

图 4-6 箱盖的零件草图

糙度等技术要求详见第七章。

同理，可绘出箱盖的零件草图如图 4-6 所示。箱盖基本结构尺寸的测量与分析见表 4-9，箱盖的其他结构尺寸读者可自行分析。值得注意的是，高速轴一侧的箱盖外廓圆弧（见图 4-6），应采用拓印法在纸上拓出它的轮廓形状，然后用几何作图的方法求出连接圆弧的半径和中心位置，并参照图 3-19 所示箱盖外廓圆弧的结构要求，分析所得圆弧尺寸的合理性。最后，将箱盖测量所得的尺寸数值标注在箱盖的零件草图上，如图 4-6 所示。

表 4-9　箱体基本结构尺寸的测量与分析（参见图 3-1 及表 3-8）　（单位：mm）

名称		符号	实测值	数据处理和合理性分析	结果
箱座壁厚		δ	8.13	圆整。与荐用值一致，合理	8
箱盖壁厚		δ_1	8.15	圆整。与荐用值一致，合理	8
箱体凸缘厚度	箱座	b	12.12	圆整。与荐用值 $b=1.5\delta=12$ 一致，合理	12
	箱盖	b_1	12.06	圆整。与荐用值 $b_1=1.5\delta_1=12$ 一致，合理	12
	箱底座	b_2	20.12	圆整。与荐用值 $b_2=2.5\delta=20$ 一致，合理	20
加强肋厚	箱座	m	7.13	圆整。与荐用值 $m\approx0.85\delta=6.8$（取整）一致，合理	7
	箱盖	m_1	7.05	圆整。与荐用值 $m_1\approx0.85\delta_1=6.8$（取整）一致，合理	7
地脚螺栓	直径	d_f	Φ15.58	根据实测值查表 14-1，螺纹规格 M16，即 $d_f=16$，略小于荐用值 $d_f=0.036a+12=0.036\times150+12=17.4$，考虑结构紧凑，可增加螺栓数目来调整，合理	Φ16
	数目	n	6	实际螺栓数目多于荐用数目（$a=150$ 时，$n=4$），但在 d_f 较小的情况下可保证联接的可靠性，合理	6
轴承旁联接螺栓	直径	d_1		螺纹规格 M12（见表 4-3），即 $d_1=12$，与荐用值 $d_1=0.75\ d_f=12$ 一致，合理	M12
	输入轴侧间距	s	128.20	圆整。与荐用值 $s\approx D_2$（D_2 见本表）要求一致，合理	128
	输出轴侧间距		147.83		148
箱盖与箱座联接螺栓	直径	d_2		螺纹规格 M10（见表 4-3），即 $d_2=10$，与荐用值 $d_2=(0.5\sim0.6)d_f=8\sim9.6$（取整）一致，合理	M10
	间距	l	69.84	圆整。与荐用值 $l\leqslant150\sim200$ 要求一致，合理	70
轴承盖螺钉	直径	d_3		螺纹规格 M8（见表 4-3），即 $d_3=8$，根据 6208、6211 轴承外径 80、100 查表 3-6，与荐用值一致，合理	M8
	数目	n	6	实际螺栓数目多于荐用数目 $n=4$，密封性更好，合理	6
轴承盖外径	输入轴侧	D_2	ϕ120.02	圆整。查表 3-6 可知，与经验值 $D_2=D_0+2.5d_3=120$（其中 $D_0=D+2.5d_3=80+2.5\times8=100$）一致，合理	ϕ120
	输出轴侧		ϕ139.93	圆整。查表 3-6 可知，与经验值 $D_2=D_0+2.5d_3=140$（其中 $D_0=D+2.5d_3=100+2.5\times8=120$）一致，合理	ϕ140
轴承座孔外端大径	输入轴侧	D_2'	ϕ124.90	圆整。符合荐用值 $D_2'=D_2+(5\sim8)=125\sim128$ 范围，合理	ϕ125
	输出轴侧		ϕ145.54	圆整。符合荐用值 $D_2'=D_2+(5\sim8)=145\sim148$ 范围，合理	ϕ145
窥视孔盖螺钉直径		d_4		螺纹规格 M6（见表 4-3），即 $d_4=6$，查表 3-9，与荐用值一致，合理	M6
定位销直径		d		圆锥销公称直径 $d=8$（见表 4-3），符合荐用值 $d=(0.7\sim0.8)d_2=(0.7\sim0.8)\times10=7\sim8$ 的范围，合理	ϕ8

（续）

名称		符号	实测值	数据处理和合理性分析	结果
d_f 至外箱壁距离		C_1	23.95	圆整。符合 $d_f=16$ 时，$C_1 \geqslant 22$ 的荐用值要求，合理	24
d_1 至外箱壁距离			21.94	圆整。符合 $d_1=12$ 时，$C_1 \geqslant 18$ 的荐用值要求，合理	22
d_2 至外箱壁距离			16.06	圆整。符合 $d_2=10$ 时，$C_1 \geqslant 16$ 的荐用值要求，合理	16
d_f 至凸缘边缘距离		C_2	22.55	圆整。符合 $d_f=16$ 时，$C_2 \geqslant 20$ 的荐用值要求，合理	22.5
d_1 至凸缘边缘距离			16.15	圆整。符合 $d_1=12$ 时，$C_2 \geqslant 16$ 的荐用值要求，合理	16
d_2 至凸缘边缘距离			13.98	圆整。符合 $d_2=10$ 时，$C_2 \geqslant 14$ 的荐用值要求，合理	14
轴承旁凸台	半径	R_1	R16.06	圆整。$R_1=C_2 \geqslant 16$ 实测值取整满足荐用值要求，合理	R16
	高度	h	45.27	圆整。荐用值 $h \approx (0.35 \sim 0.45) \times D_2 = (0.35 \sim 0.45) \times 145 = 50.75 \sim 65.25$，实测值<荐用值，出现低速轴轴承座右边被锪的现象	45
箱体外壁至轴承座端面距离		l_1	47.36	圆整。符合荐用值 $l_1 = C_1 + C_2 + (5 \sim 10) = 22 + 16 + (5 \sim 10) = 43 \sim 48$ 的范围，合理	47
铸造斜度	轴承座处		1:9.57	圆整。根据斜度方向长度尺寸 25～500mm 查表 11-15，斜度为 1:10 或 1:20，实测值与荐用值一致，合理	1:10
	轴承旁凸台处		1:20.27		1:20
	吊环螺钉凸台处		1:19.27		1:20
	肋板处		1:20.58		1:20
箱壁转角处铸造圆角半径		内壁	R6.10	可根据表 11-16 荐用铸造内、外圆角或采用类比法分析其合理性	R6
		外壁	R14.16		R14
其余铸造圆角半径			R5～8		R5～8

表 4-10　箱体其他结构尺寸的测量与分析（参见图 4-5、图 4-6）　　（单位：mm）

名　称		符号	实测值	数据处理和合理性分析	结果
箱座总体尺寸	高速轴侧外圆弧半径	R''	R 98.40	圆整（采用拓印法并作图确定圆弧半径和圆心位置）。圆心往内偏离轴心 20，导致螺栓凸台位于箱盖圆弧外侧，但可使结构紧凑，合理（参见图 3-19）	R98
	低速轴侧外圆弧半径	R'	R140.35	圆整。由式 3-2 可知，与结构尺寸 $R' = d_{a2}/2 + \Delta_2 + \delta = 245.394/2 + 9 + 8 = 139.70$（取整）一致。可见表 4-2 中 Δ_2 的实际值应为 9.3	R140
	总长		428.46	圆整。满足总长 $=2(C_1+C_2)+(R''-20)+a+R' = 2\times(16+14)+(98-20)+150+140=428$ 的结构尺寸关系（C_1、C_2 见表 4-9；a 为中心距）	428
	总宽		196.38	圆整。满足总宽 $=2\Delta_1+2L+b_2=2\times13+2\times55+60=196$ 的结构尺寸关系（Δ_1、L、b_2 见表 4-2）	196
	总高		170.13	圆整。由式 3-1 可知，总高在荐用值 $H > d_{a2}/2 + (30 \sim 50) + \delta + (5 \sim 8) = 165.697 \sim 188.697$ 的范围内，符合润滑和散热要求，合理	170
箱体内腔	长		351.85	圆整。满足箱体内腔长 $=R'+(R''-20)+a-2\delta=352$ 的结构尺寸关系	352
	宽		86.20	圆整。满足箱体内腔宽 $=2\Delta_1+b_2=86$ 的结构尺寸关系	86

（续）

名称			符号	实测值	数据处理和合理性分析	结果
轴承座孔	输入轴侧孔径		D		$D=80$，与 6208 型轴承外径一致（见表 4-3）	$\phi80$
	输出轴侧孔径		D		$D=100$，与 6211 型轴承外径一致（见表 4-3）	$\phi100$
	孔中心距		a		$a=150$，与齿轮中心距一致	150
箱体结合面	宽方向尺寸		c	160.20	圆整。考虑结构尺寸紧凑，合理	160
	外圆角半径			R 44.28		$R44$
导油沟	宽度		e_1	8.05	参见图 3-20，符合导油沟荐用结构尺寸范围，合理	8
	深度		e_2	3.10		3
	长方向定位		e_3	8		8
	宽方向定位		e_4	7.98		8
	沿轴承座孔长		e_5	30.30	圆整。能保证润滑油流入轴承，合理	30
	箱盖斜口	定位	e_6	25.23	圆整。能保证润滑油流入导油沟，合理	25
		斜度	β	38.3°	圆整。便于导油，合理	38°
箱座底部凸缘（见图 3-25）		接触宽度	B	60.50	圆整。符合荐用值 $B \geqslant C_1+C_2+\delta=24+22.5+8=54.5$ 的要求（C_1、C_2 见表 4-9），合理	60
		底部槽深	k	4.98	圆整。符合荐用值 5～8 要求，合理	5
箱座底板	长度			368.40	圆整。由箱体内腔长 352 和两侧壁厚确定，即满足 $352+2\delta=368$ 的结构尺寸关系	368
	宽度			195.30	圆整。由箱体内腔宽 86 与两侧壁厚和底部凸缘宽确定，即满足 $86+2\delta+2(C_1+C_2)=195$ 的结构尺寸关系（C_1、C_2 见表 4-9）	195
	圆角半径			R15.16	圆整	$R16$
视孔凸台	顶面尺寸（见表 3-9）		b	35	根据中心距 $a=150$ 查表可知，实测值小于荐用值 $b=50\sim60$，不便观察，需增大尺寸	35
			L	70.20	圆整。小于荐用值 $L=90\sim110$，需增大尺寸	70
			b_1	65.40	圆整。小于荐用值 $b_1=80\sim90$，需增大尺寸	65
			l_1	100.60	圆整。小于荐用值 $l_1=120\sim140$，需增大尺寸	100
			b_2	45	小于荐用值 $b_2=(b+b_1)/2=65\sim75$，需增大尺寸	45
			l_2	80.10	圆整。小于荐用值 $l_2=(L+l_1)/2=105\sim125$，需增大尺寸	80
			n	4	与荐用值 $n=4$ 一致，合理	4
	高度		b_3	4.96	圆整。符合加工要求，合理	5
	内圆弧半径			R5.10	圆整	$R5$
	外圆弧半径			R15.20		$R15$
	螺钉孔	螺纹规格			螺纹规格 M6（见表 4-3 螺钉），通孔	M6
		螺孔深度			螺孔深度 $=b_3+\delta_1=5+8=13$（δ_1 箱盖壁厚），根据 M6 查表 14-5，h 大于荐用值 12，满足旋合长度。合理	13

（续）

名称			符号	实测值	数据处理和合理性分析	结果
游标尺座孔	凸台	定位高度	y_1	89.56	圆整。保证油面高度和油不溢出，合理	90
		定位斜角	α	45°	圆整。保证加工、安装位置不出现干涉，合理	45°
		铸造斜度		1:10.10	圆整。查表11-15，与荐用值一致，合理	1:10
		圆弧半径		R12.96	圆整。符合结构要求，合理	R13
	通孔	中心定位	y_2	13.06		13
		螺纹规格		大径 ϕ12 螺距 1.75	根据实测值查表3-11，与游标尺荐用螺纹规格 M12 一致	M12
		螺纹深度		16.30	圆整。查表3-11，$>a=10$，合理	16
		锪坑直径		ϕ20.20	圆整。查表3-11，$>D_1=16$，合理	ϕ20
放油孔	凸台	定位高度		17.86	圆整。能保证放油孔稍低于油池底面，合理	18
		圆弧半径		R14.93	圆整。符合结构要求，合理	R15
		厚度	t	5.03	圆整。符合加工要求，合理	5
	螺孔	螺纹规格		大径 ϕ14 螺距 1.5	根据实测值查表3-12，与油塞荐用螺纹规格 M14×1.5 一致	M14×1.5
		锪坑直径		ϕ24.05	圆整。查表3-12，$>D_0=22$，合理	ϕ24
	铸造小坑深			3.20	圆整。查表3-12，与荐用值3~4一致，合理	3
箱盖吊环螺钉孔	螺孔	螺纹规格		大径 ϕ10 螺距 1.5	根据实测值查表14-15，与所用吊环螺钉螺纹规格 M10 一致。参见表14-15，螺纹深度（通孔）大于吊环螺钉公称长 $l=20$，满足旋合要求，合理	M10
		沉孔直径	D_2	ϕ16.10	圆整。参见表14-15，$D_2>D_{2\min}=15$；$h_2>h_{2\min}=3$；$d_2>d_{2\max}=25.1$；符合结构要求，合理	ϕ16
		沉孔深度	h_2	5.05		5
		锪坑直径	d_2	ϕ25.90		ϕ26
	凸台	高方向定位	s_1	70.10	圆整。能保证加工沉孔的空间，并使其不与箱盖外壁发生干涉，合理	70
			s_2	94.90		95
		长方向定位	s_3	60.20		60
			s_4	50.15		50
		圆弧半径		R14.80 R14.90	圆整。符合结构要求，合理	R15
箱座吊钩尺寸（参见表3-13）			$B/2$	15.30	圆整。符合 $B=C_1+C_2=16+14=30$ 结构尺寸要求，合理（C_1、C_2 见表4-9）	15
			H	29.90	圆整。略大于荐用值 $H=0.8B=0.8\times30=24$，合理	30
			h	15.08	圆整。符合荐用值 $h=0.5H=0.5\times30=15$，合理	15
			r_2	R8.10	圆整。符合荐用值 $r_2=0.25B=0.25\times30=7.5$（取整），合理	R8
			b	16.20	圆整。与荐用值 $b=2\delta=2\times8=16$ 一致，合理	16
			b'	20.35	圆整。考虑吊钩铸造斜度及根部强度，取根部 $b'=20$	20
定位销孔	公称直径				ϕ8（见表4-3 定位销），箱体箱盖锥销孔配作	ϕ8
	长方向定位		a_1	42.02	圆整。非对称、较远距离布置，合理	42
			a_2	25.98		26
	宽方向定位		a_3	30.03		30

（续）

<table>
<tr><th colspan="3">名　称</th><th>符号</th><th>实测值</th><th>数据处理和合理性分析</th><th>结果</th></tr>
<tr><td rowspan="3">起盖螺钉孔</td><td colspan="2">螺纹规格</td><td></td><td></td><td>螺纹规格 M10(见表 4-3 起盖螺钉),通孔</td><td>M10</td></tr>
<tr><td colspan="2">长方向定位</td><td></td><td>14.08</td><td>圆整。与箱盖、箱座左侧联接螺栓孔相同,便于加工,合理</td><td>14</td></tr>
<tr><td colspan="2">宽方向定位</td><td></td><td></td><td>位于箱体宽度方向对称位置,便于加工,合理</td><td></td></tr>
<tr><td rowspan="4">轴承座旁联接螺栓孔</td><td colspan="2">通孔直径</td><td>d_h</td><td>ϕ13.10</td><td>圆整。根据螺栓螺纹规格 M12(见表 4-3)查表 14-3,d_h 与荐用值 13 一致,合理</td><td>ϕ13</td></tr>
<tr><td colspan="2">锪坑直径</td><td></td><td>ϕ22.20</td><td>圆整。根据弹簧垫圈规格 12(见表 4-3)查表 14-17,该值大于弹簧垫圈外径荐用值 18.4,合理</td><td>ϕ22</td></tr>
<tr><td colspan="2" rowspan="2">长方向定位</td><td>a_4</td><td>57.80</td><td rowspan="2">圆整。与轴承座上的螺孔和导油沟不干涉,合理</td><td>58</td></tr>
<tr><td>a_5</td><td>67.85</td><td>68</td></tr>
<tr><td rowspan="2">箱盖与箱座联接螺栓孔</td><td colspan="2">通孔直径</td><td></td><td>ϕ11.05</td><td>圆整。根据螺栓螺纹规格 M10(见表 4-3)查表 14-3,d_h 与荐用值 11 一致,合理</td><td>ϕ11</td></tr>
<tr><td colspan="2">锪坑直径</td><td></td><td>ϕ20.20</td><td>圆整。根据弹簧垫圈规格 10(见表 4-3)查表 14-17,该值大于弹簧垫圈外径荐用值 15.4,合理</td><td>ϕ20</td></tr>
<tr><td rowspan="6">轴承盖处螺钉孔</td><td colspan="2">螺纹规格</td><td>d_3</td><td></td><td>螺纹规格 M8(见表 4-3 螺钉),即 $d_3=8$,盲孔。见表 3-6,d_3 与荐用值一致,合理</td><td>M8</td></tr>
<tr><td colspan="2">螺孔深度</td><td>L_1</td><td>18.30</td><td rowspan="2">圆整。由结构尺寸可知旋入深度 $L=15$。根据 M8 查表 14-4、表 14-5,L 大于荐用值 12,L_1 大于荐用值 14.5;L_2 大于荐用值 20,联接可靠,合理</td><td>18</td></tr>
<tr><td colspan="2">钻孔深度</td><td>L_2</td><td>23.30</td><td>23</td></tr>
<tr><td rowspan="2">径向定位</td><td>高速轴侧</td><td>D_0</td><td>ϕ100.30</td><td>圆整。见表 3-6,符合荐用值 $D_0=D+2.5d_3=100$ ($D=80$),合理</td><td>ϕ100</td></tr>
<tr><td>低速轴侧</td><td>D_0</td><td>ϕ120.40</td><td>圆整。见表 3-6,符合荐用值 $D_0=D+2.5d_3=120$ ($D=100$),合理</td><td>ϕ120</td></tr>
<tr><td colspan="2">周向定位角</td><td></td><td>60.5°</td><td>圆整。避免孔位于结合面上,并均布,合理</td><td>60°</td></tr>
<tr><td rowspan="4">地脚螺栓孔的分布</td><td colspan="2">孔的间距</td><td></td><td>150.06</td><td rowspan="2">圆整。符合可靠联接要求,合理</td><td>150</td></tr>
<tr><td colspan="2">定位尺寸</td><td>f</td><td>104.95</td><td>105</td></tr>
<tr><td colspan="2">通孔直径</td><td>d_h</td><td>ϕ17.20</td><td>圆整。根据地脚螺栓螺纹规格 M16(见表 4-9)查表 14-3,d_h 与荐用值 17 一致,合理</td><td>ϕ17</td></tr>
<tr><td colspan="2">锪坑直径</td><td></td><td>ϕ26.20</td><td>圆整。根据弹簧垫圈规格 16 查表 14-17,该值大于弹簧垫圈外径荐用值 24.4,合理</td><td>ϕ26</td></tr>
</table>

第五章 减速器工作能力分析

在完成对减速器的测绘和结构分析之后，减速器及其零、部件的结构尺寸即已确定，但还需根据其载荷情况、工作条件、使用期限等对减速器进行工作能力分析，包括减速器中传动零件、轴、轴承和键联接的工作能力核算及联轴器的选择计算等。

第一节 概 述

一、传动零件的工作能力核算

传动装置的使用性能、工作能力、结构布置及尺寸大小主要决定于传动零件，而传动装置中的支承零件、联接零件等其他零件，则是根据传动零件的工作要求来确定或选取，因此一般应先核算传动零件的工作能力。若传动系统中除减速器外还有其他传动零件时，为使减速器工作能力计算的原始数据比较准确、齐全，通常应先计算减速器外部的传动零件。

各种传动零件的工作能力计算方法可参阅有关教材或机械设计手册。由于受学时的限制，机械分析应用综合课题主要完成减速器齿轮传动的工作能力计算。对传动系统中减速器外的传动零件（如开式齿轮传动、V 带传动、链传动等），在不影响减速器有关零、部件工作能力计算的前提下，只需通过简单的计算来确认或获得必要的原始数据，例如，验算实际传动比和实际转速；计算外部传动零件作用在轴上的力等。并检查外部传动零件的结构尺寸与减速器、电动机相关尺寸是否协调，以避免与机座或其他零、部件发生碰撞；检查轮毂孔直径和长度与相配的轴径和长度是否相适应等。

在进行减速器齿轮传动工作能力核算时，需根据齿轮测绘和结构分析所确定的几何参数和结构尺寸，按闭式齿轮传动分别校核接触疲劳强度和齿根弯曲疲劳强度。除此以外，还需对有关参数进行合理性分析。

二、轴系零部件的工作能力核算

若确定了传动零件的力作用点及轴的支承间距，便可以进行轴系零部件即轴、轴承和键联接的校核计算。

1. 轴的强度校核计算

（1）确定轴的支点间距和轴上力作用点　在完成减速器的测绘和结构分析之后，轴的支承点之间的距离即已确定，轴上力作用点通常取在传动零件宽度中点，见图 3-3、图 3-4 中 L_1、L_2。

（2）轴的校核计算　根据已定的轴的结构、轴承支点间距及轴上零件力作用点位置，可画出轴的计算简图，进行轴的受力分析、画出受力图并求支承反力，绘制弯矩图、扭矩图和当量弯矩图，然后判定轴的危险截面，并按有关教材或机械设计手册中介绍的方法和步骤进行轴的强度校核计算。若轴的强度不够，常采取增大轴径、缩小支承跨距、改用轴的材料等措施加以改进。若轴的强度余量较大，应待轴承和键联接的校核计算完成后，综合考虑各方面因素再决定是否修改或如何修改。

2. 轴承寿命校核计算

根据轴系结构、轴的受力和轴承的类型，确定各滚动轴承的当量动载荷，并取较大者进行轴承的寿命计算。滚动轴承的预期寿命可按减速器寿命或减速器的检修期（通常 2 ~ 3 年）来确定。若计算出的寿命不符合要求，常考虑选用另一种尺寸系列的轴承，必要时可改变轴承类型，以提高轴承基本额定动载荷，使滚动轴承能够满足寿命要求。

3. 键联接强度校核计算

轴上零件如齿轮、带轮、链轮和联轴器等的周向固定，一般采用过盈或过渡配合附加普通平键联接。平键的剖面尺寸（键宽 $b \times$ 键高 h）按轴径 d 由标准中查取，键长 L 由配合轴段长度 L' 决定，一般 $L = L' - (5 \sim 10)\mathrm{mm}$，且 $L \leqslant (1.6 \sim 1.8)d$，键长 L 符合标准长度系列。

对键联接主要是根据轴所传递的转矩校核挤压强度（参阅有关教材或机械设计手册）。许用挤压应力应按键、轴、轮毂三者中材料最弱的选取。若键联接的强度不够，常采取必要的改进措施，如适当增加键长、采用双键或增大轴径来增加键的剖面尺寸等。

三、联轴器的选择计算

减速器常通过联轴器与电动机轴、工作机轴相联接。传动系统中联轴器的选择包括：

（1）选择联轴器的类型　首先应根据工作条件和使用要求选择联轴器类型。对于电动机轴与减速器高速轴的联接，由于轴的转速较高，一般应选用具有缓冲、吸振功能的弹性联轴器，例如弹性套柱销联轴器、弹性柱销联轴器。对于减速器输出轴与工作机轴的联接，由于轴的转速较低，传递的转矩较大，且减速器轴与工作机轴之间往往有较大的轴线偏移，因此常选用刚性可移式联轴器，例如十字滑块联轴器、齿式联轴器。对于中、小型减速器，其输出轴与工作机轴的轴线偏移不很大时，也可选用弹性柱销联轴器。

（2）选择联轴器的型号　联轴器类型选定后，再根据联轴器的计算转矩、被联接轴的转速和直径确定其结构尺寸，并按标准选定联轴器型号。所选联轴器的轴孔直径范围应与被联 接两轴的直径相适应，并避免减速器高速轴外伸段轴径与电动机的轴径相差很大，否则难以选择合适的联轴器。联轴器轴孔的形式和尺寸可参照表 17-1 选择。

第二节　实 例 分 析

例 5-1　已知图 2-3 所示螺旋输送机传动装置的有关原始数据、工作条件和总体分析计算结果（见例 2-1），以及其齿轮减速器的测绘和结构分析结果（见例 4-1）。若该传动装置的工作寿命为 10 年，每年工作 300 天，两班制，试分析其齿轮减速器的工作能力。

解： 本例中，齿轮减速器的工作能力分析涉及 V 带传动、齿轮传动、轴、轴承、键联接以及联轴器，其有关计算方法参见参考文献［1］。

一、普通 V 带传动的参数计算

由于带传动的压轴力将影响轴和轴承的工作能力计算，故需对带传动进行必要的参数计算，以求得带传动的压轴力。

（1）确定计算功率 P_{ca}　电动机实际所需的输出功率 $P_d = 5.02\ kW$（见例 2-1），即为带传动输入功率；根据工作情况查得工况系数 $K_A = 1.2$，则带传动的计算功率为

$$P_{ca} = K_A P_d = 1.2 \times 5.02kW = 6.0kW$$

（2）选取 V 带带型　根据 P_{ca} 和电动机轴的转速 $n_m = 1440\ r/min$（见例 2-1），确定选用 A 型 V 带。

（3）确定带轮基准直径 d_{d1}、d_{d2}　根据 A 型 V 带轮的最小基准直径 $d_{dmin} = 75mm$ 及基准直径 d_d 系列推荐范围，取主动轮基准直径 $d_{d1} = 125mm$，则从动轮基准直径 d_{d2} 为

$$d_{d2} = i_1 d_{d1}(1-\varepsilon) = 3.04 \times 125\ (1-0.02)mm \approx 372mm$$

其中，取滑动率 $\varepsilon = 0.02$；$i_1 = 3.04$（见例 2-1）。

按带轮直径系列，取 $d_{d2} = 375mm$，则带传动的实际传动比 i_1' 为

$$i_1' = \frac{d_{d2}}{d_{d1}(1-\varepsilon)} = \frac{375}{125(1-0.02)} \approx 3.06$$

主动轮的转速 $n_1 = n_m = 1440\ r/min$（见例 2-1），则从动轮的实际转速 n_2 为

$$n_2 = \frac{n_m}{i_1'} = \frac{1440}{3.06} r/min \approx 470.59 r/min$$

转速的相对误差为

$$\Delta n_2 = \frac{473.68 - 470.59}{473.68} \approx 0.65\% < 5\% \quad （允许）$$

（4）验算带速 v

$$v = \frac{\pi d_{d1} n_1}{60 \times 1000} = \frac{\pi \times 125 \times 1440}{60 \times 1000} m/s = 9.42m/s < v_{max} = 25 \sim 30m/s \quad （合适）$$

（5）确定普通 V 带的基准长度 L_{d0} 和传动中心距 a

根据　$0.7\ (d_{d1} + d_{d2}) \leqslant a_0 \leqslant 2\ (d_{d1} + d_{d2})$，初步确定 $a_0 = 450mm$。

带所需的基准长度为

$$L_{d0} \approx 2a_0 + \frac{\pi}{2}(d_{d1} + d_{d2}) + \frac{(d_{d2} - d_{d1})^2}{4a_0}$$

$$= \left[2 \times 450 + \frac{\pi}{2}(125 + 375) + \frac{(375 - 125)^2}{4 \times 450}\right] mm \approx 1720mm$$

由标准选带的基准长度 $L_d = 1800mm$。

计算实际中心距 a

$$a \approx a_0 + \frac{L_d - L_{d0}}{2} = \left(450 + \frac{1800 - 1720}{2}\right) mm = 490mm$$

中心距的调整范围

$$a_{min} = a - 0.015L_d = (490 - 0.015 \times 1800)mm = 463mm$$

$$a_{max} = a + 0.03L_d = (490 + 0.03 \times 1800)mm = 544mm$$

（6）验算小带轮包角 α_1

$$\alpha_1 = 180° - \frac{d_{d2} - d_{d1}}{a} \times 57.3° = 180° - \frac{375 - 125}{490} \times 57.3° = 150.8° > 120°（合适）$$

（7）计算普通 V 带的根数 z

$$z = \frac{P_{cd}}{(P_1 + \Delta P_1)K_\alpha K_L}$$

根据 $d_{d1} = 125\text{mm}$ 和 $n_1 = 1440\text{r/min}$，查表并用内插法得单根 A 型 V 带的基本额定功率 $P_1 = 1.91\text{kW}$；根据 $n_1 = 1440\text{r/min}$ 和 $i_1 = 3.06$，查表得 A 型 V 带额定功率的增量 $\Delta P_1 = 0.17\text{kW}$；根据 $\alpha = 150.8°$，查表得包角修正系数 $K_\alpha = 0.92$；根据 $L_d = 1800\text{mm}$，查表得带长修正系数 $K_L = 1.01$，则

$$z = \frac{6.0}{(1.91 + 0.17) \times 0.92 \times 1.01} = 3.1$$

取 $z = 4$ 根。

（8）计算单根 V 带的预紧力 F_0

$$F_0 = 500\left(\frac{2.5}{K_\alpha} - 1\right)\frac{P_d}{zv} + qv^2$$

查表得 V 带单位长度的质量 $q = 0.10\text{kg/m}$，则

$$F_0 = \left[500\left(\frac{2.5}{0.92} - 1\right)\frac{6.0}{4 \times 9.42} + 0.10 \times 9.42^2\right]\text{N} \approx 145.62\text{N}$$

（9）计算压轴力 F_Q

$$F_Q = 2F_0 z\sin\frac{\alpha_1}{2} = 2 \times 145.62 \times 4\sin\frac{150.8°}{2}\text{N} \approx 1127.34\text{N}$$

（10）V 带轮的结构

V 带轮的材料：铸铁 HT150；结构形式：主动带轮采用实心式，从动带轮采用孔板式；其结构尺寸是由经验公式（参阅相关教材或机械设计手册）确定（计算从略）。由该减速器输入轴结构（见例 4-1）可知，与 V 带轮轮毂相配合轴段的直径 $d = 30\text{mm}$、长度 $L = 58\text{mm}$。由经验公式可得 V 带轮轮毂长度 $l = 2d = 60\text{mm}$，可见，与相配轴段长度 L 协调。

二、齿轮传动工作能力核算

经测绘和分析计算，该减速器中大、小齿轮的基本参数和几何尺寸已确定，见表 4-7。

1. 参数的合理性分析

1）法面模数 $m_n = 3\text{mm}$，符合动力齿轮模数要求。

2）螺旋角 $\beta = 8°6'34''$，在 $8° \sim 15°$ 内，合适。

3）齿宽 $b_1 = 66\text{mm}$，$b_2 = 60\text{mm}$，符合小齿轮比大齿轮宽 5 ~ 10mm 的原则，以便于装配并有利于补偿轴向尺寸的误差，确保齿轮的啮合齿宽。

4）齿轮圆周速度 v

$$v = \frac{\pi n_1 d_1}{60 \times 1000} = \frac{3.14 \times 473.68 \times 60.606}{60 \times 1000}\text{m/s} = 1.5\text{m/s}$$

式中，小齿轮转速 $n_1 = n_{\text{I}} = 473.68\text{r/min}$（见例 2-1）。

查表 18-2，齿轮传动精度等级为 8 级，适宜。

因 $v < 12\text{m/s}$，所以齿轮适宜采用浸油润滑；因 $v = 1.5\text{m/s}$，所以轴承可采用油润滑。

2. 校核齿面接触疲劳强度

齿面接触疲劳强度的校核计算公式为

$$\sigma_H = 3.22Z_E\sqrt{\frac{KT_1}{bd_1^2}\cdot\frac{u+1}{u}} \leqslant [\sigma_H]$$

（1）确定计算参数

1）求小齿轮传递的转矩 T_1　由于对各零件进行工作能力计算时，均以其输入转矩作为计算转矩，因此，小齿轮传递的转矩 T_1 需由Ⅰ轴的输入转矩 T_{I} 和轴承的效率 η_2 求得，即

$$T_1 = T_{\text{I}}\eta_2 = 98270 \times 0.99\text{N}\cdot\text{mm} = 97287\text{N}\cdot\text{mm}$$

其中，$T_{\text{I}}=98270\text{N}\cdot\text{mm}$ 和 $\eta_2=0.99$（见例2-1）。

2）选取载荷系数 K　按轻微冲击、斜齿轮传动查表，取 $K = 1.1$。

3）确定材料的弹性系数 Z_E　两轮均为45钢，查表得 $Z_E=189.8$。

4）确定许用接触应力 $[\sigma_H]$　齿轮材料45钢，小齿轮调质、大齿轮正火，据此查表得

小齿轮：硬度为240HBW，$[\sigma_H]_1 = (380 + 0.7 \times 240)\text{MPa} = 548\text{MPa}$

大齿轮：硬度为200HBW，$[\sigma_H]_2 = (380 + 0.7 \times 200)\text{MPa} = 520\text{MPa}$

取较小值 $[\sigma_H]_2$ 代入公式计算，即 $[\sigma_H] = [\sigma_H]_2$。

5）其他参数　由表4-7计算结果可知，小齿轮分度圆直径 $d_1=60.606\text{mm}$；齿数比 $u=z_2/z_1=3.95$；计算齿宽 $b=60\text{mm}$。

（2）校核计算

$$\sigma_H = 3.22Z_E\sqrt{\frac{KT_1}{bd_1^2}\cdot\frac{u+1}{u}} = 3.22\times 189.8\times\sqrt{\frac{1.1\times 97287}{60\times 60.606^2}\times\frac{3.95+1}{3.95}}\text{MPa}$$

$$=476.75\text{MPa} < [\sigma_H]_2 = 520\text{MPa}$$

齿面接触强度可靠。

3. 校核齿根弯曲疲劳强度

齿根弯曲疲劳强度的校核计算公式为

$$\sigma_F = \frac{1.56KT_1}{bm_n^2z_1}Y_{FS} \leqslant [\sigma_F]$$

（1）确定计算参数

1）复合齿形系数 Y_{FS}　斜齿轮当量齿数为

$$z_{v1} = \frac{z_1}{\cos^3\beta} = \frac{20}{\cos^3 8°6'34''} = 20.61$$

$$z_{v2} = \frac{z_2}{\cos^3\beta} = \frac{79}{\cos^3 8°6'34''} = 81.42$$

其中，根据 z_{v1}、z_{v2} 查表得 $Y_{FS1}=4.33$；$Y_{FS2}=3.98$。

2）确定许用弯曲应力 $[\sigma_F]$　齿轮材料45钢，小齿轮调质、大齿轮正火，据此查表得：

小齿轮：硬度为240HBW，$[\sigma_F]_1 = (140 + 0.2 \times 240)\text{MPa} = 188\text{MPa}$

大齿轮：硬度为200HBW，$[\sigma_F]_2 = (140 + 0.2 \times 200)\text{MPa} = 180\text{MPa}$

（2）校核计算

$$\sigma_{F1} = \frac{2KT_1}{bm^2z_1}Y_{FS1} = \frac{2\times 1.1\times 97287}{60\times 3^2\times 20}\times 4.33\text{MPa} = 85.81\text{MPa} < [\sigma_F]_1 = 188\text{MPa}$$

$$\sigma_{F2} = \sigma_{F1} \times \frac{Y_{FS2}}{Y_{FS1}} = 85.81 \times \frac{3.98}{4.33}\text{MPa} = 78.87\text{MPa} < [\sigma_F]_2 = 180\text{MPa}$$

齿根弯曲强度足够。

三、轴的工作能力核算

1. 高速轴（Ⅰ轴）工作能力核算

该轴的结构简图如图 5-1a 所示。

（1）绘出轴的计算简图　由表 4-2 可知，轴的支承间距 $L_1 = 114\text{mm}$，箱外的带轮中面到最近支承点的距离 $L_2 = 101\text{mm}$。可绘出轴的计算简图如图 5-1b 所示。

（2）计算作用在轴上的力　依据小齿轮的基本参数 d_1、α_n、β 及所传递的转矩 T_1，可求得其上各力的大小为

圆周力　$F_{t1} = \dfrac{2T_1}{d_1} = \dfrac{2 \times 97287}{60.606}\text{N} = 3210.47\text{N}$

径向力　$F_{r1} = F_{t1}\dfrac{\tan\alpha_n}{\cos\beta} = \dfrac{3210.47 \times \tan 20°}{\cos 8°6'34''}\text{N} = 1180.32\text{N}$

轴向力　$F_{a1} = F_{t1}\tan\beta = 3210.47 \times \tan 8°6'34''\text{N} = 457.46\text{N}$

带传动作用在轴上的压力为

$$F_Q = 1127.34\text{N}$$

小齿轮的圆周力 F_t、径向力 F_r、轴向力 F_a 以及压轴力 F_Q 的方向如图 5-1b 所示。

（3）计算轴的支反力　水平面（H 面）和垂直面（V 面）上的受力如图 5-1c 所示。

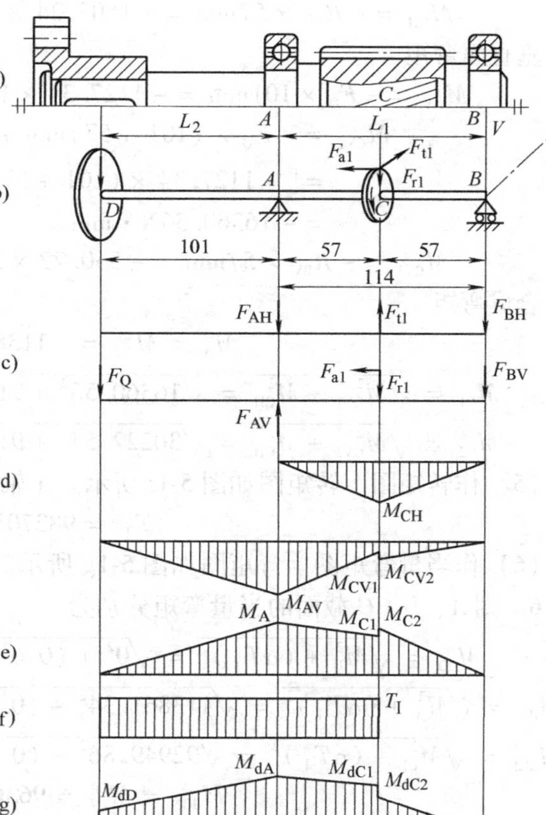

图 5-1　高速轴的载荷分析

a）轴的结构简图　b）计算简图　c）水平面和垂直面的受力图　d）水平面和垂直面的弯矩图　e）合成弯矩图　f）转矩图　g）当量弯矩图

水平面的支反力

$$R_{AH} = R_{BH} = F_{t1}/2 = 3210.47/2\text{N} = 1605.24\text{N}$$

垂直面的支反力

$$\sum M_B = 0 \quad -R_{AV} \times 114\text{mm} + F_{r1} \times 57\text{mm} + F_{a1} \cdot d_1/2 + F_Q \times (101 + 114)\text{mm} = 0$$

$$R_{AV} = \frac{F_{r1} \times 57\text{mm} + F_{a1} \cdot d_1/2 + F_Q \times (101 + 114)\text{mm}}{114\text{mm}}$$

$$=\frac{1180.32\times57+457.46\times60.606/2+1127.34\times(101+114)}{114}\text{N}=2837.88\text{N}$$

$\sum F=0$ $\qquad\qquad$ $R_{AV}-F_Q-F_{r1}-R_{BV}=0$

$R_{BV}=R_{AV}-F_Q-F_{r1}=(2837.88-1127.34-1180.32)\text{N}=530.22\text{N}$

（4）作弯矩图　水平面（H 面）和垂直面（V 面）上的弯矩图如图 5-1d 所示；合成弯矩图如图 5-1e 所示。

水平面弯矩

$$M_{CH}=-R_{BH}\times57\text{mm}=-1605.24\times57\text{N}\cdot\text{mm}=-91498.68\text{N}\cdot\text{mm}$$

垂直面弯矩

$$M_{AV}=-F_Q\times101\text{mm}=-1127.34\times101\text{N}\cdot\text{mm}=-113861.34\text{N}\cdot\text{mm}$$

$$\begin{aligned}M_{CV1}&=-F_Q\times(101+57)\text{mm}+R_{AV}\times57\text{mm}\\&=[-1127.34\times(101+57)+2837.88\times57]\text{N}\cdot\text{mm}\\&=-16360.56\text{N}\cdot\text{mm}\end{aligned}$$

$$M_{CV2}=-R_{BV}\times57\text{mm}=-530.22\times57\text{N}\cdot\text{mm}=-30222.54\text{N}\cdot\text{mm}$$

合成弯矩

$$M_A=M_{AV}=-113861.34\text{N}\cdot\text{mm}$$

$$M_{C1}=\sqrt{M_{CV1}^2+M_{CH}^2}=\sqrt{16360.56^2+91498.68^2}\text{N}\cdot\text{mm}=92949.86\text{N}\cdot\text{mm}$$

$$M_{C2}=\sqrt{M_{CV2}^2+M_{CH}^2}=\sqrt{30222.54^2+91498.68^2}\text{N}\cdot\text{mm}=96360.83\text{N}\cdot\text{mm}$$

（5）作转矩图　转矩图如图 5-1f 所示。Ⅰ轴的输入转矩为

$$T_{\text{I}}=98270\text{N}\cdot\text{mm}$$

（6）作当量弯矩图　弯矩图如图 5-1g 所示。扭转切应力为脉动循环变应力，取系数 $\alpha=0.6$。则 A、D、C 截面的当量弯矩分别为

$$M_{dD}=\sqrt{M_D^2+(\alpha T_{\text{I}})^2}=\sqrt{0^2+(0.6\times98270)^2}\text{N}\cdot\text{mm}=58962\text{N}\cdot\text{mm}$$

$$M_{dA}=\sqrt{M_A^2+(\alpha T_{\text{I}})^2}=\sqrt{113861.34^2+(0.6\times98270)^2}\text{N}\cdot\text{mm}=128222.16\text{N}\cdot\text{mm}$$

$$M_{dC1}=\sqrt{M_{C1}^2+(\alpha T_{\text{I}})^2}=\sqrt{92949.86^2+(0.6\times98270)^2}\text{N}\cdot\text{mm}=110073.58\text{N}\cdot\text{mm}$$

$$M_{dC2}=M_{C2}=96360.83\text{N}\cdot\text{mm}$$

以上结果表明，A 截面当量弯矩最大，D 截面轴径最小，因此取 A、D 截面为危险截面。

（7）按弯扭合成应力校核轴的强度　轴的材料为 45 钢，调质，查得对称循环变应力时的许用弯曲应力 $[\sigma_{-1}]=60\text{MPa}$。校核 A、D 危险截面的强度，即

A 截面当量弯曲应力

$$\sigma_{dA}=\frac{M_{dA}}{W_z}=\frac{128222.16}{0.1\times40^3}\text{MPa}=20.03\text{MPa}<[\sigma_{-1}]=60\text{MPa}\quad(\text{安全})$$

D 截面当量弯曲应力

$$\sigma_{dD}=\frac{M_{dD}}{W_z}=\frac{58962}{0.1\times30^3}\text{MPa}=21.84\text{MPa}<[\sigma_{-1}]=60\text{MPa}\quad(\text{安全})$$

2. 低速轴（Ⅱ轴）的工作能力核算（从略）

四、滚动轴承寿命核算

1. 高速轴（Ⅰ轴）滚动轴承寿命核算

高速轴采用一对 6208 型深沟球轴承，其受力简图如图 5-2 所示。

（1）计算轴承载荷

轴承 A 的径向载荷

$$F_{rA} = \sqrt{R_{AH}^2 + R_{AV}^2} = \sqrt{1605.24^2 + 2837.88^2}\text{N} = 3260.42\text{N}$$

轴承 A 的轴向载荷

$$F_{aA} = F_{a1} = 457.46\text{N}$$

轴承 B 的径向载荷

$$F_{rB} = \sqrt{R_{BH}^2 + R_{BV}^2} = \sqrt{1605.24^2 + 530.22^2}\text{N} = 1690.54\text{N}$$

轴承 B 的轴向载荷

$$F_{aB} = 0$$

由计算结果可见，轴承 A 的载荷较大，故应核算轴承 A 的寿命。

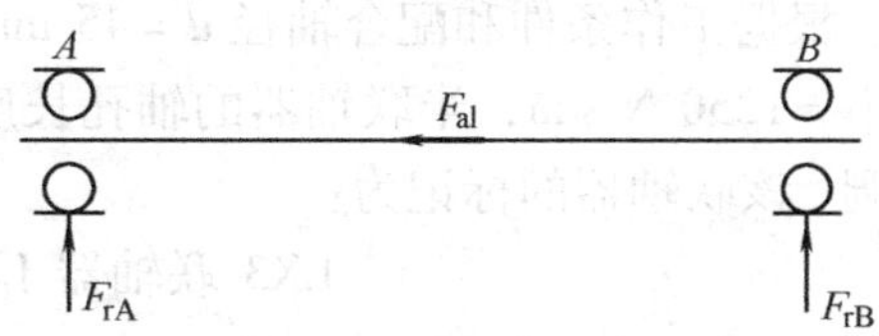

图 5-2　高速轴轴承的受力简图

（2）计算轴承 A 当量载荷 P_A　对于 6208 型深沟球轴承，查表 15-1 得基本额定动载荷 C_r = 29500N，基本额定静载荷 C_{0r} = 18000N。

$$F_{aA}/C_{0r} = 457.46/18000 = 0.025$$

查表得 e = 0.214。

$$F_{aA}/F_{rA} = 457.46/3260.42 = 0.140 < e$$

取径向载荷系数 $X=1$，轴向载荷系数 $Y=0$；按轻微冲击，取载荷系数 $f_P=1.1$，则

$$P_A = f_P(XF_{rA} + YF_{aA}) = 1.1 \times 3260.42\text{N} = 3586.46\text{N}$$

（3）计算轴承 A 所需的基本额定动载荷 C'　查表取温度系数 $f_t=1.00$；球轴承的寿命系数 $\varepsilon=3$；转速 $n=n_{\text{I}}$ = 473.68r/min；按减速器的检修期，取轴承预期寿命 L_h' = 12000h，则

$$C' = \frac{P_A}{f_t}\sqrt[\varepsilon]{\frac{60nL_h'}{10^6}} = \frac{3586.46}{1.0}\sqrt[3]{\frac{60 \times 473.68 \times 12000}{10^6}}\text{N} = 25057.54\text{N} < 29500\text{N}$$

结论：高速轴采用一对 6208 型深沟球轴承寿命足够。

2. 低速轴（Ⅱ轴）滚动轴承寿命核算

低速轴采用一对 6211 型深沟球轴承，计算从略。

五、键联接工作能力核算

1. 高速轴（Ⅰ轴）与 V 带轮的键联接

高速轴与 V 带轮采用键 8 × 50（GB/T 1096—2003），即为圆头普通平键（A 型），b = 8mm，h = 7mm，L = 50mm，轴径 d = 30 mm。

键材料采用 45 钢，V 带轮材料采用铸铁，故依据 V 带轮材料查表得键联接的许用挤压应力 $[\sigma_p]$ = 50 ~ 60 MPa；A 型键工作长度 $l = L - b = (50-8)\text{mm} = 42\text{ mm}$，键与轮毂键槽的接触高度 $k = h/2 = 7/2\text{mm} = 3.5\text{ mm}$。

挤压应力

$$\sigma_p = \frac{2T_{\text{I}}}{kld} = \frac{2 \times 98270}{3.5 \times 42 \times 30}\text{MPa} = 44.6\text{MPa} < [\sigma_p] \quad（安全）$$

2. 低速轴（Ⅱ轴）与齿轮的键联接

低速轴与齿轮采用键 16×56（GB/T 1096—2003），计算从略。

3. 低速轴（Ⅱ轴）与联轴器的键联接

低速轴与联轴器采用键 14×70（GB/T 1096—2003），计算从略。

六、联轴器的选择和计算

低速轴与工作机用联轴器相联（见图2-3），查表取工作情况系数 $K_A=1.3$，联轴器传递的转矩 $T=T_{\text{Ⅱ}}\eta_2=368.72\times0.99\text{N}\cdot\text{m}=365.03\text{N}\cdot\text{m}$。则

联轴器的计算转矩

$$T_{ca}=K_AT=1.3\times365.03\text{N}\cdot\text{m}=474.54\text{N}\cdot\text{m}$$

根据工作条件和配合轴径 $d=45$ mm 查表 17-5，选用 LX3 型弹性柱销联轴器，公称转矩 $[T]=1250$ N·m，半联轴器的轴孔长度 $L=84$ mm，与减速器低速轴配合轴段的长度 82 mm 协调。该联轴器的标记为：

LX3 联轴器 J_1 45×84　GB/T 4323—2003

第六章　减速器装配图

减速器装配图是用来表示减速器各零件间的装配关系、结构形状和尺寸以及工作原理的图样；是用来了解该传动装置总体布局、性能、工作状态、安装要求、制造工艺的图样；也是减速器调试、维护、装拆的技术依据。完成减速器装配图是一项重要而复杂的工作，需要综合考虑并反映对零件的材料、强度、刚度、加工工艺、装配、调整、润滑、密封、日常维护及经济性等方面的要求，因此，需用足够的视图、剖视图以及文字说明，简明、清晰地表达。

第一节　绘制减速器装配草图

根据减速器装配示意图（见图4-2）和非标准件的零件草图、标准件的类型和规格尺寸（参见表4-3）以及减速器零部件的位置尺寸（见表3-2），便可逐步完成减速器装配草图。

由于所测绘的零件草图常常存在与装配关系不协调的尺寸，在绘图过程中需要对其进行修改，因此，在绘制装配草图过程中应使用规尺画图，并且比例准确，着笔要轻，线条要细，以便准确地表达所测实际零件的结构形状，协调其尺寸数据及零件间的相互位置。为便于核对相关尺寸并即时作出调整或修改，应先画零件的基本轮廓，后画其细部结构，最后再画零件的圆角、倒角；对于标准化零件（如螺栓、螺母、滚动轴承等）可先用示意法表示其位置和外形，后画其具体结构；剖面线暂时不必画出，以便修改。一张完整的减速器装配草图即为减速器装配图底图。

一、视图选择和布置图面

1. 选用图幅、选择视图

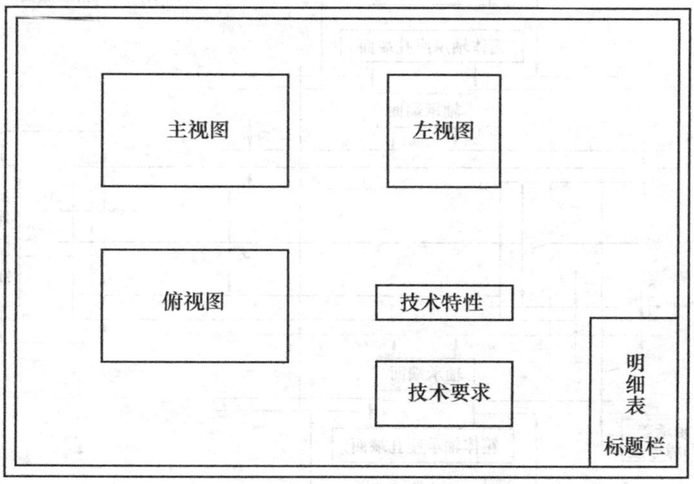

图6-1　装配图的图面布置

减速器装配图中需表达的内容较多，一般用 A_1 图纸绘制，必要时也可采用 A_0 图纸。图幅确定后，先将图纸边框线及标题栏、明细表的外框线按规定（见表 11-2、表 11-3）绘出，剩下的空白图纸即为绘图的有效面积。减速器装配图一般采用三个视图（主、俯、左视图）并辅以必要的剖视图或局部剖视图来表达。

2. 选择比例、布置图面

尽量优先选用 1:1 或 1:2 的比例尺，以增强减速器产品的真实感。绘制装配图时，应根据减速器装配示意图和减速器内部齿轮的直径、中心距以及轴的长度，参考同类减速器图样，估算出减速器三个主要视图的大致轮廓尺寸；同时，还应估计零件的序号、技术条件及减速器特性表所占用的位置，合理地布置好三个主要视图（见图 6-1）。

二、初步绘制减速器装配草图

做好上述准备工作后，即可开始画图。如图 6-2、图 6-3 所示分别为一级、二级减速器初步绘

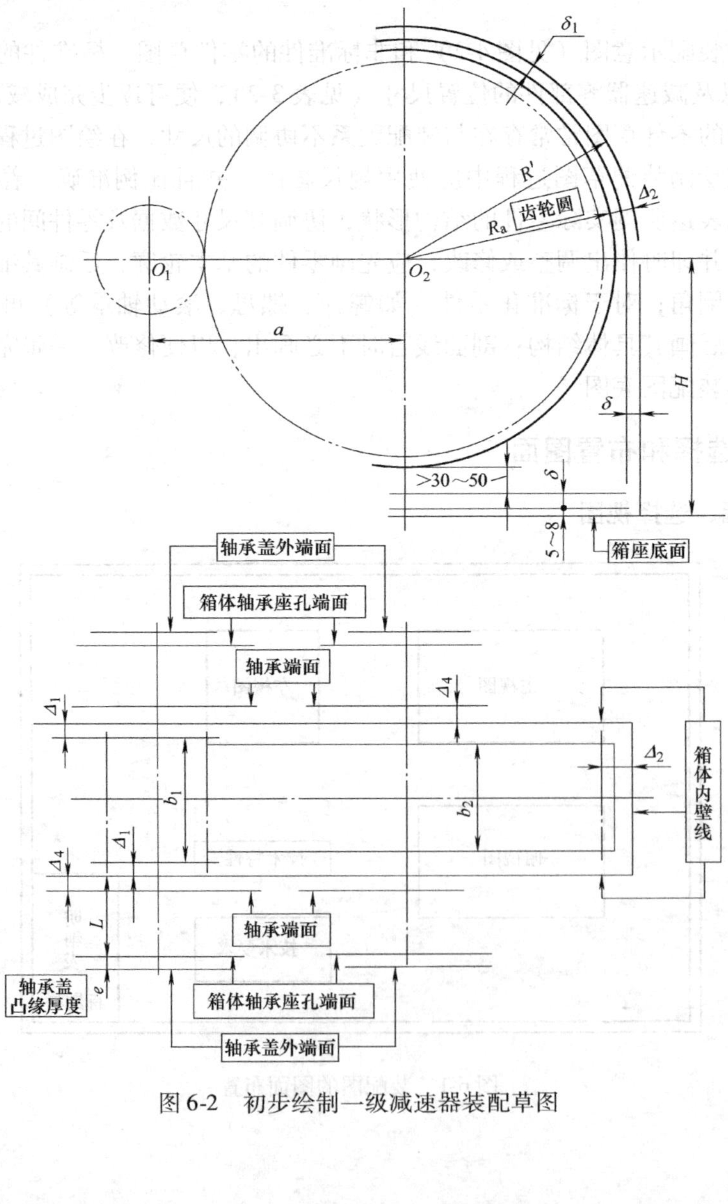

图 6-2　初步绘制一级减速器装配草图

制装配草图的内容，图中零部件位置尺寸的符号含义和取值参见表3-2，其画图步骤为：

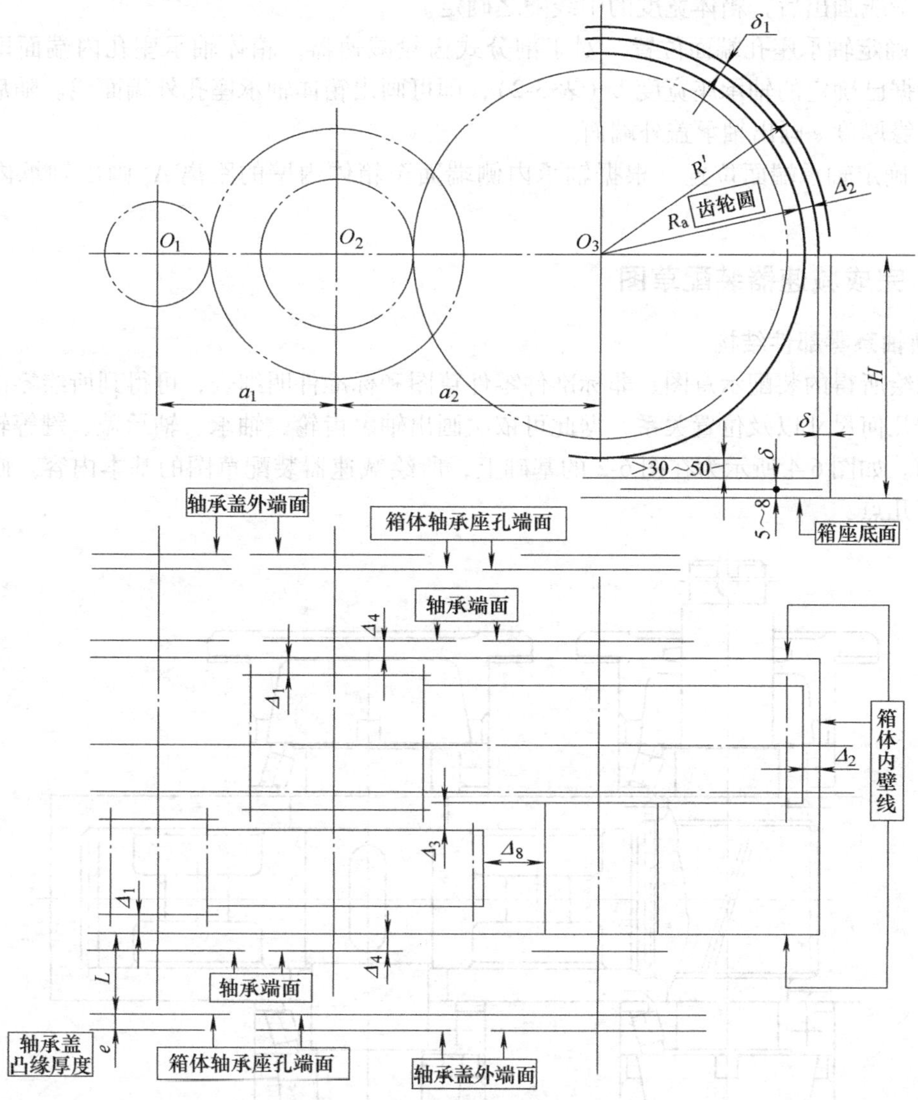

图6-3　初步绘制二级减速器装配草图

1. 确定齿轮位置

（1）画出齿轮的中心线　在主视图、俯视图绘图范围的适当位置画出齿轮的中心线，由于齿轮中心线位置直接影响视图布置的合理性，故需审定适宜后方能往下画图。

（2）画出齿轮的轮廓线　先在俯视图上画出各齿轮的节圆、齿顶圆和齿轮宽度，齿轮的细部结构暂不画。注意：小齿轮宽度 b_1 大于大齿轮宽度 b_2，且对称布置；对于两级齿轮传动，两级大齿轮间适当留有距离 Δ_3，中间轴上大齿轮齿顶与输出轴表面之间适当留有距离 Δ_8，如图6-3所示。然后在主视图上画出齿轮的节圆、齿顶圆（仅画必要的部分）。

2. 确定轴承座及轴承位置

（1）画箱体内壁线　在俯视图上，按箱体内壁与小齿轮端面间的距离 Δ_1、与大齿轮顶圆的径向距离 Δ_2，画出箱体内壁线。然后，由投影关系在主视图上画出箱体内壁线。对于高速轴上小齿轮一侧的箱体内壁线，应在主视图上确定了箱盖基本外廓后才能确定，故暂不画出。内壁线画出后，箱体宽度的中线随之确定。

（2）确定轴承座孔端面位置　对于剖分式齿轮减速器，箱体轴承座孔内端面即为箱体内壁。根据已确定的轴承座宽度 L（表 3-2），即可画出箱体轴承座孔外端面线。随后可根据轴承盖凸缘厚度 e 画出轴承盖外端面。

（3）确定轴承端面位置　根据轴承内侧端面至箱体内壁的距离 Δ_4 画出轴承内侧端面线。

三、完成减速器装配草图

1. 画轴系零部件结构

由测绘所得的装配示意图、非标准件零件草图和标准件明细表，可得到所绘零部件的结构形状和几何尺寸以及位置关系，据此可依次画出轴、齿轮、轴承、轴承盖、键等轴系零部件的结构。如图 6-4 所示为在图 6-2 的基础上，所绘减速器装配草图的基本内容。画图时应注意如下几点：

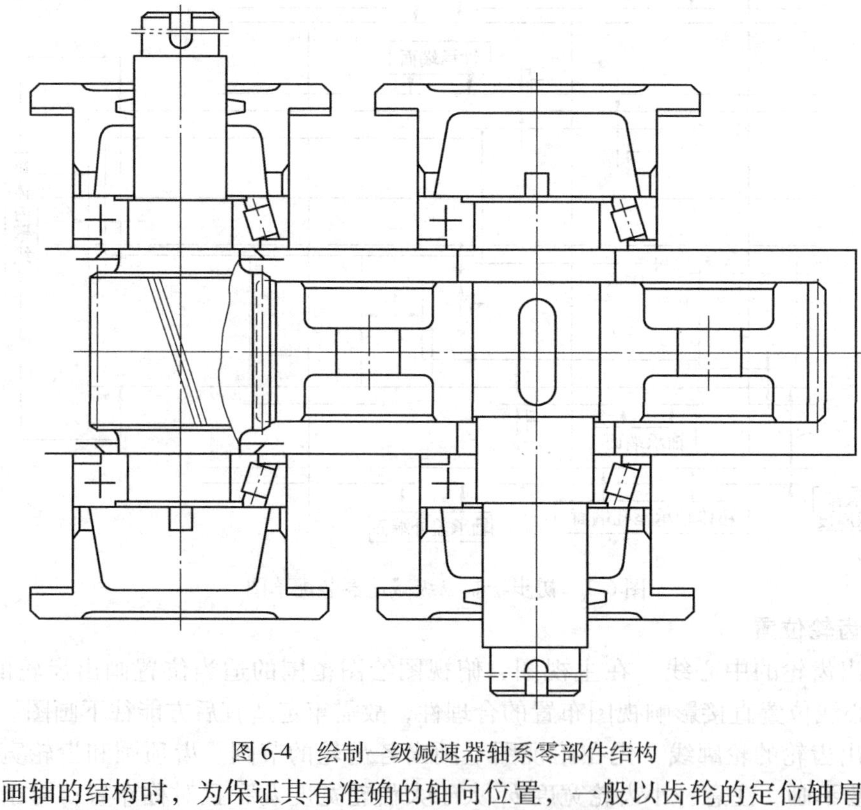

图 6-4　绘制一级减速器轴系零部件结构

（1）画轴的结构时，为保证其有准确的轴向位置，一般以齿轮的定位轴肩接触面作为轴的绘图基准面，对于齿轮轴，则以齿轮端面作为绘图基准面。

（2）画齿轮的结构时，应按国家制图标准的规定画法画出齿轮及其啮合部位（见图 18-1、图 18-2）；斜齿轮的螺旋角方向用倾斜于轴线的三段细直线表示（见图 6-4）。并注意轮毂长度约大于相配轴段长度。

（3）画轴承的结构时，应按国家制图标准规定的简化画法正确画出（参见第十五章），

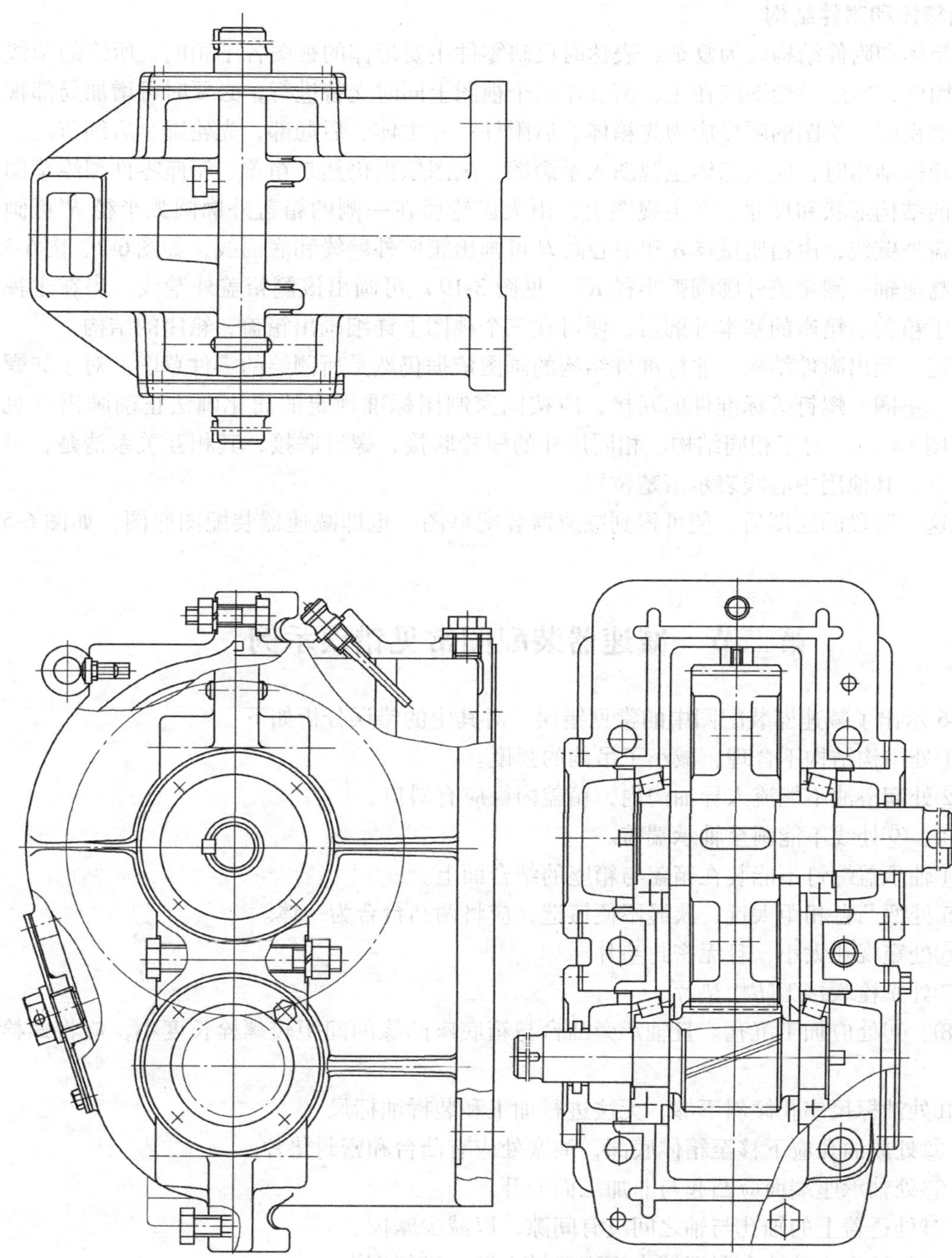

图 6-5　一级减速器装配草图

并检查其轴向定位是否可靠、合理。

（4）轴承盖为透盖时，其通孔直径由密封件尺寸确定，与相配轴段之间应有一定间隙，该间隙在画图时应表示出来。

2. 画箱体和附件结构

由于箱体和附件结构较为复杂，表达时反映零件主要形体的视图各不相同，所绘的图线也较多，因此，本阶段绘图应在主、俯、左三个视图上同时交替进行，必要时可增加局部视图或局部剖视图。绘图的顺序应为先箱体、后附件；先主体、后局部；先轮廓、后细节。

当画箱体结构时，应从箱体主视图入手画图，画图依据仍然是箱盖、箱座零件测绘草图上所表达的结构形状和尺寸。在主视图上，由大齿轮所在一侧的箱盖外廓圆弧半径 R' 可画出该侧箱盖外壁线，由箱座壁厚 δ 和中心高 H 可画出箱座外壁线和底面线，如图 6-2、图 6-3 所示；由高速轴一侧箱盖外廓圆弧半径 R''（见图 3-19）可画出该侧箱盖外壁线。当在主视图上确定了箱盖、箱座的基本外廓后，便可在三个视图上详细画出箱盖、箱座的结构。

最后逐一画出附件结构。非标准件结构的画图依据仍然是所测绘的零件草图。对于如螺栓、螺母、垫圈、螺钉等标准件的联接，应按国家制图标准规定的简化画法正确画出（见图 14-1、图 14-2）。对于相同结构、相同尺寸的螺栓联接、螺钉联接，其相互关系清楚，可以只画一个，其他用中心线表示清楚位置。

完成这一阶段的绘图后，便可得到减速器装配草图，也即减速器装配图底图，如图 6-5 所示。

第二节　减速器装配图常见错误示例

图 6-6 示出了减速器装配图中的常见错误，对其中的错误分析如下：

1）①处吊钩结构不合理，减小了吊钩的强度。

2）②处润滑油不能流入导油沟内，箱盖内缘应有斜口。

3）③、⑨处线不能画至轴承端盖。

4）④轴承盖螺钉不能装在箱盖与箱座的结合面上。

5）⑤处两凸台相距太近，狭缝不便铸造，应将两凸台合为一体。

6）⑥处窥视孔太小，且无密封垫片。

7）⑦处螺栓联接无防松垫片。

8）⑧、⑩处应加工沉孔。且轴承旁凸台与箱底座凸缘的间距较螺栓长度小，应将螺栓倒装。

9）⑪处油标尺座孔倾斜不够，无法进行加工和装拆油标尺。

10）⑫处放油孔应下移至箱体底部，油塞处应有凸台和密封垫片。

11）⑬处轴承座端面应凸起与非加工面分开。

12）⑭处透盖上的轴孔与轴之间应有间隙，以减少摩擦。

13）⑮处油沟内的油会漏回箱内而不能导入轴承进行润滑。

14）⑯处安装轴承段轴颈太长，应与轴承宽度基本相同以便于安装轴承。

15）⑰处轴肩过高，不便拆卸轴承。

16）⑱处垫片内径应略大于轴承座孔直径，否则轴承盖不能装入。

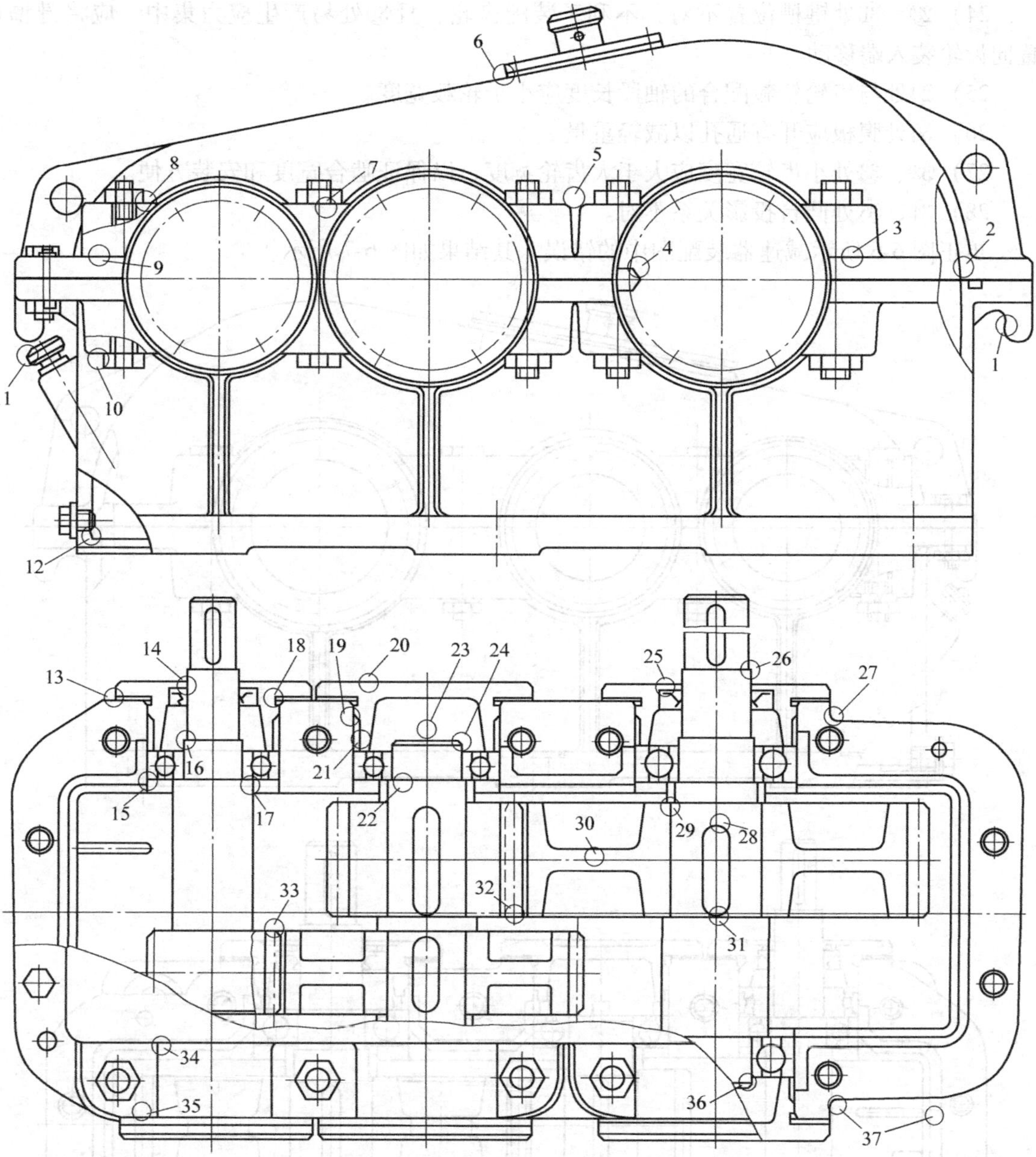

图 6-6　减速器装配图常见错误

17）⑲处轴承盖与轴承座孔的配合段太短。

18）⑳、㉕处轴承盖中部应为凹面或凸面，以分开加工面与非加工面。且㉕处太薄。

19）㉑ 、㉓处轴承盖端部应开槽，使润滑油经槽流入轴承。

20）㉒处用轴套定位，此处轴不要有阶梯。

21）㉔、㊱处轴颈太长，应与轴承宽度基本相同以便于安装轴承，且省料。

22）㉖处定位轴肩高度不够。

23）㉗、㊲处凸台投影关系不对。箱底座凸缘有投影，应表达。

24）㉘、㉛处键槽位置不对，不利于装配齿轮，且㉛处易产生应力集中。应将键槽位置向齿轮装入端移动。

25）㉙处与齿轮轮毂配合的轴段长度应小于轮毂宽度。

26）㉚处腹板应开有通孔以减轻重量。

27）㉜、㉝处小齿轮宽度应大于大齿轮宽度，以保证啮合宽度和安装方便。

28）㉞、㉟处凸台投影关系不对。

更正图 6-6 所示减速器装配图中的错误，其结果如图 6-7 所示。

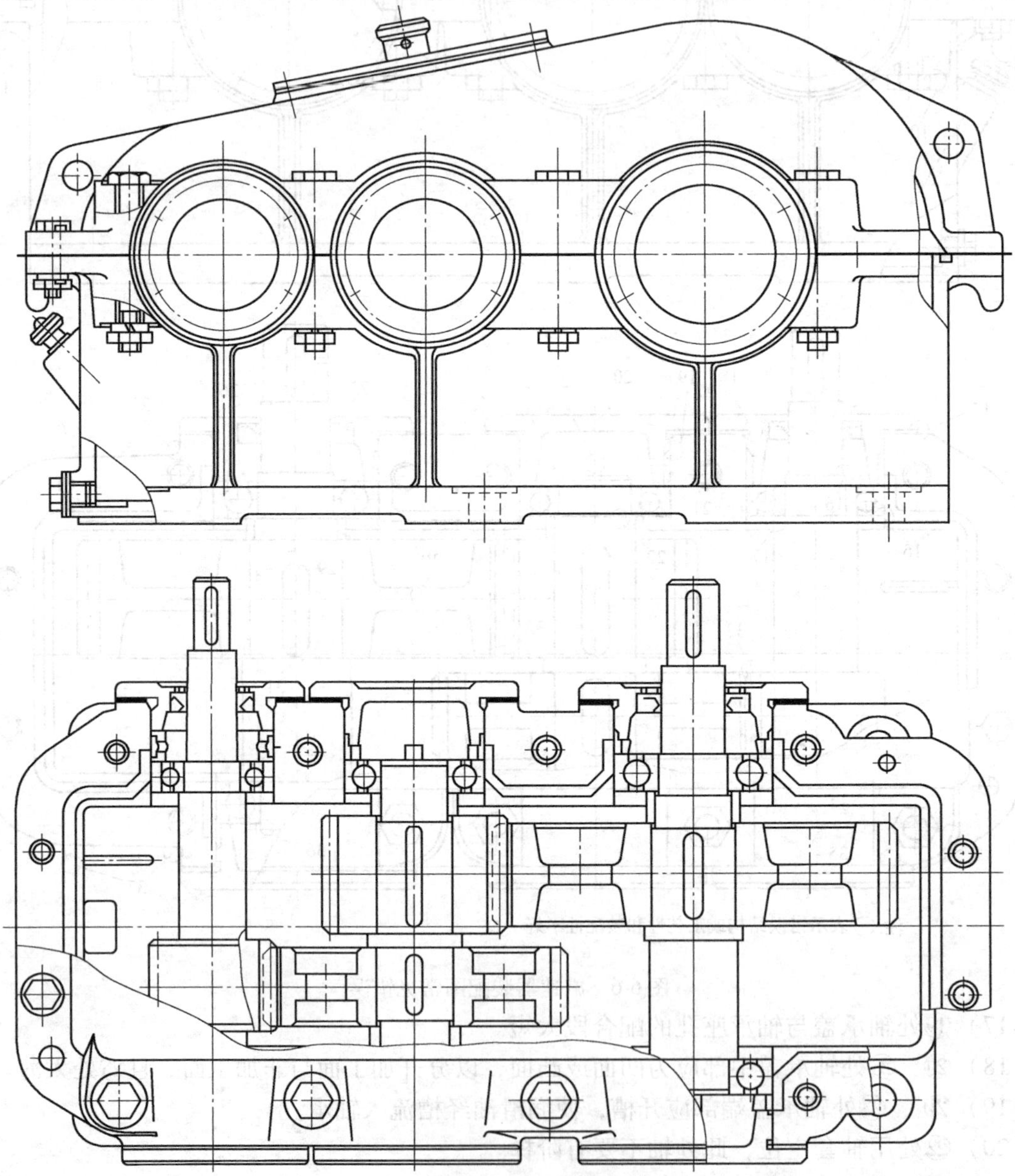

图 6-7　更正的减速器装配图

第三节　完成减速器装配图

完成减速器装配图不是绘制装配图的最后一步。完整的装配图应包括表达减速器结构的各个视图、主要尺寸和配合、技术特性和技术要求、零件编号、明细表和标题栏等。

一、绘图要求

1）表达减速器结构的各个视图应在已绘制的装配草图基础上进行审核、修改、补充，使视图完整、清晰并符合制图规范。

2）装配图上尽量避免用虚线表示零件结构，必要表达的内部结构或某些附件结构，可采用局部视图或局部剖视图加以表示。

3）画剖视图时，剖面线间距应与零件的大小相协调；相邻零件的剖面线方向应相反或间距不同，以便区别；对于零件剖面宽≤2mm 的视图，其剖面线可以涂黑表示；同一零件在各视图上剖面线的方向和间距应保持一致。

4）当肋板沿纵向剖切或轴、螺栓、垫片、销等零件沿轴线剖切时，其剖面线不画。

二、标注主要尺寸和配合

装配图是装配减速器的依据，因此装配图上必须标注下列有关尺寸：

（1）外形尺寸　包括减速器的总长、总宽、总高等。它是表示减速器大小的尺寸，由此可确定其所占空间的大小，以供装箱运输及车间布置时参考。

（2）特性尺寸　反映传动装置技术性能、规格或特征的尺寸。如传动零件的中心距及其极限偏差，中心距极限偏差值见表 18-12。

（3）安装尺寸　减速器的中心高、箱座底面尺寸、地脚螺栓孔的直径和间距、孔中心线相对于箱座底面的定位尺寸，轴外伸端配合轴段的直径和长度等。

（4）配合尺寸　包括主要零件的配合尺寸、配合性质和精度等级。与其他机器、部件一样，减速器装配时配合面必须满足一定的配合要求，以保证减速器的工作性能；同时配合类别也是选择装配方法的依据。因此，装配图上必须标注出配合面的尺寸数值，以及相应的配合种类代号。减速器主要零件的荐用配合见表 6-1。

表 6-1　减速器主要零件的荐用配合

配合零件	荐用配合	装拆方法
一般齿轮、蜗轮、带轮、联轴器与轴；轮缘与轮芯等	H7/r6，H7/s6	用压力机或温差法
要求对中性良好及很少拆装的齿轮、蜗轮、带轮、联轴器与轴	H7/n6	用压力机
小锥齿轮、较常拆装的齿轮、联轴器与轴	H7/k6，H7/m6	用手锤打入
滚动轴承内孔与轴	J6（轻负荷）， k6、m6（中等负荷）	用压力机或温差法
滚动轴承外圈与轴承座孔	H7，H6（精度要求高时）	用木锤或徒手装拆
轴承套杯与轴承座孔	H7/h6，H7/js6	
轴承盖与轴承座孔（或套杯孔）	H7/h8，H7/f9	
嵌入式轴承盖与轴承座孔凹槽	H11/d11	
套筒、溅油轮、封油环、挡油环等与轴	H7/h6，E8/k6，E8/js6，D11/k6	

尺寸应尽量集中标注在反映相关结构的主要视图上，并尽可能布置在视图外面，布置要整齐、清晰。关于各零件的详细尺寸及公差不在装配图上而应在零件图上标注。

三、注写技术特性和技术要求

（一）技术特性

减速器的技术特性包括输入功率和转速、传动效率、总传动比及各级传动比、传动特性（齿数、模数、压力角、螺旋角、精度等级）等。应在装配图的适当位置写出或列表表示。如二级圆柱齿轮减速器的技术特性可列为表 6-2 的格式。

表 6-2　二级圆柱齿轮减速器技术特性

输入功率 /kW	输入转速 /（r/min）	传动效率 η	总传动比 i	传动特性							
				第一级				第二级			
				m_n	z_2/z_1	β	精度等级	m_n	z_4/z_3	β	精度等级

（二）技术要求

装配图的技术要求是用文字表达的，用来说明在图面上无法表达或表达不清的有关装配、检验、润滑、使用及维护等内容和要求。技术要求的执行是保证减速器正常工作的重要条件，通常包括以下几个方面。

1. 装配前的要求

减速器装配前，必须按图样检验各零部件，确认合格后，用煤油或其他方法清洗干净，箱体内不允许有任何杂物，箱体内表面和某些零件的非配合表面可做防蚀处理，涂防蚀涂料。

2. 装配中对安装和调整的要求

根据零件的设计要求和使用情况，可对零件的装配工艺做如下要求：

（1）滚动轴承的安装和调整　为保证轴系的游动和滚动轴承的正常工作，考虑工作温升、相关零件加工误差等因素，在安装时应留有一定的轴向游隙。对于可调整间隙的轴承（如角接触球轴承和圆锥滚子轴承），其轴向游隙荐用值见表 15-9；对于不可调间隙的轴承（如深沟球轴承），可在轴承盖与轴承外圈端面间留出间隙，一般间隙 $\Delta = 0.25 \sim 0.4$mm。

轴向游隙调整方法有：

1）用垫片调整轴向游隙　装配时先用轴承盖将轴承顶紧（见图 6-8a），测量轴承盖凸缘与轴承座之间的间隙 δ 值，再用一组厚度为 $\delta + \Delta$ 的调整垫片置于轴承盖凸缘与轴承座端面之间（见图 6-8b），拧紧螺钉，即可得到要求的间隙 Δ。

2）用螺纹零件调整轴向游隙　如图 3-8、图 3-9 所示，拧紧螺钉或螺母至消除轴向游隙，然后再退转到留有需要的轴向游隙为止，最后锁紧螺母。

（2）传动侧隙　为保证传动的精度，齿轮安装后，传动侧隙要满足相应的国家标准。齿轮最小侧隙的推荐值见表 18-15。

侧隙可直接用塞尺测量，也可将铅丝放入相互啮合的两齿面间，然后测量铅丝变形后的厚度。

（3）接触状况　为保证接触精度，齿轮安装后，接触斑点要满足相应的国家标准（见

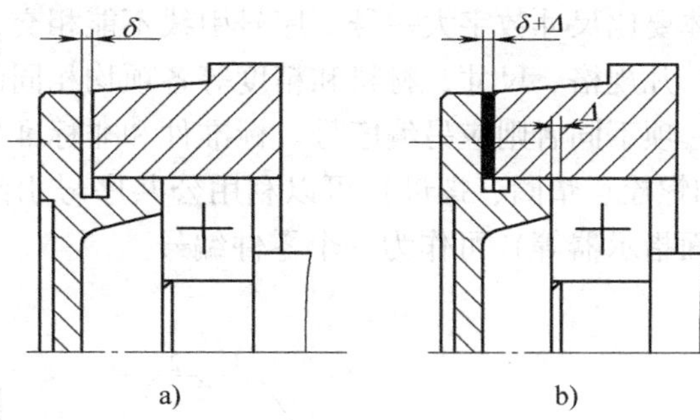

图 6-8 用垫片调整轴向游隙

表 18-14)。检查接触斑点的方法是在主动轮的齿面上涂色，并将其转动，观察从动轮齿面的着色情况，由此分析接触区的位置及接触面积的大小。

当传动侧隙或接触斑点不符合要求时，应对齿面进行刮研、跑合或调整传动件的啮合位置。

(4) 润滑要求 良好的润滑具有减少摩擦、降低磨损、冷却散热、清洁运动副表面、减振、防蚀等功用。在技术要求中应规定润滑剂的牌号、用量、加注的方法和更换时间等。对于高速、重载、频繁起动等工况，温升较大，不易形成油膜，应选用粘度高、油性和极压性好的油品。如重型齿轮传动可选用粘度高、油性好的齿轮油；高速、轻载传动可选粘度较低的润滑油；开式齿轮传动可选耐蚀、抗氧化及减摩性好的开式齿轮油。

箱体内油量主要是根据传动、散热要求和油池基本高度等因素计算确定。轴承部位如用脂润滑。其填入量一般小于轴承腔空间的 2/3；轴承转速较高时，如 $n>1500$r/min，一般用脂量不超过轴承空腔体积的 1/3 ~ 1/2。

减速器的润滑剂应在跑合后立即更换，轴承用脂润滑时，应定期加脂；当传动件与轴承采用同一种润滑剂，应优先满足传动件的要求，适当兼顾轴承润滑的要求。润滑油应按期检查，发现润滑油不足时应及时添加，减速器换油时间一般为半年左右。

(5) 密封要求 为防止润滑油流失和外部杂质侵入箱体，减速器剖分面、各接触面和密封处均不允许漏油。箱盖箱座间剖分面不允许加密封垫片，在拧紧箱体螺栓前，应使用 0.05mm 的塞尺检查密封性，装配时可涂密封胶或水玻璃。螺塞等处的密封件应选用耐油材料。

3. 试验要求

减速器在出厂前，应根据设计要求和规范进行空载和负载试验。

(1) 空载试验 在额定转速下，正反运转各 1h，要求运转平稳，无异常噪声，联接固定处不松动、不渗油、不漏油等。

(2) 负载试验 在额定转速和额定载荷下，除达到上述要求外，还应对油温有一定限制。对于齿轮减速器，要求油池温升不超过 35℃，轴承温升不超过 40℃。

4. 外观、包装和运输要求

减速器出厂前，应按照用户要求和相关标准做外部处理。

1) 箱体外表面涂防护漆等。

2) 外伸轴端做防蚀处理后涂脂包装。

3) 外包装注明运输、装卸时不可倒置、防水、防潮等。

四、编制零件序号、明细表和标题栏

1. 零件编号

零件序号应严格按顺时针或逆时针方向顺序依次编排，不得重复和遗漏，排列要整齐，字体要比尺寸数字大一号。序号引线不能相交，并尽可能不与剖面线平行。

凡规格、尺寸、材料和精度等各项均相同的零件，不论数目多少都只应编一个序号，若有一项不同者则应另编序号。标准件和非标准件可统一编号，也可分别编号。对于标准组件（如螺栓、垫圈、螺母）可以利用公共序号引线如图 6-9 所示。对于独立部件（如通气器、油面指示器等）可作为一个零件编号。

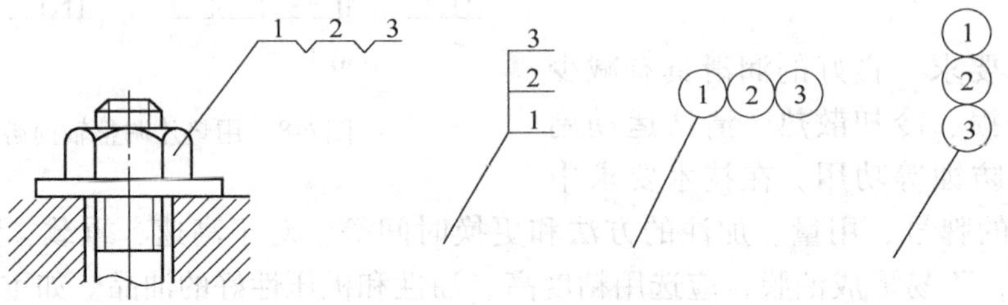

图 6-9　零件组件的指引线和编号

2. 编写明细表和标题栏

明细表是减速器中所有零件的详细目录。对于每一个编号的零件，在明细表上都应由下而上按序号列出名称、数量、材料及规格。标准件必须注出规定的标记；材料应注明牌号；独立部件（如通气器、油面指示器等）可作为一个零件标注。

标题栏应布置在图纸的右下角，用来注明减速器的名称、比例、图号、件数、重量、作者姓名等。

荐用标题栏和明细表的格式见表 11-3。

完成上述工作后即可得到完整的减速器装配图。如图 10-7 所示为例 2-1 中螺旋输送机采用的一级齿轮减速器装配图。

五、实例分析

例 6-1　完成图 2-1 所示螺旋输送机中齿轮减速器的装配图。

解

（一）绘图

按减速器装配草图的绘制方法，得到该减速器装配图底图，如图 6-5 所示。然后按国家机械制图标准进一步完成减速器装配图的图形部分（见图 10-7）。

（二）标注主要尺寸和配合

根据装配图标注主要尺寸和配合的要求，该装配图中应标注下列尺寸：

1）外形尺寸：长 428 mm、宽 410 mm、高 312mm。

2）特性尺寸：中心距 150 ±0.032mm。其中，极限偏差值为 ±0.032mm 是依据传动零件中心距基本尺寸 150mm，由表 18-12 查得。

3）安装尺寸和配合尺寸：图中所有安装尺寸和配合尺寸见表 6-3，其中，主要零件的配合代号或公差代号可查表 6-1；与密封件配合轴段的公差代号可由表 16-6、表 16-7 查得。

（三）注写技术特性和技术要求

1. 技术特性

参考表 6-2，可列出该减速器的技术特性表，如图 10-7 所示。

表 6-3　安装尺寸与配合尺寸

序号	项　目		尺寸/mm
1	减速器的中心高		170
2	箱座底面尺寸	长度	368
		宽度	195
3	地脚螺栓孔	直径	17
		间距	150
4	地脚螺栓孔的定位尺寸	长度方向	105
		宽度方向	（相对于箱座底面前后对称）
5	轴与带轮配合（较常拆装）	直径	ϕ30 m6
		长度	60
6	轴与联轴器配合（较常拆装）	直径	ϕ45 m6
		长度	82
7	轴与密封件配合	高速轴	ϕ38 f9
		低速轴	ϕ52 f9
8	轴承盖与轴承座孔配合	高速轴	ϕ80H7/f9
		低速轴	ϕ100H7/f9
9	轴与轴承内圈配合	高速轴	ϕ40k6
		低速轴	ϕ55k6
10	轴承外圈与轴承座孔配合	高速轴	ϕ80H7
		低速轴	ϕ100H7
11	轴与齿轮配合	低速轴	ϕ56H7/r6
12	轴与套筒配合	低速轴	ϕ55E8/k6

2. 技术要求

（1）装配前的要求　装配前，所有零件用煤油清洗，箱体内不许有任何杂物存在，内壁涂上不被机油浸蚀的涂料两次。

（2）装配中对安装和调整的要求

1）滚动轴承的安装和调整：减速器采用不可调间隙的深沟球轴承，在轴承盖与轴承座端面间应留有间隙 $\Delta=0.25\sim0.4\text{mm}$。

2）传动侧隙：根据 $a=150\text{mm}$、$m_n=3\text{mm}$ 查表 18-15，取最小法向侧隙 $j_{bnmin}=0.16\text{mm}$，用不大于最小侧隙两倍的铅丝来检验。

3）接触状况：根据斜齿轮的精度等级为 8 级，由表 18-14 查得斜齿轮装配后的接触斑点要求见表 6-4。

表 6-4　斜齿轮装配后的接触斑点

b_{c1}占齿宽的	h_{c1}占有效齿面高度的	b_{c2}占齿宽的	h_{c2}占有效齿面高度的
35%	40%	35%	20%

4）润滑要求：根据轴承寿命计算、齿轮承载能力分析确定采用浸油润滑，依据表 3-14，润滑油深度定为 45mm；查表 16-1 选用 L—AN68 全损耗系统用油，换油时间一般为半

年左右。

5）密封要求：各接触面和密封处不允许漏油或渗油，允许装配时涂密封胶或水玻璃密封。不允许在箱座与箱盖的结合面之间使用填料。

（3）实验要求　在空载、额定转速下正反运转各一小时，要求运转平稳无噪声。

（4）外观要求　表面涂灰色油漆。

将上述技术要求用文字注写在装配图上，如图 10-7 所示。

（四）编制零件序号、明细表和标题栏

零件序号、明细表和标题栏如图 10-7 所示。

第七章　减速器零件工作图

减速器的零件工作图是在完成装配图和零件测绘草图的基础上绘制的。零件工作图是制造、检验零件和制定工艺规程的主要技术文件，它既要反映其功能和结构要求，又要考虑制造和装配的可能性和合理性。因此，一张完整的零件工作图应完整、正确、清楚、合理地表达零件的结构，以及制造和检验所需的全部尺寸和技术要求，这对于减少废品、降低生产成本、提高生产效率和机械使用性能等是至关重要的。

第一节　零件工作图的基本要求

如第四章所述，在减速器的测绘工作中，零件草图应具备零件工作图的全部内容，所以零件草图绘制是完成零件工作图的基础，但由于零件草图的测绘受工作地点和环境条件的限制，零件草图并不很完善。因此，应在对零件草图作必要的审核、整理、完善以后，再绘制零件工作图。基本要求如下：

1）每个零件工作图应单独绘制在一个标准图幅中（见表 11-2）。在绘图时，应优先选用 1:1 比例，完善零件草图的视图表达方案和图面布局，细部结构可另行放大绘制。零件图的右下角是标题栏，其格式与尺寸可参照表 11-3。

2）零件图表达的零件基本结构和主要尺寸应与装配图一致，不应随便更改，如必须改动，应对相关部分作协调处理，并对装配图作相应的修改，以避免产生矛盾。在零件草图和装配图中未画出或未标明的一些细小结构，如退刀槽、圆角、倒角、斜度等，应在零件工作图上完整、正确地绘制并标注。

3）采取正确、合理的尺寸标注方式，选定尺寸标注的基准面，并尽量在最能反映零件特征的视图上标注，重要尺寸直接标注。要求精确的尺寸或配合尺寸，应根据装配图中所提出的装配或配合要求，注明尺寸极限偏差，如箱体孔中心距、配合孔的直径等。做到尺寸完整，便于加工测量（避免附加计算），避免尺寸重复、遗漏、封闭及数值差错。

4）零件的所有表面都应注明表面粗糙度。对重要表面可单独标注；如较多表面具有同一表面粗糙度，对其中使用最多的一种表面粗糙度可在图纸右上角统一标注。表面粗糙度值应按表面的作用及制造经济性原则选取。

5）对重要的装配表面和定位表面等要标注相应的形位公差。具体标注应根据表面的作用及制造精度来确定形位公差项目和精度等级。

6）对于不使用符号及数值表明的技术要求，可用文字说明，如材料、热处理、安装要求等。

7）对于齿轮等传动零件，须列出啮合特性表，反映特性参数、精度等级和误差检验要求。

对于不同类型的零件，其工作图的具体内容有各自的特点，本章将通过实例分述减速器中轴、齿轮、箱体三类典型零件的零件工作图。

第二节　轴类零件工作图

下面将具体介绍轴类零件工作图各部分内容，并以图 2-3 所示螺旋输送机中减速器的齿轮轴和低速轴为例，叙述有关内容。

一、视图

轴类零件一般用棒料主要经车削或磨削加工而成，故其主视图按加工状态将轴线水平放置。只需采用一个基本视图（主视图）就能表示其主要形状。实心轴不必采用剖视图，对空心轴，则用全剖视图或局部剖视图表示。对轴上的键槽、销孔及退刀槽等结构，常用移出断面图、局部剖视图和局部放大图等表达方法表示，较长的轴还可采用折断画法。

二、尺寸及其偏差的标注

轴类零件应标注各轴段的直径、长度、键槽及细部结构尺寸，如图 7-1 所示为轴的尺寸标注示例。

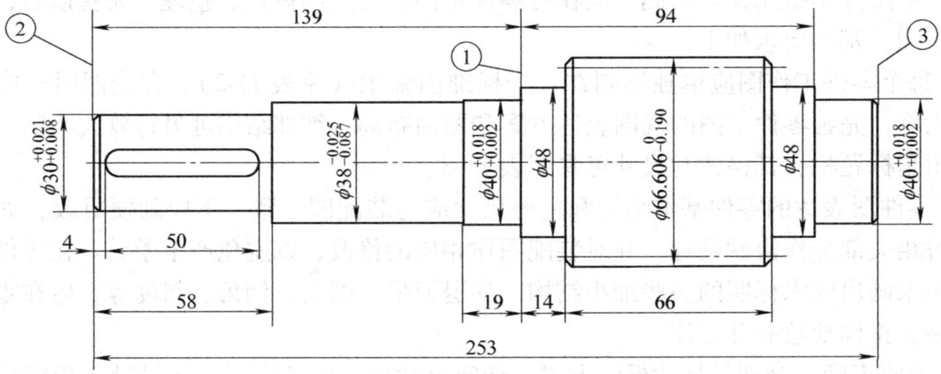

图 7-1　轴的尺寸标注示例（齿轮轴）

①—主要基准　②、③—辅助基准

（1）径向尺寸　以轴线为基准，轴的各段直径尺寸都应注出。所有配合处的直径尺寸或精度要求较高的重要尺寸应注出尺寸偏差，如图 7-1 所示。根据图 10－7 所示装配图中标注的配合尺寸，可由相应标准查取齿轮轴径向尺寸的极限偏差值，如表 7-1 所列。

（2）轴向尺寸　基准面通常选择轴孔配合端面或轴的端面。尽可能做到设计基准和工艺基准一致，并尽量考虑加工过程来标注各段尺寸，以便于加工、测量，避免出现封闭尺寸链。通常功能尺寸及尺寸精度要求较高的轴段尺寸直接注出，最不重要的轴段轴向尺寸作为尺寸的封闭环而不注出。表 7-2 列出了齿轮轴主要的加工工序。

由表 7-2 可知：该齿轮轴的轴向尺寸以左侧轴承的定位面①为主要基准面，并考虑加工情况，以轴的两端面②、③为辅助基准面。尺寸 139 确定主要基准面①的位置；尺寸 94 保证两轴承的相对位置；$\phi40$ 段尺寸 19 与左侧轴承安装面有关；$\phi48$ 段尺寸 14 确定齿轮的位置，都从主要基准面①直接注出。$\phi30$ 段尺寸 58 和 4 从辅助基准面②注出，以便测量；加工时，轴的全长 253 以辅助基准面③为基准测量。工序图中未标出的尺寸为工序过程中自然形成的尺寸，是封闭尺寸，因此零件图上不标注，如 $\phi38$ 段轴长为不重要尺寸，其累积误差不影响装配精度，取其为尺寸链封闭环，可保证其他尺寸的加工精度。

表 7-1　轴的尺寸偏差确定示例（参见图 10-7、图 7-1）

配合或重要尺寸	基本尺寸	确定依据	公差代号	查表	极限偏差值	
					上偏差	下偏差
两处与轴承配合段直径	$\phi40$	图 10-7 标注的配合尺寸	k6	表 13-5	+0.018	+0.002
与联轴器配合段直径	$\phi30$	图 10-7 标注的配合尺寸	m6		+0.021	+0.008
齿轮段直径	$\phi66.606$	符合齿轮顶圆柱面的尺寸公差要求	h11		0	−0.190
与密封件相配段直径	$\phi38$	符合密封件	f9		−0.025	−0.087
$\phi30$ 轴段键槽宽度 b	8	符合平键联接的精度要求	N9	表 14-23	0	−0.036
$\phi30$ 轴段键槽深度 t	4				+0.2	0

（3）键槽尺寸及其偏差　在轴的零件工作图上，齿轮轴 $\phi30$ 轴段上键槽尺寸除注出定位尺寸 4 和键槽长 50 外，还应在移出断面图上按键联接国家标准规定注法，注出槽宽和槽深的尺寸及其极限偏差值（见表 7-1），标注方法如图 10-2 所示。

（4）所有细部结构的尺寸如倒角、圆角等，都应根据齿轮轴的尺寸测量结果（见表 4-6），逐一标注或在技术要求中说明（见图 10-2）。

表 7-2　轴的主要加工工序示例

序号	工序说明	工序草图	加工尺寸/mm	
			轴向	径向
1	车两端面、打中心孔、定总长 253		253	
2	中心孔定位，粗车 $\phi67$	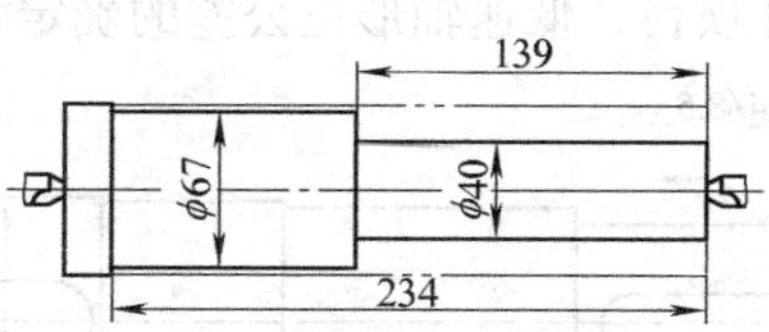	234	$\phi67$
3	精车 $\phi40$		139	$\phi40$
4	车 $\phi48$	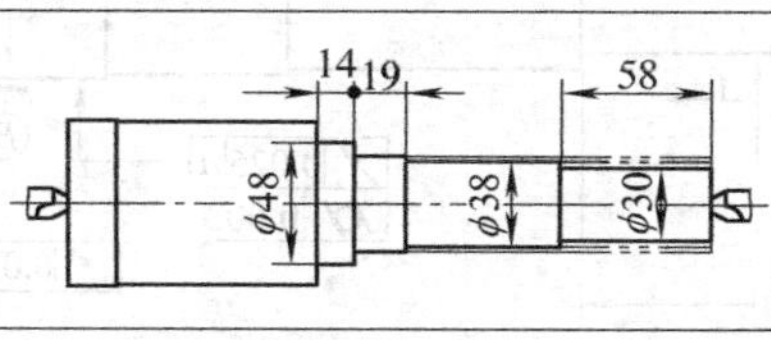	14	$\phi48$
5	车 $\phi38$，满足 19		19	$\phi38$
6	车 $\phi30$		58	$\phi30$
7	掉头，车 $\phi66.606$	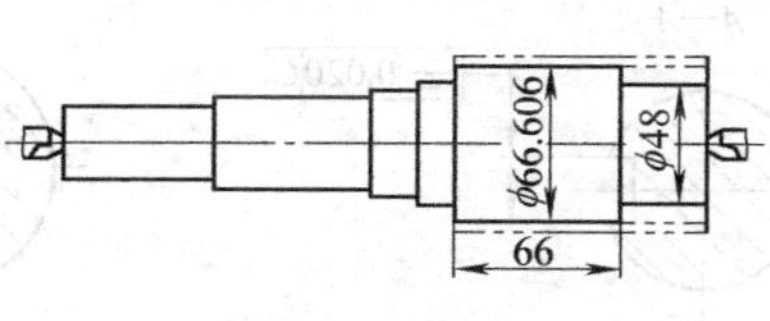	到头	$\phi66.606$
8	车 $\phi48$，满足 66		66	$\phi48$

（续）

序号	工序说明	工序草图	加工尺寸/mm	
			轴向	径向
9	车 $\phi40$，满足 94	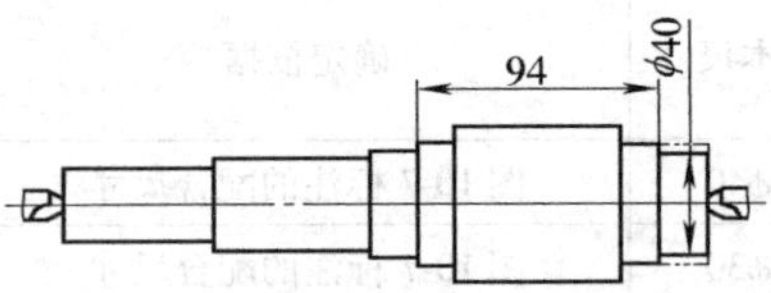	94	$\phi40$
10	铣键槽	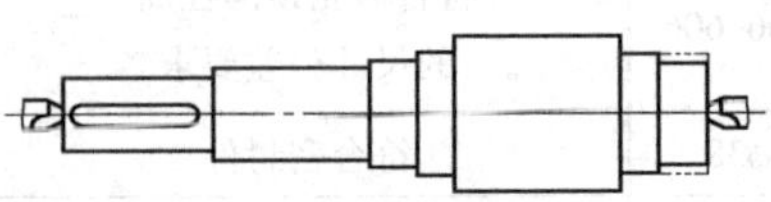	键长 $L=50$	键深 $h=4$
11	磨 $\phi40$ 两处		≥19	$\phi40$

三、形位公差的标注

在轴类零件图上应对重要表面注出形状及位置公差，以保证加工精度和装配质量。普通减速器轴类零件形位公差推荐标注项目见表 7-3。

表 7-3　轴类零件形位公差推荐标注项目

标注项目		符号	精度等级	对工作性能的影响
与传动零件配合的圆柱表面	圆柱度	⌭	7~8	影响传动零件及轴承与轴配合的松紧程度、对中性及几何回转精度
与轴承配合的圆柱表面			6	
与传动零件配合的圆柱表面	径向圆跳动	↗	6~8	影响传动零件及轴承的运转同心度
与轴承配合的圆柱表面			5~6	
轴承定位端面	端面圆跳动	↗	6	影响轴承、传动零件及联轴器的定位及受载均匀性
传动零件、联轴器等定位端面			6~8	
平键键槽两侧面	对称度	⌯	7~9	影响键与键槽的受载均匀性及装拆松紧程度

根据表 7-3 推荐标注项目，低速轴形位公差的确定及标注如图 7-2 所示。

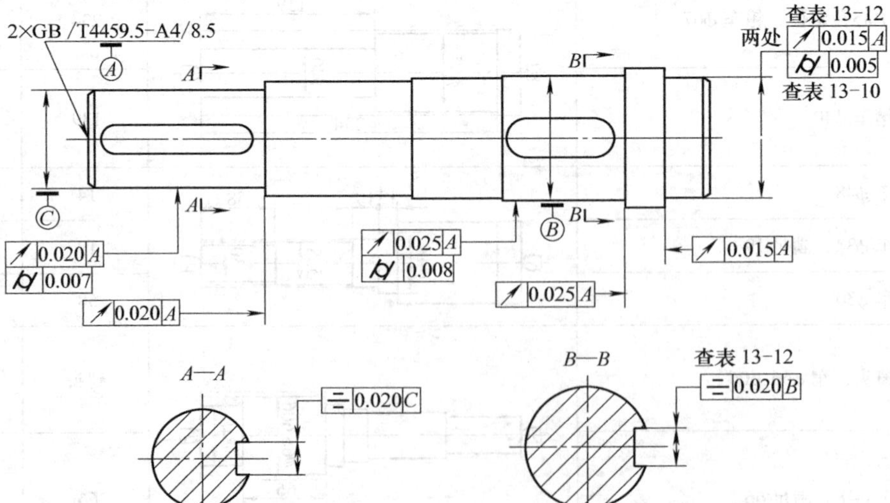

图 7-2　轴的形位公差确定及标注示例（低速轴）

四、表面粗糙度的标注

轴类零件所有表面都应注明表面粗糙度。轴的表面粗糙度参数 R_a 值可参考表7-4选取。低速轴表面粗糙度及其标注如图10-3所示。

表7-4　轴的表面粗糙度 R_a 荐用值

<table>
<tr><td colspan="2">加工表面</td><td>$R_a/\mu m$</td><td>加工表面</td><td colspan="4">$R_a/\mu m$</td></tr>
<tr><td colspan="2">与传动零件及联轴器配合表面</td><td>3.2~0.8</td><td>与普通级轴承配合表面</td><td colspan="4">1.6~0.8</td></tr>
<tr><td colspan="2">传动零件、联轴器等定位端面</td><td>6.3~1.6</td><td>普通级轴承定位端面</td><td colspan="4">1.6</td></tr>
<tr><td rowspan="2">平键键槽</td><td>侧面</td><td>3.2~1.6</td><td rowspan="5">密封处表面</td><td colspan="4">密封型式</td></tr>
<tr><td>底面</td><td>6.3</td><td>毡封油圈</td><td colspan="2">橡胶油封</td><td rowspan="2">隙缝及迷宫</td></tr>
<tr><td colspan="2">中心孔锥孔</td><td>0.8~1.6</td><td colspan="3">密封处圆周速度/(m/s)</td></tr>
<tr><td colspan="2" rowspan="2">自由端面、倒角及其他表面</td><td rowspan="2">6.3~12.5</td><td>≤3</td><td>>3~5</td><td>>5~10</td><td rowspan="2">3.2~1.6</td></tr>
<tr><td>3.2~1.6</td><td>1.6~0.8</td><td>0.8~0.4</td></tr>
</table>

五、技术要求

轴类零件工作图上提出的技术要求一般有如下内容：

1）对材料的化学成分及力学性能的说明。

2）对材料表面力学性能的要求，如热处理方法、热处理后的硬度、渗碳层深度等。

3）对机械加工的要求，如中心孔、与其他零件一起配合加工，如配钻或配铰等。

4）对图中未标注圆角、倒角及表面粗糙度的说明及其他特殊要求。

5）其他需要文字说明的事宜。

图10-2、图10-3分别为图2-3所示螺旋输送机减速器中齿轮轴、低速轴的零件工作图。

第三节　齿轮类零件工作图

下面将具体介绍齿轮类零件工作图各部分内容，并以图2-3所示螺旋输送机中减速器的大齿轮为例，叙述有关内容。

一、视图

齿轮类零件一般采用主视图和左视图表示。主视图通常采用通过齿轮轴线的全剖和半剖视图，主要表达轮毂、轮缘、轴孔、键槽等结构。左视图可画出完整视图，也可采用以表达毂孔和键槽结构、尺寸为主的局部视图；若为轮辐结构，则应详细画出左视图，并附加必要的局部视图，如轮辐断面图等。

二、尺寸及其偏差的标注

1. 尺寸标注

在齿轮尺寸标注时，齿轮的各径向尺寸以轴线为基准，宽度方向（轴向）尺寸以端面为基准。

齿轮的分度圆直径是设计计算的基本尺寸，齿顶圆直径、轴孔直径、轮毂直径和宽度、齿宽、轮幅（或腹板）、键槽等是齿轮加工中不可缺少的尺寸，都必须标注。其他细部结构如圆角、倒角、锥度等尺寸，标注时应做到既不遗漏又不重复。齿根圆直径是根据齿轮参数加工的结果，在图中不必标注。

2. 尺寸偏差

齿轮类零件的配合尺寸及精度要求较高的重要尺寸，都应注出尺寸的极限偏差。齿轮的毂孔是加工、测量和装配时的重要基准，径向尺寸为配合尺寸，其极限偏差值可根据图 10-7 所示装配图中标注的配合代号，由相应标准查取。齿顶圆是加工时的重要尺寸，其极限偏差值应根据齿轮坯顶圆精度等级要求来确定。大齿轮尺寸偏差的确定见表 7-5，其标注如图 7-3 所示。

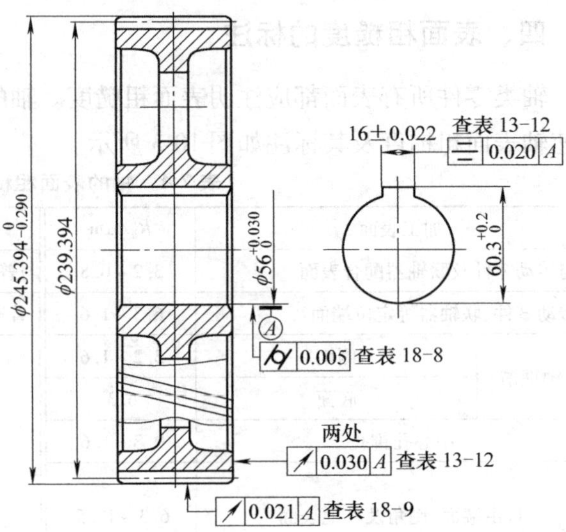

图 7-3　齿轮配合尺寸和形位公差标注示例

表 7-5　确定齿轮尺寸偏差的示例

配合或重要尺寸	基本尺寸	确定依据	公差代号	查表	极限偏差值	
					上偏差	下偏差
毂孔直径 d_h	ϕ56	配合代号 H7/r6（图 10-7）	H7	表 13-6	+0.030	0
齿顶圆直径 d_a	ϕ245.394	符合齿轮顶圆柱面的尺寸公差要求	h11	表 13-5	0	−0.290
键槽宽度 b	16	符合平键联接的精度要求	Js9	表 14-23	+0.022	−0.022
键槽深度 t	4.3				+0.2	0

三、齿轮坯的形位公差标注

圆柱齿轮的轴孔和端面是齿轮加工、检验、安装的重要基准，齿顶圆常作为齿面加工时定位找正的工艺基准，或作为检验齿厚的测量基准，因此，都应标注形位公差。齿轮坯的形位公差要求是由指导性技术文件 GB/Z 18620.3—2002 推荐的，通常标注的形位公差项目可由表 7-6 选择。

表 7-6　齿轮坯的形位公差推荐项目

标注项目		符号	确定方法	对工作性能的影响
齿轮轮毂孔（为基准面时）	圆柱度	⌭	查表 18-8	影响轮齿的几何形状，影响齿轮与轴配合的松紧程度及对中性
轴齿轮的轴颈（为基准面时）	圆度	○		
齿轮的顶圆（为工艺基准时）	径向圆跳动	↗	查表 18-9	影响齿厚的测量精度，并在切齿时产生相应的齿圈跳动误差；使工作轴线与基准轴线不一致，引起分齿不匀，并引起齿向误差；影响齿面载荷分布及齿轮副间隙的均匀性
齿轮两端面或轴颈表面（安装面）	端面圆跳动	↗	查表 18-9 或表 13-12	

（续）

标注项目		符号	确定方法	对工作性能的影响
平键键槽两侧面	对称度	⌯	根据精度等级8~9查表13-12	影响键与键槽的受载均匀性及装拆松紧程度

大齿轮形位公差的确定见表7-7，其标注如图7-3所示。

表7-7　确定齿轮形位公差的示例　（单位：mm）

标注项目		符号	说明	确定方法	形位公差值
齿轮轮毂孔	圆柱度	⌭	基准面	见表18-8	考虑经济制造取0.005
齿轮的顶圆	径向圆跳动	↗	工艺基准	见表18-9	0.021
齿轮两端面	端面圆跳动	↗	安装面	见表13-12	0.030
平键键槽两侧面	对称度	⌯		见表13-12	0.020

四、表面粗糙度的标注

齿轮类零件各加工表面的表面粗糙度值可由表7-8选取，大齿轮表面粗糙度及其标注如图10-4所示。

表7-8　齿轮类零件表面粗糙度荐用值 R_a　（单位：μm）

<table>
<tr><td colspan="3" rowspan="2">加工表面</td><td colspan="4">齿轮精度等级</td></tr>
<tr><td>6</td><td>7</td><td>8</td><td>9</td></tr>
<tr><td colspan="2" rowspan="2">轮齿工作面（齿面）
（摘自GB/Z 18620.4—2002）</td><td>模数<6</td><td>0.8</td><td>1.25</td><td>2.0</td><td>3.2</td></tr>
<tr><td>6<模数<25</td><td>1.0</td><td>1.6</td><td>2.5</td><td>4.0</td></tr>
<tr><td colspan="3">齿轮基准孔（轮毂孔）</td><td>≤0.8</td><td>1.6~0.8</td><td>≤1.6</td><td>≤3.2</td></tr>
<tr><td colspan="3">轴齿轮基准轴颈</td><td>≤0.4</td><td>≤0.8</td><td>≤1.6</td><td>≤1.6</td></tr>
<tr><td colspan="3">齿轮基准端面</td><td rowspan="2">0.8~0.4</td><td rowspan="2">1.6~0.8</td><td rowspan="2">3.2~1.6</td><td rowspan="2">3.2</td></tr>
<tr><td rowspan="2">齿顶圆</td><td colspan="2">作为基准</td></tr>
<tr><td colspan="2">不作为基准</td><td colspan="4">12.5~6.3</td></tr>
<tr><td rowspan="2">平键键槽</td><td colspan="2">侧面</td><td colspan="4">3.2~1.6</td></tr>
<tr><td colspan="2">底面</td><td colspan="4">6.3</td></tr>
<tr><td colspan="3">其他加工表面</td><td colspan="4">6.3~12.5</td></tr>
</table>

五、啮合特性表

齿轮是一类特殊零件，在齿轮零件工作图的右上角位置列出啮合特性表（见图10-4）。表中包括齿轮的基本参数和精度等级、齿厚偏差（或公法线长度）、检验项目及其偏差或公差，下面结合图10-4所示大齿轮的啮合特性表，介绍表中各部分内容的确定方法。

1. 基本参数和精度等级代号

啮合特性表中除了齿轮的基本参数 Z、m_n、α_n、β、a 等以外，还需列出精度等级的代号。

GB/T 10095.1—2001 和 GB/T 10095.2—2001 规定了渐开线圆柱齿轮的精度等级。轮齿同侧齿面偏差和径向跳动有 13 个精度等级，按 0 ~ 12 数序由高到低顺序排列，其中 0 级精度最高，12 级精度最低。确定齿轮精度等级时，是考虑齿轮工作条件与适用范围、圆周速度等因素来确定（见表 18-2）。在图样上的标注形式为：

1）若各检验项目同为某一精度等级时，可标注精度等级和标准号。如齿轮各检验项目同为 8 级，则标注为：

8 GB/T 10095.1—2001 或 8 GB/T 10095.2—2001

2）若齿轮各检验项目的精度等级不同时，如齿廓总偏差 F_α 为 6 级，单个齿距偏差 f_{pt}、齿距累积总偏差 F_p、螺旋线总偏差 F_β 均为 7 级，则标注为：

$$6(F_\alpha),7(f_{pt}、F_p、F_\beta) \quad \text{GB/T 10095.1—2001}$$

2. 检验项目

对于常用的中低速齿轮，评定单个齿轮的加工精度，应单项检验单个齿距偏差 f_{pt}、齿距累计总偏差 F_p、齿廓总偏差 F_α、螺旋线总偏差 F_β，并根据我国齿轮生产的现状，建议在单项检验中增加径向跳动 F_r 的检验。大齿轮各检验项目允许值的确定见表 7-9。

表 7-9 确定齿轮各检验项目允许值的示例

检验项目	符号	查表	允许值/μm	
齿距偏差	f_{pt}	表 18-3	单个齿距极限偏差	±18
齿距累计总偏差	F_p	表 18-4	齿距累计总公差	70
齿廓总偏差	F_α	表 18-5	齿廓总公差	25
螺旋线总偏差	F_β	表 18-6	螺旋线总公差	29
径向跳动	F_r	表 18-7	径向跳动公差	56

3. 齿厚偏差

对单个齿轮还需检验齿厚偏差，以它作为侧隙的评定指标。

（1）齿厚偏差值的确定　齿厚偏差值可按齿轮副侧隙计算确定。对于大齿轮，其齿厚偏差值的具体计算如下：

1）计算最小法向侧隙 j_{bnmin}

$$j_{bnmin} = \frac{2}{3}(0.06 + 0.0005\,|a| + 0.03m_n) = \frac{2}{3}(0.06 + 0.0005 \times 150 + 0.03 \times 3)\text{mm} = 0.15\text{mm}$$

2）确定齿厚上偏差 E_{sns}

$$E_{sns} = -j_{bnmin}/(2\cos\alpha_n) = -0.15/(2 \times \cos20°)\text{mm} = -0.080\text{mm}$$

3）确定齿厚下偏差 E_{sni}

径向跳动公差 $F_r = 0.056\text{mm}$（表 7-9）；查表 18-16 得切齿径向进刀公差 $b_r = 1.26\text{IT9}$，根据分度圆直径 d 查表 13-1 得 IT9 = 0.115mm，则 $b_r = 0.145\text{mm}$。法向齿厚 T_{sn} 为

$$T_{sn} = \sqrt{F_r^2 + b_r^2} \times 2\tan(\alpha_n) = \sqrt{0.056^2 + 0.145^2} \times 2\tan20°\text{mm} = 0.113\text{mm}$$

可求得

$$E_{sni} = E_{sns} - T_{sn} = -0.080 - 0.113 = -0.193\text{mm}$$

（2）齿厚偏差的替代方法　由于测量公法线长度比测量齿厚方便、准确，公法线长度的测量便广泛应用于各种齿轮的齿厚测量。GB/Z18620.2 给出了齿厚极限偏差与公法线长度

极限偏差的关系式，因此，常用检验公法线长度偏差代替齿厚偏差，但对于大型齿轮或齿宽 $b<1.015W_k\sin\beta_b$ 的斜齿轮公法线长度测量将受到限制。

对于大齿轮，其公法线长度 W_k 为

$$\begin{cases} W_k = m_n[2.9521(k-0.5)+0.014Z'] \\ Z' = Z(\tan\alpha_t - \alpha_t)/0.0149 \quad (\text{若为直齿}, Z'=Z) \\ \tan\alpha_t = \tan\alpha_n/\cos\beta \end{cases}$$

将 $\alpha_n=20°$、$\beta=8°6'34''$、$Z=79$、$m_n=3$、$k=10$ 代入上式，计算得 $W_k=87.77\text{mm}$。

并由 $\tan\beta_b=\tan\beta\cos\alpha_t$ 和 $\tan\alpha_t=\tan\alpha_n/\cos\beta$，可求得 $\sin\beta_b=0.132557$。

由于大齿轮齿宽 $b=60>1.015W_k\sin\beta_b=11.813$，因此，可通过检测公法线长度偏差来控制侧隙。大齿轮公法线长度的极限偏差为

公法线长度上偏差：$E_{bns}=E_{sns}\cos\alpha_n=-0.080\times\cos20°=-0.075\text{mm}$

公法线长度下偏差：$E_{bni}=E_{sni}\cos\alpha_n=-0.193\times\cos20°=-0.181\text{mm}$

（3）公法线长度的检验　在第四章中已得公法线长度 W_k 的实测值为87.62mm，其值与公法线长度 W_k 的理论计算值87.770mm的差为－0.145mm，可见，公法线长度的实际偏差在公法线长度的极限偏差范围内，符合要求。

六、技术要求

齿轮类零件工作图中的技术要求主要包括以下几个方面：

1）对铸件、锻件或其他类型坯件的要求。

2）对齿轮材料力学性能、化学性能的要求。

3）对齿轮材料表面力学性能的要求，如热处理方法、齿面硬度等。

4）对未注明倒角、圆角尺寸及表面粗糙度值的说明。

5）对大型或高速齿轮的平衡试验的要求。

6）其他需要文字说明的事宜。

图10-4为图2-3所示螺旋输送机减速器中大齿轮的零件工作图。

第四节　箱体类零件工作图

一、视图

箱体类零件其结构较为复杂，毛坯大多为铸件，需经刨、铣、镗、磨、钻、钳等多道工序加工，且加工位置往往不同，因此，可按工作位置和结构形状特征来选择主视图。一般用三个或三个以上的基本视图表达，并用通过主要支承孔轴线的剖切来表达其内部结构，对细部结构如螺纹孔、放油孔、油标尺座孔、销钉孔、油沟等，也可用局部剖视图、局部放大图、断面图、向视图表示。

二、尺寸及其偏差的标注

箱体结构比较复杂，箱体图上需标注的尺寸较多。为使标注的尺寸清晰正确、多而不乱，且避免遗漏和重复，避免出现封闭尺寸链，标注箱体尺寸时应考虑如下几方面的问题。

1. 尺寸基准

为便于箱体的加工和测量，保证其各部分的加工精度，宜选择工艺基准作为标注尺寸的基准。箱座和箱盖高度方向尺寸以箱座底平面或箱体结合面为主要基准；宽度方向尺寸应以箱体宽度的对称中心线为主要基准；长度方向尺寸则应以轴承座孔的中心线为主要基准。

2. 定形尺寸和定位尺寸

对于箱体上各部分的结构尺寸，可按结构形状和相对位置分为定形尺寸和定位尺寸。

（1）定形尺寸　是确定箱体各部分形状大小的尺寸，如壁厚、圆弧和圆角半径、光孔和螺孔直径和深度、槽的宽度和深度以及箱体的长、宽、高等。定形尺寸应直接标出，以避免加工时作任何计算。

（2）定位尺寸　是确定箱体各部分相对于基准的位置尺寸，如孔的中心线、关键平面等到基准的距离，定位尺寸应从主要基准或辅助基准直接标出。

对于铸造箱体上的附件结构，如窥视孔、油标尺座孔、放油孔等，在其基本形体的定位尺寸注出后，其定形尺寸应从自身的基准注出，以便于制作由基本几何体拼合而成的木模。

3. 特性尺寸和配合尺寸

减速器特性尺寸即相邻轴承座孔的中心距，应直接注出其中心距的大小及其极限偏差值，以保证加工的精确度。所有的配合尺寸都应根据装配图上标注的配合代号或公差代号直接标出其极限偏差值。

4. 倒角、圆角、拔模斜度等尺寸

箱体的所有倒角、圆角、铸造斜度等均都应注出，当影响图面清晰或不便标注时，可在技术要求中加以说明。

箱盖、箱座尺寸及其偏差的标注示例如图 10-5、图 10-6 所示。

三、形位公差的标注

箱体的形位公差推荐项目见表 7-10。根据表 7-10 推荐的标注项目，图 2-3 所示螺旋输送机减速器中箱座形位公差的确定及标注如图 7-4 所示。

表 7-10　箱体的形位公差推荐项目

标注项目		符号	精度等级	对工作性能的影响
轴承座孔	圆柱度	⌭	7	影响箱体与轴承的配合性能及对中性
箱体结合面	平面度	⏥	7	影响箱体结合面的防渗漏性能及密合性
轴承座孔中心线之间	平行度	//	6	影响传动零件的接触斑点及传动的平稳性
轴承座孔的端面对其中心线	垂直度	⊥	7 ~ 8	影响轴承固定及轴向受载的均匀性
两轴承座孔中心线	同轴度	◎	6 ~ 7	影响减速器的装配及传动零件载荷分布的均匀性

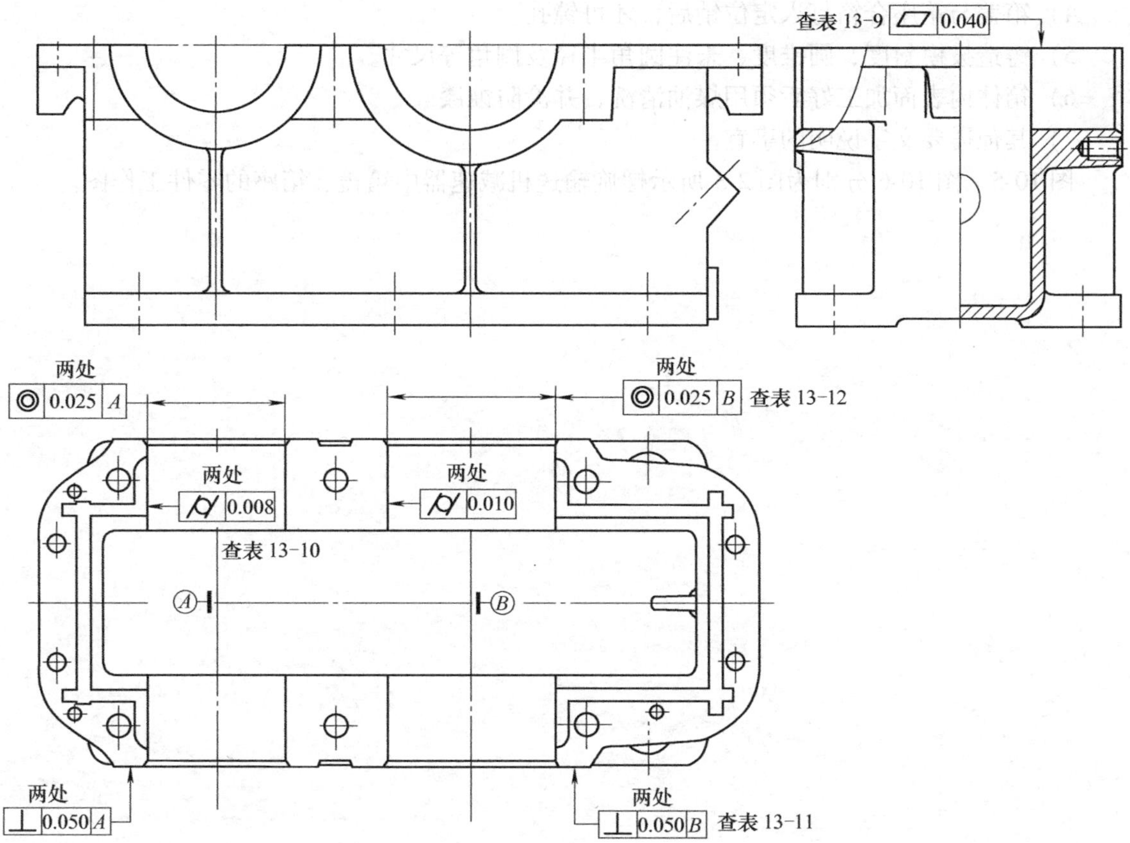

图 7-4　箱座形位公差标注示例

四、表面粗糙度的标注

箱体加工表面粗糙度的推荐值见表 7-11。箱盖、箱座表面粗糙度及其标注示例如图 10-5、图 10-6 所示。

表 7-11　箱体加工表面粗糙度 R_a 推荐值

加 工 表 面	粗糙度值 R_a/μm	加 工 表 面	粗糙度值 R_a/μm
箱体结合面	3.2～1.6（精刨或刮研）	与轴承盖及套杯配合面的孔	3.2
轴承座孔	3.2～1.6	螺栓孔座面、油塞孔座面	12.5～6.3
轴承座外端面	3.2	机加工油沟面及视孔盖接触面	12.5
箱底底面	12.5～6.3	嵌入式轴承盖凸缘槽面	6.3～3.2
圆锥销孔	3.2～1.6	其他表面	>12.5

五、技术要求

箱体类零件工作图中的技术要求主要包括以下几个方面：

1）对铸件质量的要求，如铸件不能有裂纹和超过规定的缩孔等铸造缺陷。

2）箱体清砂后进行时效处理，以消除内应力。

3）箱盖与箱座的定位圆锥销孔，应配钻、配铰。

4）箱盖与箱座合箱打入定位销后，才可镗孔。

5）铸造拔模斜度、圆锥度、未注圆角半径及倒角等尺寸。

6）箱体内表面加工好后须用煤油清洗，并涂防蚀漆。

7）其他需要文字说明的事宜。

图 10-5、图 10-6 分别为图 2-3 所示螺旋输送机减速器中箱盖、箱座的零件工作图。

第八章　编写课题说明书和准备答辩

课题说明书是全部分析与计算的整理和总结，是综合分析和图样绘制的理论依据，也是审核分析结果和绘图结果的重要资料，并可作为设备使用人员查阅的技术文件之一。

第一节　课题说明书的内容

以减速器为主的机械传动装置的分析与计算，其说明书的内容大致包括：

1）目录（标题、页次）。

2）课题任务书。

3）分析所用传动方案（简要说明合理性、附传动方案简图）。

4）选择电动机，计算传动系统的运动参数和动力参数（包括分配各级传动比、选配减速器、计算各轴的转速、功率与转矩）。

5）减速器的拆装及其运转情况检验，分析各零部件的装配关系、相互位置（附减速器装配示意图、减速器零部件相对位置图、标准件和非标准件明细表）。

6）分析减速器的构造及功用（简要说明主要零部件的功用、附件的选用、使用与维护等）。

7）减速器的测绘及结构分析（附表：主要零件结构尺寸测量、数据处理和合理性分析结果；齿轮传动几何参数及基本尺寸）。

8）减速器的工作能力分析，包括：

①　齿轮传动的工作能力核算。

②　轴的工作能力核算（附轴的受力分析图、弯矩图和转矩图）。

③　滚动轴承的寿命核算。

④　键联接工作能力核算。

⑤　联轴器的选择计算。

9）润滑方式和密封形式，润滑油牌号的选择。

10）减速器及其零部件的精度分析，包括：

①　确定主要零件配合处的配合性质和精度（附表）。

②　确定主要零件的尺寸公差、形位公差及表面粗糙度（附表）。

11）课题总结（简要说明完成课题的收获体会、所分析的减速器的优缺点及改进意见等。）

12）参考文献（文献编号、作者、书名、版本、出版地、出版者、出版年）。

第二节　编写课题说明书的要求

课题说明书应简要说明完成过程中所考虑的主要问题和全部分析与计算项目，编写时应满足以下要求：

1）课题说明书中每一自成单元的内容，应按内容顺序列出大小标题，并且层次清楚，重点突出，便于查阅。

2）对于实测项目及测量数据与处理、有关合理性说明、主要零件技术要求项目与确定等错综复杂、项目繁多的分析内容，应以列表的形式简单明确地列出项目、依据和结果，必要时附简图说明。

3）计算中所引入的计算公式和数据应有根据，并注明来源（例如：参考文献［1］p25式（2-1）或表5-7等）。

4）计算过程应层次分明。一般可用标题按层次列出计算内容，写出计算公式，然后代入数据，略去具体运算过程，直接得出计算结果，标明单位。对核验性计算结果应写出必要的说明或结论性短语（例如："合格"、"强度足够"、"合理"等）。主要参数、尺寸和规格等计算结果应写在说明书的"结果"一栏中，或采用表格形式列出，如图8-2所示。

5）全部计算中所使用的参量符号和脚标，必须前后一致，不要混乱；参量数值应标明单位，并且单位统一、写法一致。

6）为清楚地说明计算内容，说明书中应随计算的内容同步附必要的简图（如轴的工作能力核算所附轴的受力分析图、弯矩图、转矩图等），并且有关数据、符号、单位等应做到图文一致，以便查阅、核对。

7）课题说明书必须用钢笔、圆珠笔或用计算机按规定格式书写或打印于16开纸上，要求文字简明通顺、书写字体工整清晰、分析论述清楚明了、简图正确规范。然后标出页码，编好目录，附加封面（见图8-1），最后装订成册。

说明书封面格式如图8-1所示，说明书的书写格式如图8-2所示。

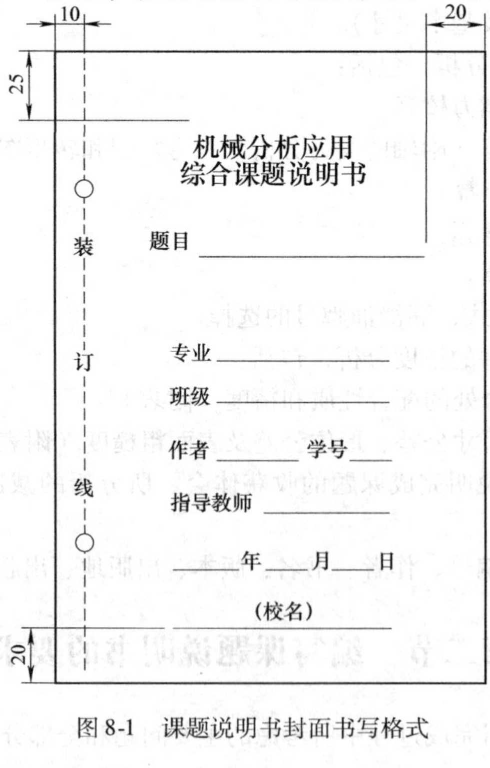

图8-1　课题说明书封面书写格式

分析、计算及说明	结 果
……	……
一、机械传动装置的总体分析	……
1. 传动方案的分析	……
……	

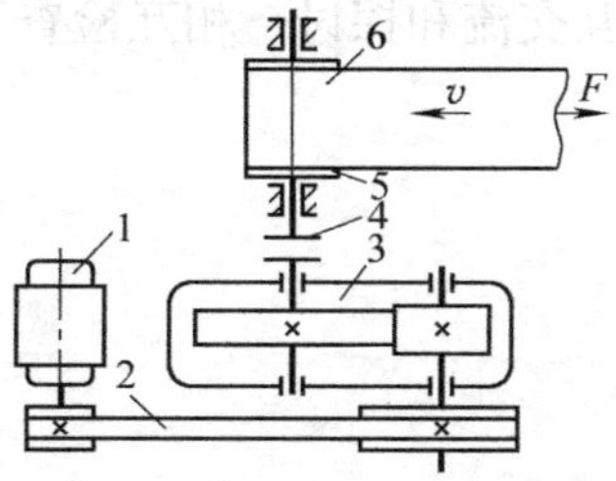

图 1 传动方案简图

……

4. 计算各轴的运动和动力参数

(1) 各轴转速

……

(2) 各轴的输入功率

按实际需要的电动机输出功率P_d计算各轴输入功率，即

电动机轴 $P_d=5.02\text{kW}$

Ⅰ轴 $P_Ⅰ=P_d\eta_1=5.02\times0.96\text{kW}=4.82\text{kW}$ ——结果：$P_Ⅰ=4.82\text{kW}$

Ⅱ轴 $P_Ⅱ=P_Ⅰ\eta_2\eta_3=4.82\times0.99\times0.97\text{kW}=4.63\text{kW}$ ——结果：$P_Ⅱ=4.63\text{kW}$

……

三、减速器的结构分析

……

表 8 标准件明细表 ——结果：标准件见表8

序号	名称	……	数据处理		标记
			查表	规格尺寸	
1	弹簧垫圈	……	表14–17	d=10	……
2	螺母	……	表14–9	M10	……
……	……	……	……	……	……

……

图 8-2 课题说明书的书写格式

第三节 准备答辩

答辩是综合课题的重要组成部分，它不仅是考核和评估学生成绩的手段之一，也是学生全面而系统地回顾、总结、巩固以及继续学习和提高的过程。为此，应做好以下几方面答辩前的准备工作：

1）课题任务完成后，应整理全部的图样和说明书。折叠好图样，装订好说明书，并一同装入资料袋。

2）个人回顾和总结。按要求整理课题说明书的过程即是对自己完成课题的工作和结果作系统回顾和总结的过程。因此，应以综合课题的具体任务和完成顺序为线索，清理完成课题任务的思路，深入剖析各部分内容，归纳机械分析的一般方法和程序；应深入了解分析对象的特点和不足之处，并设想改进方案；应找出分析计算及图样中存在的问题和不足，力求理解清楚所遇到的不甚明了或尚未考虑的各类疑难问题，以深化课题成果。

3）小组讨论和互检。同组成员的课题成果既保持其独立性，又有其密不可分的联系。因此，答辩之前，小组成员之间应相互交流和探讨、相互检查和启发，以发挥群体优势、强化综合课题效果。

第九章　综合课题题目与思考题

第一节　综合课题题目

本节汇编了机械分析应用综合课题题目 8 个，数据 64 套，教师指导时，可根据专业要求予以选择。考虑题目能为各专业适用，选题为通用性较强的带式运输机、电动卷扬机及螺旋输送机的传动装置。这些选题可实现对学生进行基本技能的训练和工程应用综合能力的培养，能够满足该教学环节的教学要求。

综合分析题目 1　带式运输机传动装置

传动装置简图（见图 9-1）：

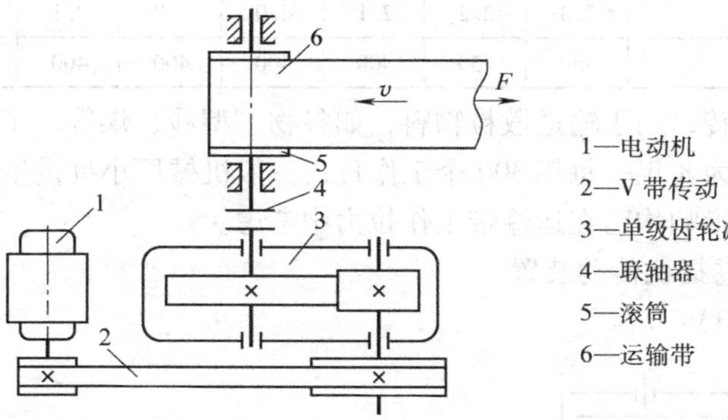

图　9-1

原始数据：

数据编号	1	2	3	4	5	6	7	8
运输带工作拉力 F/N	1200	1300	1400	1600	1800	2000	2300	3000
运输带工作速度 v/（m/s）	1.6	1.5	1.4	1.6	1.4	1.3	1.5	1.6
滚筒直径 D/mm	260	260	280	280	300	300	300	320

工作条件：连续单向运转，用于输送散粒物料，如谷物、型沙、煤等，载荷平稳，两班制工作，使用寿命为 8 年，每年 300 个工作日，一般机械厂小批量生产。运输带与滚筒之间及滚筒轴承的摩擦影响均已在运输带工作拉力中考虑。

综合分析题目 2　带式运输机传动装置

传动装置简图（见图 9-2）：

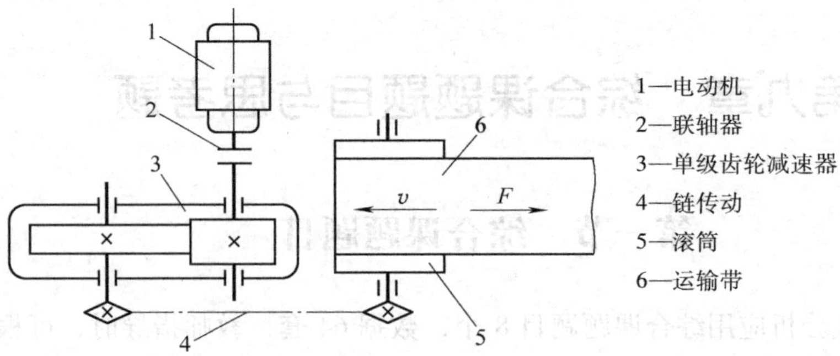

图 9-2

原始数据：

数据编号	1	2	3	4	5	6	7	8
运输带工作拉力 F/N	2600	2700	2800	2900	3000	3100	3200	3300
运输带工作速度 v/（m/s）	2.3	2.2	2.1	2.0	1.9	2.1	2.0	1.9
滚筒直径 D/mm	450	450	400	400	400	400	380	380

工作条件：连续单向运转，用于输送散粒物料，如谷物、型沙、煤等，工作时有轻微振动，两班制工作，使用寿命为8年，每年300个工作日，一般机械厂小批量生产。运输带与滚筒之间及滚筒轴承的摩擦影响均已在运输带工作拉力中考虑。

综合分析题目3 电动卷扬机传动装置

传动装置简图（见图9-3）：

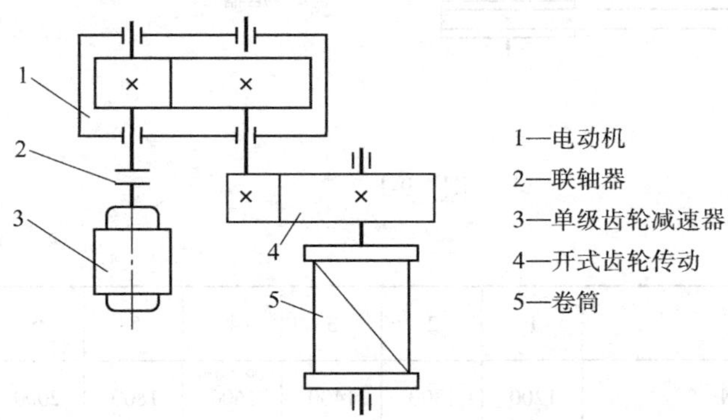

图 9-3

原始数据：

数据编号	1	2	3	4	5	6	7	8
钢绳工作拉力 F/kN	8	8	9	10	11	12	12	14
卷筒转速 n/（r/min）	65	75	60	70	70	65	75	60
卷筒直径 D/mm	220	210	220	220	210	230	210	230

工作条件：间歇工作，工作时有中等振动，两班制工作，每班工作时间不超过20%，

每次工作时间不超过10min，使用寿命为10年，每年300个工作日，一般机械厂小批量生产。钢绳与卷筒之间及卷筒轴承的摩擦影响均已在钢绳工作拉力中考虑。

综合分析题目4　螺旋输送机传动装置

传动装置简图（见图9-4）：

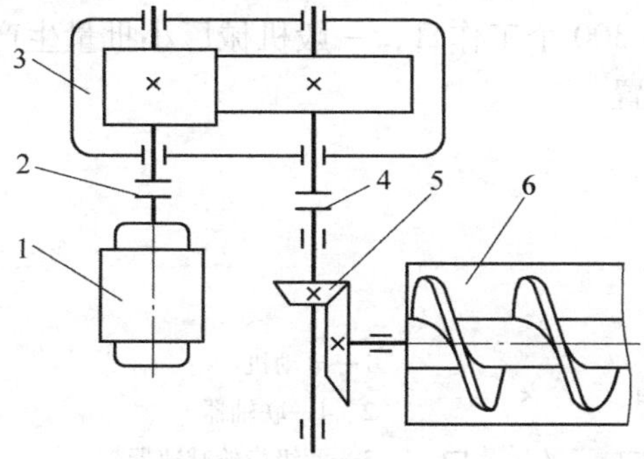

1—电动机
2、4—联轴器
3—两级齿轮减速器
5—圆锥齿轮传动
6—螺旋输送机

图　9-4

原始数据：

数据编号	1	2	3	4	5	6	7	8
输送机工作轴所需转矩 $T/$（N·m）	250	260	270	280	290	300	310	320
输送机工作轴所需转速 $n/$（r/min）	150	145	140	135	130	125	120	115

工作条件：连续单向运转，两班制工作，每年300个工作日。用于输送散粒物料，如谷物、型沙、煤等，工作时有轻微振动，使用寿命为8年，一般机械厂小批量生产。

综合分析题目5　带式运输机传动装置

传动装置简图（见图9-5）：

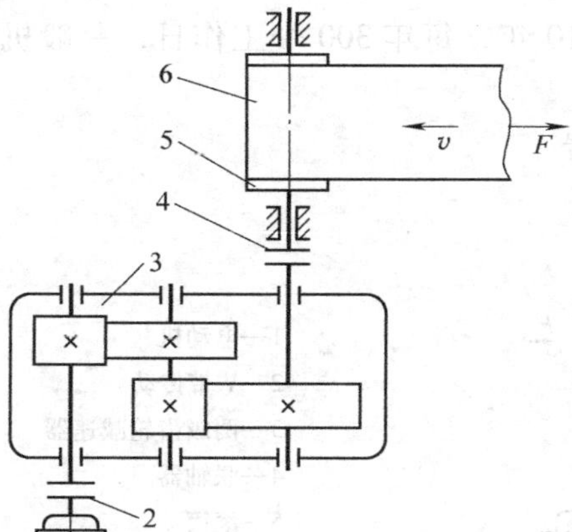

1—电动机
2、4—联轴器
3—两级齿轮减速器
5—滚筒
6—运输带

图　9-5

原始数据：

数据编号	1	2	3	4	5	6	7	8
滚筒轴所需转矩 $T/$（N · m）	220	230	240	250	270	280	290	310
滚筒轴所需转速 $n/$（r/min）	170	140	110	90	44	60	70	35

工作条件：连续单向运转，用于输送散粒物料，如谷物、型沙、煤等，工作时有轻微振动，两班制工作，使用寿命为 8 年，每年 300 个工作日，一般机械厂小批量生产。

综合分析题目 6　电动卷扬机传动装置

传动装置简图（见图 9-6）：

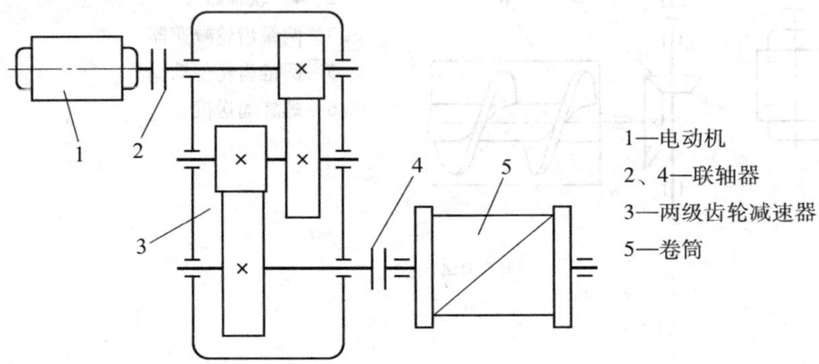

图　9-6

原始数据：

数据编号	1	2	3	4	5	6	7	8
钢绳工作拉力 $F/$N	3000	3400	4000	4600	5000	6000	6800	7800
钢绳速度 $v/$（m/s）	0. 7	0. 75	0. 8	0. 72	0. 68	0. 55	0. 5	0. 5
卷筒直径 $D/$mm	320	320	340	340	360	360	380	400

工作条件：间歇工作，工作时有中等振动，两班制工作，每班工作时间不超过 20%，每次工作时间不超过 10min，使用寿命为 10 年，每年 300 个工作日，一般机械厂小批量生产。卷筒的传动效率为 0. 98。

综合分析题目 7　带式运输机传动装置

传动装置简图（见图 9-7）：

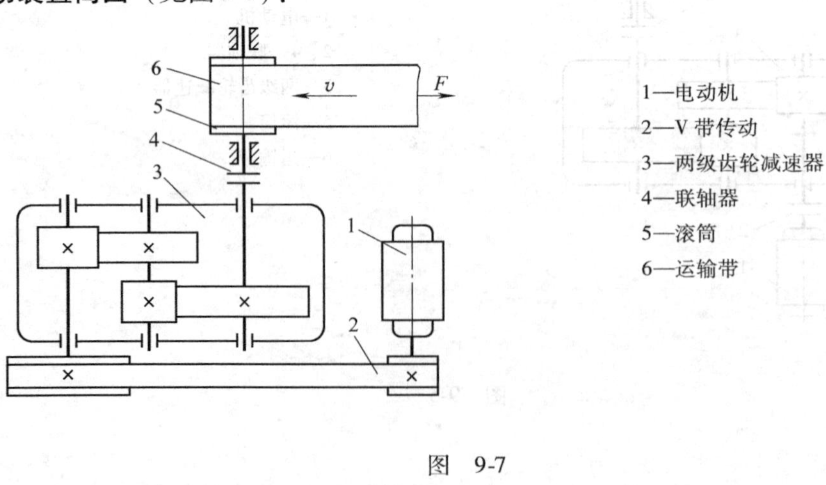

图　9-7

原始数据：

数据编号	1	2	3	4	5	6	7	8
滚筒轴所需转矩 T/（N·m）	700	800	900	1000	1100	1200	1300	1400
滚筒轴所需转速 n/（r/min）	18	20	22	21	19	23	17	16
电动机同步转速 $n_{同步}$/（r/min）	1500	1500	1500	1500	1500	1500	1500	1500

工作条件：连续单向运转，用于输送散粒物料，如谷物、型沙、煤等，载荷平稳，两班制工作，使用寿命为8年，每年300个工作日，一般机械厂小批量生产。

综合分析题目8　带式运输机传动装置

传动装置简图（见图9-8）：

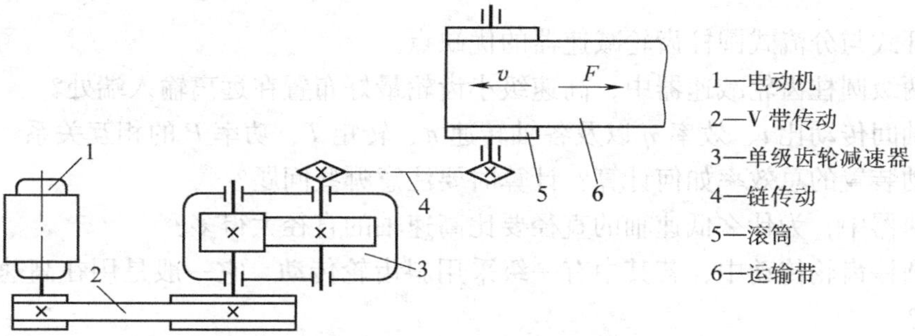

图　9-8

原始数据：

数据编号	1	2	3	4	5	6	7	8
运输带工作拉力 F/N	2800	3000	3600	4600	5600	6500	7000	8000
运输带工作速度 v/（m/s）	0.8	0.75	0.8	0.82	0.75	0.84	0.82	0.7
滚筒直径 D/mm	500	500	560	580	600	620	640	660

工作条件：连续单向运转，用于输送散粒物料，如谷物、型沙、煤等，工作时有轻微振动，两班制工作，使用寿命为8年，每年300个工作日，一般机械厂小批量生产。输送带滚筒的传动效率为0.98。

第二节　思　考　题

1. 机械中为什么要有传动装置，它的主要功能是什么？机械传动装置有哪几类？

2. 在给定条件下，你所分析的传动装置还可能采用哪几种方案？试加以比较。

3. 为何在一般情况下往往把带传动放在减速器的前面，并且要先计算带传动的有关参数？

4. 为什么链传动通常用作传动系统的低速级？

5. 电动机的类型如何选择，应考虑哪些问题？

6. 电动机的功率如何确定？电动机输出功率与标准电动机的额定功率是否相同？传动件计算时用什么功率？

7. 电动机转速的高低对传动方案有何影响？

8. 怎样选定所需标准电动机的型号？电动机转速应如何确定？电动机的同步转速与实际转速是否相同？计算时应该用哪个转速？

9. 将总传动比分配为各级传动比时，应考虑哪些问题？各种传动的传动比范围为何不同？

10. 如何在电动机和工作机之间选配齿轮减速器？

11. 两级圆柱齿轮减速器中，高、低速级传动比分配时，是如何考虑传动润滑、等强度、尺寸协调、结构紧凑及重量较轻等问题？

12. 二级圆柱齿轮减速器，如何计算高、低速级齿轮的传动比？各级传动比是如何分配的？

13. 比较展开式与分流式圆柱齿轮减速器的优缺点。

14. 为什么两级圆柱齿轮减速器中，高速级小齿轮最好布置在远离输入端处？

15. 说明各轴间传动比 i、效率 η 以及各轴转速 n、转矩 T、功率 P 的相互关系。

16. 机械传动装置的总效率如何计算？计算时要注意哪些问题？

17. 齿轮减速器中，为什么低速轴的直径要比高速轴的直径大得多？

18. 在两级圆柱齿轮传动中，若其中有一级采用斜齿轮传动，它一般是用在高速级还是低速级，为什么？

19. 为什么在分析机械传动装置时要考虑速度（或转速）的允许误差要求？

20. 齿轮和轴的材料选择原则是什么？说明你所分析的齿轮和轴所用材料的合理性。

21. 什么情况下齿轮和轴做成整体？什么情况下分开制造？

22. 铸造齿轮和锻造齿轮各用在什么情况下？

23. 你所分析的齿轮为何种结构？腹板式齿轮上加工腹板孔的目的是什么？

24. 在圆柱齿轮减速器中，为什么小齿轮齿宽要略大于大齿轮齿宽？

25. 齿轮齿面硬度的确定应考虑什么因素？对齿轮工作能力计算及其结果有何影响？

26. 齿面硬度 HBW≤350 和 HBW＞350 的齿轮，其热处理方法有何不同？

27. 针对你所分析的减速器装置，简述齿轮的主要加工工艺过程。

28. 斜齿轮与直齿轮相比较有哪些优缺点？斜齿轮的螺旋角 β 多大为宜？如何确定 β？

29. 确定两级斜齿圆柱齿轮减速器中各轮螺旋角的旋向应考虑什么问题？

30. 作为动力传动用的齿轮，其模数 m 是如何取值的？为什么？

31. 对于闭式软齿面的圆柱齿轮传动，其工作能力计算依据是什么？小齿轮齿数 z_1 多少为宜？为什么？

32. 二级齿轮减速器，如何确定齿轮的模数 m？为什么低速级的齿轮模数大于高速级？

33. 轴的结构合理性应考虑哪些因素？你所分析的减速器输出轴上各个轴肩有何作用？你能列举该轴的其他结构形式吗？

34. 简述你所分析的减速器中间轴和低速轴上各零件的装配过程。

35. 当齿轮用轴肩作轴向定位时，轴肩的高度、过渡圆角半径、毂孔倒角是如何确定的？

36. 当滚动轴承用轴肩作轴向定位时，轴肩高度和过渡圆角半径是如何确定的？

37. 轴上零件采用键联接，若传递转矩较大，键的强度不够时，有何解决的措施？

38. 对于你所分析的轴系部件，轴上各零部件的周向和轴向如何定位？轴系部件与箱体的定位方式如何？

39. 同一轴上有几个键槽时，均在同一母线上，为什么？

40. 轴的外伸端轴段尺寸是如何确定的？键在轴段上的轴向位置如何考虑？

41. 套筒在轴系部件中起何作用？什么情况下不宜采用？

42. 怎样确定轴的跨距？确定跨距时要注意哪些结构上的问题？

43. 在轴的工作能力计算时，如何确定斜齿轮上所受轴向力的方向？

44. 如何确定所用轴承的型号？其主要依据是什么？

45. 轴承类型对轴的支点位置有无影响？为什么？

46. 滚动轴承验算后，寿命过长或过短应如何处理？

47. 调整滚动轴承轴向游隙的目的是什么？说明你所分析的减速器中轴承轴向游隙的调整方式。

48. 轴承轴向游隙调整的要求如何在装配图中体现？

49. 轴承在轴上如何安装和拆卸？轴的哪些结构与轴承的装拆有关？如何考虑？

50. 轴承组合结构的合理性应考虑哪些方面的要求？

51. 采用直齿圆柱齿轮或斜齿圆柱齿轮时，各有什么特点？其轴承在选择时应考虑什么问题？

52. 滚动轴承的内径是如何确定的？内径确定后如何提高轴承的使用寿命？

53. 如何确定减速器中滚动轴承的预期寿命？

54. 对于你所分析的减速器，若采用角接触球轴承或圆锥滚子轴承，正装和反装两种安装方式采用何种较合理？为什么？

55. 轴承盖的作用是什么？凸缘式和嵌入式轴承盖各有什么特点？

56. 凸缘式轴承盖与箱体间的垫片起什么作用？

57. 为什么当斜齿小齿轮直径小于轴承座孔时，靠近轴承的一端设置一挡油盘？

58. 减速器箱体有哪些结构形式？你所分析的减速器箱体有何结构特点？

59. 减速器箱体的功用是什么？为什么减速器箱体多采用剖分式结构？

60. 箱座高度是如何确定的？

61. 箱体与箱盖结合面处能否采用密封垫来解决密封问题？为什么？

62. 箱座分箱面上导油沟和回油沟有何作用？它是怎样加工出来的？

63. 箱体上窥视孔起什么作用？应布置在什么位置？多大才是适宜的？

64. 定位销、起盖螺钉、油标、油塞各起什么作用？布置在什么位置？

65. 轴承在轴承座上的安放位置离箱体内壁有多大距离，在采用不同的润滑方式时距离应如何确定？

66. 如果在箱体、箱盖上不设置定位销钉将会产生什么样的后果？为什么？

67. 减速器一般装几个定位销？如何布置？销孔在何时加工？

68. 铸造成型的箱体最小壁厚是多少？如何减轻其重量并减小表面加工面积？

69. 箱盖上为什么要设置铭牌？其目的是什么？铭牌中有什么内容？

70. 起盖螺钉的作用是什么？与普通螺钉结构有什么不同？

71. 箱体内油标、油塞的结构及布置应注意什么？油塞的密封是如何处理的？

72. 轴承座两侧联接螺栓应如何布置？该螺栓处凸台高度及空间尺寸是如何确定的？

73. 说明减速器箱体的大致铸造工艺过程。

74. 说明箱体的主要机械加工工艺过程及其定位基准。

75. 箱座内侧底面为什么要做成倾斜的？

76. 减速器箱座、箱盖上为什么要设置肋板？放在什么位置较好？为什么？

77. 箱座底面合理的结构形式有哪些？你所分析的箱座属哪种？有何特点？

78. 油面指示器有哪几种形式？说明各种形式的应用特点。

79. 箱体上为什么要装通气装置？常用的通气器有哪几种？

80. 箱体上哪些结构要做出的凸台或沉头座坑？如何加工？

81. 齿轮的润滑方式有哪些？你所分析的减速器采用哪种齿轮润滑方式？为什么？

82. 滚动轴承的润滑方式有哪些？你所分析的减速器是如何考虑和解决轴承润滑问题的？

83. 你所分析的减速器中一般可选用何种润滑剂？是什么牌号？其代号意义是什么？

84. 如何定出必需的油面高度？油池深度怎样确定？如果油池过浅会产生什么问题？

85. 密封的类型和结构有哪些？各用在什么情况下？你所分析的减速器有哪些密封措施？

86. 轴伸出端的密封形式是根据什么原则来选择的？

87. 如果发现嵌入式轴承盖漏油，可采取什么措施？

88. 你选用了何种联轴器？为什么？联轴器安装时对轴的结构有什么要求？

89. 两半联轴器的孔径是否必须相等？为什么？

90. 简述减速器的拆卸和装配过程。

91. 用什么方法检验轮齿工作面的接触斑点？所谓涂色法检查是怎样进行的？

92. 齿轮哪些参数的测量数据不能圆整？为什么？

93. 你所分析的齿轮减速器，齿轮齿顶圆直径 d_a 是实测值吗？为什么？

94. 你所分析的齿轮减速器，齿轮分度圆直径 d 是如何确定的？为什么？

95. 齿轮的齿侧间隙是怎样测量的？

96. 如何测量各级啮合齿轮的中心距？

97. 如何选定减速器中有关配合部分的配合代号？

98. 轴承盖与箱体轴承座孔应采用何种配合为宜？

99. 滚动轴承内圈与轴的配合选用什么基准制？而轴承外圈与轴承孔的配合又选用何种基准制？

100. 轴与齿轮、轴承内圈、联轴器以及轴承外圈与座孔分别为何种配合性质？

101. 套筒的孔径与轴径是配合尺寸吗？为什么？

102. 轴上键槽有什么形位公差要求？为什么？

103. 齿轮零件工作图上列出的齿厚极限偏差或公法线长度极限偏差的意义是什么？

104. 齿轮检测时，齿厚和公法线长度需同时测量吗？你所分析的齿轮是如何考虑的？

105. 你所分析的齿轮有哪些误差检验项目？如何确定其极限偏差值？

106. 绘制装配示意图的目的是什么？

107. 装配图上应标注哪些尺寸及配合代号？具体说明你的装配图上所注尺寸的属类。

108. 什么叫跑合？减速器为什么都要经过跑合运转？

109. 对于你所分析的减速器，其中输出轴的尺寸基准和尺寸标注特点如何？并按所注尺寸说明其加工工艺过程。

110. 结合你所分析的减速器，举例说明轴、齿轮及箱体的零件工作图中，应提出哪些尺寸公差、形位公差要求？为什么？如何具体确定其公差值？

111. 结合你所分析的减速器，举例说明应对轴、齿轮及箱体哪些表面提出粗糙度要求？为什么？如何具体确定其表面粗糙度值？

第二部分　参考图例和常用资料

第十章　减速器参考图例

第一节　减速器常见类型的外观图

a)

图 10-1　减速器常见类型的外观图

a）一级圆柱齿轮减速器　b）二级圆柱齿轮减速器

c）焊接结构二级圆柱齿轮减速器　d）焊接箱体二级圆锥圆柱齿轮减速器

e）轴装式一级圆柱齿轮减速器　f）轴装式二级圆柱齿轮减速器

g）剖分式一级蜗杆减速器　h）轴装式一级蜗杆减速器

b)

c)

d)

图 10-1　（续）

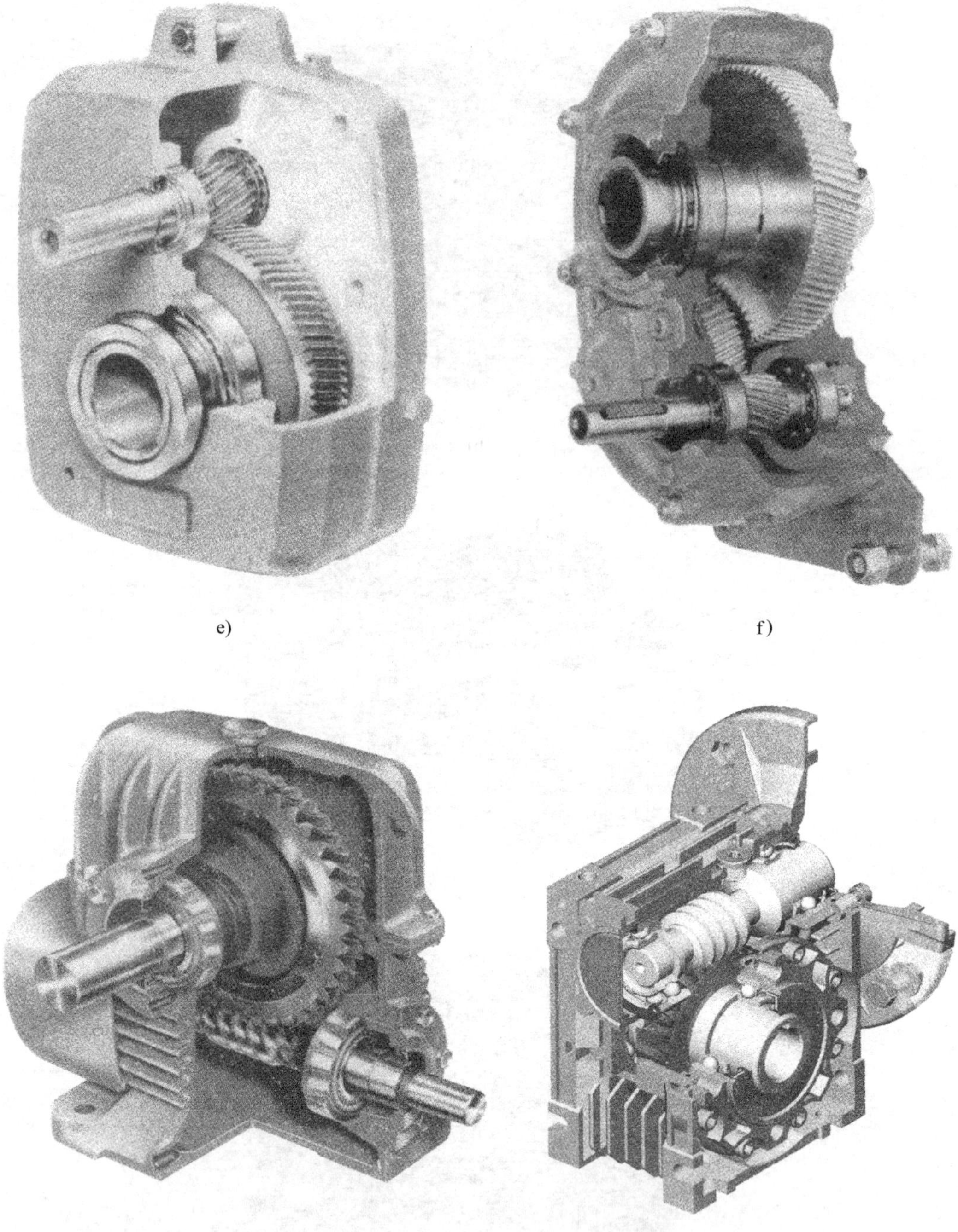

e)　　f)

g)　　h)

图 10-1　（续）

第二节　减速器工作图示例

本教材各部分内容均以用于螺旋输送机的减速器为实例，所测绘的装配图和主要零件的工作图如图 10-2 ~ 图 10-7 所示。

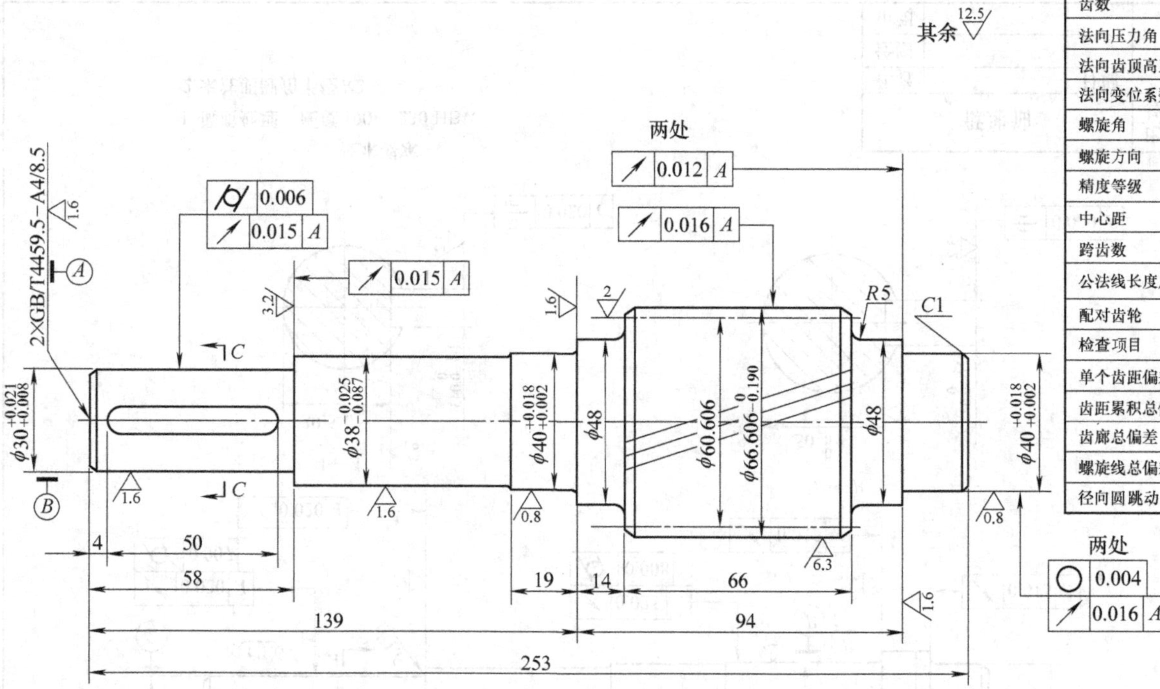

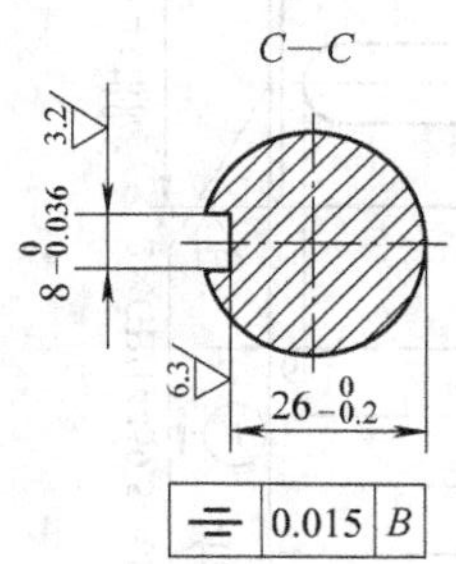

法向模数	m_n	3
齿数	z	20
法向压力角	α_n	20°
法向齿顶高系数	h_{an}^*	1
法向变位系数	x_n	0
螺旋角	β	8°6′34″
螺旋方向		左
精度等级	8GB/T10095.1~2—2001	
中心距	a	150±0.032
跨齿数	k	3
公法线长度尺寸	W^{-Ebms}_{-Ebmi}	$23.061^{-0.075}_{-0.181}$
配对齿轮	图号	
检查项目	代号	允许值/μm
单个齿距偏差	$\pm f_{pt}$	±17
齿距累积总偏差	F_p	53
齿廓总偏差	F_a	22
螺旋线总偏差	F_β	28
径向圆跳动	F_r	43

技术要求

1. 调质处理硬度190~230 HBW。
2. 未注明圆角半径$R1.6$;未注明倒角$C2$。

齿轮轴		比例	1:1	图号	
		数量	1	材料	45钢
作者		日期	顺德职业技术学院		
绘图					
审阅					

图 10-2　齿轮轴零件工作图

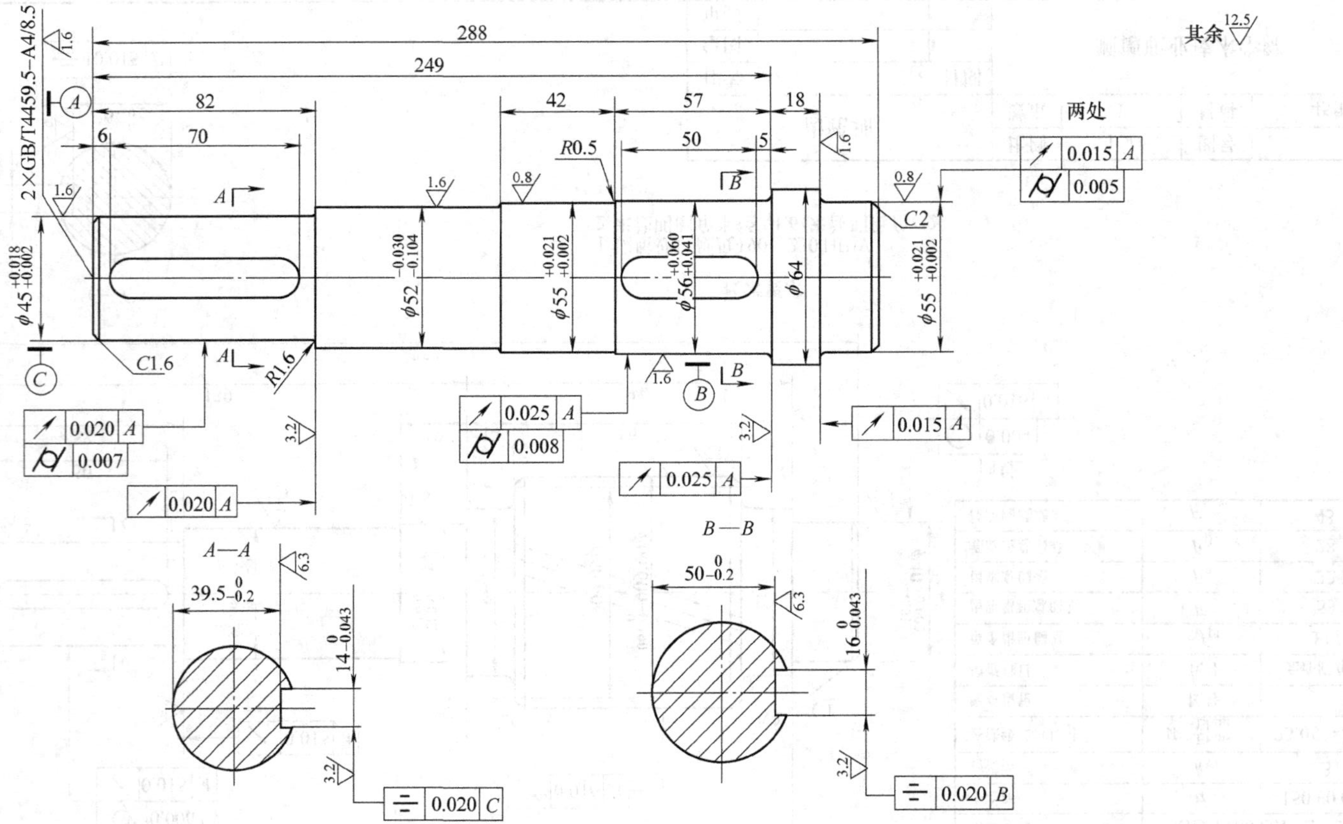

技术要求

1. 调质处理，硬度190～230 HBW。

2. 未注明圆角半径$R2$。

低速轴		比例	1:1	图号	
		数量	1	材料	45钢
作者	日期	顺德职业技术学院			
绘图					
审阅					

图 10-3 轴的零件工作图(低速轴)

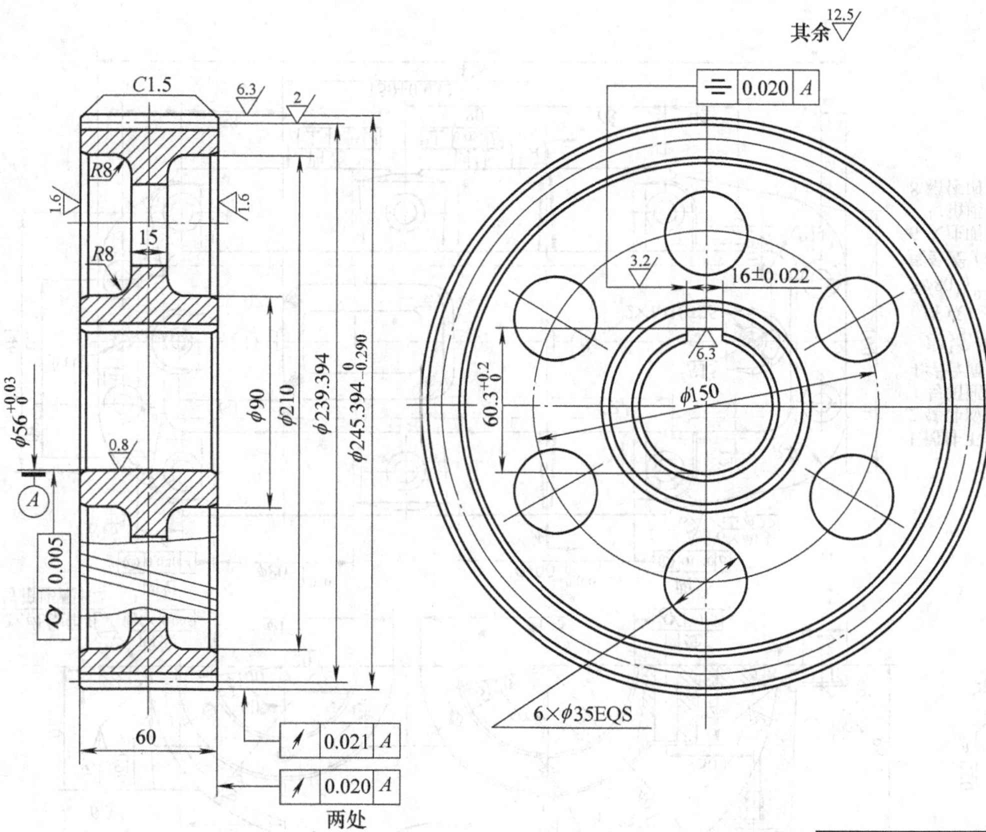

法向模数	m_n	3
齿数	z	79
法向压力角	α_n	20°
法向齿顶高系数	h^*_{an}	1
法向变位系数	x_n	0
螺旋角	β	8°6′34″
轮旋方向		右
精度等级	8 GB/T10095.1～2—2001	
中心距	a	150±0.032
跨齿数	k	10
公法线长度尺寸	W^{-Ebms}_{-Ebmi}	$87.770^{-0.075}_{-0.181}$
配对齿轮	图号	
检查项目	代号	允许值/μm
单个齿距偏差	$\pm f_{pt}$	±18
齿距累积总偏差	F_p	70
齿廓总偏差	F_a	25
螺旋线总偏差	F_β	29
径向圆跳动	F_r	56

技术要求

1.正火处理硬度170～210HBW。
2.未注明圆角半径$R3$;未注明倒角$C2$。

大齿轮		比例	1:1	图号	
		数量	1	材料	45钢
作者		日期	顺德职业技术学院		
绘图					
审阅					

图 10-4　大齿轮零件工作图

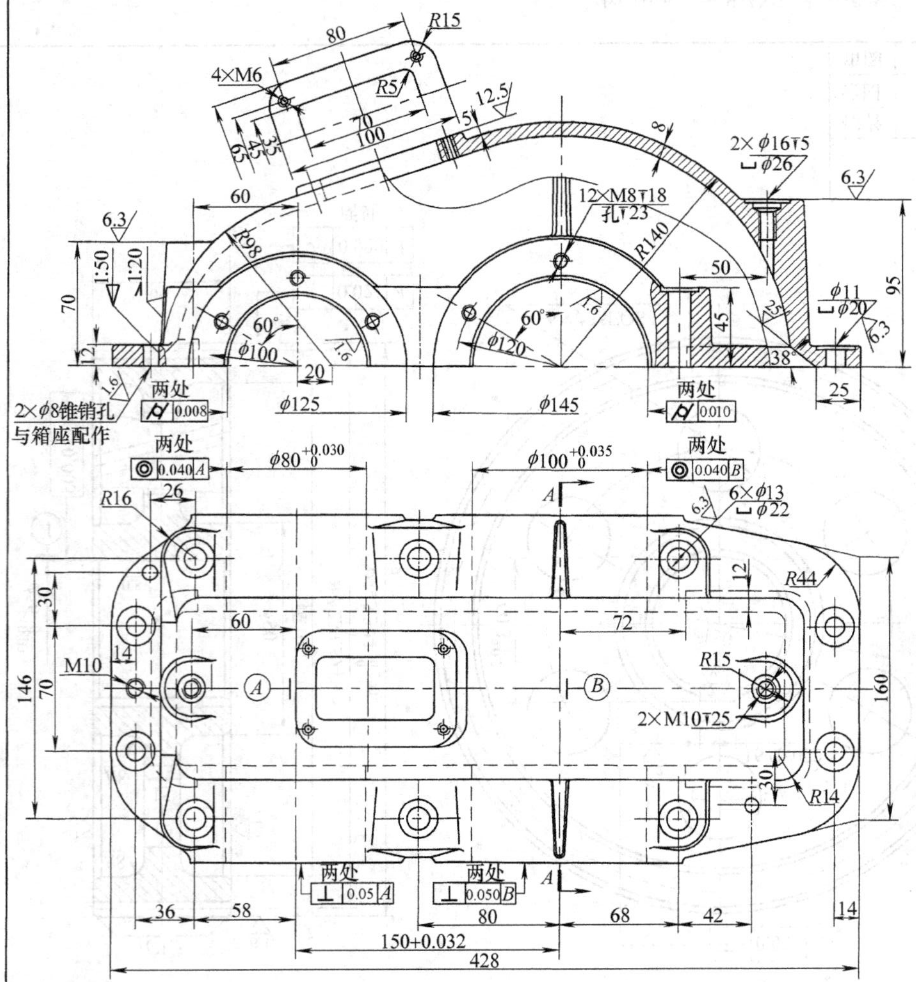

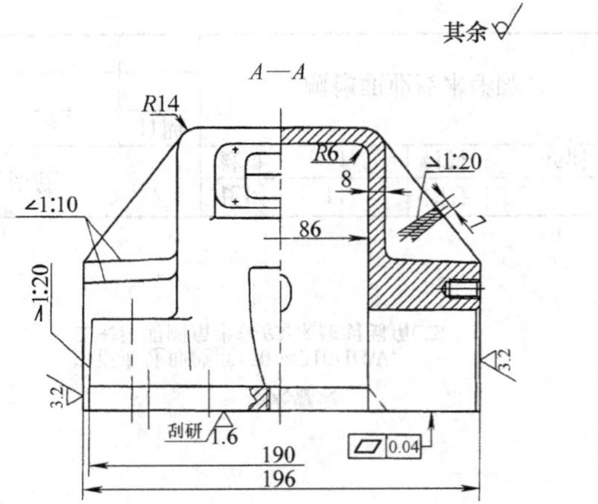

技术要求

1.铸件不能有裂纹和超过规定的缩孔等铸造缺陷。
2.铸件应清砂,修毛刺，进行时效处理。
3.与箱座合箱后,结合面边缘应对齐,每边错位不大于2mm。
4.结合面应用0.05mm塞尺检验,插入深度不应超过结合面宽度1/3,用图色法检验时，每平方厘米面积上应不少于一个接触斑点。
5.$\phi 80^{+0.030}_{0}$与$\phi 100^{+0.035}_{0}$轴承座孔的轴心线在水平面内的平行度公差$f_x \leqslant 0.04$mm;在垂直面内的平行度公差$f_y \leqslant 0.02$mm。
6.未注明的铸造圆角为$R5 \sim R8$;未注明的倒角为$C2$。
7.与箱座组装后配作定位销孔，打入定位销后镗轴承座孔。
8.箱体内表面加工好后需用煤油清洗，并涂防锈漆。

箱盖		比例	1:1	图号	
		数量	1	材料	HT200
作者	日期	顺德职业技术学院			
绘图					
审阅					

图 10-5　箱盖零件工作图

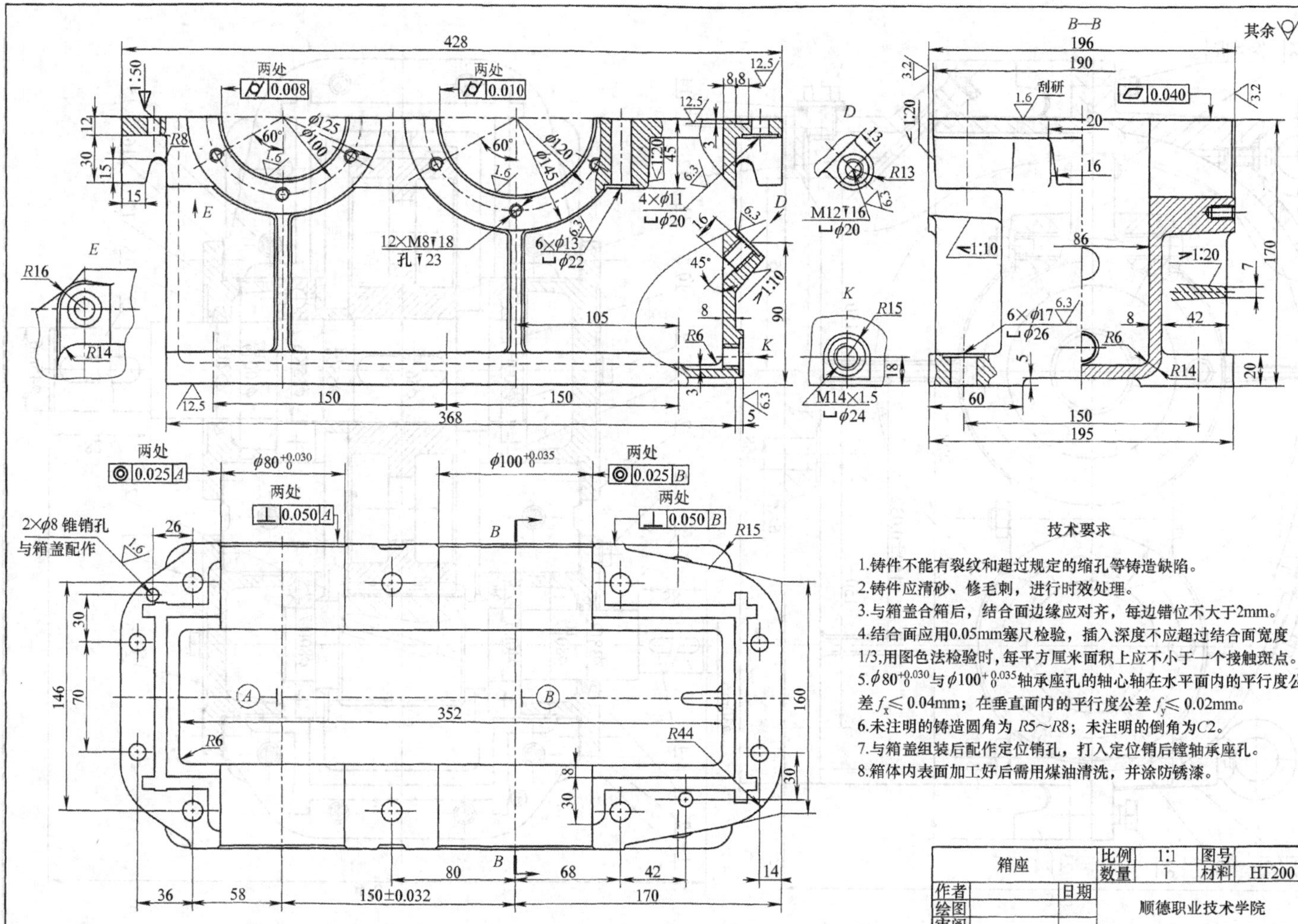

图 10-6 箱座零件工作图

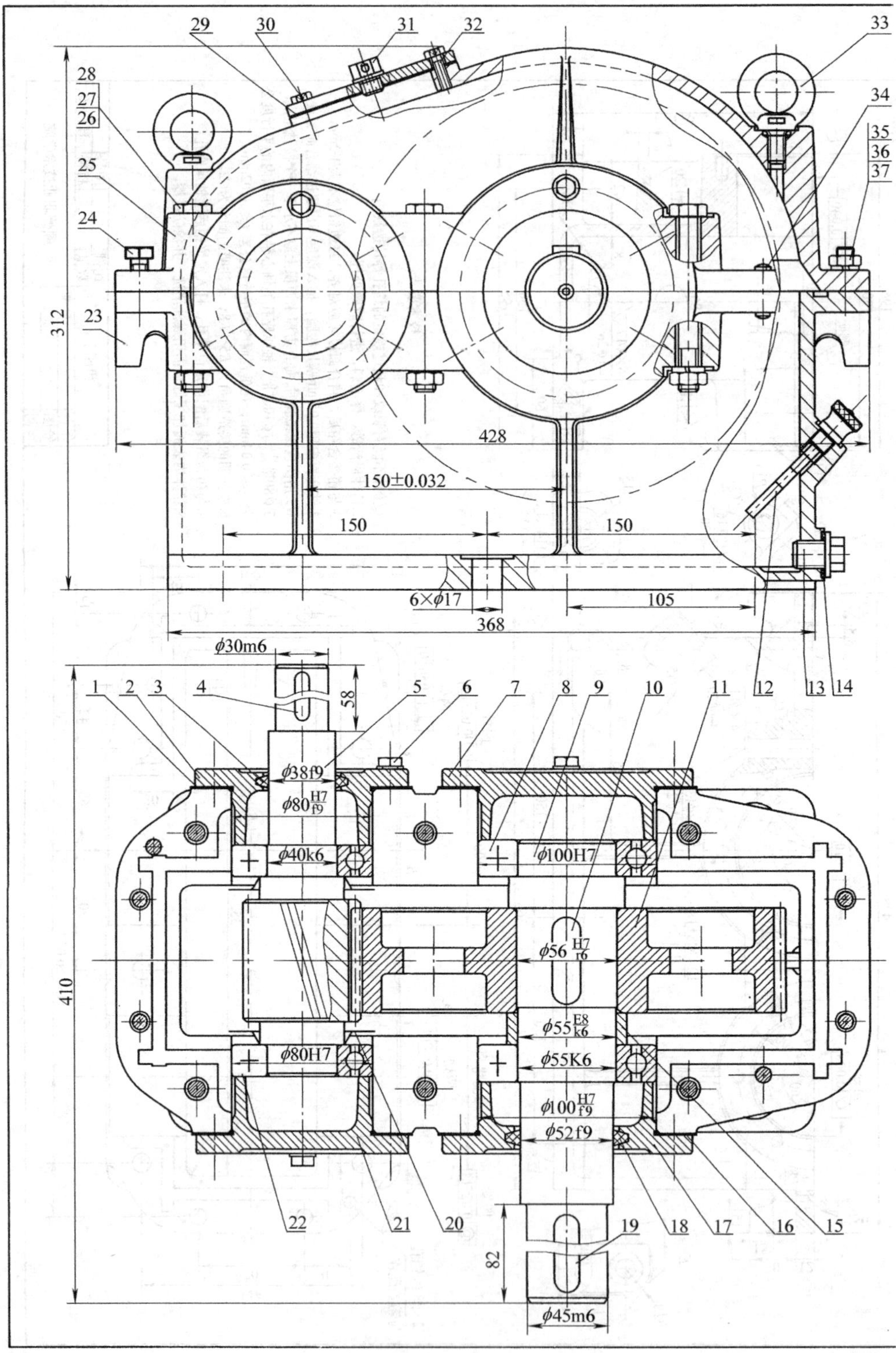
312
428
150±0.032
150
150
6×ϕ17
105
368
ϕ30m6
58
ϕ38f9
ϕ80H7/f9
ϕ40k6
ϕ100H7
ϕ56H7/r6
ϕ55E8/k6
ϕ55K6
ϕ80H7
ϕ100H7/f9
ϕ52f9
410
82
ϕ45m6

图 10-7　一级圆柱齿轮

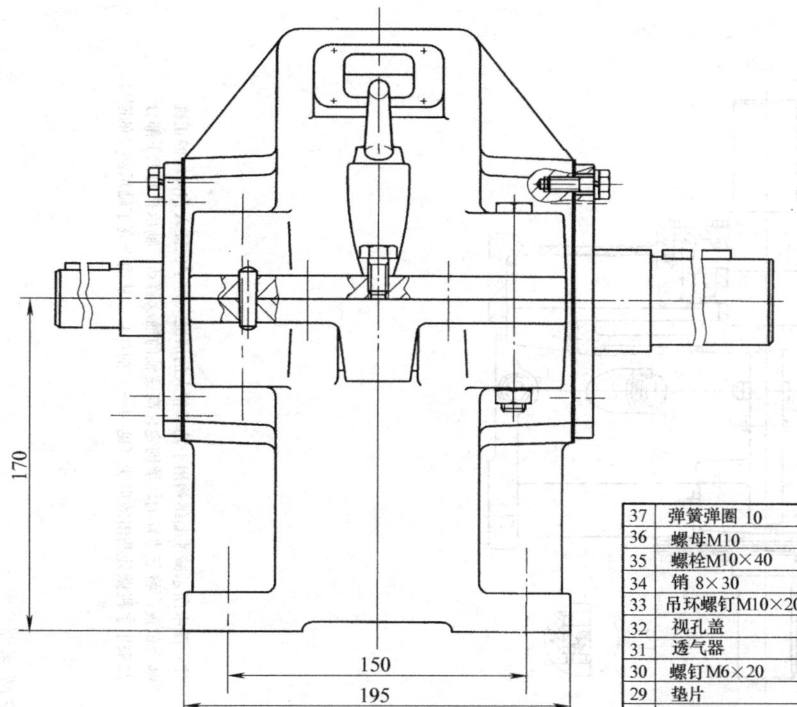

传动特性

输入功率 /kW	输入转速 /(r/min)	传动效率 η	总传动比 i	传动特性			
				m_n	z_2/z_1	β	精度等级
4.82	474	0.95	3.95	3	79/20	8° 6′34″	8

技术要求

1. 装配前，所有零件用煤油清洗，箱体内不许有任何杂物存在，内壁涂上不被机油浸蚀的涂料两次。
2. 在轴承盖与轴承座端面之间应留有间隙 0.25～0.4mm。
3. 最小法向侧隙为0.16，用不大于最小侧隙两倍的铅丝来检验。
4. 用涂色法检验斑点。较大区域的接触斑点，要求占有效齿面高度 40%、宽度的35%；较小区域的接触斑点，要求占有效齿面高度 20%、齿宽的35%。必要时可用研磨或刮后研磨改善接触情况。
5. 选用L-AN68全损耗系统用油，润滑油深度定为 45mm，换油时间一般为半年左右。
6. 各接触面和密封处不允许漏油或渗油，允许装配时涂密封胶或水玻璃密封。不允许在箱盖与箱座的结合面之间使用填料。
7. 在空载、额定转速下正反运转各一小时，要求运转平稳无噪声。
8. 表面涂灰色油漆。

序号	名称	数量	材料	标准	备注
37	弹簧弹圈 10	4	65Mn	GB/T93–1987	外购
36	螺母M10	4	Q235	GB/T6170–2000	外购
35	螺栓M10×40	4	Q235	GB/T5783–2000	外购
34	销 8×30	2	35钢	GB/T117–2000	外购
33	吊环螺钉M10×20	2	20钢	GB/T825–1988	外购
32	视孔盖	1	Q215		
31	透气器	1	Q235		
30	螺钉M6×20	4	Q235	GB/T5783–2000	外购
29	垫片	1	石棉橡胶纸		
28	弹簧垫圈 12	6	65Mn	GB/T93–1987	外购
27	螺母M12	6	Q235	GB/T6170–2000	外购
26	螺栓M12×120	6	Q235	GB/T5783–2000	外购
25	箱盖	1	HT200		
24	起盖螺钉M10×30	1	Q235	GB/T5783–2000	外购
23	箱座	1	HT200		
22	轴承 6208	2		GB/T276–1994	外购
21	轴承端盖	1	HT150		
20	挡油环δ=1	2	Q215	08F	
19	键14×70	1	45钢	GB/T1096–2003	
18	毡圈油封	1	半粗羊毛毡	JB/ZQ4606–1986	外购
17	轴承端盖	1	HT150		
16	调整垫片	2组	08F		
15	轴套	1	Q235		
14	垫片	1	石棉橡胶纸		
13	油塞	1	Q235		
12	油标尺	1	Q235		
11	大齿轮	1	45钢	m_n=3，Z=79	
10	键16×50	1	45钢	GB/T1096–2003	
9	轴	1	45钢		
8	轴承 6211	2		GB/T276–1994	外购
7	轴承端盖	1	HT150		
6	螺钉M8×25	24	Q235	GB/T5783–2000	外购
5	齿轮轴	1	45钢	m_n=3，Z=20	
4	键8×50	1	45钢	GB/T1096–2003	
3	毡圈油封	1	半粗羊毛毡	JB/ZQ4606–1986	外购
2	轴承端盖	1	HT200		
1	调整垫片	2组	08F		

一级圆柱齿轮减速器		比例		图号	
		数量		材料	
作者		日期	顺德职业技术学院		
绘图					
审阅					

减速器装配图

第三节 减速器装配图图例

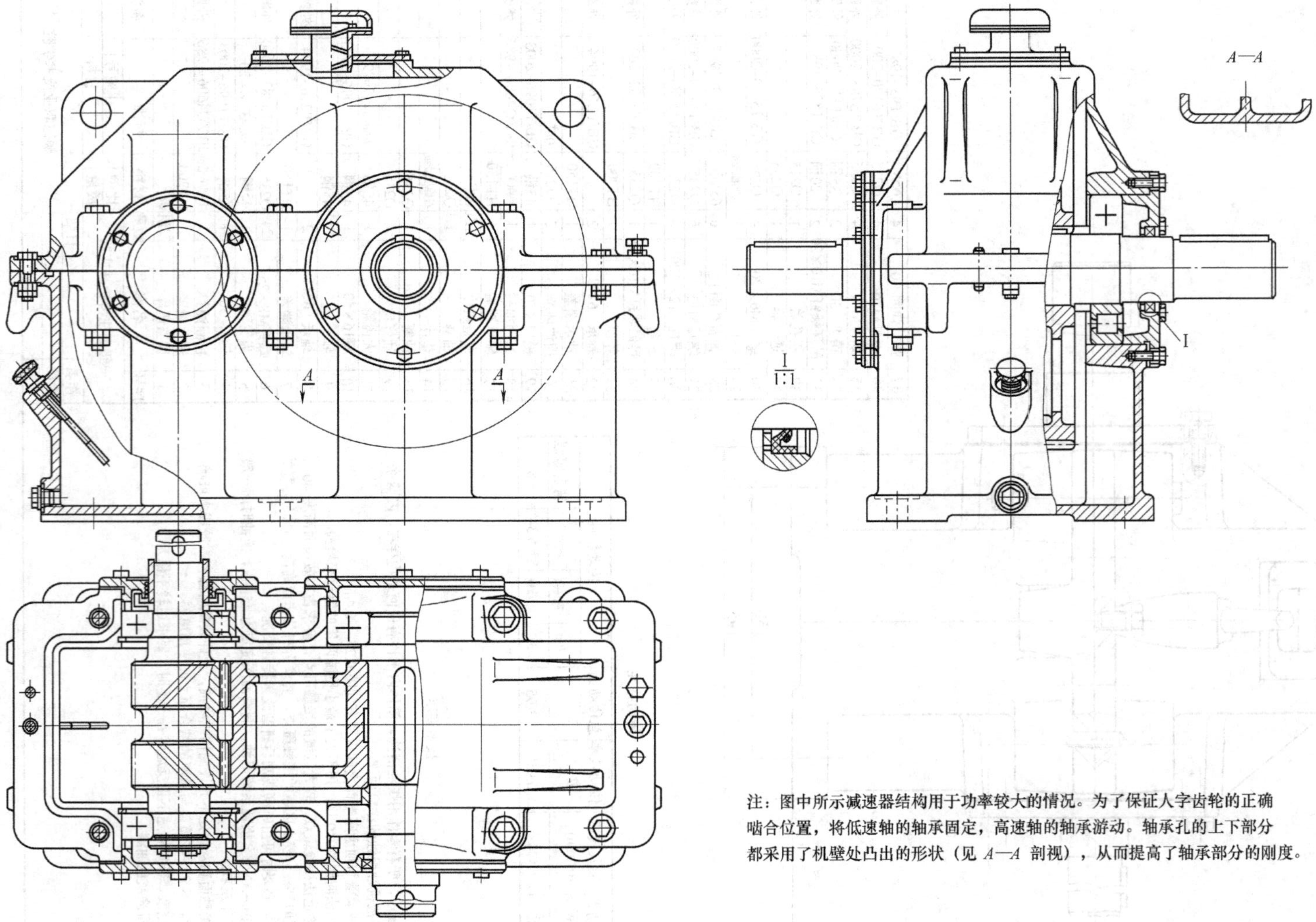

注：图中所示减速器结构用于功率较大的情况。为了保证人字齿轮的正确啮合位置，将低速轴的轴承固定，高速轴的轴承游动。轴承孔的上下部分都采用了机壁处凸出的形状（见 A—A 剖视），从而提高了轴承部分的刚度。

图 10-8　一级圆柱齿轮减速器

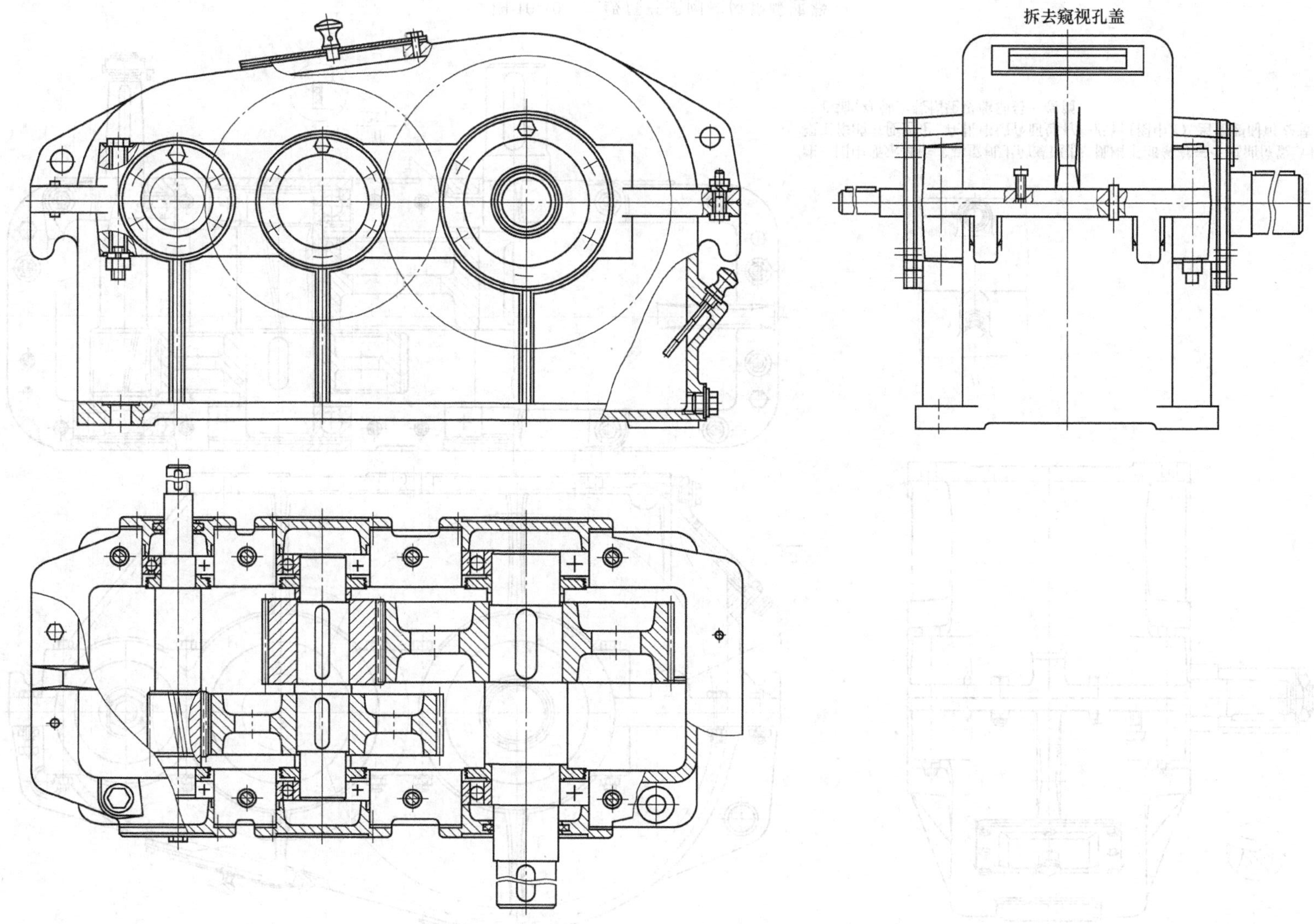

图 10-9　二级展开式圆柱齿轮减速器

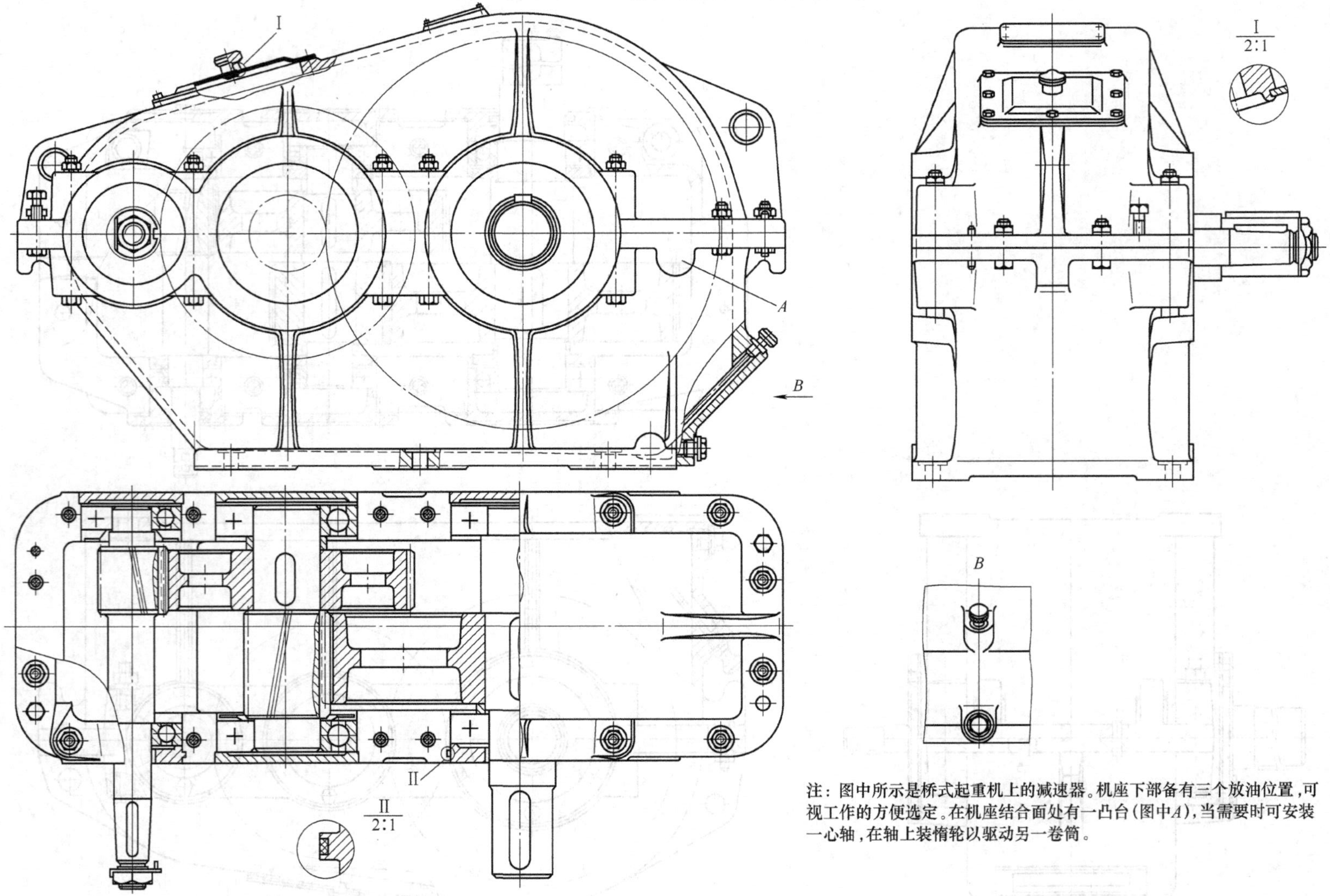

注：图中所示是桥式起重机上的减速器。机座下部备有三个放油位置，可视工作的方便选定。在机座结合面处有一凸台（图中A），当需要时可安装一心轴，在轴上装惰轮以驱动另一卷筒。

图 10-10　二级展开式圆柱齿轮减速器

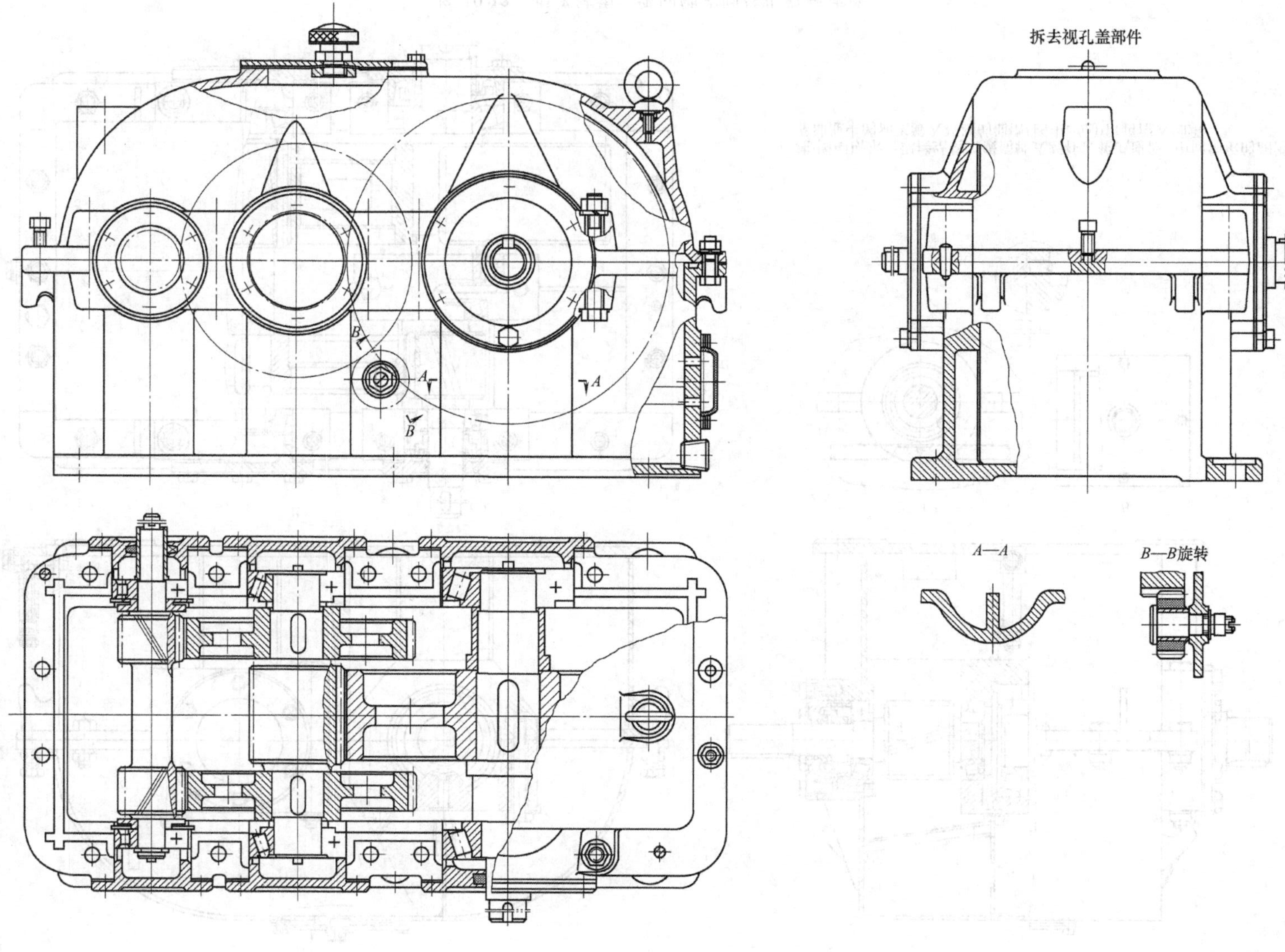

图 10-11 二级分流式圆柱齿轮减速器

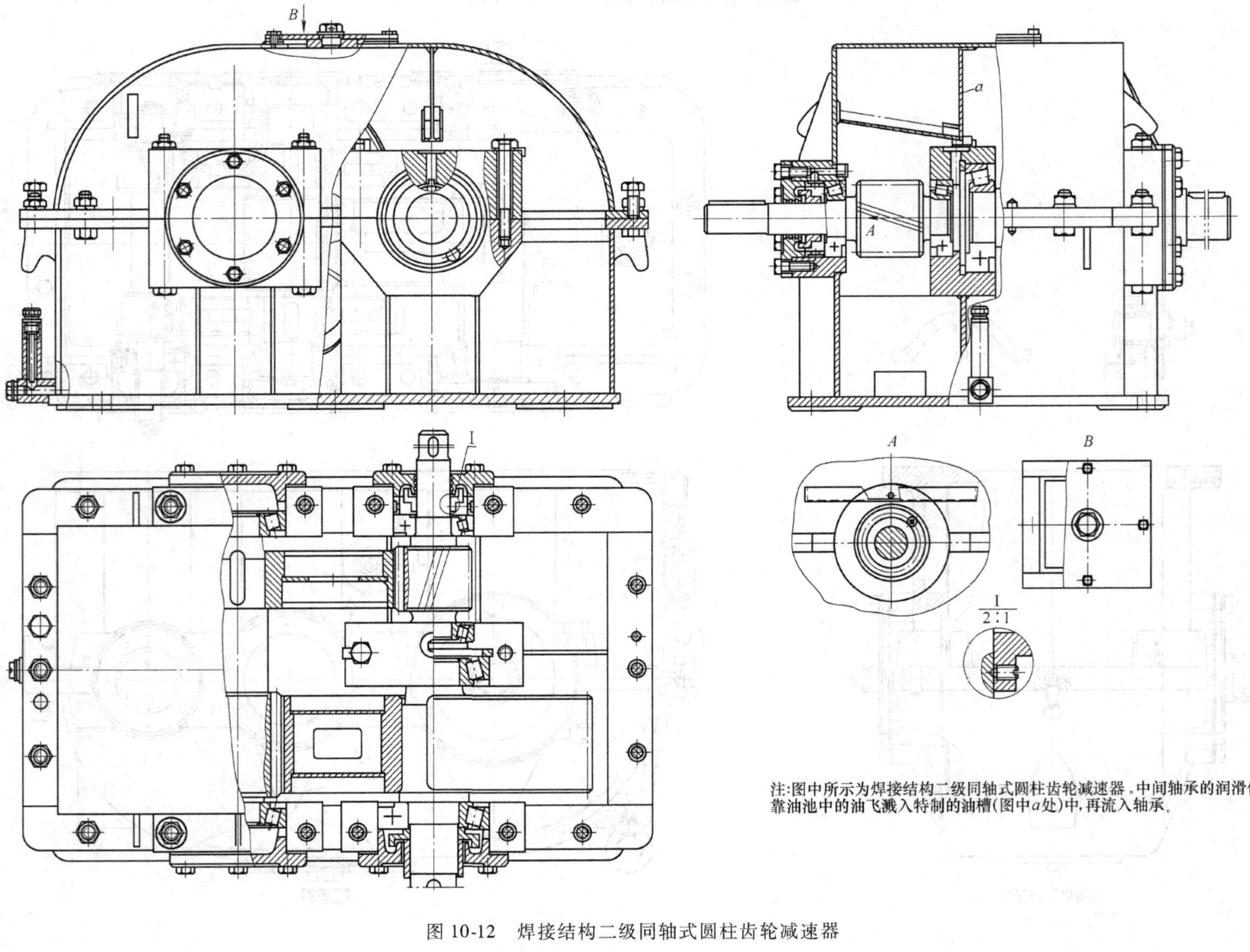

注:图中所示为焊接结构二级同轴式圆柱齿轮减速器.中间轴承的润滑依靠油池中的油飞溅入特制的油槽(图中a处)中,再流入轴承。

图 10-12　焊接结构二级同轴式圆柱齿轮减速器

第四节　主要零件机械加工工艺过程简图

表 10-1　轴的主要机械加工工艺过程示例

序　　号	简　　图	说　　明
1	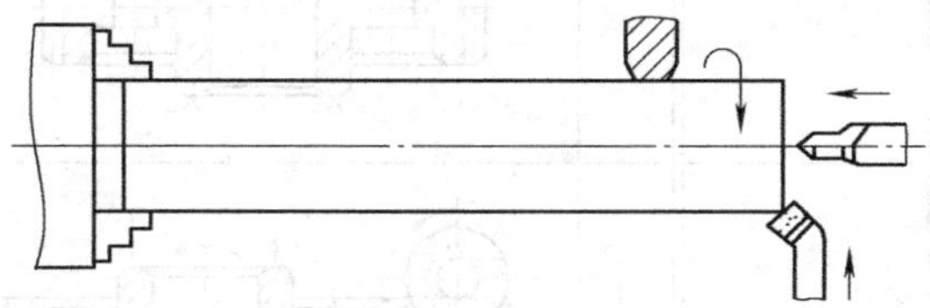	车两端面、钻中心孔
2	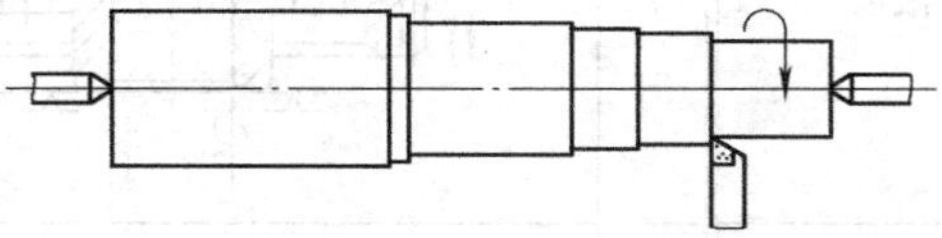	粗车各外圆
3	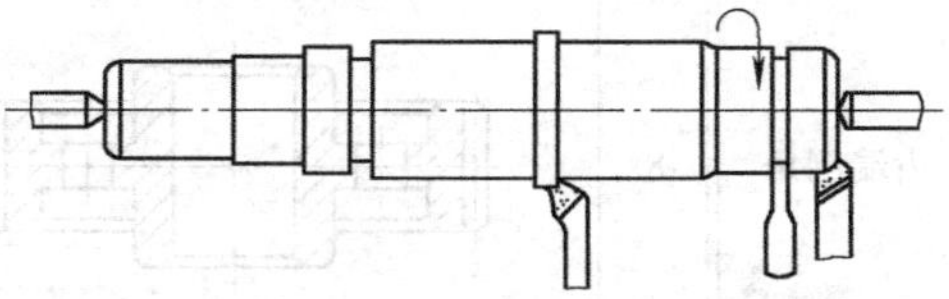	精车各外圆、切槽、倒角
4	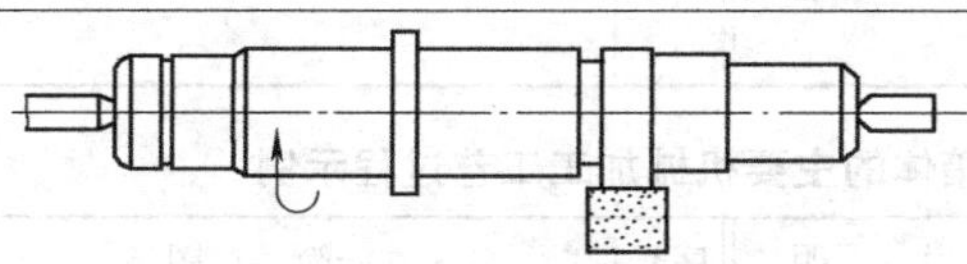	磨外圆
5	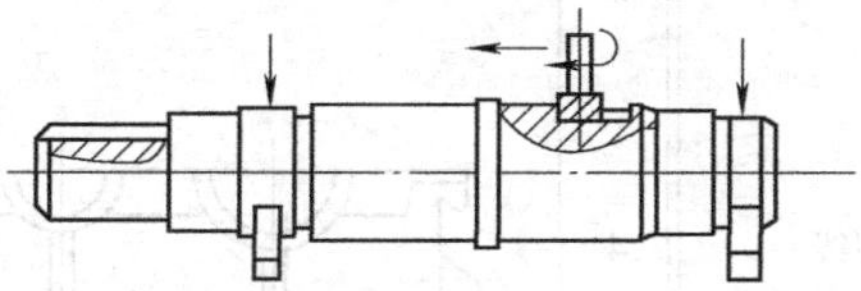	铣键槽
6	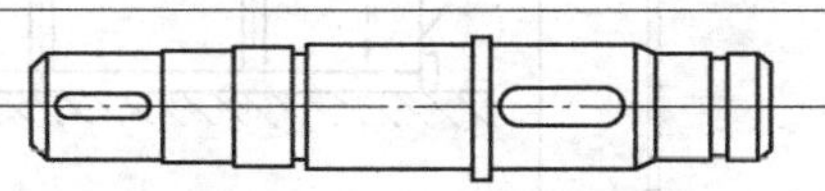	去毛刺、检查

表 10-2　齿轮的主要机械加工工艺过程示例

序号	简　　图	说　　明	序号	简　　图	说　　明
1	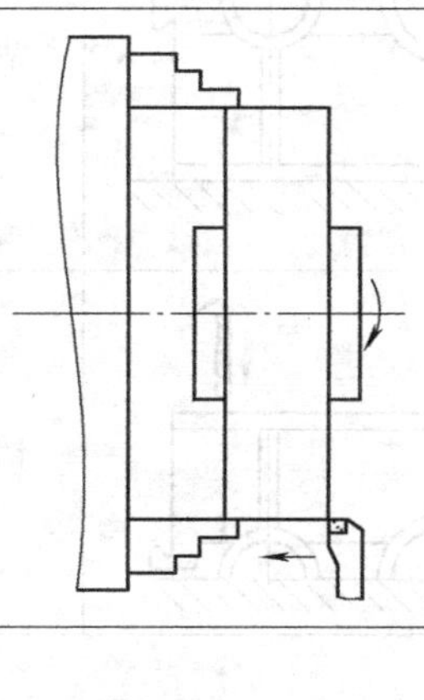	粗车外圆，端面及钻内孔	2	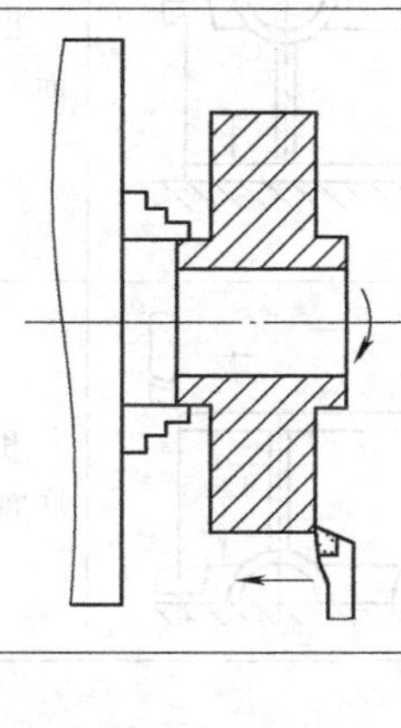	精车外圆、端面、内孔，车槽至辐板厚及倒角

（续）

序号	简　图	说　明	序号	简　图	说　明
3	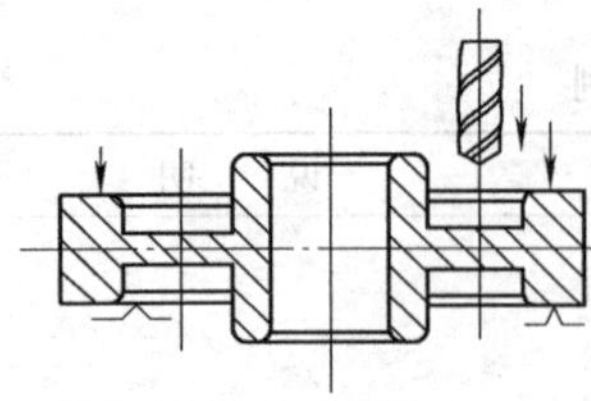	钻辐板孔	6	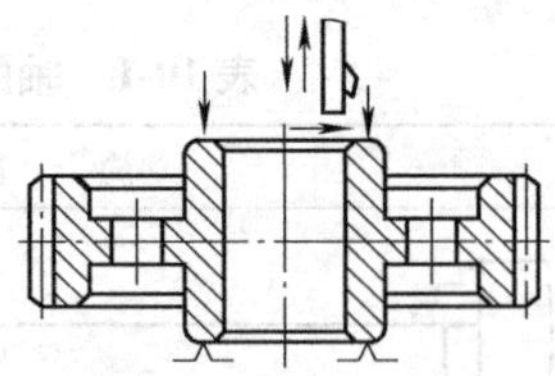	插键槽
4	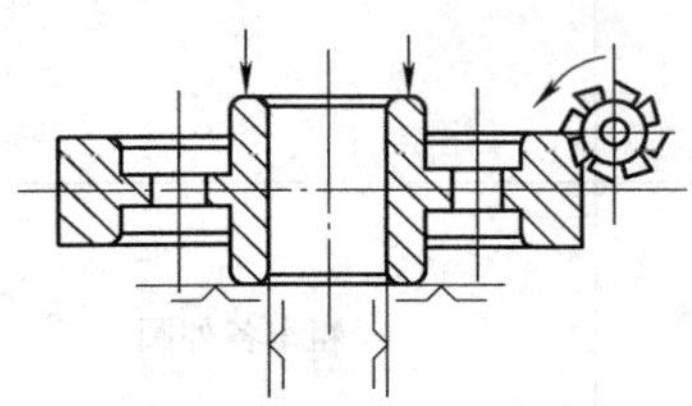	滚齿	7	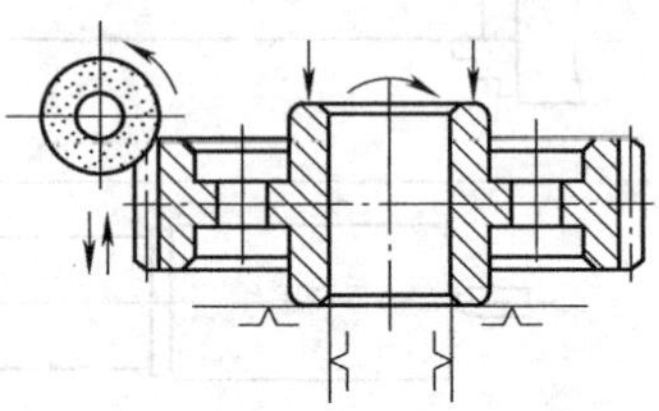	渗碳淬火后磨齿
5	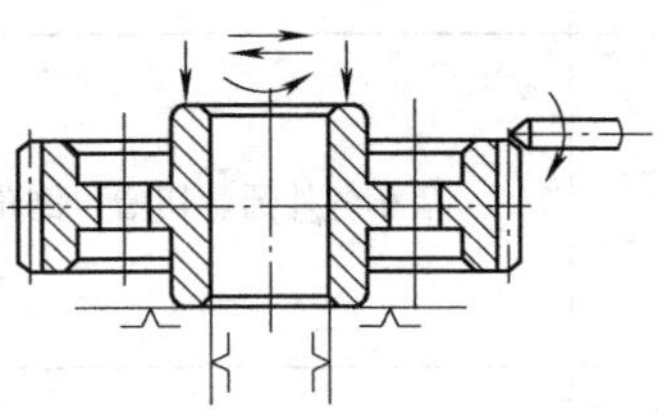	齿端倒角	8	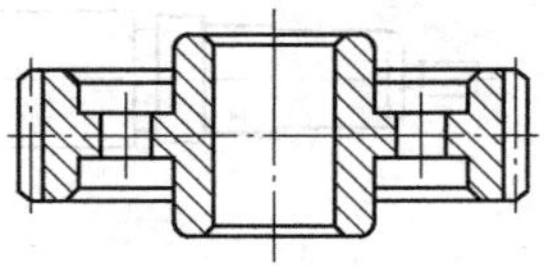	去各部毛刺，检查

表 10-3　箱体的主要机械加工工艺过程示例

序号	简　图	说　明	序号	简　图	说　明
1	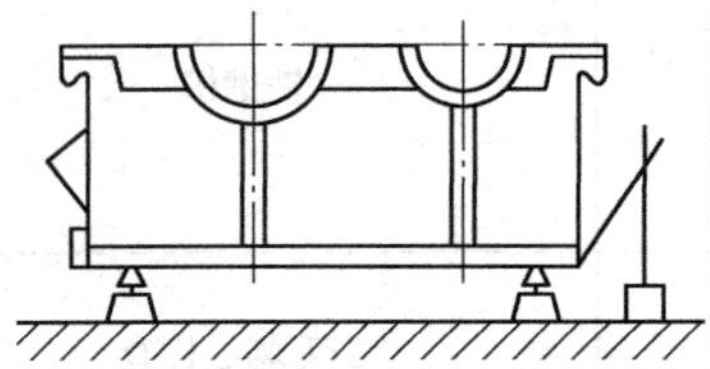	划线	4	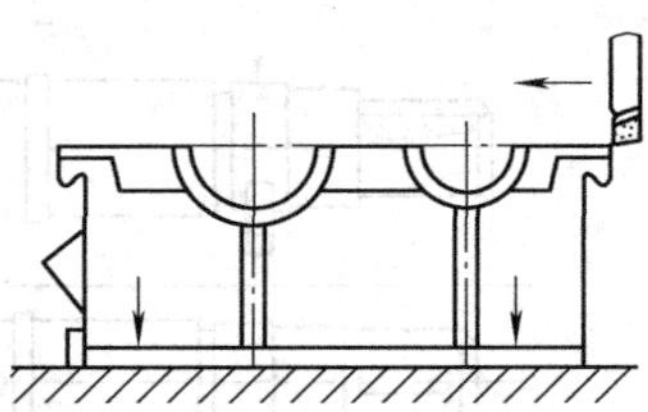	精刨上平面至尺寸
2	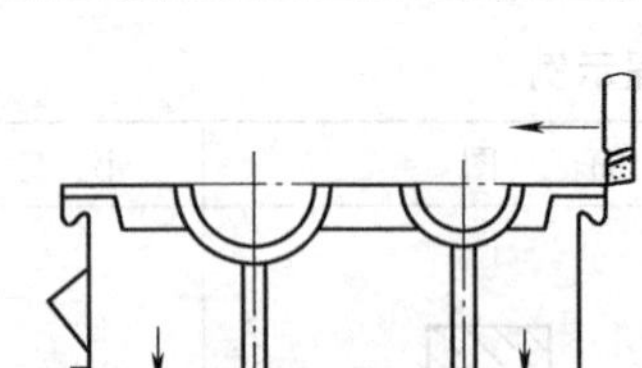	粗刨上平面	5	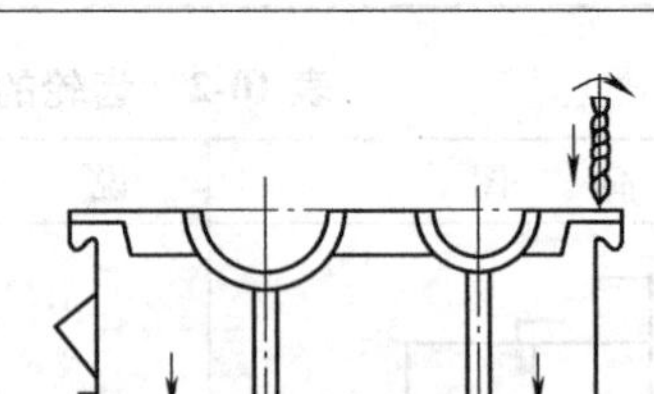	钻孔
3	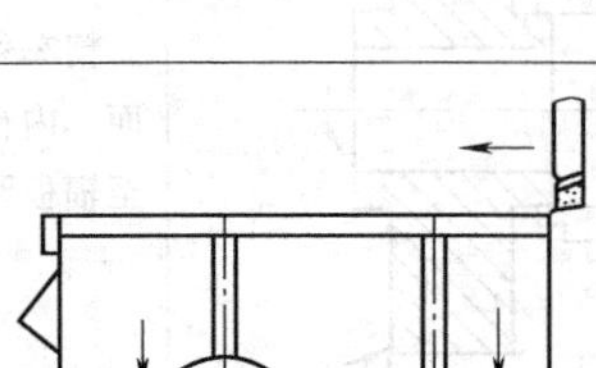	粗、精刨底面	6	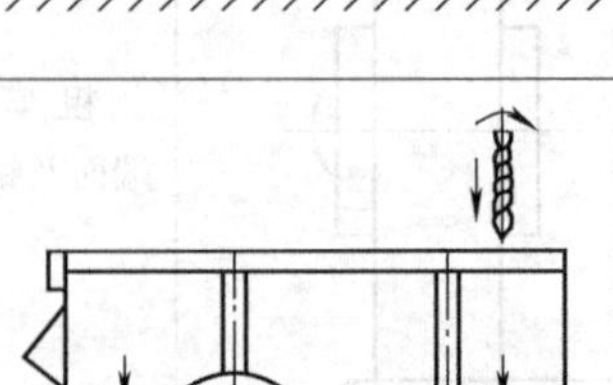	钻底面孔

（续）

序号	简　图	说　明	序号	简　图	说　明
7	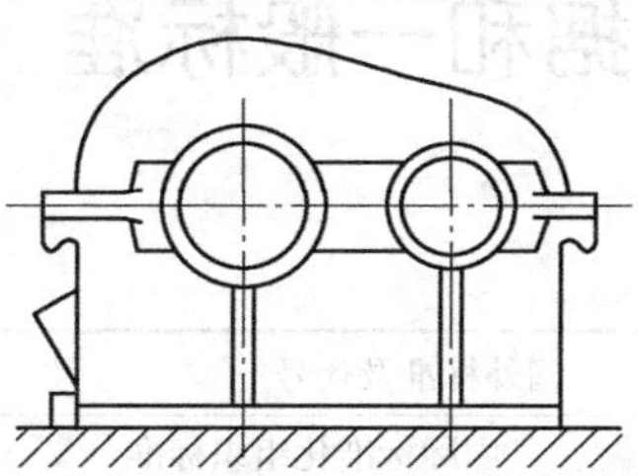	钳工	10	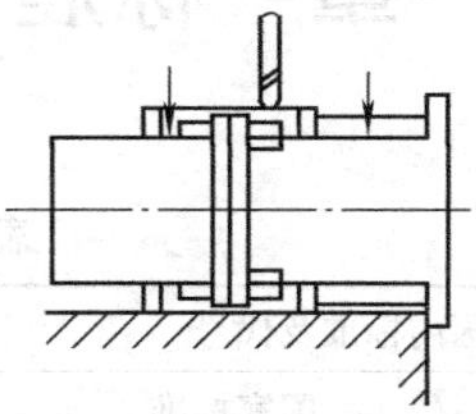	粗、精刨两侧面
8	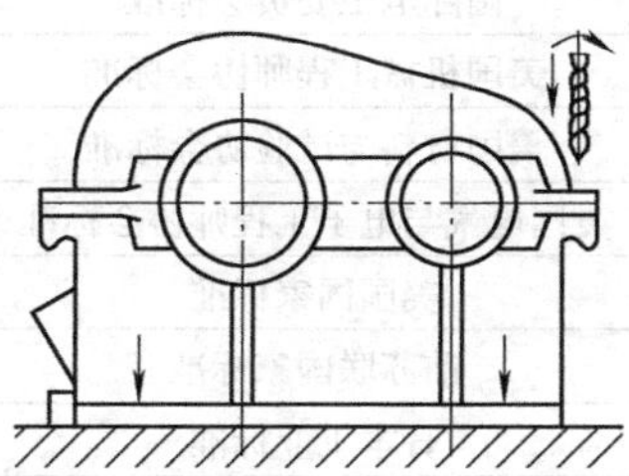	钻、铰定位销孔	11	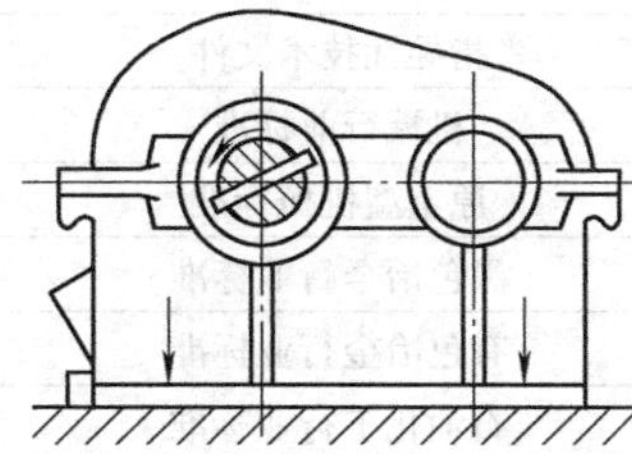	镗孔
9	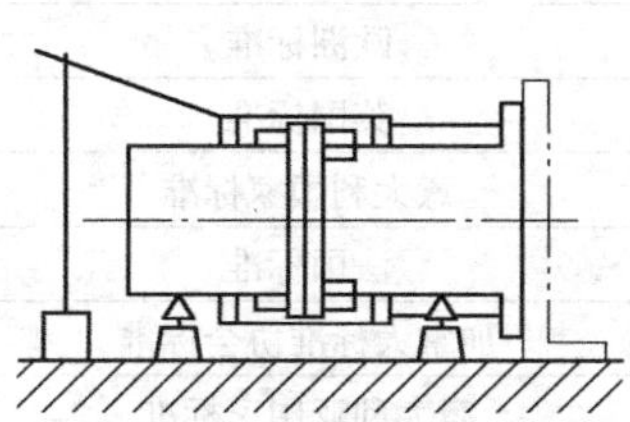	划两侧面加工线	12	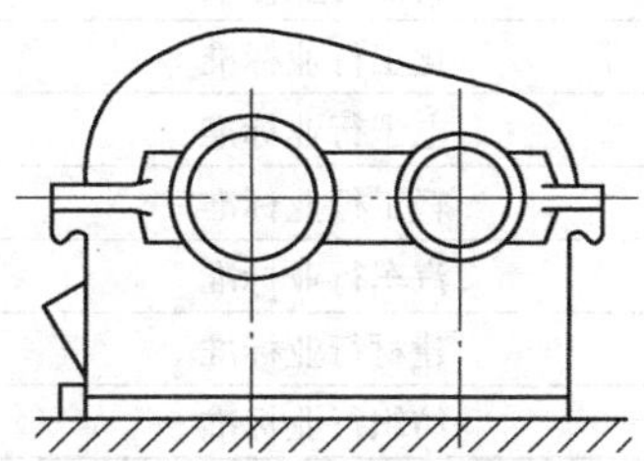	各孔攻螺纹、去毛刺

第十一章　标准代号、常用数据和一般标准

表 11-1　部分标准及代号

<table>
<tr><th colspan="2">国内标准及代号</th><th colspan="2">国外标准及代号</th></tr>
<tr><td>GB</td><td>国家标准</td><td>ISO</td><td>国际标准化组织标准</td></tr>
<tr><td>/T</td><td>推荐性技术文件</td><td>IEC</td><td>国际电工委员会标准</td></tr>
<tr><td>/Z</td><td>指导性技术文件</td><td>ASME</td><td>美国机械工程师协会标准</td></tr>
<tr><td>JB</td><td>机械行业标准</td><td>ASTM</td><td>美国材料与试验协会标准</td></tr>
<tr><td>JB/ZQ</td><td>原重型机械标准</td><td>IEEE</td><td>美国电气与电子工程师协会标准</td></tr>
<tr><td>YB</td><td>黑色冶金行业标准</td><td>ANSI</td><td>美国国家标准</td></tr>
<tr><td>YS</td><td>有色冶金行业标准</td><td>ГОСТ</td><td>前苏联国家标准</td></tr>
<tr><td>SH</td><td>石油化工行业标准</td><td>JIS</td><td>日本工业标准</td></tr>
<tr><td>SY</td><td>石油行业标准</td><td>DIN</td><td>德国标准</td></tr>
<tr><td>HG</td><td>化工行业标准</td><td>EN</td><td>欧洲标准</td></tr>
<tr><td>SJ</td><td>电子行业标准</td><td>BS</td><td>英国标准</td></tr>
<tr><td>QB</td><td>轻工行业标准</td><td>UNI</td><td>意大利国家标准</td></tr>
<tr><td>QC</td><td>汽车行业标准</td><td>NF</td><td>法国标准</td></tr>
<tr><td>JC</td><td>建材行业标准</td><td>CSA</td><td>加拿大标准协会标准</td></tr>
<tr><td>FZ</td><td>纺织行业标准</td><td>AS</td><td>澳大利亚国家标准</td></tr>
</table>

表 11-2　图纸幅面、图框格式和图样比例

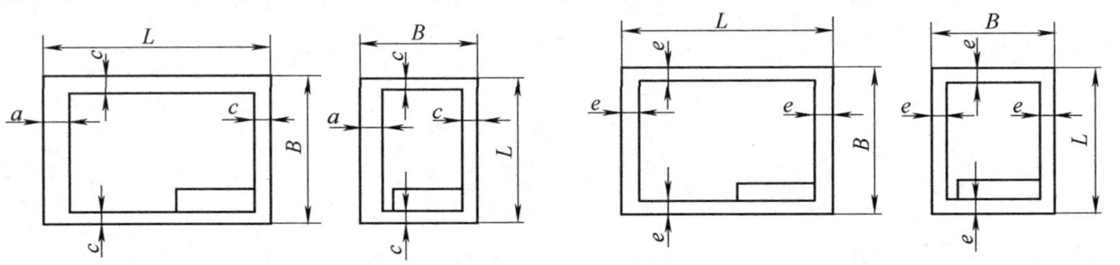

<table>
<tr><th colspan="7">图纸幅面和图框格式（摘自 GB/T 14689—1993）</th><th colspan="3">图样比例（摘自 GB/T 14690—1993）</th></tr>
<tr><th colspan="5">基本幅面（第一选择）</th><th colspan="2">加长幅面（第二选择）</th><th>原值比例</th><th>缩小比例</th><th>放大比例</th></tr>
<tr><td rowspan="2">幅面代号</td><td rowspan="2">宽度×长度
B×L</td><td colspan="2">留装订边</td><td rowspan="2">不留装订边
e</td><td rowspan="2">幅面代号</td><td rowspan="2">宽度×长度
B×L</td><td rowspan="7">1:1</td><td rowspan="3">1:2　$1:2\times10^n$
1:5　$1:5\times10^n$
1:10　$1:10\times10^n$</td><td rowspan="3">5:1　$5\times10^n:1$
2:1　$2\times10^n:1$
$1\times10^n:1$</td></tr>
<tr><td>a</td><td>c</td></tr>
<tr><td>A0</td><td>841×1189</td><td rowspan="5">25</td><td rowspan="3">10</td><td rowspan="2">20</td><td>A3×3</td><td>420×891</td></tr>
<tr><td>A1</td><td>594×841</td><td>A3×4</td><td>420×1189</td><td colspan="2">必要时允许选取</td></tr>
<tr><td>A2</td><td>420×594</td><td rowspan="3">10</td><td>A4×3</td><td>297×630</td><td rowspan="3">1:1.5　$1:1.5\times10^n$
1:2.5　$1:2.5\times10^n$
1:3　$1:3\times10^n$
1:4　$1:4\times10^n$
1:6　$1:6\times10^n$</td><td rowspan="3">4:1　$4\times10^n:1$
2.5:1　$2.5\times10^n:1$

表中 n 为正整数</td></tr>
<tr><td>A3</td><td>297×420</td><td rowspan="2">5</td><td>A4×4</td><td>297×841</td></tr>
<tr><td>A4</td><td>210×297</td><td>A4×5</td><td>297×1051</td></tr>
</table>

表 11-3　标题栏、明细表格式（本课程荐用）

明细表格式

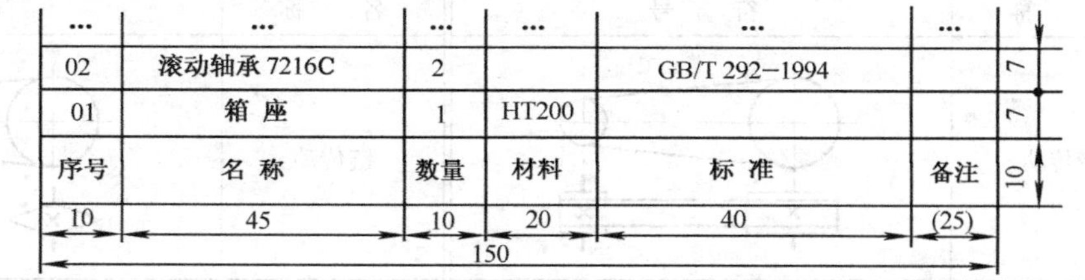

标题栏格式

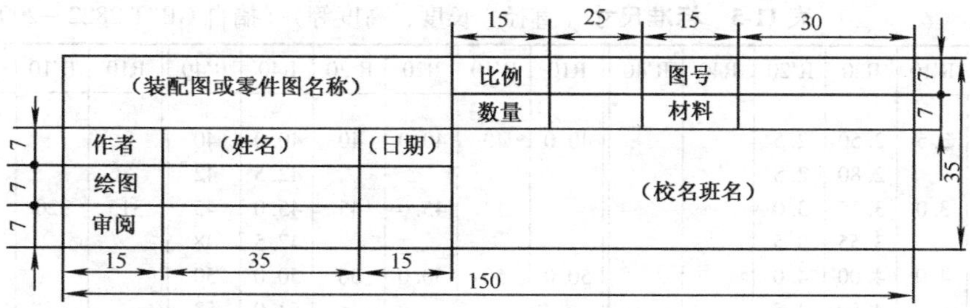

注：主框线型为粗实线（d），分格线为细实线（$d/2$）。

表 11-4　常用机构符号（摘自 GB4460/T—1984）

名　　称	符　　号	名　　称	符　　号
支架上的电动机	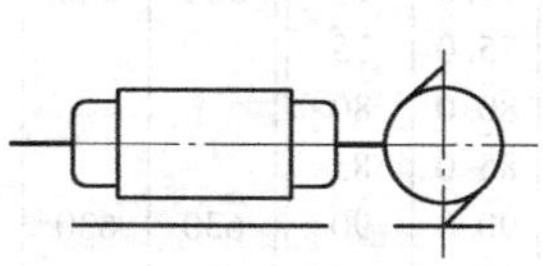	内啮合圆柱齿轮机构	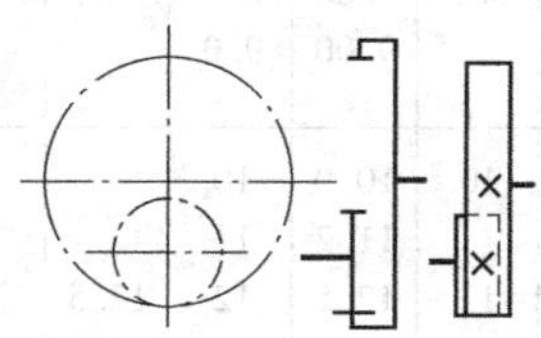
凸轮机构	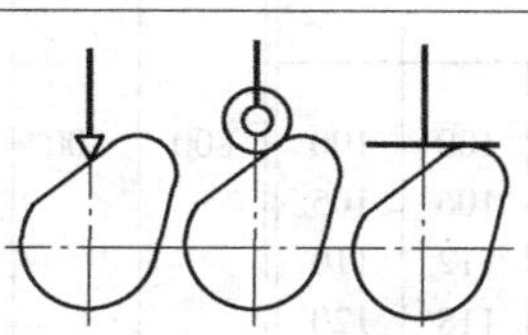	圆锥齿轮机构	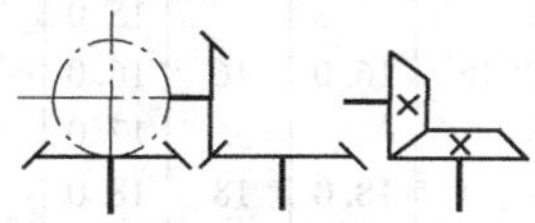
槽轮机构	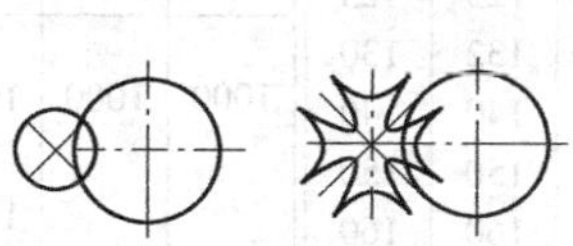	齿轮齿条机构	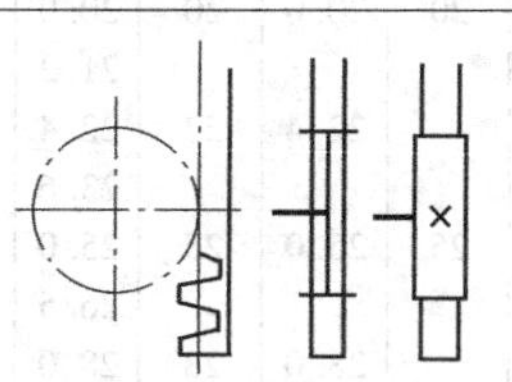
棘轮机构	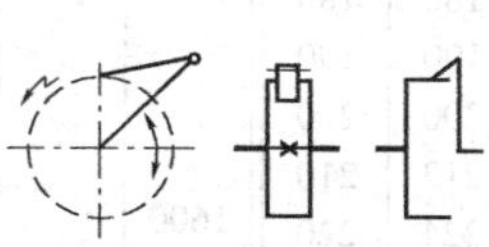	蜗杆蜗轮机构	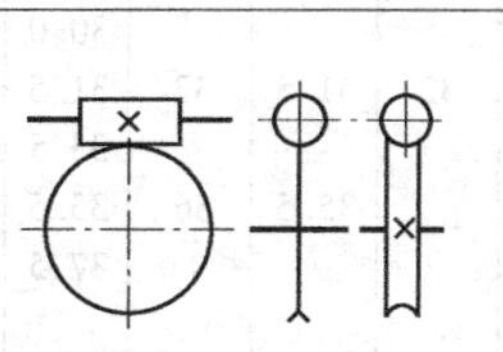
外啮合圆柱齿轮机构	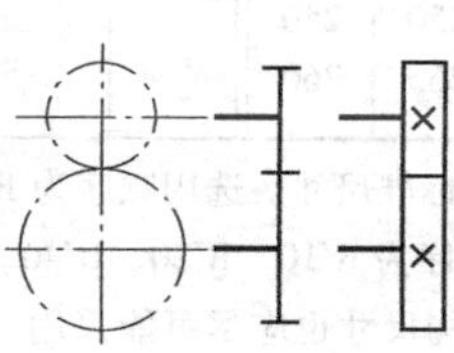	螺旋传动	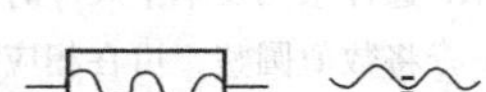

（续）

名　称	符　号	名　称	符　号
带传动	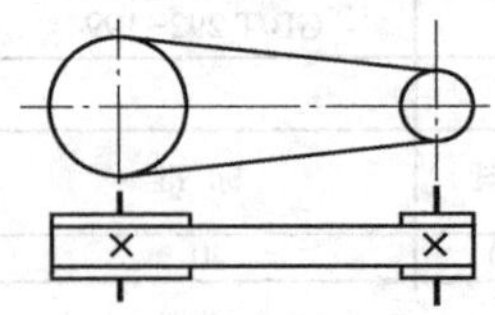	链传动	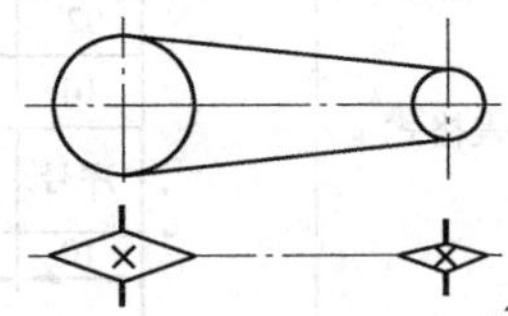

表 11-5　标准尺寸（直径、长度、高度等）（摘自 GB/T 2822—2005）（单位：mm）

R10	R′10	R20	R′20	R40	R′40
2.50	2.5	2.50	2.5		
		2.80	2.8		
3.15	3.0	3.15	3.0		
		3.55	3.5		
4.00	4.0	4.00	4.0		
		4.50	4.5		
5.00	5.0	5.00	5.0		
		5.60	5.5		
6.30	6.0	6.30	6.0		
		7.10	7.0		
8.00	8.0	8.00	8.0		
		9.00	9.0		
10.0	10	10.0	10		
		11.2	11		
12.5	12	12.5	12	12.5	12
				13.2	13
		14.0	14	14.0	14
				15.0	15
16.0	16	16.0	16	16.0	16
				17.0	17
		18.0	18	18.0	18
				19.0	19
20.0	20	20.0	20	20.0	20
				21.2	21
		22.4	22	22.4	22
				23.6	24
25.0	25	25.0	25	25.0	25
				26.5	26
		28.0	28	28.0	28
				30.0	30
31.5	32	31.5	32	31.5	32
				33.5	34
		35.5	36	35.5	36
				37.5	38

R10	R′10	R20	R′20	R40	R′40
40.0	40	40.0	40	40.0	40
				42.5	42
		45.0	45	45.0	45
				47.5	48
50.0	50	50.0	50	50.0	50
				53.0	53
		56.0	56	56.0	56
				60.0	60
63.0	63	63.0	63	63.0	63
				67.0	67
		71.0	71	71.0	71
				75.0	75
80.0	80	80.0	80	80.0	80
				85.0	85
		90.0	90	90.0	90
				95.0	95
100	100	100	100	100	100
				106	105
		112	110	112	110
				118	120
125	125	125	125	125	125
				132	130
		140	140	140	140
				150	150
160	160	160	160	160	160
				170	170
		180	180	180	180
				190	190
200	200	200	200	200	200
				212	210
		224	220	224	220
				236	240
250	250	250	250	250	250
				265	260

R10	R′10	R20	R′20	R40	R′40
		280	280	280	280
				300	300
315	320	315	320	315	320
				335	340
		355	360	355	360
				375	380
400	400	400	400	400	400
				425	420
		450	450	450	450
				475	480
500	500	500	500	500	500
				530	530
		560	560	560	560
				600	600
630	630	630	630	630	630
				670	670
		710	710	710	710
				750	750
800	800	800	800	800	800
				850	850
		900	900	900	900
				950	950
1000	1000	1000	1000	1000	1000
				1060	
		1120		1120	
				1180	
1250		1250		1250	
				1320	
		1400		1400	
				1500	
1600		1600		1600	
				1700	
		1800		1800	
				1900	

注：1. 选择系列及单个尺寸时，应首先在优先数系 R 系列中选用标准尺寸。选用顺序为 R10、R20、R40。如果必须将数值圆整，可在相应的 R′系列中选用标准尺寸，选用顺序为 R′10、R′20、R′40。

2. 本标准适用于有互换性或系列化要求的主要尺寸，其他结构尺寸也应尽可能采用。本标准不适用于主要尺寸导出的因变量尺寸和工艺上工序间的尺寸和已有专用标准规定的尺寸。

表 11-6 中心孔(摘自 GB/T 145—2001) (单位:mm)

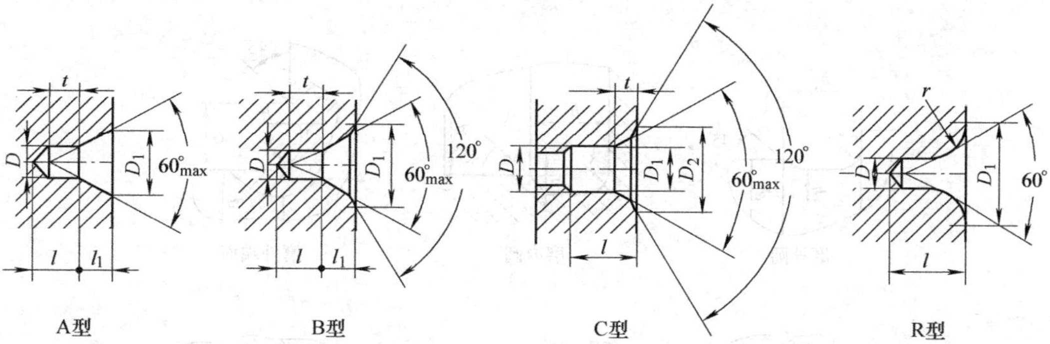

A型 B型 C型 R型

D	D_1		l_1(参考)		t(参考)	l_{min}	r_{max}	r_{min}	D	D_1	D_2	l	l_1(参考)	选择中心孔的参考数据		
A 型 B 型 R 型	A 型 R 型	B 型	A 型	B 型	A 型 B 型	R 型			C 型					原料端部最小直径 D_0	轴状原料最大直径 D_c	工作最大重量 /t
1.60	3.35	5.00	1.52	1.99	1.4	3.5	5.00	4.00	—	—	—	—	—	—	—	—
2.00	4.25	6.30	1.95	2.54	1.8	4.4	6.30	5.00	—	—	—	—	—	8	>10~18	0.12
2.50	5.30	8.00	2.42	3.20	2.2	5.5	8.00	6.30	—	—	—	—	—	10	>18~30	0.2
3.15	6.70	10.00	3.07	4.03	2.8	7.0	10.00	8.00	M3	3.2	5.8	2.6	1.8	12	>30~50	0.5
4.00	8.50	12.50	3.90	5.05	3.5	8.9	12.50	10.00	M4	4.3	7.4	3.2	2.1	15	>50~80	0.8
(5.00)	10.60	16.00	4.85	6.41	4.4	11.2	16.00	12.50	M5	5.3	8.8	4.0	2.4	20	>80~120	1
6.30	13.20	18.00	5.98	7.36	5.5	14.0	20.00	16.00	M6	6.4	10.5	5.0	2.8	25	>120~180	1.5
(8.00)	17.00	22.40	7.79	9.36	7.0	17.9	25.00	20.00	M8	8.4	13.2	6.0	3.3	30	>180~220	2
10.00	21.20	28.00	9.70	11.66	8.7	22.5	31.50	25.00	M10	10.5	16.3	7.5	3.8	35	>180~220	2.5
—	—	—	—	—	—	—	—	—	M12	13.0	19.8	9.5	4.4	42	>220~260	3

注:1. A 型和 B 型中心孔的尺寸 l 取决于中心钻的长度,此值不应小于 t 值。

2. 括号内的尺寸尽量不采用。

3. 选择中心孔的参考数据不属 GB145—2001 内容,仅供参考。

表 11-7 中心孔的表示法(摘自 GB/T 4459.5—1999)

标注示例	解 释	标注示例	解 释
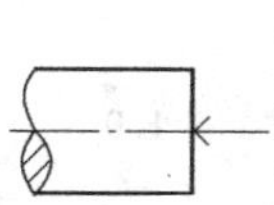 GB/T 4459.5–B3.15/10	要求作出 B 型中心孔 D = 3.15mm, D_1 = 10mm 在完工的零件上允许保留中心孔	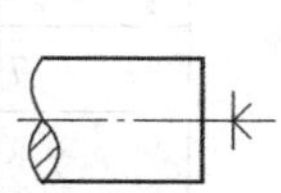 GB/T 4459.5–A4/8.5	用 A 型中心孔 D = 4mm, D_1 = 8.5mm 在完工的零件上不允许保留中心孔
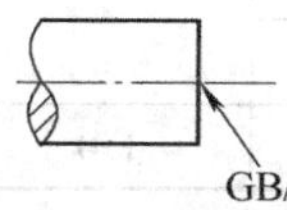 GB/T 4459.5–A4/8.5	用 A 型中心孔 D = 4mm, D_1 = 8.5mm 在完工的零件上是否保留中心孔都可以	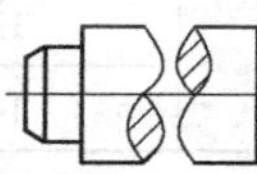 2×B3.15/10	用一轴的两端中心孔相同,可只在其一端标注,但应标出数量

表 11-8　砂轮越程槽（摘自 GB/T 6403.5—1986）　　（单位：mm）

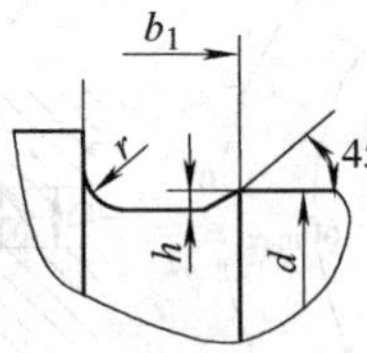

磨外圆

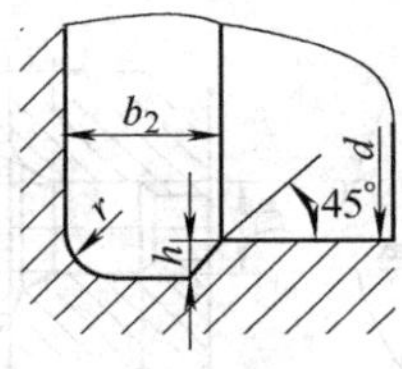

磨内圆

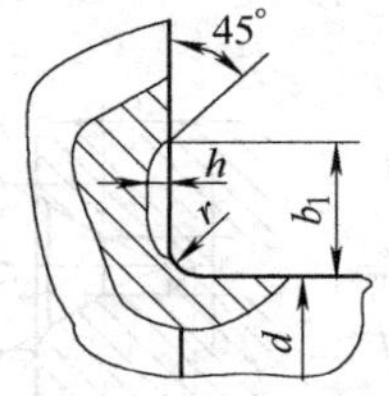

磨外端面

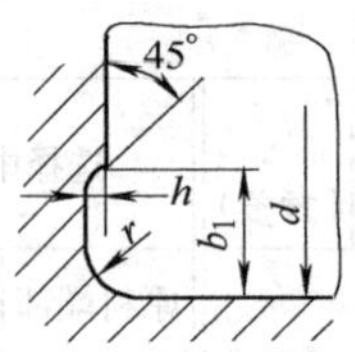

磨内端面

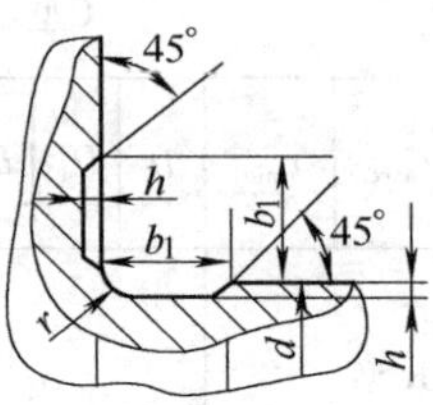

磨外圆及端面

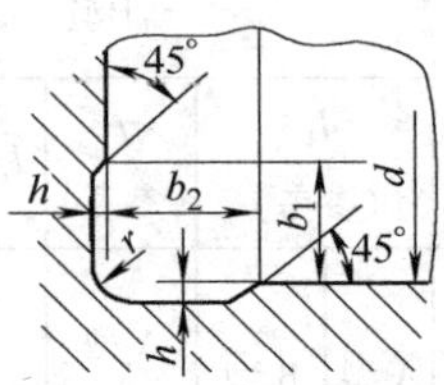

磨内圆及端面

d	≤10			>10~50		>50~100		>100	
b_1	0.6	1.0	1.6	2.0	3.0	4.0	5.0	8.0	10
b_2	2.0	3.0		4.0		5.0		8.0	10
h	0.1	0.2		0.3	0.4		0.6	0.8	1.2
r	0.2	0.5		0.8	1.0		1.6	2.0	3.0

表 11-9　插齿退刀槽（摘自 JB/ZQ 4239—1986）　　（单位：mm）

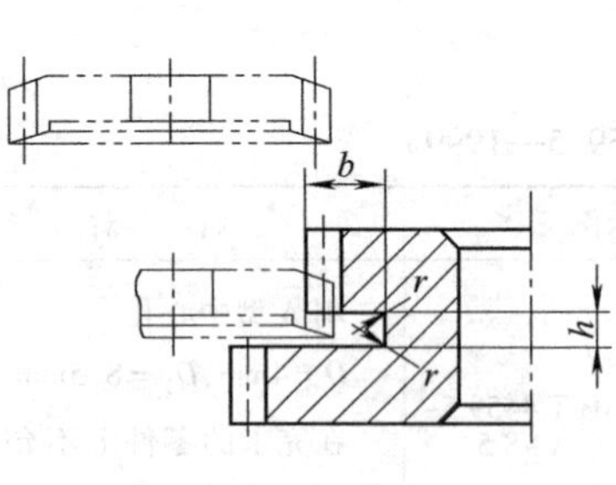

模　数	h_{min}	b_{min}	r
2	6	5	0.5
2.25	6	6	
2.5			
3		7.5	
4	7	10.5	1.0
5		13	
6		15	
7		16	
8	8	19	
9		22	
10		24	
12	9	28	
14	9	33	1.0

注：1. 表中模数系指直齿齿轮。

2. 插斜齿轮时，螺旋角 β 越大，相应的 b_{min} 和 h_{min} 也越大。

表 11-10　零件倒圆与倒角（摘自 GB/T 6403.4—1986）　　（单位：mm）

倒圆、倒角形式	倒圆、倒角（45°）的装配形式
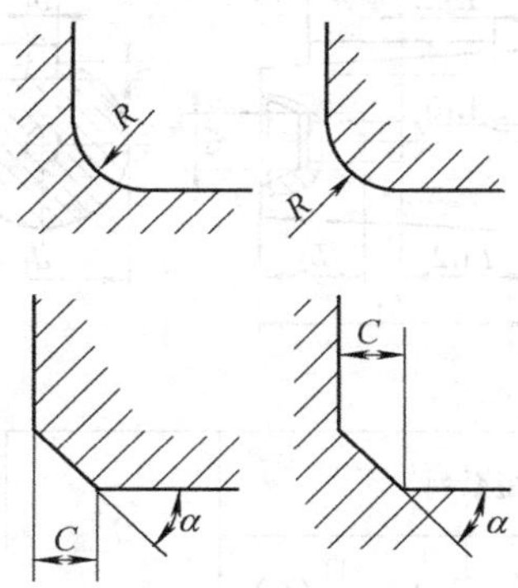	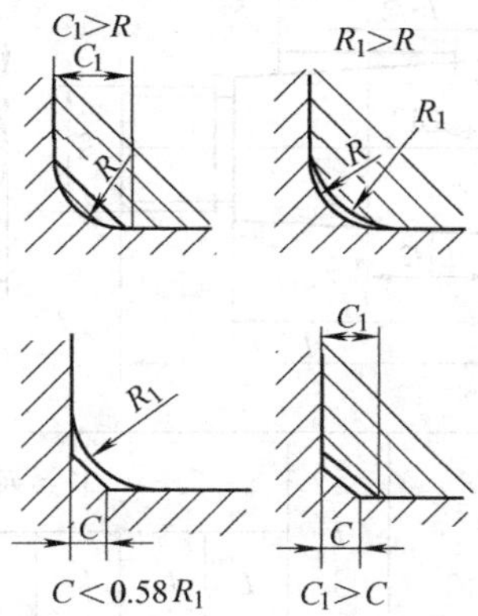

倒圆、倒角尺寸

R 或 C												
0.1	0.2	0.3	0.4	0.5	0.6	0.8	1.0	1.2	1.6	2.0	2.5	3.0
4.0	5.0	6.0	8.0	10	12	16	20	25	32	40	50	—

与直径 ϕ 相应的倒角 C、倒圆 R 的推荐值

ϕ	~3	>3 ~6	>6 ~10	>10 ~8	>18 ~30	>30 ~50	>50 ~80	>80 ~120	>120 ~180	>180 ~250	>250 ~320	>320 ~400	>400 ~500	>500 ~630	>630 ~800	>800 ~1000
C 或 R	0.2	0.4	0.6	0.8	1.0	1.6	2.0	2.5	3.0	4.0	5.0	6.0	8.0	10	12	16

内角倒角，外角倒圆时 C_{max} 与 R_1 的关系

R_1	0.1	0.2	0.3	0.4	0.5	0.6	0.8	1.0	1.2	1.6	2.0	2.5	3.0	4.0	5.0	6.0	8.0	10	12	16	20	25
C_{max}（$C<0.58R_1$）	—	0.1		0.2		0.3	0.4	0.5	0.6	0.8	1.0	1.2	1.6	2.0	2.5	3.0	4.0	5.0	6.0	8.0	10	12

注：α 一般采用 45°，也可采用 30°或 60°。

表 11-11　圆形零件自由表面过渡圆角半径（参考）　　（单位：mm）

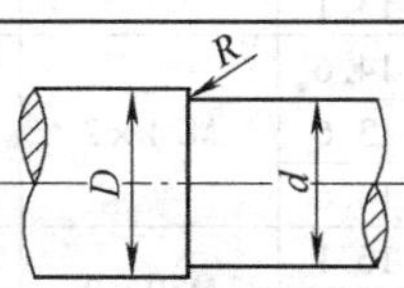

$D-d$	2	5	8	10	15	20	25
R	1	2	3	4	5	8	10
$D-d$	30	40	55	70	100	140	180
R	12	16	20	25	30	40	50

注：当尺寸（$D-d$）是表中两邻数值的中值时，应按较小尺寸选取 r，例：$D-d=98$，则按 70 选 $r=25$。

表 11-12　圆柱形轴伸（摘自 GB/T1569—1990）　　（单位：mm）

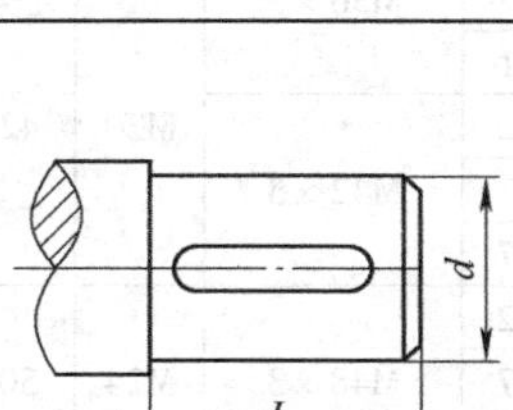

d	L 长系列	L 短系列	d	L 长系列	L 短系列
6,7	16	—	80,85,90,95	170	130
8,9	20	—	100,110,120,125	210	165
10,11	23	20	130,140,150	250	200
12,14	30	25	160,170,180	300	240
16,18,19	40	28	190,200,220	350	280
20,22,24	50	36	240,250,260	410	330
25,28	60	42	280,300,320	470	380
30,32,35,38	80	58	340,360,380	550	450
40,42,45,48,50,55,56	110	82	400,420,440,450,460,480,500	650	540
60,63,65,70,71,75	140	105	530,560,600,630	800	680

d 的极限偏差

d	6 ~30	32 ~50	55 ~630
极限偏差	j6	k6	m6

表 11-13　圆锥形轴伸（摘自 GB/T 1570—1990）

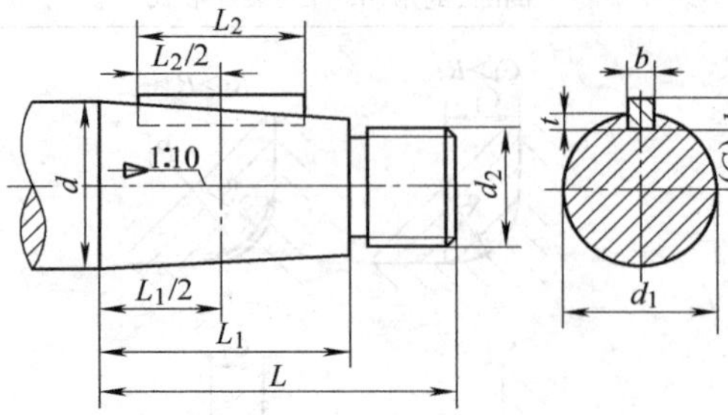

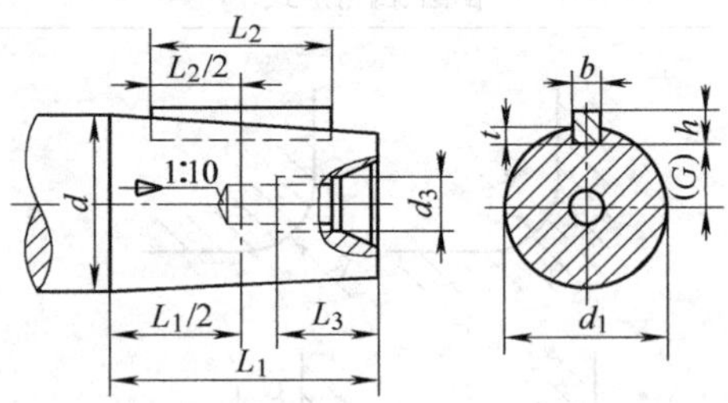

d	b	h	t	长系列					短系列					d_2	d_3	L_3
				L	L_1	L_2	d_1	(G)	L	L_1	L_2	d_1	(G)			
10	—	—	—	23	15	12	9.25	—	—	—	—	—	—	M6	—	—
11	2	2	1.2				10.25	3.9								
12	2	2	1.2	30	18	16	11.1	4.3	—	—	—	—	—	M8 × 1	M4	10
14	3	3	1.8				13.1	4.7								
16	3	3	1.8	40	28	25	14.6	5.5	28	16	14	15.2	5.8	M10 × 12.5		
18	4	4	2.5				16.6	5.8				17.2	6.1		M5	13
19	4	4	2.5				17.6	6.3				18.2	6.6			
20	4	4	2.5	50	36	32	18.2	6.6	36	22	20	18.9	6.9	M12 × 1.25	M6	16
22	4	4	2.5				20.2	7.6				20.9	7.9			
24	5	5	2.5				22.2	8.1				22.9	8.4			
25	5	5	3	60	42	36	22.9	8.4	42	24	22	23.8	8.9	M16 × 1.5	M8	19
28	5	5	3				25.9	9.9				26.8	10.4			
30	5	5	3	80	58	50	27.1	10.5	58	36	32	28.2	11.1	M20 × 1.5	M10	22
32	6	6	3.5				29.1	11.0				30.2	11.6			
35	6	6	3.5				32.1	12.5				33.2	13.1			
38	6	6	3.5				35.1	14.0				36.2	14.6	M24 × 2	M12	28
40	10	8	5	110	82	70	35.9	12.9	82	54	50	37.3	13.6			
42	10	8	5				37.9	13.9				39.3	14.6			
45	12	8	5				40.9	15.4				42.3	16.1	M30 × 2	M16	36
48	12	8	5				43.9	16.9				45.3	17.6			
50	12	8	5				45.9	17.9				47.3	18.6	M36 × 3		
55	14	9	5.5				50.9	19.9				52.3	20.6		M20	42
56	14	9	5.5				51.9	20.4				53.3	21.1			
60	16	10	6	140	105	100	54.75	21.4	105	70	63	56.5	22.2	M42 × 3		
63	16	10	6				57.75	22.9				59.5	23.7			
65	16	10	6				59.75	23.9				61.5	24.7			
70	18	11	7				64.75	25.4				66.5	26.2	M48 × 3	M24	50
71	18	11	7				65.75	25.9				67.5	26.7			
75	18	11	7				69.75	27.9				71.5	28.7			
80	20	12	7.5	170	130	110	73.5	29.2	130	90	80	75.5	30.2	M56 × 4	—	—
85	20	12	7.5				78.5	31.7				80.5	32.7			
90	22	14	9				83.5	32.7				85.5	33.7	M64 × 4		

注：1. 圆锥形轴伸键槽底面与圆锥轴线平行。

2. 键槽深度 t 可由测量 G 来代替，或按表 11-14 的规定测量 t_2。

3. L_2 可根据需要选取小于表中的数值。

表 11-14 圆锥形轴伸大端处键槽深度尺寸（摘自 GB/T 1570—1990）

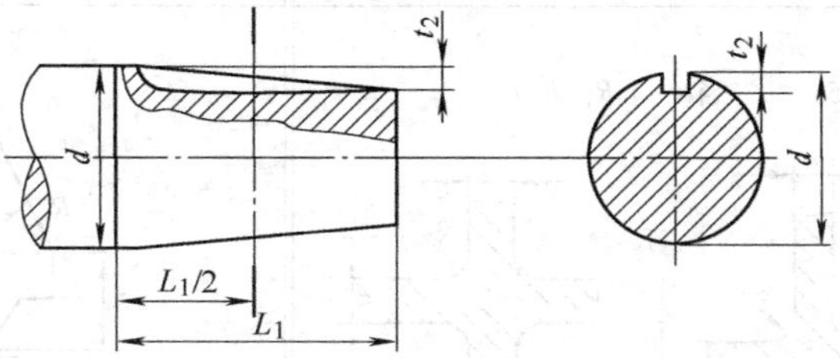

d	t_2		d	t_2		d	t_2		d	t_2	
	长系列	短系列		长系列	短系列		长系列	短系列		长系列	短系列
11	1.6	—	30	4.5	3.9	60	8.6	7.8	120	14.1	13.0
12	1.7	—	32	5.0	4.4	65	8.6	7.8	125	14.1	13.0
14	2.3	—	35	5.0	4.4	70	9.6	8.8	130	15.0	13.8
16	2.5	2.2	38	5.0	4.4	71	9.6	8.8	140	16.0	14.8
18	3.2	2.9	40	7.1	6.4	75	9.6	8.8	150	16.0	14.8
19	3.2	2.9	42	7.1	6.4	80	10.6	9.8	160	18.0	16.5
20	3.4	3.1	45	7.1	6.4	85	10.8	9.8	170	18.0	16.5
22	3.4	3.1	48	7.1	6.4	90	12.3	11.3	180	19.0	17.5
24	3.9	3.6	50	7.1	6.4	95	12.3	11.3	190	20.0	18.3
25	4.1	3.6	55	7.6	6.9	100	13.1	12.0	200	20.0	18.3
28	4.1	3.6	56	7.6	6.9	110	13.1	12.0	220	22.0	20.3

注：对键槽底面平行于轴线的键槽，当按照轴伸大端直径来检验键槽深度时，其数值应符合本表中 t_2 的规定，t_2 的极限偏差与 t 的极限偏差相同，此时表 11-13 中的 t 作为参考尺寸。

表 11-15 铸造斜度及过渡斜度

铸造斜度（JB/ZQ 4257—1986）

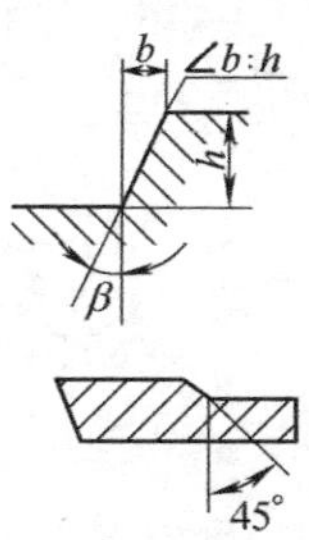

不同壁厚的铸件在转折点处的斜角还可增大到 30° ~45°

斜度 $b:h$	角度 β	使用范围
1:5	11°30′	h < 25mm 时的钢和铁铸件
1:10	5°30′	h = 25 ~500mm 时的钢和铁铸件
1:20	3°	
1:50	1°	h > 500mm 时的钢和铁铸件
1:100	30′	有色金属铸件

铸造过渡斜度（JB/ZQ 4254—1986）/mm

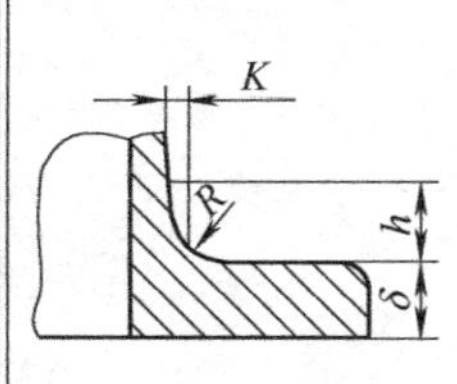

适用于减速器的机体、机盖、联接管、气缸及其他各种连接法兰的过渡处

铸铁和铸钢件的壁厚 δ	K	h	R
10 ~15	3	15	5
>15 ~20	4	20	
>20 ~25	5	25	
>25 ~30	6	30	8
>30 ~35	7	35	
>35 ~40	8	40	10
>40 ~45	9	45	
>45 ~50	10	50	

表 11-16 铸造内、外圆角

铸造内圆角（JB/ZQ 4255—1986）

适用于 $\frac{b}{a}\approx0.8\sim1.25$　　当$a\approx b$，$R_1=R+a$

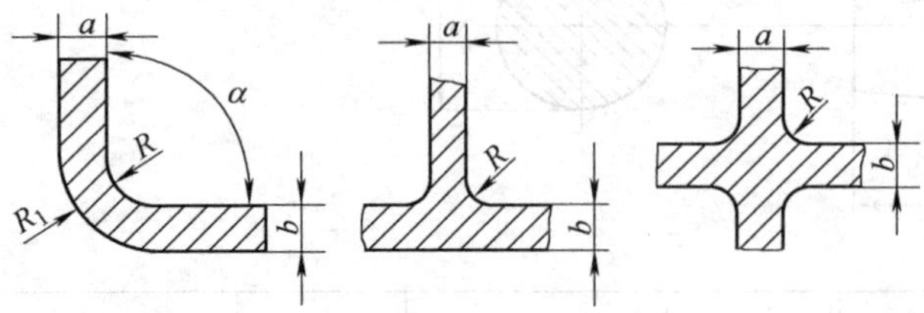

$(a+b)/2$ /mm	R/mm 内圆角 α <50° 钢	铁	51°～75° 钢	铁	76°～105° 钢	铁	106°～135° 钢	铁	136°～165° 钢	铁	>165° 钢	铁
≤8	4	4	4	4	6	4	8	6	16	10	20	16
9～12	4	4	4	4	6	6	10	8	16	12	25	20
13～16	4	4	6	4	8	6	12	10	20	16	30	25
17～20	6	4	8	6	10	8	16	12	25	20	40	30
21～27	6	6	10	8	12	10	20	16	30	25	50	40
28～35	8	6	12	10	16	12	25	20	40	30	60	50

铸造外圆角（JB/ZQ 4256—1986）

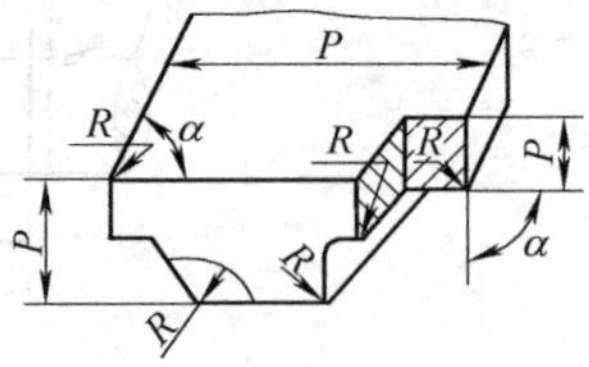

表面的最小边尺寸 P/mm	R/mm 外圆角 α <50°	51°～75°	76°～105°	106°～135°	136°～165°	>165°
≤25	2	2	2	4	6	8
>25～60	2	4	4	6	10	16
>60～160	4	4	6	8	16	25
>160～250	4	6	8	12	20	30
>250～400	6	8	10	16	25	40
>400～600	6	8	12	20	30	50

注：如铸件按表可选出许多不同圆角 R 时，应尽量减少或只取一适当的 R 值以求统一。

第十二章　机械工程常用材料

第一节　黑色金属材料

表 12-1　灰铸铁（摘自 GB/T9439—1988）

牌号	铸件壁厚 /mm		抗拉强度 σ_b/MPa	应用举例
	≥	≤	≥	
HT100	2.5	10	130	用于载荷小，对摩擦、磨损无特殊要求的零件，如盖、外罩、手轮、手柄、支架、底板等
	10	20	100	
	20	30	90	
	30	50	80	
HT150	2.5	10	175	用于承受中等应力、摩擦面压强在 0.5MPa 以下的受磨损零件，以及在弱腐蚀介质中工作的零件，如底座、齿轮箱、机床刀架床身、管子及管路附件以及 $v=6\sim12$m/s 的带轮等
	10	20	145	
	20	30	130	
	30	50	120	
HT200	2.5	10	220	用于承受较大应力、摩擦面间压强大于 0.5MPa，并要求一定气密性或耐蚀性的较重要铸件，如气缸、机座、机床床身及立柱、内燃机气缸体、盖、活塞、联轴器、承压在 8MPa 以下的油缸、泵体、阀体，耐腐蚀能力要求较高的化工容器、泵体，以及飞轮、凸轮、齿轮、$v=12\sim20$m/s 的带轮等
	10	20	195	
	20	30	170	
	30	50	160	
HT250	4	10	270	
	10	20	240	
	20	30	220	
	30	50	200	
HT300	10	20	290	用于承受高应力和摩擦面压强大于 2MPa，以及要求高气密性的重要铸件，如床身导轨，剪床、压力机及其他重型机床的床身、机座、机架，受力大的齿轮、凸轮、衬套、曲轴、气缸体和盖，高压油泵、水泵泵体，以及 $v>20\sim25$m/s 的带轮等
	20	30	250	
	30	50	230	
HT350	10	20	340	
	20	30	290	
	30	50	260	

表 12-2　球墨铸铁（摘自 GB/T1348—1988）

牌号	抗拉强度 σ_b/MPa	屈服强度 $\sigma_{0.2}$/MPa	伸长率 δ（%）	布氏硬度 HBW	用　途
	≥				
QT400—18	400	250	18	130～180	韧性高，低温性能好，有一定耐腐蚀性。用于制作汽车、拖拉机轮毂，驱动桥、离合器、差速器等的壳体，管路、阀体、阀盖、压缩机气缸，减速器箱体等
QT400—15	400	250	15	130～180	

（续）

牌号	抗拉强度 σ_b/MPa ≥	屈服强度 $\sigma_{0.2}$/MPa ≥	伸长率 δ（%）≥	布氏硬度 HBW	用途
QT450—10	450	310	10	160～210	强度和韧性中等。用于制作内燃机油泵、齿轮、阀门体、轴承座、千斤顶底座、减速器箱体等
QT500—7	500	320	7	170～230	
QT600—3	600	370	3	190～270	强度高、耐磨性好，并有一定的韧性。用于制作机床主轴、曲轴、凸轮轴、齿轮轴、缸体、缸套等
QT700—2	700	420	2	225～305	
QT800—2	800	480	2	245～335	
QT900—2	900	600	2	280～360	强度高、耐磨性好，并有较高的弯曲疲劳强度。用于制作内燃机凸轮轴、曲轴、拖拉机变速箱齿轮等

表 12-3　碳素铸钢（摘自 GB11352—1989）

铸钢牌号	力学性能≥ 屈服强度 σ_s 或 $\sigma_{0.2}$ /MPa	抗拉强度 σ_b /MPa	伸长率 δ（%）	根据合同选择 收缩率 ψ（%）	根据合同选择 冲击吸收功 A_{kv} /J	应用举例
ZG200—400	200	400	25	40	30	用于制作机座、机盖、变速器箱壳等
ZG230—450	230	450	22	32	25	用于制作轧钢机架、轴承座、箱体，工作温度在450℃以下的管路附件等。焊接性良好
ZG270—500	270	500	18	25	22	用途广泛，可用作各种形状的机件，如飞轮、机架、联轴器、轴承座、连杆、箱体、缸体等。焊接性尚可
ZG310—570	310	570	15	21	15	适合于载荷较大的零件，如联轴器、齿轮、制动轮、气缸、重载荷的机架等
ZG340—640	340	640	10	18	10	起重运输机中的齿轮、联轴器、重载荷的机架等

表 12-4　碳素结构钢（摘自 GB/T700—1988）

牌号	等级	屈服点 σ_s/MPa 不小于 ≤16	>16～40	>40～60	>60～100	>100～150	>150	抗拉强度 σ_b/MPa	伸长率 δ（%）不小于 ≤16	>16～40	>40～60	>60～100	>100～150	>150	冲击试验 温度/℃	V形冲击吸收功（纵向）/J 不小于	应用举例
Q195	—	195	185	—	—	—	—	315～390	33	32	—	—	—	—	—	—	受轻载荷的机件，铆钉、垫片、外壳及焊接机件

（续）

牌号	等级	拉伸试验														冲击试验		应用举例
		屈服点 σ_s/MPa						抗拉强度 σ_b /MPa	伸长率 δ（%）						温度 /℃	V形冲击吸收功（纵向） /J	
		钢材厚度（直径）/mm							钢材厚度（直径）/mm								
		≤16	>16 ~40	>40 ~60	>60 ~100	>100 ~150	>150		≤ 16	>16 ~40	>40 ~60	>60 ~100	>100 ~150	>150			
		不小于							不小于							不小于	
Q215	A	215	205	195	185	175	165	335 ~ 410	31	30	29	28	27	26	—	—	受力不大的铆钉、螺钉、轴、心轴、凸轮、焊接件
	B														20	27	
Q235	A	235	225	215	205	195	185	375 ~ 460	26	25	24	23	22	21	—	—	螺栓、螺钉、螺母、拉杆、钩、连杆、楔、轴及焊接机件
	B														20	27	
	C														0		
	D														-20		
Q255	A	255	245	235	225	215	205	410 ~ 510	24	23	22	21	20	19	—	—	一般机件、拉杆、轴、吊钩。焊接性尚可
	B														20	27	
Q275	—	275	265	255	245	235	225	490 ~ 610	20	19	18	17	16	15	—	—	重要的螺钉、拉杆、钩、楔、连杆、轴、销及齿轮。焊接性尚可

表 12-5　优质碳素结构钢（摘自 GB/T699—1999）

牌号	热处理	试样毛坯尺寸 /mm	力学性能					布氏硬度 HBW		应用举例
			抗拉强度 σ_b	屈服点 σ_s	伸长率 δ	收缩率 ψ	冲击吸收功 A_{kv}			
			/MPa		（%）		/J	未热处理	退火钢	
			≥					≤		
08F	正火	25	295	175	35	60	—	131	—	强度不大，而塑性和韧性甚高，有良好的冲压、拉延和弯曲性能、焊接性好。用于制作管子、垫片、垫圈，套筒、短轴、挡块、支架、靠模、离合器盘等
10	正火	25	335	205	31	55	—	137	—	屈服强度和抗拉强度比值较低，塑性和韧性均高、在冷状态下容易模压成形。用于制造拉杆、卡头、钢管垫片、垫圈、铆钉。这种钢无回火脆性，焊接性好，常用来制造焊接零件

（续）

牌号	热处理	试样毛坯尺寸 /mm	力学性能					布氏硬度 HBW		应用举例
			抗拉强度 σ_b	屈服点 σ_s	伸长率 δ	收缩率 ψ	冲击吸收功 A_{kv}			
			/MPa		（%）		/J	未热处理	退火钢	
			≥					≤		
15	正火	25	373	225	27	55	—	143	—	塑性、韧性、焊接性能和冷冲性能均极良好，但强度较低。用于受力不大韧性要求较高的零件、渗碳零件、紧固件、冲模锻件及不需要热处理的低负荷零件，如螺栓、螺钉、拉条、法兰盘及化工储器、蒸汽锅炉
20	正火	25	410	245	25	55	—	156	—	用于不经受很大应力而要求很大韧性的机械零件，如杠杆、轴套、螺钉、起重钩等。也用于制造压力低于6MPa、温度低于45℃、在非腐蚀介质中使用的零件，如管子、导管等
25	正火	25	450	275	23	50	71	170	—	性能与20钢相似，钢的焊接性及冷应变塑性均高，无回火脆性倾向，用于制造轴、辊子、联轴器、垫圈、螺钉及螺母
35	正火	25	530	315	20	45	55	197	—	有好的塑性和适当的强度，用于制造曲轴、转轴、轴销、杠杆、连杆、横梁、链轮、圆盘、套筒钩环、垫圈、螺母。多在正火和调质状态下使用，一般不作焊接
40	正火	25	570	335	19	45	47	217	187	有较高的强度，加工性好，冷变形时塑性中等，焊接性差，多在正火和调质状态下使用。用于制造辊子、轴、曲柄销活塞杆等
45	正火	25	600	355	16	40	39	229	197	通常作调质或正火处理。用于要求强度较高，韧性要求中等的零件，如齿轮、齿条、链轮、轴、键、销、蒸汽透平机的叶轮、压缩机及泵的零件、轧辊等。可代替渗碳钢做齿轮、轴、活塞销等，但要经高频或火焰表面淬火
50	正火	25	630	375	14	40	31	241	207	经热处理后有高的表面硬度和强度，具有良好韧性，一般经正火或调质处理。用于制造齿轮、连杆、轮圈、轮缘、扁弹簧及轧辊等，也用于生产铸件。焊接性及冷变形性均低
55	正火	25	645	380	13	35	—	255	217	

注：GB/T699 规定的力学性能系用正火毛坯制成的试样测定的纵向力学性能（不包括冲击韧度）。25～50 钢的冲击韧度，系用热处理（淬火＋回火）毛坯制成的试样测定。

表 12-6　较高含锰量优质碳素结构钢（摘自 GB/T699—1999）

牌号	热处理	试样毛坯尺寸/mm	力学性能					布氏硬度 HBW		应用举例
			抗拉强度 σ_b	屈服点 σ_s	伸长率 δ	收缩率 ψ	冲击吸收功 A_{kv}			
			/MPa		(%)		/J	未热处理	退火钢	
			≥					≤		
15Mn			410	245	26	55	—	163	—	属于高锰低碳渗碳钢，焊接性尚可，淬透性、强度和塑性比 15 钢高。用于制造心部力学性能要求高的碳渗零件，如凸轮、齿联轴器等
20Mn	正火	25	450	275	24	50	—	197	—	
25Mn			490	295	22	50	71	207	—	
30Mn	正火	25	540	315	20	45	63	217	187	强度与淬透性比相应的碳钢高，焊接性中等，冷变形时塑性尚好，切削加工性良好，但有回火脆性倾向。一般经正火处理。用于制造螺栓、螺母、螺钉、杠杆及刹车踏板等
35Mn			560	335	19	45	55	229	197	
40Mn	正火	25	590	355	17	45	47	229	207	切削加工性好，冷变形时的塑性中等，但焊接性不良。用于制造承受疲劳负荷的零件，如轴、万向联轴器、曲轴、连杆及在高应力下工作的螺栓、螺母等
45Mn	正火	25	620	375	17	40	39	241	217	焊接性较差。用于制造耐磨零件，如转轴、心轴、齿轮、螺栓、螺母、花键轴、凸轮轴、曲轴等
50Mn	正火	25	645	390	13	40	31	255	217	弹性、强度、硬度均高，多经淬火并回火处理，有时也正火处理。焊接性差。用于制造耐磨性要求很高，在高负荷作用下的热处理零件，如齿轮、齿轮轴、摩擦盘、凸轮等
60Mn	正火	25	695	410	11	35	—	269	229	钢的强度较高，淬透性较碳素弹簧钢好，脱碳倾向小，但易产生淬火裂纹，并有回火脆性。适于制造弹簧、弹簧垫圈、弹簧片、发条以及冷拔钢丝（≤7mm）等

注：GB/T699 规定的力学性能系用正火毛坯制成的试样测定的纵向力学性能（不包括冲击韧度）。25Mn ~ 50Mn 钢的冲击韧度，系用热处理（淬火 + 回火）毛坯制成的试样测定。

表 12-7　合金结构钢（GB/T3077—1999）

牌号	热处理				试样毛坯尺寸 /mm	力学性能					布氏硬度 HBW ≤	应用举例
	淬火		回火			抗拉强度 σ_b	屈服点 σ_s	伸长率 δ	收缩率 ψ	冲击吸收功 A_{kv}		
	温度 /℃	冷却剂	温度 /℃	冷却剂		/MPa		（%）		/J		
						≥						
20Mn2	850 880	水、油 水、油	200 240	水、空 水、空	15	785 785	590 590	10	40	47	187	截面小时与20Cr相当，用于制作渗碳小齿轮、小轴、钢套、链板等
35Mn2	840	水	500	水	25	835	685	12	45	55	207	对于截面较小的零件可代替40Cr制作直径≤15mm的重要用途的冷镦螺栓及小轴等
45Mn2	840	油	550	水、油	25	885	735	10	45	47	217	用于制造在较高应力与磨损条件下的零件。在直径≤60mm时，与40Cr相当。可制作万向联轴器、齿轮、齿轮轴、蜗杆、曲轴、连杆、花键轴和摩擦盘等
35SiMn	900	水	570	水、油	25	885	735	15	45	47	229	除了要求低温（-20℃以下）及冲击韧度很高的情况外，可全面代替40Cr作调质钢，亦可部分代替40CrNi，可制作中小型轴类、齿轮等零件以及在430℃以下工作的重要紧固件
42SiMn	880	水	590	水	25	885	735	15	40	47	229	与35SiMn钢同。可代替40Cr、34CrMo钢制作大齿圈。适于制作表面淬火件
20MnVB	860	油	200	水、空	15	1080	885	10	45	55	207	可代替20Cr、20CrNi钢制作渗碳零件
20SiMnVB	900	油	200	水、空	15	1175	980	10	45	55	207	可代替18CrMnTi、20CrMnTi制作高级渗碳齿轮等零件
40MnB	850	油	500	水、油	25	980	785	10	45	47	207	可代替40Cr制作重要调质件，如齿轮、轴、连杆、螺栓等

（续）

牌号	热处理 淬火 温度/℃	热处理 淬火 冷却剂	热处理 回火 温度/℃	热处理 回火 冷却剂	试样毛坯尺寸/mm	力学性能 抗拉强度 σ_b/MPa ≥	力学性能 屈服点 σ_s/MPa ≥	力学性能 伸长率 δ(%) ≥	力学性能 收缩率 ψ(%) ≥	力学性能 冲击吸收功 A_{kv}/J ≥	布氏硬度 HBW ≤	应用举例
20Cr	第一次 880 第二次 780～820	水、油	200	水、空	15	835	540	10	40	47	179	用于要求心部强度较高、承受磨损、尺寸较大的渗碳零件，如齿轮、齿轮轴、蜗杆、凸轮、活塞销等；也用于速度较大受中等冲击的调质零件
40Cr	850	油	520	水、油	25	980	785	9	45	47	207	用于承受交变负荷、中等速度、中等负荷、强烈磨损而无很大冲击的重要零件，如重要的齿轮、轴、曲轴、连杆、螺栓、螺母等零件；并用于直径大于40mm要求低温冲击韧度的轴、齿轮等
20CrMnTi	第一次 880 第二次 870	油	200	水、空	15	1080	835	10	45	55	217	强度、韧度均高，是铬镍钢的代用品。用于承受高速、中等或重负荷以及冲击磨损等的重要零件，如渗碳齿轮、凸轮等
20CrMnMo	850	油	200	水、空	15	1175	885	10	45	55	217	用于要求表面硬度高、耐磨、心部有较高强度、韧度的零件，如传动齿轮和曲轴等
35CrMo	850	油	550	水、油	25	980	835	12	45	63	229	可以代替40CrNi制作大截面齿轮和重载传动的轴等
38CrMoAl	940	水、油	640	水、油	30	980	835	14	50	71	229	用于要求高耐磨性、高疲劳强度和相当高的强度且热处理变形最小的零件，如镗杆、主轴、蜗杆、齿轮、套筒、套杯等
37SiMnMo-2MoV	870	水、油	650	水、空	25	980	835	12	50	63	269	可代替34CrNiMo等制作高强度负荷轴、曲轴、齿轮、蜗杆等

表 12-8 钢的常用热处理方法及应用

名 称	说 明	应 用
退火（焖火）	退火是将钢件（或钢坯）加热到适当温度，保温一段时间，然后再缓慢的冷却下来（一般随炉冷）	用来消除铸、锻、焊零件的内应力，降低硬度，以易于切削加工，细化金属晶粒，改善组织，增加韧度
正火（正常化）	正火是将钢件加热到相变点以上 30～50℃，保温一段时间，然后在空气中冷却，冷却速度比退火快	用来处理低碳和中碳结构钢材及渗碳零件，使其组织细化，增加强度及韧度，减小内应力，改善切削性能
淬火	淬火是将钢件加热到相变点以上某一温度，保温一段时间，然后放入水、盐水或油中（个别材料在空气中）急剧冷却，使其得到高硬度	用来提高钢的硬度和强度极限。但淬火时会引起内应力使钢变脆，所以淬火后必须回火
回火	回火是将淬硬的钢件加热到相变点以下某一温度，保温一段时间，然后在空气中或油中冷却下来	用来消除淬火后的脆性和内应力，提高钢的塑性和冲击韧度
调质	淬火后高温回火	用来使钢获得高的韧度和足够的强度，很多重要零件是经过调质处理的
表面淬火	仅对零件表层进行淬火。使零件表层有高的硬度和耐磨性，而心部保持原有的强度和韧度	常用来处理轮齿的表面
时效	将钢加热≤120～130℃，长时间保温后，随炉或取出在空气中冷却	用来消除或减小淬火后的微观应力，防止变形和开裂，稳定工件形状及尺寸以及消除机械加工的残余应力
渗碳	使表面增碳，渗碳层深度 0.4～6mm 或 >6mm。硬度为 56～65HRC	增加钢件的耐磨性能、表面硬度、抗拉强度及疲劳极限。适用于低碳和中碳结构钢的中小型零件和大型的重负荷、受冲击、耐磨的零件
碳氮共渗	使表面增加碳与氮，扩散层深度较浅，为 0.02～3.0mm；硬度高，在共渗层为 0.02～0.04mm 时具有 66～70HRC	增加结构钢、工具钢制件的耐磨性、表面硬度和疲劳极限，提高刀具切削性能和使用寿命。适用于要求硬度高、耐磨的中、小型及薄片的零件和刀具等
渗氮	表面增氮，氮化层为 0.025～0.8mm，而渗氮时间需 40～50 多小时，硬度很高（1200HV），耐磨、抗蚀性能高	增加钢件的耐磨性能、表面硬度、疲劳极限及抗蚀能力。适用于结构钢和铸铁件，如气缸套、气门座、机床主轴、丝杠等耐磨零件，以及在潮湿碱水和燃烧气体介质的环境中工作的零件，如水泵轴、排气阀等零件

第二节 有色金属材料

表 12-9 铸造铜合金、铸造铝合金和铸造轴承合金

合金牌号 （合金代号）	合金 名称	铸造 方法	合金 状态	力学性能≥ 抗拉强度 σ_b /MPa	 屈服强度 $\sigma_{0.2}$ /MPa	 伸长率 δ （%）	 布氏硬度 HBW	应用举例
铸造铜合金（摘自 GB/T1176—1987）								
ZCuSn5Pb5Zn5 （ZQSn5-5-5）	5-5-5 锡青铜	S、J Li、La	—	200 250	90 100*	13	59.0* 63.5*	耐蚀、耐磨性好，易加工，铸造性能和气密性好。用于制作轴瓦、衬套、齿轮、离合器、泵件压盖及蜗轮等
ZCuSn10Pb1 （ZQSn10-1）	10-1 锡青铜	S J Li La	—	220 310 330 360	130 170 170* 170*	3 2 4 6	78.5* 88.5* 88.5* 88.5*	耐磨性极好，铸造性能和切削性能较好，在大气压和淡水中有良好的耐蚀性。用于制作连杆、衬套、轴瓦、齿轮、蜗轮等
ZCuSn10Pb5 （ZQSn10-5）	10-5 锡青铜	S J	—	195 245	—	10	68.5	耐蚀、耐酸。用于制作破碎机衬套、轴瓦等
ZCuPb17Sn4Zn4 （ZQPb17-4-4）	17-4-4 铅青铜	S J	—	150 175	—	5 7	54.0 59.0	耐磨性、自润滑性能好，易切削，铸造性能差。用于制作一般耐磨件、高滑动速度的轴承等
ZCuAl10Fe3 （ZQAl9-4）	10-3 铝青铜	S J Li、La	—	490 540 540	180 200 200	13 15 15	98.0* 108.0* 108.0*	具有高的力学性能。用于制作要求强度高、耐磨、耐蚀的零件，如轴套、螺母、蜗轮、齿轮等
ZCuAl10Fe3Mn2 （ZQAl10-3-1.5）	10-3-2 铝青铜	S J	—	490 540	—	15 20	108.0 117.5	
ZCuZn38 （ZH62）	38 黄铜	S J	—	295	—	30	59.0 68.5	具有优良的铸造性能、好的切削性能和较好的耐蚀性。用于制作法兰、阀座、支架、手柄、螺母等
ZCuZn38Mn2Pb2 （ZHMn58-2-2）	38-2-2 锰黄铜	S J	—	245 345	—	10 18	68.5 78.5	有较高的力学性能、耐蚀性和耐磨性，切削性能良好。用于制作套筒、衬套、轴瓦、滑块等
ZCuZn40Pb2 （ZHPb59-1）	40-2 铅黄铜	S J	—	220 280	120	15 20	78.5* 88.5*	好的铸造性能、耐磨性及切削性能，切削性能较好。用于制作轴套、齿轮等

（续）

合金牌号 （合金代号）	合金 名称	铸造 方法	合金 状态	力学性能≥ 抗拉强度 σ_b	 屈服强度 $\sigma_{0.2}$	 伸长率 δ	 布氏 硬度 HBW	应用举例
				/MPa		（%）		
铸造铜合金（摘自 GB/T1176—1987）								
ZCuZn16Si4 （ZHSi80-3）	16-4 硅黄铜	S J	—	345 390	—	15 20	88.5 98.0	耐蚀性、铸造性、气密性好。用于制作接触海水工作的管配件以及水泵、叶轮等
铸造铝合金（摘自 GB/T1173—1995）								
ZAlSi12 （ZL102）	ZL102 铝硅合金	SB、JB、 RB、KB	F T2	145 135	—	4	50	用于制作形状复杂、低载、耐蚀薄壁零件和工作温度≤200℃的高气密性零件，如气缸活塞、仪表、水泵壳体
		J	F T2	155 145		2 3		
ZAlSi9Mg （ZL104）	ZL104 铝硅合金	S、J、R、K J SB、RB、KB J、JB	F T1 T6 T6	145 195 225 235	—	2 1.5 2 2	50 65 70 70	用于制作形状复杂的高温静载荷或冲击作用的大型零件，如风机叶片、水冷气缸头。工作温度≤200℃
ZAlMg5Si1 （ZL104）	ZL303 铝镁合金	S、J、R、K	F	145	—	1	55	用于制作高耐蚀性或在高温度下工作的零件
ZAlZn11Si7 （ZL401）	ZL401 铝锌合金	S、R、K J	T1	195 245	—	2 1.5	80 90	铸造性能较好、耐蚀性能低，用于制作形状复杂的大型薄壁零件。工作温度≤200℃
铸造轴承合金（摘自 GB/T1174—1992）								
ZSnSb12Pb10Cu4 ZSnSb11Cu6 ZSnSb8Cu4	锡基轴承 合金	J J J	—	—	—	—	29 27 24	用于制作汽轮机、压缩机、机车、发电机、球磨机、轧钢机减速器、发动机等各种机器的轴承及轴承衬
ZPbSb16Sn16Cu2 ZPbSb15Sn10 ZPbSb15Sn5	铅基轴承 合金	J J J	—	—	—	—	30 24 20	

注：1. 带“*”的数据为参考值。

2. 铸造方法代号：S——砂型铸造；J——金属型铸造；Li——离心铸造；La——连续铸造；R——熔模铸造；K——壳型铸造；B——变质处理。

3. 合金状态代号：F——铸态；T1——人工时效；T2——退火；T6——固熔处理加人工完全时效。

第三节 工程塑料

表 12-10 常用工程塑料

塑料名称（代号）	力学性能							热性能				应用举例
	抗拉强度 /MPa	抗压强度 /MPa	抗弯强度 /MPa	断后伸长率（%）	冲击韧度 /（MJ/m^2）	弹性模量 /10^3 MPa	硬度 HRR	熔点 /℃	马丁耐热 /℃	脆化温度 /℃	线胀系数 /10^{-5} ℃$^{-1}$	
尼龙 6（PA-6）	54 ~ 78	60 ~ 90	69 ~ 98	150 ~ 250	带缺口 0.0031	0.83 ~ 2.6	85 ~ 114	215 ~ 223	40 ~ 50	20 ~ -30	7.9 ~ 8.7	广泛用于汽车、机械、化工和电气零部件，如轴承、齿轮、蜗轮、凸轮、滚子、辊轴、泵叶轮、风扇叶轮、螺钉、螺母、垫圈、高压密封圈、阀座、输油管、储油容器等。尼龙粉末喷涂于零件表面，可提高耐磨性和密封性
尼龙 66（PA-66）	57 ~ 83	90 ~ 120	98 ~ 108	60 ~ 200	带缺口 0.0039	1.4 ~ 3.3	100 ~ 118	265	50 ~ 60	-25 ~ -30	9.1 ~ 10.0	
尼龙 610（PA-610）	47 ~ 60	70 ~ 90	69 ~ 98	100 ~ 240	带缺口 0.0035 ~ 0.0055	1.2 ~ 2.3	90 ~ 130	210 ~ 223	51 ~ 56	—	9.0 ~ 12.0	
尼龙 1010（PA-1010）	52 ~ 55	108	81 ~ 87	100 ~ 250	带缺口 0.0040 ~ 0.0050	1.6	7.1 HBW	200 ~ 210	45	-60	10.5	
MC 尼龙（PA-MC）	90	105	156	20	无缺口 0.520 ~ 0.624	3.6（拉伸）	21.3 HBW	—	55	—	8.3	强度特高。用于制造大型齿轮、蜗轮、轴套，大型阀门密封面、导向环、导轨、滚动轴承保持架、船尾轴承、起重汽车吊索绞盘蜗轮、柴油发动机燃料泵齿轮等
聚甲醛（POM）	69（屈服）	125	96	15	带缺口 0.0076	2.9（弯曲）	17.2 HBW	—	60 ~ 64	—	8.1 ~ 10.0（当温度在 0 ~ 40℃时）	有良好的减摩、耐磨性能，有突出的自润滑性。用于制造轴承、齿轮、凸轮、滚轮辊子、阀门上的阀杆螺母、垫圈、法兰、垫片、泵叶轮、鼓风机叶片、弹簧、管道和阀门等

（续）

塑料名称（代号）	力学性能							热性能				应用举例
	抗拉强度	抗压强度	抗弯强度	断后伸长率（%）	冲击韧度/(MJ/m²)	弹性模量/10³ MPa	硬度 HRR	熔点	马丁耐热	脆化温度	线胀系数/10⁻⁵ ℃⁻¹	
	/MPa							/℃				
聚碳酸酯（PC）	65 ~ 69	82 ~ 86	104	100	带缺口 0.064 ~0.075	2.2 ~ 2.5（拉伸）	9.7 ~ 10.4 HBW	220 ~ 230	110 ~ 130	-100	6 ~ 7	有突出的冲击韧度和优异的尺寸稳定性。用于制造齿轮、蜗轮、蜗杆、齿条、凸轮、心轴、轴承、滑轮、铰链、传动链、螺栓、螺母、垫圈、铆钉、泵叶轮、各种外壳等

第十三章　极限与配合、形位公差和表面粗糙度

第一节　极限与配合

在 GB/T 1800.3—1998 中，孔或轴的基本尺寸与最大极限尺寸和最小极限尺寸的关系如图 13-1 所示。在实际应用中，用公差带图来表示孔或轴的基本尺寸、尺寸公差及偏差的关系，如图 13-2 所示。

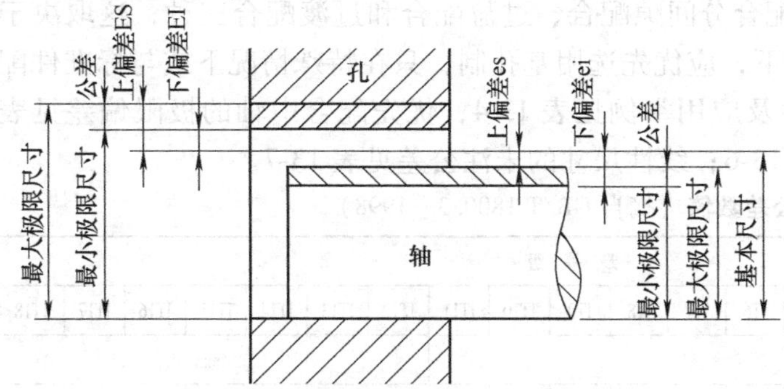

图 13-1　孔或轴尺寸关系图

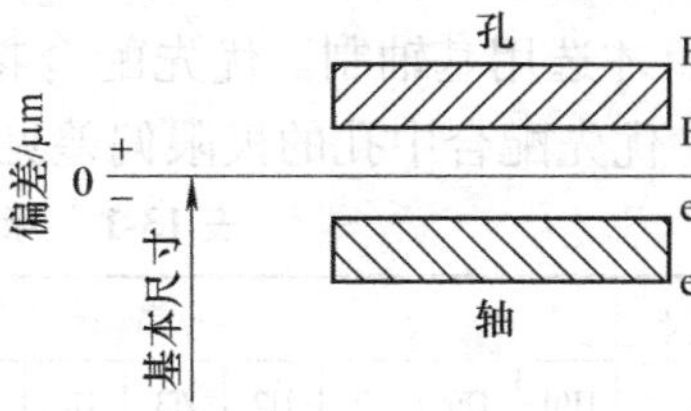

图 13-2　公差带图

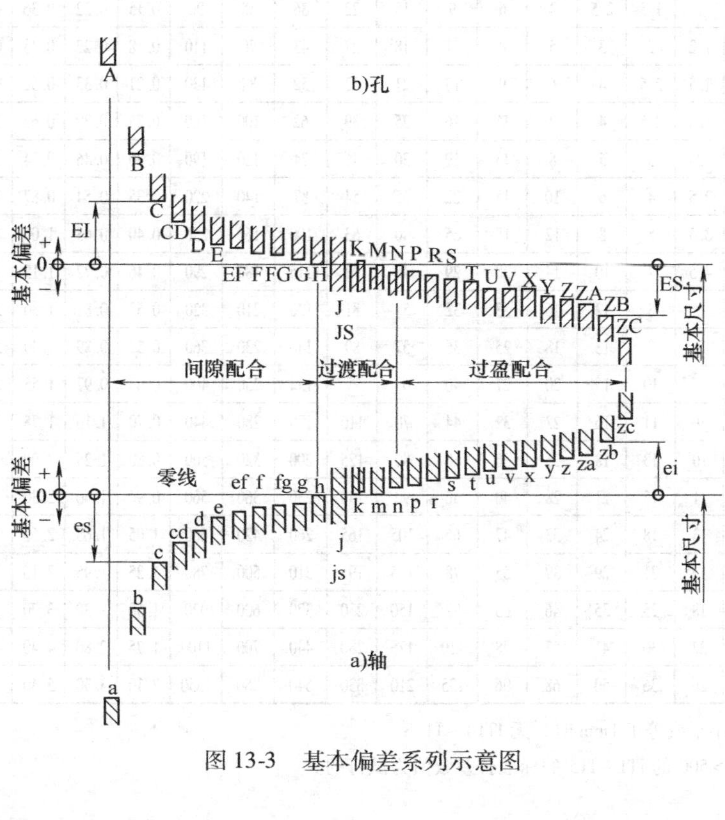

图 13-3　基本偏差系列示意图

基本偏差是确定公差带相对于零线位置的上偏差或下偏差，一般为靠近零线的那个偏差。孔和轴各有28个基本偏差，基本偏差代号，对孔用大写字母A、B、…、ZC表示，对轴用小写字母a、b、…、zc表示，如图13-3所示。当公差带在零线上方时，基本偏差为下偏差；当公差带在零线下方时，基本偏差为上偏差。

标准公差等级代号由符号IT和数字组成，例如IT8。当标准公差等级代号与基本偏差代号一起组成公差带时，省略IT字母，例如，H8表示孔的公差带为8级；h8表示轴的公差带为8级。标准公差等级分为IT01、IT0、IT1、…、IT18共20级，基本尺寸至3150mm的标准公差数值见表13-1；常用公差等级的选择及应用见表13-2；常用加工方法能达到的公差等级见表13-3。

基本尺寸相同且相互结合的孔和轴公差带之间的关系，称为配合，用基本尺寸后跟孔、轴公差带代号表示，如ϕ40H9/d9。配合分间隙配合、过盈配合和过渡配合三种，这取决于孔、轴公差带的相互关系。一般情况下，应优先选用基孔制，只在特殊情况下或与标准件配合时，才选用基轴制。优先配合特性及应用举例见表13-4；优先配合中轴的极限偏差见表13-5；优先配合中孔的极限偏差见表13-6；线性尺寸的未注公差见表13-7。

表13-1　标准公差数值（摘自GB/T 1800.3—1998）

基本尺寸/mm		公差等级																			
		IT01	IT0	IT1	IT2	IT3	IT4	IT5	IT6	IT7	IT8	IT9	IT10	IT11	IT12	IT13	IT14	IT15	IT16	IT17	IT18
大于	至	/μm													/mm						
—	3	0.3	0.5	0.8	1.2	2	3	4	6	10	14	25	40	60	0.10	0.14	0.25	0.40	0.60	1.0	1.4
3	6	0.4	0.6	1	1.5	2.5	4	5	8	12	18	30	48	75	0.12	0.18	0.30	0.48	0.75	1.2	1.8
6	10	0.4	0.6	1	1.5	2.5	4	6	9	15	22	36	58	90	0.15	0.22	0.36	0.58	0.90	1.5	2.2
10	18	0.5	0.8	1.2	2	3	5	8	11	18	27	43	70	110	0.18	0.27	0.43	0.70	1.10	1.8	2.7
18	30	0.6	1	1.5	2.5	4	6	9	13	21	33	52	84	130	0.21	0.33	0.52	0.84	1.30	2.1	3.3
30	50	0.6	1	1.5	2.5	4	7	11	16	25	39	62	100	160	0.25	0.39	0.62	1.00	1.60	2.5	3.9
50	80	0.8	1.2	2	3	5	8	13	19	30	46	74	120	190	0.30	0.46	0.74	1.20	1.90	3.0	4.6
80	120	1	1.5	2.5	4	6	10	15	22	35	54	87	140	220	0.35	0.54	0.87	1.40	2.20	3.5	5.4
120	180	1.2	2	3.5	5	8	12	18	25	40	63	100	160	250	0.40	0.63	1.00	1.60	2.50	4.0	6.3
180	250	2	3	4.5	7	10	14	20	29	46	72	115	185	290	0.46	0.72	1.15	1.85	2.90	4.6	7.2
250	315	2.5	4	6	8	12	16	23	32	52	81	130	210	320	0.52	0.81	1.30	2.10	3.20	5.2	8.1
315	400	3	5	7	9	13	18	25	36	57	89	140	230	360	0.57	0.89	1.40	2.30	3.60	5.7	8.9
400	500	4	6	8	10	15	20	27	40	63	97	155	250	400	0.63	0.97	1.55	2.50	4.00	6.3	9.7
500	630	—	—	9	11	16	22	32	44	70	110	175	280	440	0.70	1.10	1.75	2.8	4.4	7.0	11.0
630	800	—	—	10	13	18	25	36	50	80	125	200	320	500	0.80	1.25	2.00	3.2	5.0	8.0	12.5
800	1000	—	—	11	15	21	28	40	56	90	140	230	360	560	0.90	1.40	2.30	3.6	5.6	9.0	14.0
1000	1250	—	—	13	18	24	33	47	66	105	165	260	420	660	1.05	1.65	2.60	4.2	6.6	10.5	16.5
1250	1600	—	—	15	21	29	39	55	78	125	195	310	500	780	1.25	1.95	3.10	5.0	7.8	12.5	19.5
1600	2000	—	—	18	25	35	46	65	92	150	230	370	600	920	1.50	2.30	3.70	6.0	9.2	15.0	23.0
2000	2500	—	—	22	30	41	55	78	110	175	280	440	700	1100	1.75	2.80	4.40	7.0	11.0	17.5	28.0
2500	3150	—	—	26	36	50	68	96	135	210	330	540	860	1350	2.10	3.30	5.40	8.6	13.5	21.0	33.0

注：1. 基本尺寸小于或等于1mm时，无IT14～IT18。

2. 基本尺寸>500的IT1～IT5的标准公差数值为试行的。

表 13-2　常用公差等级的选择及应用

公差等级	应用范围及举例
IT6	配合表面有较高均匀性的要求，能保证相当高的配合性质，使用稳定可靠。广泛的应用于机械中的重要配合，例如，检验 IT12 ~ IT15 级工件用量规和校对 IT15 ~ IT16 级轴用量规的校对量规；与 P6 级轴承相配的外壳孔及与滚子轴承相配的机床主轴轴颈；机床丝杠支承轴颈、矩形花键的定心直径、摇臂钻床的立柱等；精密仪器中的精密轴，航空航海仪器仪表中的精密轴，自动化仪表、手表中特别重要的轴；发电机中气缸套外径，曲轴主轴颈，活塞销、连杆衬套，连杆和轴瓦外径；6 级精度齿轮的基准孔和 7 级、8 级精度齿轮的基准轴径，特别精密如 1 级或 2 级精度齿轮的顶圆直径
IT7	在一般机械中广泛应用，应用条件和 IT6 相似，但精度稍低。例如，检验 IT14 ~ IT16 级工件用量规和校对 IT16 级轴用量规的校对量规；机床中联轴器、带轮、凸轮等的孔径，机床卡盘座孔，摇臂钻床的摇臂孔，车床丝杠的轴承孔，机床夹头导向件的内孔，发动机中连杆孔、活塞孔，铰制螺栓定位孔；纺织机械中的重要零件，印染机械中要求较高的零件，精密仪器中精密配合的内孔，电子计算机、电子仪器、仪表中重要内孔，自动化仪表中重要内孔，7 级、8 级精度齿轮的基准孔和 9 级、10 级精密齿轮的基准轴
IT8	在机械制造中属于中等精度，在仪器、仪表及钟表制造中，由于基本尺寸较小，所以属于较高精度范围，在农业机械、纺织机械、印染机械、自行车、缝纫机、医疗器械中应用最广。例如，检验 IT16 级工件用量规，轴承座衬套沿宽度方向的尺寸配合，无线电仪表中的一般配合，电子仪器、仪表中较重要的内孔，计算机中变数齿轮孔和轴的配合尺寸，电动机制造中铁心和机座的配合尺寸，发动机活塞油环槽宽，连杆轴瓦内径，9 级至 12 级精度齿轮的基准孔和 11 级至 12 级精度齿轮基准轴，6 级至 8 级精度齿轮的齿顶圆
IT9	应用条件与 IT18 相类似，但精度低于 IT8 时采用。例如，机床中轴套外径与孔，操纵件与轴，空转带轮与轴，操纵系统的轴与轴承等的配合；纺织机械、印染机械中一般配合零件；发动机中机油泵体内孔，气门导管内孔；飞轮与飞轮套的配合，自动化仪表中的一般配合尺寸，手表中要求较高零件的未注公差的尺寸，单键联接中键宽配合尺寸，打字机中运动件的配合尺寸
IT10	应用条件与 IT9 相类似，但要求精度低于 IT9 时采用。例如，电子仪器、仪表中支架上的配合，导航仪器中绝缘衬套孔与汇电环衬套轴，打字机中铆合件的配合尺寸，手表中基本尺寸小于 18mm 时要求一般的未注公差的尺寸，及大于 18mm 要求较高的未注公差尺寸，发动机中油封挡圈孔与曲轴带轮毂配合的尺寸
IT11	广泛应用于间隙较大，且有显著变动也不会引起危险的场合，亦可用于配合精度较粗糙，装配后允许有较大的间隙。例如，机床上法兰盘止口与孔、滑块与滑移齿轮、凹槽等；农业机械、机车车箱部件及冲压加工的配合零件；钟表制造中不重要的零件，手表制造用的工具及设备中未注公差的尺寸；纺织机械中较粗糙的活动配合，印染机械中要求较低的配合尺寸；磨床制造中的螺纹联接及粗糙的动联接，不作测量基准用的齿轮顶圆直径公差等

表 13-3　常用加工方法能达到的公差等级

加工方法	公差等级 (IT)																	
	01	0	1	2	3	4	5	6	7	8	9	10	11	12	13	14	15	16
锻造																	—	
砂型铸造、气割																		—
粉末冶金烧结									—	—	—	—						
粉末冶金成型								—	—	—								
压铸													—	—	—	—		

（续）

加工方法	公差等级（IT）																
	01	0	1	2	3	4	5	6	7	8	9	10	11	12	13	14	15	16
冲压												——	——	——	——	——		
滚压、挤压												——	——					
钻孔												——	——	——	——			
刨、插												——	——					
铣										——	——	——	——					
车、镗									——	——	——	——	——					
铰孔								——	——	——	——	——						
拉削							——	——	——	——								
金钢石车、金钢石镗							——	——	——									
圆磨、平磨							——	——	——	——								
珩						——	——	——	——									
研磨	——	——	——	——	——	——	——											

表 13-4　优先配合特性及应用举例

配合类别	优先配合		配合特性及应用
	基孔制	基轴制	
间隙配合	$\frac{H11}{c11}$	$\frac{C11}{h11}$	间隙很大，用于转动很慢的动配合；要求大公差与大间隙的外露组件；要求装配方便的很松的配合
	$\frac{H9}{d9}$	$\frac{D9}{h9}$	间隙很大的自由转动配合，用于精度非主要求时，或大的温度变化、高转速或大的轴承压力时的配合
	$\frac{H8}{f7}$	$\frac{F8}{h7}$	间隙不大的转动配合，用于中等转速与中等轴颈压力的精确转动，也用于装配较易的中等定位配合
	$\frac{H7}{g6}$	$\frac{G7}{h6}$	间隙很小的滑动配合，用于不希望自由转动、但可自由移动和滑动并精密定位的配合
	$\frac{H7}{h6}$　$\frac{H8}{h7}$　$\frac{H9}{h9}$　$\frac{H11}{h11}$		均为间隙定位配合，零件可自由拆卸，而工作时一般相对静止不动。如轴承套环与箱体孔的配合可选用 H7/h6
过渡配合	$\frac{H7}{k6}$	$\frac{K7}{h6}$	过渡配合，用于精密定位的配合。如较常装拆的齿轮、联轴器与轴的配合可选 H7/k6（也可选 H7/m6）
	$\frac{H7}{n6}$	$\frac{N7}{h6}$	过渡配合，允许有较大过盈的更精密定位的配合。如要求对中性良好、较少装拆的齿轮、蜗轮、带轮、联轴器与轴的配合可选 H7/n6
过盈配合	$\frac{H7}{p6}$	$\frac{P7}{h6}$	过盈定位配合，但过盈量不大，用于定位精度特别重要时，不依靠配合的紧固性传递摩擦负荷的配合
	$\frac{H7}{s6}$	$\frac{S7}{h6}$	中等压入配合，过盈量中等，适用一般钢件或薄壁件的冷缩配合。一般齿轮、蜗轮、带轮与轴的配合可选 H7/s6（也可选 H7/r6）
	$\frac{H7}{u6}$	$\frac{U7}{h6}$	压入配合，过盈量较大，适用于可以承受高压入力的零件，或不宜承受高压入力的冷缩配合

表 13-5　轴的极限偏差（摘自 GB/T 1800.4—1999）　　（单位：μm）

基本尺寸/mm		公差带																
		a	b	c	d				e			f				g		
≥	~	11*	11*	11▲	8*	9▲	10*	11*	7*	8*	9*	6*	7▲	8*	9*	5*	6▲	7*
3	6	-270	-140	-70	-30	-30	-30	-30	-20	-20	-20	-10	-10	-10	-10	-4	-4	-4
		-345	-215	-145	-48	-60	-78	-105	-32	-38	-50	-18	-22	-28	-40	-9	-12	-16
6	10	-280	-150	-80	-40	-40	-40	-40	-25	-25	-25	-13	-13	-13	-13	-5	-5	-5
		-370	-240	-170	-62	-76	-98	-130	-40	-47	-61	-22	-28	-35	-49	-11	-14	-20
10	14	-290	-150	-95	-50	-50	-50	-50	-32	-32	-32	-16	-16	-16	-16	-6	-6	-6
14	18	-400	-260	-205	-77	-93	-120	-160	-50	-59	-75	-27	-34	-43	-59	-14	-17	-24
18	24	-300	-160	-110	-65	-65	-65	-65	-40	-40	-40	-20	-20	-20	-20	-7	-7	-7
24	30	-430	-290	-240	-98	-117	-149	-195	-61	-73	-92	-33	-41	-53	-72	-16	-20	-28
30	40	-310	-170	-120														
		-470	-330	-280	-80	-80	-80	-80	-50	-50	-50	-25	-25	-25	-25	-9	-9	-9
40	50	-320	-180	-130	-119	-142	-180	-240	-75	-89	-112	-41	-50	-64	-87	-20	-25	-34
		-480	-340	-290														
50	65	-340	-190	-140														
		-530	-380	-330	-100	-100	-100	-100	-60	-60	-60	-30	-30	-30	-30	-10	-10	-10
65	80	-360	-200	-150	-146	-174	-220	-290	-90	-106	-134	-49	-60	-76	-104	-23	-29	-40
		-550	-390	-340														
80	100	-380	-220	-170														
		-600	-440	-390	-120	-120	-120	-120	-72	-72	-72	-36	-36	-36	-36	-12	-12	-12
100	120	-410	-240	-180	-174	-207	-260	-340	-107	-126	-159	-58	-71	-90	-123	-27	-34	-47
		-630	-460	-400														
120	140	-460	-260	-200														
		-710	-510	-450														
140	160	-520	-280	-210	-145	-145	-145	-145	-85	-85	-85	-43	-43	-43	-43	-14	-14	-14
		-770	-530	-460	-208	-245	-305	-395	-125	-148	-185	-68	-83	-106	-143	-32	-39	-54
160	180	-580	-310	-230														
		-830	-560	-480														
180	200	-660	-340	-240														
		-950	-630	-530														
200	225	-740	-380	-260	-170	-170	-170	-170	-100	-100	-100	-50	-50	-50	-50	-15	-15	-15
		-1030	-670	-550	-242	-285	-355	-460	-146	-172	-215	-79	-96	-122	-165	35	44	61
225	250	-820	-420	-280														
		-1110	-710	-570														
250	280	-920	-480	-300														
		-1240	-800	-620	-190	-190	-190	-190	-110	-110	-110	-56	-56	-56	-56	-17	-17	-17
280	315	-1050	-540	-330	-271	-320	-400	-510	-162	-191	-240	-88	-108	-137	-186	-40	-49	-69
		-1370	-860	-650														
315	355	-1200	-600	-360														
		-1560	-960	-720	-210	-210	-210	-210	-125	-125	-125	-62	-62	-62	-62	-18	-18	-18
355	400	-1350	-680	-400	-299	-350	-440	-570	-182	-214	-265	-98	-119	-151	-202	-43	-54	-75
		-1710	-1040	-760														

（续）

基本尺寸 /mm		公差带															
		h								j		js			k		
≥	~	5*	6▲	7▲	8*	9▲	10*	11▲	12*	5	6	5*	6*	7*	5*	6▲	7*
3	6	0 −5	0 −8	0 −12	0 −18	0 −30	0 −48	0 −75	0 −120	+3 −2	+6 −2	±2.5	±4	±6	+6 +1	+9 +1	+13 +1
6	10	0 −6	0 −9	0 −15	0 −22	0 −36	0 −58	0 −90	0 −150	+4 −2	+7 −2	±3	±4.5	±7	+7 +1	+10 +1	+16 +1
10	14	0 −8	0 −11	0 −18	0 −27	0 −43	0 −70	0 −110	0 −180	+5 −3	+8 −3	±4	±5.5	±9	+9 +1	+12 +1	+19 +1
14	18																
18	24	0 −9	0 −13	0 −21	0 −33	0 −52	0 −84	0 −130	0 −210	+5 −4	+9 −4	±4.5	±6.5	±10	+11 +2	+15 +2	+23 +2
24	30																
30	40	0 −11	0 −16	0 −25	0 −39	0 −62	0 −100	0 −160	0 −250	+6 −5	+11 −5	±5.5	±8	±12	+13 +2	+18 +2	+27 +2
40	50																
50	65	0 −13	0 −19	0 −30	0 −46	0 −74	0 −120	0 −190	0 −300	+6 −7	+12 −7	±6.5	±9.5	±15	+15 +2	+21 +2	+32 +2
65	80																
80	100	0 −15	0 −22	0 −35	0 −54	0 −87	0 −140	0 −220	0 −350	+6 −9	+13 −9	±7.5	±11	±17	+18 +3	+25 +3	+38 +3
100	120																
120	140	0 −18	0 −25	0 −40	0 −63	0 −100	0 −160	0 −250	0 −400	+7 −11	+14 −11	±9	±12.5	±20	+21 +3	+28 +3	+43 +3
140	160																
160	180																
180	200	0 −20	0 −29	0 −46	0 −72	0 −115	0 −185	0 −290	0 −460	+7 −13	+16 −13	±10	±14.5	±23	+24 +4	+33 +4	+50 +4
200	225																
225	250																
250	280	0 −23	0 −32	0 −52	0 −81	0 −130	0 −210	0 −320	0 −520	+7 −16	—	±11.5	±16	±26	+27 +4	+36 +4	+56 +4
280	315																
315	355	0 −25	0 −36	0 −57	0 −89	0 −140	0 −230	0 −360	0 −570	+7 −18	—	±12.5	±18	±28	+29 +4	+40 +4	+61 +4
355	400																

（续）

基本尺寸/mm		公差带															
		m			n			p		r		s	t		u	v	x
≥	~	5*	6*	7*	5*	6▲	7*	6▲	7*	6*	7*	6▲	6*	7*	6▲	6*	6*
3	6	+9 +4	+12 +4	+16 +4	+13 +8	+16 +8	+20 +8	+20 +12	+24 +12	+23 +15	+27 +15	+27 +19	—	—	+31 +23	—	+36 +28
6	10	+12 +6	+15 +6	+21 +6	+16 +10	+19 +10	+25 +10	+24 +15	+30 +15	+28 +19	+34 +19	+32 +23	—	—	+37 +28	—	+43 +34
10	14	+15 +7	+18 +7	+25 +7	+20 +12	+23 +12	+30 +12	+29 +18	+36 +18	+34 +23	+41 +23	+39 +28	—	—	+44 +33	—	+51 +40
14	18												—	—		+50 +39	+56 +45
18	24	+17 +8	+21 +8	+29 +8	+24 +15	+28 +15	+36 +15	+35 +22	+43 +22	+41 +28	+49 +28	+48 +35	—	—	+54 +41	+60 +47	+67 +54
24	30												+54 +41	+62 +41	+61 +48	+68 +55	+77 +64
30	40	+20 +9	+25 +9	+34 +9	+28 +17	+33 +17	+42 +17	+42 +26	+51 +26	+50 +34	+59 +34	+59 +43	+64 +48	+73 +48	+76 +60	+84 +68	+96 +80
40	50												+70 +54	+79 +54	+86 +70	+97 +81	+113 +97
50	65	+24 +11	+30 +11	+41 +11	+33 +20	+39 +20	+50 +20	+51 +32	+62 +32	+60 +41	+71 +41	+72 +53	+85 +66	+96 +66	+106 +87	+121 +102	+141 +122
65	80									+62 +43	+73 +43	+78 +59	+94 +75	+105 +75	+121 +102	+139 +120	+165 +146
80	100	+28 +13	+35 +13	+48 +13	+38 +23	+45 +23	+58 +23	+59 +37	+72 +37	+73 +51	+86 +51	+93 +71	+113 +91	+126 +91	+146 +124	+168 +146	+200 +178
100	120									+76 +54	+89 +54	+101 +79	+126 +104	+139 +104	+166 +144	+194 +172	+232 +210
120	140	+33 +15	+40 +15	+55 +15	+45 +27	+52 +27	+67 +27	+68 +43	+83 +43	+88 +63	+103 +63	+117 +92	+147 +122	+162 +122	+195 +170	+227 +202	+273 +248
140	160									+90 +65	+105 +65	+125 +100	+159 +134	+174 +134	+215 +190	+253 +228	+305 +280
160	180									+93 +68	+108 +68	+133 +108	+171 +146	+186 +146	+235 +210	+277 +252	+335 +310
180	200	+37 +17	+46 +17	+63 +17	+51 +31	+60 +31	+77 +31	+79 +50	+96 +50	+106 +77	+123 +77	+151 +122	+195 +166	+212 +166	+265 +236	+313 +284	+397 +350
200	225									+109 +80	+126 +80	+159 +130	+209 +180	+226 +180	+287 +258	+339 +310	+414 +385
225	250									+113 +84	+130 +84	+169 +140	+225 +196	+242 +196	+313 +284	+369 +340	+454 +425
250	280	+43 +20	+52 +20	+72 +20	+57 +34	+66 +34	+86 +34	+88 +56	+108 +56	+126 +94	+146 +94	+190 +158	+250 +218	+270 +218	+347 +315	+417 +385	+507 +475
280	315									+130 +98	+150 +98	+202 +170	+272 +240	+292 +240	+382 +350	+457 +425	+557 +525
315	355	+46 +21	+57 +21	+78 +21	+62 +37	+73 +37	+94 +37	+98 +62	+119 +62	+144 +108	+165 +108	+226 +190	+304 +268	+325 +268	+426 +390	+511 +475	+626 +590
355	400									+150 +114	+171 +114	+244 +208	+330 +294	+351 +91	+471 +435	+566 +530	+696 +660

注：▲为优先公差带，*为常用公差带，其余为一般用途公差带。

表 13-6　孔的极限偏差（摘自 GB/T 1800.4—1999）　　（单位：μm）

基本尺寸 /mm		公差带															
		A	B	C	D				E		F				G		
≥	~	11*	11*	11▲	8*	9▲	10*	11*	8*	9*	6*	7*	8▲	9*	6*	7▲	8*
3	6	+345	+215	+145	+48	+60	+78	+105	+38	+50	+18	+22	+28	+40	+12	+16	+22
		+270	+140	+70	+30	+30	+30	+30	+20	+20	+10	+10	+10	+10	+4	+4	+4
6	10	+370	+240	+170	+62	+76	+98	+130	+47	+61	+22	+28	+35	+49	+14	+20	+27
		+280	+150	+80	+40	+40	+40	+40	+25	+25	+13	+13	+13	+13	+5	+5	+5
10	14	+400	+260	+205	+77	+93	+120	+160	+59	+75	+27	+34	+43	+59	+17	+24	+33
14	18	+290	+150	+95	+50	+50	+50	+50	+32	+32	+16	+16	+16	+16	+6	+6	+6
18	24	+430	+290	+240	+98	+117	+149	+195	+73	+92	+33	+41	+53	+72	+20	+28	+40
24	30	+300	+160	+110	+65	+65	+65	+65	+40	+40	+20	+20	+20	+29	+7	+7	+7
30	40	+470	+330	+280													
		+310	+170	+120	+119	+142	+180	+240	+89	+112	+41	+50	+64	+87	+25	+34	+48
40	50	+480	+340	+290	+80	+80	+80	+80	+50	+50	+25	+25	+25	+25	+9	+9	+9
		+320	+180	+130													
50	65	+530	+380	+330													
		+340	+190	+140	+146	+174	+220	+290	+106	+134	+49	+60	+76	+104	+29	+40	+56
65	80	+550	+390	+340	+100	+100	+100	+100	+60	+60	+30	+30	+30	+30	+10	+10	+10
		+360	+200	+150													
80	100	+600	+440	+390													
		+380	+220	+170	+174	+207	+260	+340	+126	+159	+58	+71	+90	+123	+34	+47	+66
100	120	+630	+460	+400	+120	+120	+120	+120	+72	+72	+36	+36	+36	+36	+12	+12	+12
		+410	+240	+180													
120	140	+710	+510	+450													
		+460	+260	+200													
140	160	+770	+530	+460	+208	+245	+305	+395	+148	+185	+68	+83	+106	+143	+39	+54	+77
		+520	+280	+210	+145	+145	+145	+145	+85	+85	+43	+43	+43	+43	+14	+14	+14
160	180	+830	+560	+480													
		+580	+310	+230													
180	200	+950	+630	+530													
		+660	+340	+240													
200	225	+1030	+670	+550	+242	+285	+355	+460	+172	+215	+79	+96	+122	+165	+44	+61	+87
		+740	+380	+260	+170	+170	+170	+170	+100	+100	+50	+50	+50	+50	+15	+15	+15
225	250	+1110	+710	+570													
		+820	+420	+280													
250	280	+1240	+800	+620													
		+920	+480	+300	+271	+320	+400	+510	+191	+240	+88	+108	+137	+186	+49	+69	+98
280	315	+1370	+860	+650	+190	+190	+190	+190	+110	+110	+56	+56	+56	+56	+17	+17	+17
		+1050	+540	+330													
315	355	+1560	+960	+720													
		+1200	+600	+360	+299	+350	+440	+570	+214	+265	+98	+119	+151	+202	+54	+75	+107
355	400	+1710	+1040	+760	+210	+210	+210	+210	+125	+125	+62	+62	+62	+62	+18	+18	+18
		+1350	+680	+400													

（续）

基本尺寸/mm		公　差　带															
		H								J			Js				
≥	~	5	6*	7▲	8▲	9▲	10*	11▲	12*	6	7	8	6*	7*	8*	9	10
3	6	+5 0	+8 0	+12 0	+18 0	+30 0	+48 0	+75 0	+120 0	+5 -3	—	+10 -8	±4	±6	±9	±15	±24
6	10	+6 0	+9 0	+15 0	+22 0	+36 0	+58 0	+90 0	+150 0	+5 -4	+8 -7	+12 -10	±4.5	±7	±11	±18	±29
10	14	+8 0	+11 0	+18 0	+27 0	+43 0	+70 0	+110 0	+180 0	+6 -5	+10 -8	+15 -12	±5.5	±9	±13	±21	±35
14	18																
18	24	+9 0	+13 0	+21 0	+33 0	+52 0	+84 0	+130 0	+210 0	+8 -5	+12 -9	+20 -13	±6.5	±10	±16	±26	±42
24	30																
30	40	+11 0	+16 0	+25 0	+39 0	+62 0	+100 0	+160 0	+250 0	+10 -6	+14 -11	+24 -15	±8	±12	±19	±31	±50
40	50																
50	65	+13 0	+19 0	+30 0	+46 0	+74 0	+120 0	+190 0	+300 0	+13 -6	+18 -12	+28 -18	±9.5	±15	±23	±37	±60
65	80																
80	100	+15 0	+22 0	+35 0	+54 0	+87 0	+140 0	+220 0	+350 0	+16 -6	+22 -13	+34 -20	±11	±17	±27	±43	±70
100	120																
120	140	+18 0	+25 0	+40 0	+63 0	+100 0	+160 0	+250 0	+400 0	+18 -7	+26 -14	+41 -22	±12.5	±20	±31	±50	±80
140	160																
160	180																
180	200	+20 0	+29 0	+46 0	+72 0	+115 0	+185 0	+290 0	+460 0	+22 -7	+30 -16	+47 -25	±14.5	±23	±36	±57	±92
200	225																
225	250																
250	280	+23 0	+32 0	+52 0	+81 0	+130 0	+210 0	+320 0	+520 0	+25 -7	+36 -16	+55 -26	±16	±26	±40	±65	±105
280	315																
315	355	+25 0	+36 0	+57 0	+89 0	+140 0	+230 0	+360 0	+570 0	+29 -7	+39 -18	+60 -29	±18	±28	±44	±70	±115
355	400																

（续）

基本尺寸/mm		公差带															
		K			M			N			P		R		S		U
≥	~	6*	7▲	8*	6*	7*	8*	6*	7▲	8*	6*	7▲	6*	7*	6*	7▲	8▲
3	6	+2 -6	+3 -9	+5 -13	-1 -9	0 -12	+2 -16	-5 -13	-4 -16	-2 -20	-9 -17	-8 -20	-12 -20	-11 -23	-16 -24	-15 -27	-19 -31
6	10	+2 -7	+5 -10	+6 -16	-3 -12	0 -15	+1 -21	-7 -16	-4 -19	-3 -25	-12 -21	-9 -24	-16 -25	-13 -28	-20 -29	-17 -32	-22 -37
10	14	+2 -9	+6 -12	+8 -19	-4 -15	0 -18	+2 -25	-9 -20	-5 -23	-3 -30	-15 -26	-11 -29	-20 -31	-16 -34	-25 -36	-21 -39	-26 -44
14	18																
18	24	+2 -11	+6 -15	+10 -23	-4 -17	0 -21	+4 -29	-11 -24	-7 -28	-3 -36	-18 -31	-14 -35	-24 -37	-20 -41	-31 -44	-27 -48	-33 -54
24	30																-40 -61
30	40	+3 -13	+7 -18	+12 -27	-4 -20	0 -25	+5 -34	-12 -28	-8 -33	-3 -42	-21 -37	-17 -42	-29 -45	-25 -50	-38 -54	-34 -59	-51 -76
40	50																-61 -86
50	65	+4 -15	+9 -21	+14 -32	-5 -24	0 -30	+5 -41	-14 -33	-9 -39	-4 -50	-26 -45	-21 -51	-35 -54	-30 -60	-47 -66	-42 -72	-76 -106
65	80												-37 -56	-32 -62	-53 -72	-48 -78	-91 -121
80	100	+4 -18	+10 -25	+16 -38	-6 -28	0 -35	+6 -48	-16 -38	-10 -45	-4 -58	-30 -52	-24 -59	-44 -66	-38 -73	-64 -86	-58 -93	-111 -146
100	120												-47 -69	-41 -76	-72 -94	-66 -101	-131 -166
120	140	+4 -21	+12 -28	+20 -43	-8 -33	0 -40	+8 -55	-20 -45	-12 -52	-4 -67	-36 -61	-28 -68	-56 -81	-48 -88	-85 -110	-77 -117	-155 -195
140	160												-58 -83	-50 -90	-93 -118	-85 -125	-175 -215
160	180												-61 -86	-53 -93	-101 -126	-93 -133	-195 -235
180	200	+5 -24	+13 -33	+22 -50	-8 -37	0 -46	+9 -63	-22 -51	-14 -60	-5 -77	-41 -70	-33 -79	-68 -97	-60 -106	-113 -142	-105 -151	-219 -265
200	225												-71 -100	-63 -109	-121 -150	-113 -159	-241 -287
225	250												-75 -104	-67 -113	-131 -160	-123 -169	-267 -313
250	280	+5 -27	+16 -36	+25 -56	-9 -41	0 -52	+9 -72	-25 -57	-14 -66	-5 -86	-47 -79	-36 -88	-85 -117	-74 -126	-149 -181	-138 -190	-295 -347
280	315												-89 -121	-78 -130	-161 -193	-150 -202	-330 -382
315	355	+7 -29	+17 -40	+28 -61	-10 -46	0 -57	+11 -78	-26 -62	-16 -73	-5 -94	-51 -87	-41 -98	-97 -133	-87 -144	-179 -215	-169 -226	-369 -426
355	400												-103 -139	-93 -150	-197 -233	-187 -244	-414 -471

注：▲为优先公差带，*为常用公差带，其余为一般用途公差带。

表 13-7　线性尺寸的未注公差（摘自 GB/T 1804—2000）　　（单位：mm）

公差等级	线性尺寸的极限偏差数值						倒圆半径、倒角高度尺寸的极限偏差数值			
	尺寸分段						尺寸分段			
	0.5～3	>3～6	>6～30	>30～120	>120～400	>400～1000	0.5～3	>3～6	>6～30	>30
f（精密级）	±0.05	±0.05	±0.1	±0.15	±0.2	±0.3	±0.2	±0.5	±1	±2
m（中等级）	±0.1	±0.1	±0.2	±0.3	±0.5	±0.8				
c（粗糙级）	±0.2	±0.3	±0.5	±0.8	±1.2	±2	±0.4	±1	±2	±4
v（最粗级）	—	±0.5	±1	±1.5	±2.5	±4				

第二节　形位公差

在 GB/T 1182—1996 中，形位公差共有十四个形位公差特征项目，见表 13-8。

按 GB/T 1184—1996 的规定，除位置度及线、面轮廓度未规定公差等级外，其余十一项形位公差等级均用数字的大小来表示，即 0 级、1 级、2 级、……、12 级，等级依次降低，其中仅圆度和圆柱度公差分为十三级，即在 1 级前设 0 级。一般机械常用 5～9 级。形状和位置公差各项目注出公差值见表 13-9～表 13-12。

表 13-8　形位公差特征项目的符号（摘自 GB/T 1182—1996）

分类	项目		符号	基准要求	分类	项目		符号	基准要求
形状公差	直线度		—	无	位置公差	定位	位置度	⌖	有或无
	平面度		⏥				同轴度	◎	有
	圆度		○				对称度	⌯	
	圆柱度		⌭			跳动	圆跳动	↗	
位置公差	定向	平行度	//	有			全跳动	⌰	
		垂直度	⊥		形状或位置公差	线轮廓度		⌒	有或无
		倾斜度	∠			面轮廓度		⌓	

表 13-9　直线度、平面度公差（摘自 GB/T 1184—1996）

主参数 L 图例

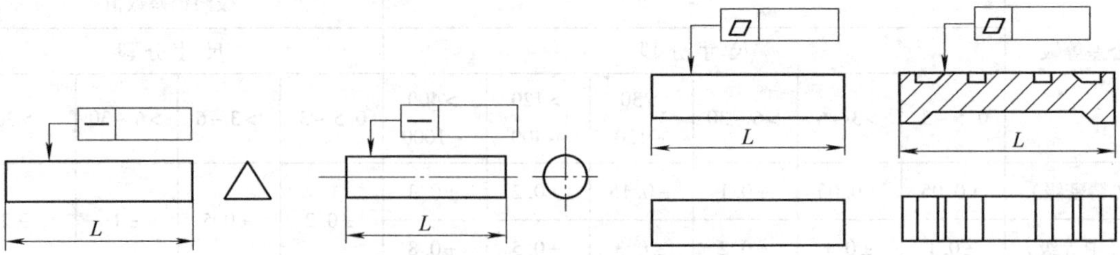

（单位：μm）

精度等级	主参数 L/mm												应用举例（参考）
	≤10	>10~16	>16~25	>25~40	>40~63	>63~100	>100~160	>160~250	>250~400	>400~630	>630~1000	>1000~1600	
5 6	2 3	2.5 4	3 5	4 6	5 8	6 10	8 12	10 15	12 20	15 25	20 30	25 40	普通机床导轨面，柴油机进、排气门导杆，滚齿机立柱导轨，卧式镗床、铣床的工作台，以及主轴箱导轨等
7 8	5 8	6 10	8 12	10 15	12 20	15 25	20 30	25 40	30 50	40 60	50 80	60 100	用于一般零件的定位面、结合面、密封面，铣床、摇臂钻床、自动车床的工作台底座，液压泵泵体、减速器箱体结合面等
9 10	12 20	15 25	20 30	25 40	30 50	40 60	50 80	60 100	80 120	100 150	120 200	150 250	辅助机构及手动机械的支承面，液压管件和法兰的连接面，汽车变速箱壳体结合面，机床床身底面等
11 12	30 60	40 80	50 100	60 120	80 150	100 200	120 250	150 300	200 400	250 500	300 600	400 800	离合器的摩擦片，汽车发动机缸盖结合面，手动机械支架，机床法兰等

标注示例	解　释	标注示例	解　释
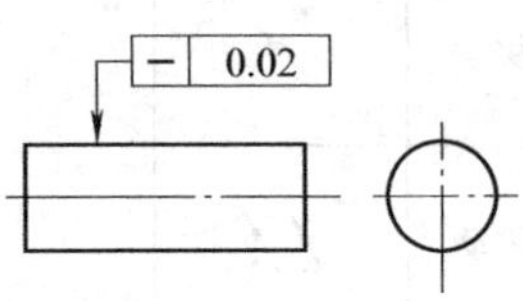	被测圆柱面的任一素线必须位于距离为公差值 0.02mm 的两平行平面之间	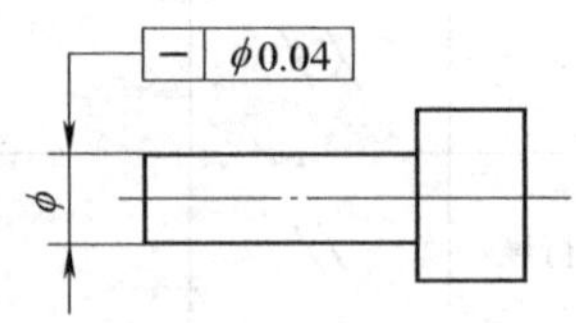	被测圆柱体的轴线必须位于直径为公差值 0.04mm 的圆柱面内
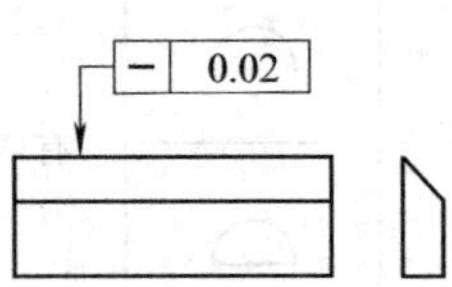	在箭头所示方向上，被测棱线必须位于距离为公差值 0.02mm 的两平行平面内	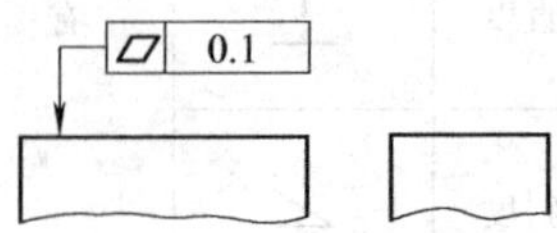	被测上表面必须位于距离为公差值 0.1mm 的两平行平面内

表 13-10　圆度、圆柱度公差（摘自 GB/T 1184—1996）

主参数 *d*（*D*）图例

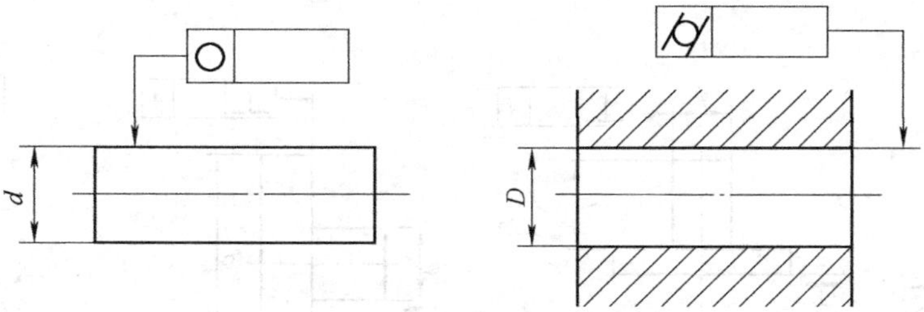

（单位：μm）

精度等级	主参数 d（D）/mm												应用举例（参考）
	>3~6	>6~10	>10~18	>18~30	>30~50	>50~80	>80~120	>120~180	>180~250	>250~315	>315~400	>400~500	
5	1.5	1.5	2	2.5	2.5	3	4	5	7	8	9	10	安装 P6、P0 级滚动轴承的配合面，通用减速器轴颈，一般机床主轴箱孔，汽车发动机凸轮轴，拖拉机曲轴等
6	2.5	2.5	3	4	4	5	6	8	10	12	13	15	
7	4	4	5	6	7	8	10	12	14	16	18	20	千斤顶或压力油缸活塞，水泵及减速器轴颈，拖拉机气缸体与气缸套配合面，机床传动轴，印刷机传墨辊，内燃机曲轴、凸轮轴、机体孔、气缸套外表面等
8	5	6	8	9	11	13	15	18	20	23	25	27	
9	8	9	11	13	16	19	22	25	29	32	36	40	起重机、卷扬机用的滑动轴承，带软密封的低压泵的活塞和气缸，通用机械杠杆与拉杆，拖拉机的活塞环与套筒孔，空气压缩机缸体
10	12	15	18	21	25	30	35	40	46	52	57	63	
11	18	22	27	33	39	46	54	63	72	81	89	97	
12	30	36	43	52	62	74	87	100	115	130	140	155	

标注示例	解　释	标注示例	解　释
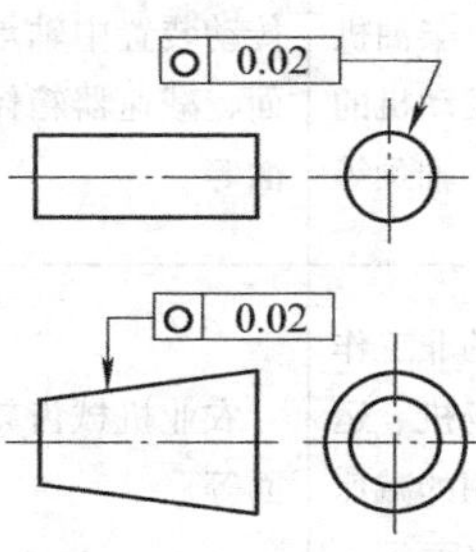	被测圆柱（或圆锥）面任一正截面的圆周必须位于半径差为公差值 0.02mm 的两同心圆之间	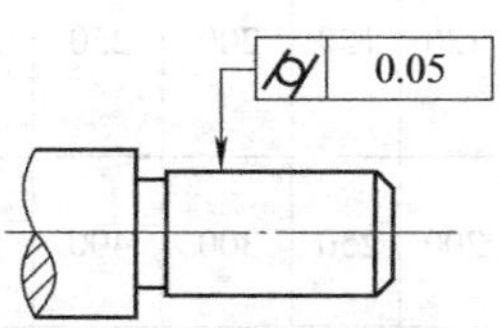	被测圆柱面必须位于半径差为公差值 0.05mm 的两同轴圆柱面之间

表 13-11 平行度、垂直度、倾斜度公差（摘自 GB/T 1184—1996）

主参数 L、d（D）图例

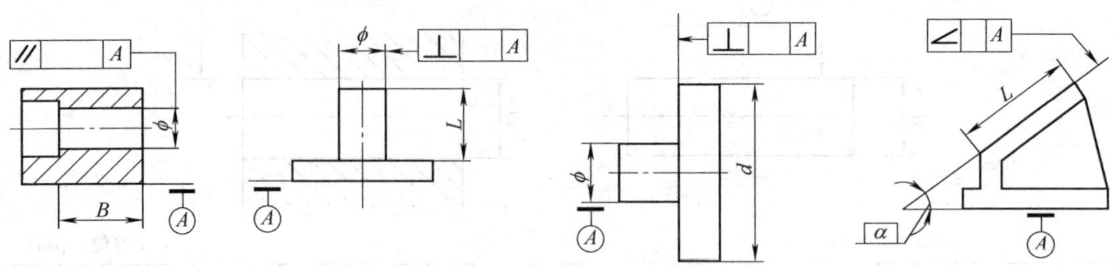

（单位：μm）

精度等级	主参数 L, d (D) /mm												应用举例（参考）	
	≤10	>10 ~16	>16 ~25	>25 ~40	>40 ~63	>63 ~ 100	>100 ~ 160	>160 ~ 250	>250 ~ 400	>400 ~ 630	>630 ~ 1000	>1000 ~ 1600	平行度	垂直度和倾斜度
5	5	6	8	10	12	15	20	25	30	40	50	60	重要轴承座孔对基准面，机床主轴孔对基准面，一般减速器箱体孔、齿轮泵的轴孔端面等	机床重要支承面，发动机轴和离合器的凸缘，装 P4、P5 级轴承的箱体的凸肩
6	8	10	12	15	20	25	30	40	50	60	80	100	机床一般轴承孔对基准面，变速器箱孔，气缸轴线，主轴花键对定心直径，重型机械轴承盖的端面等	低精度机床主要基准面和工作面、回转工作台端面，活塞销孔对活塞中心线，装 P6、P0 级轴承箱体孔的轴线等
7	12	15	20	25	30	40	50	60	80	100	120	150		
8	20	25	30	40	50	60	80	100	120	150	200	250		
9	30	40	50	60	80	100	120	150	200	250	300	400	低精度零件，重型机械滚动轴承端盖，柴油机和煤气发动机的曲轴孔、轴颈等	花键轴轴肩端面、手动卷扬机及传动装置中轴承端面、减速器箱体平面等
10	50	60	80	100	120	150	200	250	300	400	500	600		
11	80	100	120	150	200	250	300	400	500	600	800	1000	零件的非工作面，卷扬机、运输机上用的减速器壳体平面等	农业机械齿轮端面等
12	120	150	200	250	300	400	500	600	800	1000	1200	1500		

（续）

标注示例	解　　释	标注示例	解　　释
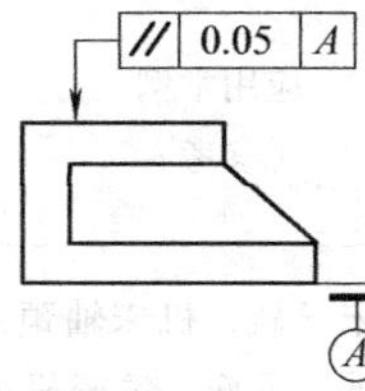	被测上表面必须位于距离为公差值0.05mm，且平行于基准表面 A 的两平行平面之间	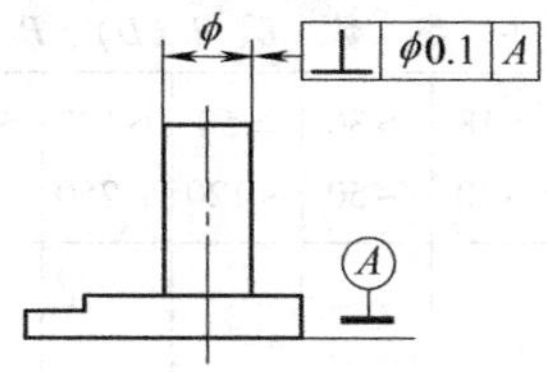	被测圆柱体的轴线必须位于直径为公差值 $\phi0.1$mm，且垂直于基准平面 A 的圆柱面内
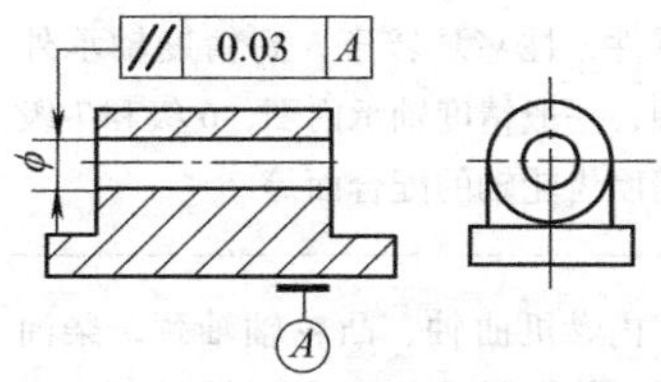	被测圆柱孔的轴线必须位于距离为公差值0.03mm，且平行于基准表面 A 的两平行平面之间	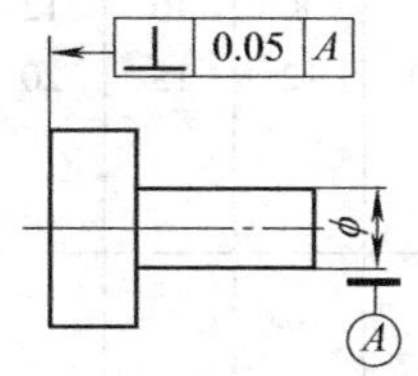	被测左端面必须位于距离为公差值0.05mm，且垂直于基准轴线的两平行平面之间
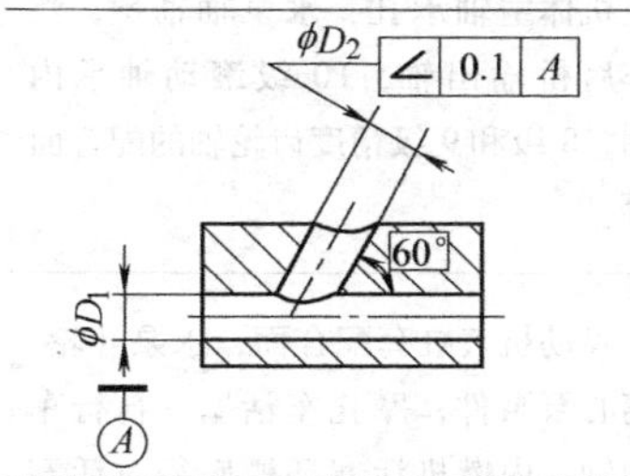	被测孔 ϕD_2 的轴线必须位于距离为公差值0.1，且与基准孔 ϕD_1 的轴线成一理论正确角度60°的两平行平面之间	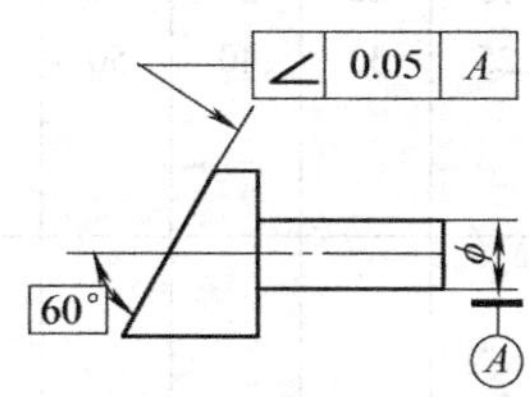	被测斜表面必须位于距离为公差值0.05，且与基准轴线成理论正确角度60°的两平行平面之间

表 13-12　同轴度、对称度、圆跳动和全跳动公差（摘自 GB/T 1184—1996）

主参数 L、d（D）、B 图例

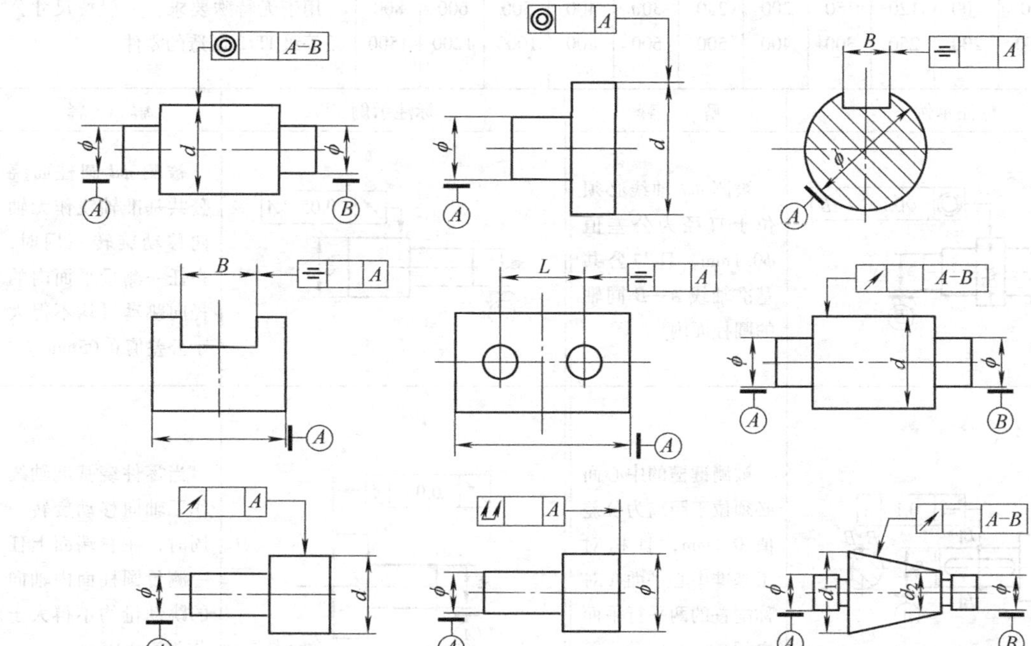

当被测要素为圆锥面时，取 $d=\frac{d_1+d_2}{2}$

（续）

（单位：μm）

精度等级	主参数 L、d（D）、B/mm											应用举例（参考）
	>3~6	>6~10	>10~18	>18~30	>30~50	>50~120	>120~250	>250~500	>500~800	>800~1250	>1250~2000	
5 6	3 5	4 6	5 8	6 10	8 12	10 15	12 20	15 25	20 30	25 40	30 50	普通车床导轨，机床轴颈、床头箱孔、重要支承面，精密机床重要零件，柱塞泵转子，高精度轴承外圈，一般精度轴承内圈，6级和7级精度齿轮轴的配合面等
7 8	8 12	10 15	12 20	15 25	20 30	25 40	30 50	40 60	50 80	60 100	80 120	内燃机曲轴、凸轮轴轴颈，柴油机机体主轴承孔，水泵轴轴颈，汽车后桥输出轴，P0级滚动轴承内圈，8级和9级精度齿轮轴的配合面等
9 10	25 50	30 60	40 80	50 100	60 120	80 150	100 200	120 250	150 300	200 400	250 500	发动机气缸套配合面，水泵叶轮，离心泵泵件，摩托车活塞，自行车中轴，内燃机活塞环槽底径对活塞轴线，印染机导布辊，10级和11级精度齿轮轴的配合面等
11 12	80 150	100 200	120 250	150 300	200 400	250 500	300 600	400 800	500 1000	600 1200	800 1500	用于无特殊要求，一般按尺寸公差等级IT12制造的零件

标注示例	解释	标注示例	解释
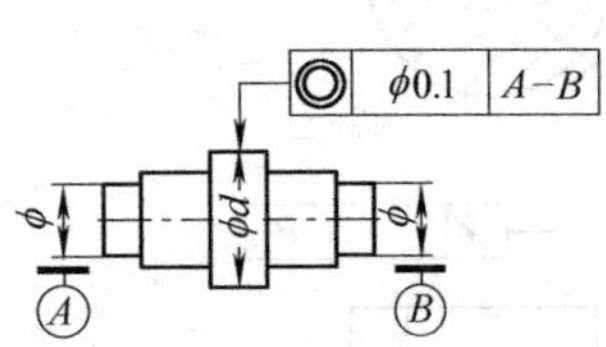	被测 ϕd 轴线必须位于直径为公差值 $\phi 0.1$mm，且与公共基准轴线 A—B 同轴的圆柱面内	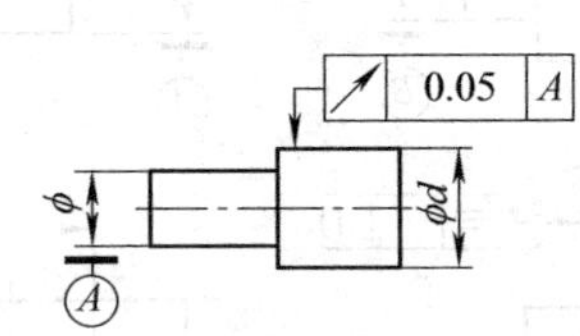	被测 ϕd 圆柱面绕公共基准轴线作无轴向移动旋转一周时，在任一测量平面内的径向跳动量均不得大于公差值0.05mm
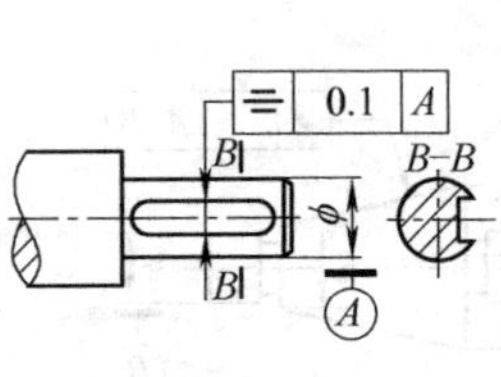	被测键槽的中心面必须位于距离为公差值0.1mm，且相对于基准中心平面 A 对称配置的两平行平面之间	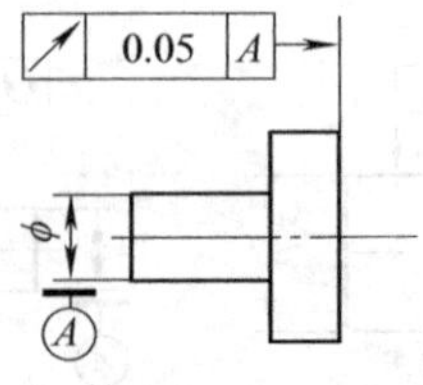	当零件绕基准轴线作无轴向移动旋转一周时，在右端面上任一测量圆柱面内轴向的跳动量均不得大于公差值0.05mm

第三节 表面粗糙度

表 13-13 表面粗糙度符号的画法

	轮廓线的线宽 b	0.35	0.5	0.7	1	1.4	2	2.8
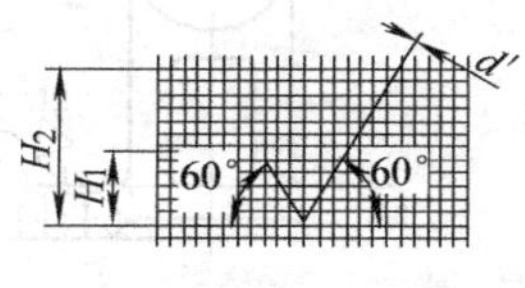	符号的线宽 d'	0.25	0.35	0.5	0.7	1	1.4	2
	高度 H_1	3.5	5	7	10	14	20	28
	高度 H_2	8	11	15	21	30	42	60

表 13-14 表面粗糙度符号、代号及其意义

符 号	意 义	代号示例	意 义
	基本符号，表示表面可用任何方法获得		用任何方法获得的表面粗糙度，R_a 的上限值为 3.2μm
	基本符号加一条短横线，表示表面是用去除材料的方法获得，例如：车、铣、钻、磨、抛光、腐蚀等	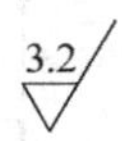	用去除材料方法获得的表面粗糙度，R_a 的上限值为 3.2μm
	在基本符号上加一个小圆，表示表面是用不去除材料的方法获得，例如：铸、锻、冲压、热轧、冷轧等	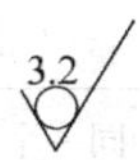	用不去除材料方法获得的表面粗糙度，R_a 的上限值为 3.2μm
	在上述三个符号的长边上均可加一条横线，用于标注有关参数和说明		用去除材料方法获得的表面粗糙度，R_a 的上限值为 3.2μm，R_a 的下限值为 1.6μm
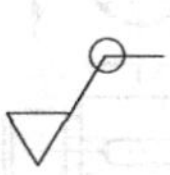	在上述三个符号上均可加一个小圆，表示所有表面具有相同的表面粗糙度要求	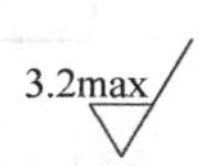	用去除材料方法获得的表面粗糙度，R_a 的最大值为 3.2μm

表 13-15 表面粗糙度标注方法示例

图例	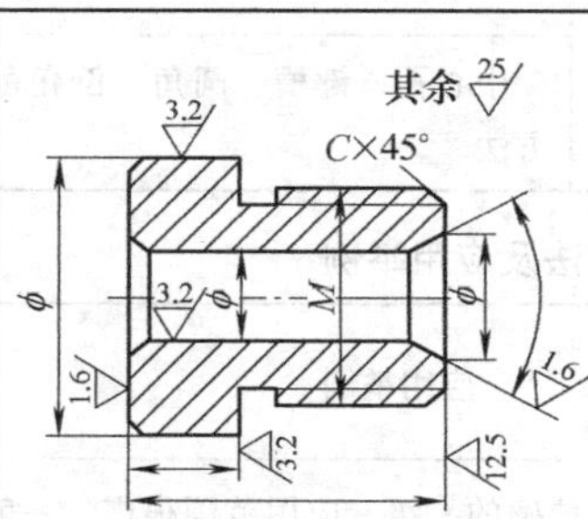	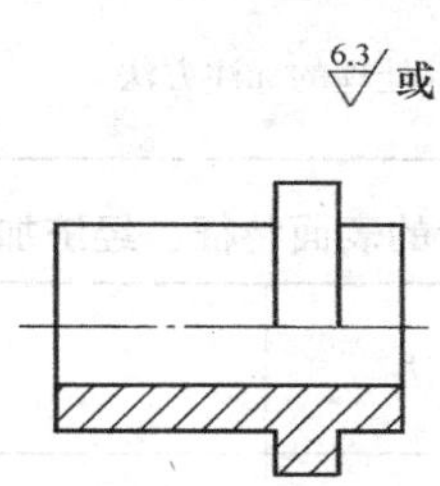	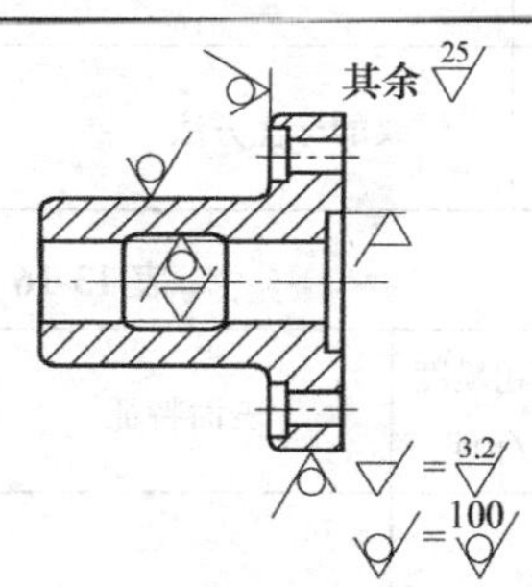
说明	对其中使用最多的一种代号可以统一标注在图纸右上角，并加注“其余”二字，且比图形上其他代号大 1.4 倍	当零件所有表面具有相同特征时，可在图形右上角统一标注。其代号大小为图样中代号的 1.4 倍	可以标注简化代号，但要在标题栏附近说明这些简化代号的意义

（续）

图例	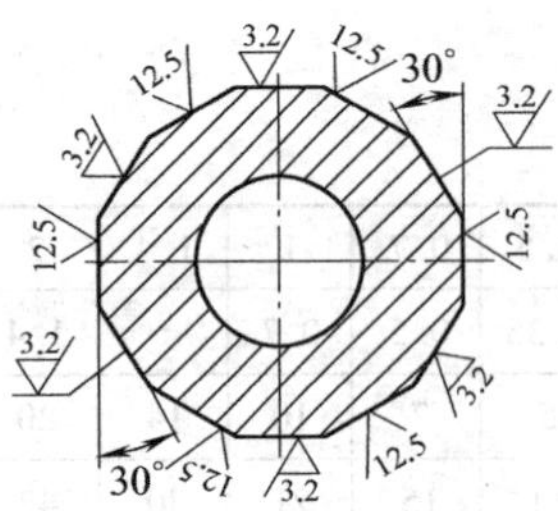	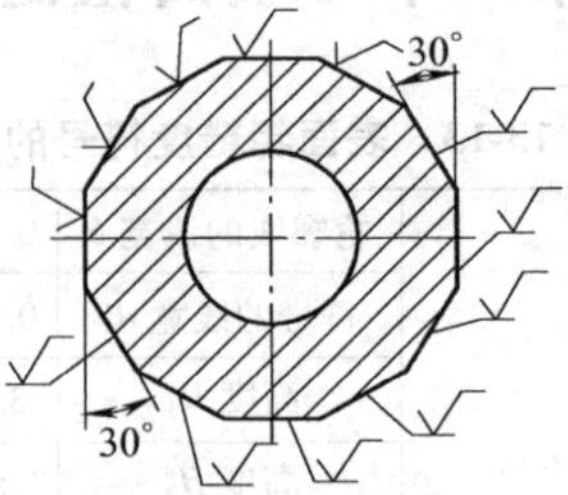	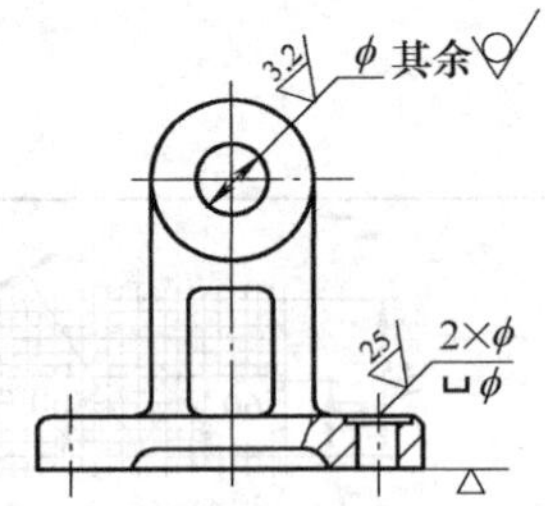
说明	各倾斜表面粗糙度代号的标注方法	带有横线的表面粗糙度符号的标注方法	用细实线连接的不连续的同一个表面只标注一次
图例	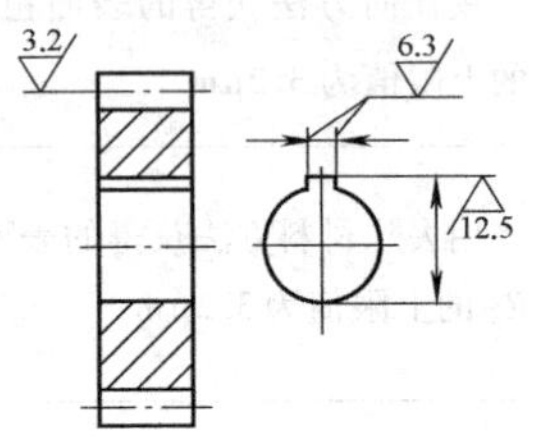	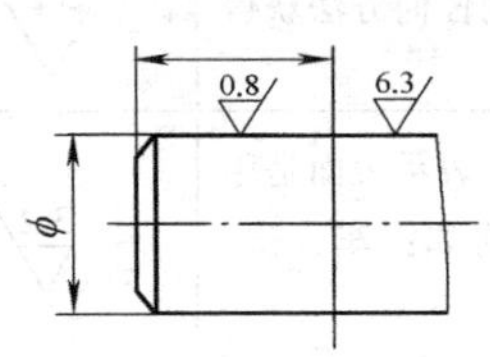	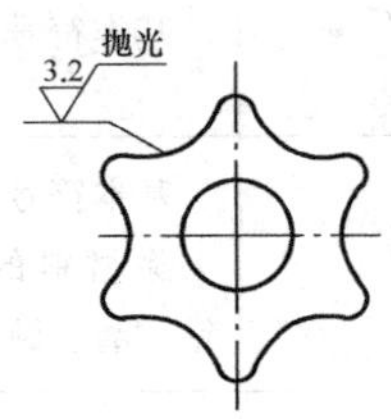
说明	齿轮的标注方法	同一个表面不同表面粗糙度的标注方法	连续表面的表面粗糙度只标注一次
图例	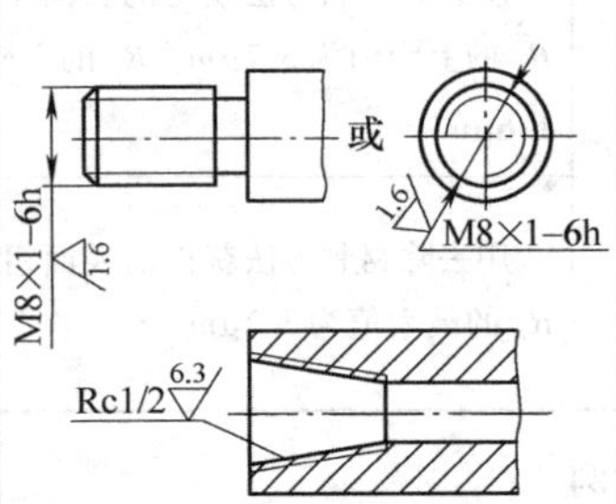	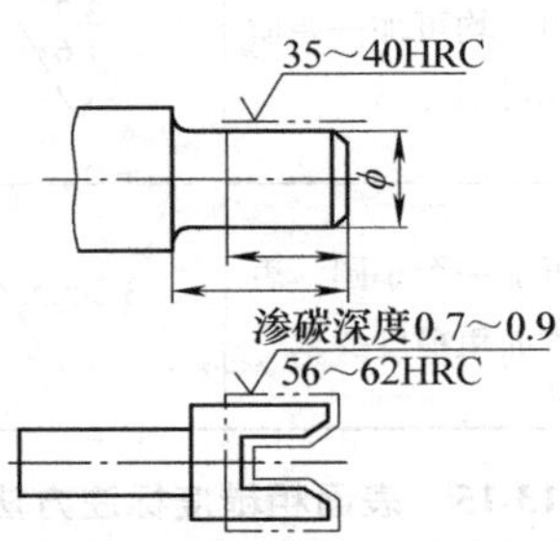	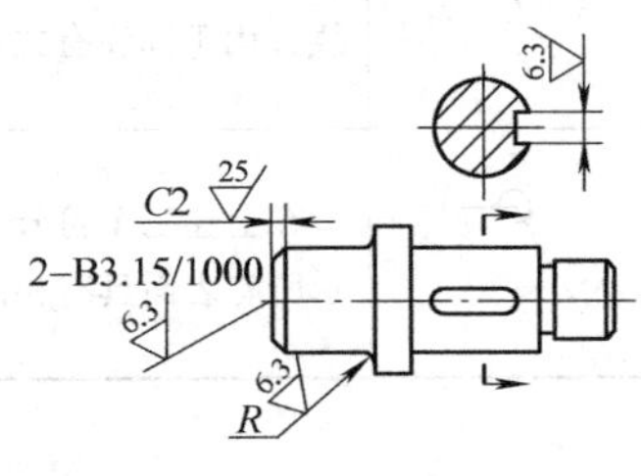
说明	螺纹的标注方法	局部处理的标注方法	中心孔、键槽、圆角、倒角的标注方法

表 13-16　表面粗糙度的表面特征、经济加工方法及应用举例

表面粗糙度 $R_a/\mu m$	表面特征	加工方法	应用举例
25	微见刀痕	粗车、刨、立铣、平铣、钻	粗加工表面比较精确的一级，应用范围很广，一般非配合的加工表面均用此级粗糙度，如轴端面、倒角、钻孔、齿轮带轮侧面、键槽非工作面、垫圈接触面等
12.5	可见加工痕迹	车、刨、钻、立铣、平铣、镗、粗铰、铣齿	半精加工表面。如：轴上不安装轴承、齿轮处的非配合表面，紧固件的自由装配表面，轴和孔的退刀槽等

（续）

表面粗糙度 $R_a/\mu m$	表面特征	加工方法	应用举例
6.3	微见加工痕迹	车、镗、刨、铣、拉，磨、刮 1～2 点/cm^2、滚压，铣齿	半精加工表面。如：箱体、支架、盖面、套筒等与其他零件连接而不形成配合的表面，需要发兰的表面，定心的轴肩、键和键槽等的工作面
3.2	看不见加工痕迹	车、镗、刨、铣、拉、铰、刮 1～2 点/cm^2、磨、滚压、铣齿	接近于精加工表面。如衬套、轴承和定位销的压入孔；8级齿轮的齿面、花键联接、传动螺纹工作面、楔形键及键槽上下面、V 带轮槽表面，箱体上安装轴承的镗孔表面等
1.6	可辨加工痕迹方向	车、镗、拉、磨、立铣、铰、刮 3～10 点/cm^2、滚压	锥销和圆柱销表面，与 P0 和 P6 级滚动轴承相配合的孔和轴颈表面，过盈配合的 IT7 孔，间隙配合的 IT8 孔，内、外花键定心表面，滑动导轨面，磨削的轮齿等
0.8	微辨加工痕迹方向	铰、磨、刮 3～10 点/cm^2、镗、拉、滚压	导柱、导套工作面，7 级精度齿轮的齿面，间隙配合的 IT7 孔，与 P5 级滚动轴承配合的孔和轴颈表面，机床顶尖表面，分度盘表面，曲轴和凸轮轴工作表面等
0.4	不可辨加工痕迹方向	布轮磨、磨、研磨、超级加工	轴颈、活塞和柱塞的表面，精密机床主轴锥孔、顶尖表面，发动机曲轴、凸轮工作表面，高精度齿轮的齿面，保证精确定心的锥体表面、导轨、槽面等

表 13-17　表面粗糙度 R_a 的数值及补充系列值　（单位：μm）

R_a 的数值系列													
0.012	0.025	0.05	0.1	0.2	0.4	0.8	1.6	3.2	6.3	12.5	25	50	100
R_a 的补充系列值													
0.008	0.010	0.016	0.020	0.032	0.040	0.063	0.080	0.125	0.160	0.25	0.32	0.50	0.63
1.00	1.25	2.0	2.5	4.0	5.0	8.0	10.0	16.0	20	32	40	63	80

第十四章　联接件和紧固件

第一节　螺纹及螺纹联接

1. 普通螺纹

表 14-1　普通螺纹基本尺寸（摘自 GB/T196—2003）

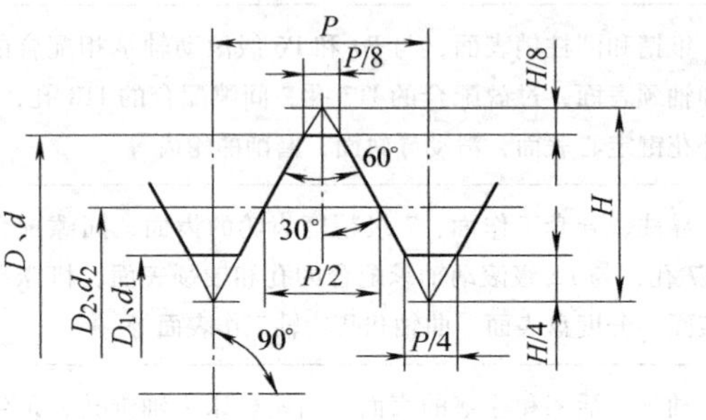

D、d——内外螺纹大径

D_2、d_2——内外螺纹中径

D_1、d_1——内外螺纹小径

$D=d$

$D_2=d_2=d-0.6495P$

$D_1=d_1=d-1.0825P$

$H=0.866P$

标记示例：

M20—5g6g（公称直径为 20mm 的粗牙右旋外螺纹，中径及顶径公差带分别为 5g 和 6g，中旋合长度）

M10×1 左—6H（公称直径为 10mm、螺距为 1 mm 的细牙左旋内螺纹，中径及顶径公差带均为 6H，中旋合长度）

M10—7H—L（公称直径为 10mm 的粗牙右旋内螺纹，中径及顶径公差带均为 7H，长旋合长度）

M20×2 左—6H/5g6g（公称直径为 20mm、螺距为 2 mm 的细牙左旋螺纹副，内螺纹中径及顶径公差带均为 6H，外螺纹中径及顶径公差带分别为 5g 和 6g，中旋合长度）

公称直径 D、d		螺距 P	中径 D_2、d_2	小径 D_1、d_1	公称直径 D、d		螺距 P	中径 D_2、d_2	小径 D_1、d_1
第一系列	第二系列				第一系列	第二系列			
3		0.5	2.675	2.459	6		1	5.350	4.971
		0.35	2.773	2.621			0.75	5.513	5.188
	3.5	(0.6)	3.110	2.850	8		1.25	7.188	6.647
		0.35	3.273	3.121			1	7.350	6.917
4		0.7	3.545	3.242			0.75	7.513	7.188
		0.5	3.675	3.459	10		1.5	9.026	8.376
	4.5	(0.75)	4.013	3.688			1.25	9.188	8.647
		0.5	4.175	3.959			1	9.350	8.917
5		0.8	4.480	4.134			0.75	9.513	9.188
		0.5	4.675	4.459					

（续）

公称直径 D、d 第一系列	公称直径 D、d 第二系列	螺距 P	中径 D_2、d_2	小径 D_1、d_1
12		1.75	10.863	10.106
		1.5	11.026	10.376
		1.25	11.188	10.647
		1	11.350	10.917
	14	2	12.701	11.835
		1.5	13.026	12.376
		1	13.350	12.917
16		2	14.701	13.835
		1.5	15.026	14.376
		1	15.350	14.917
	18	2.5	16.376	15.294
		2	16.701	15.835
		1.5	17.026	16.376
		1	17.350	16.917
20		2.5	18.376	17.294
		2	18.701	17.835
		1.5	19.026	18.376
		1	19.350	18.917
	22	2.5	20.376	19.294
		2	20.701	19.835
		1.5	21.026	20.376
		1	21.350	20.917
24		3	22.051	20.752
		2	22.701	21.835
		1.5	23.026	22.376
		1	23.350	22.917
	27	3	25.051	23.752
		2	25.701	24.835
		1.5	26.026	25.376
		1	26.350	25.917
30		3.5	27.727	26.211
		2	28.701	27.853
		1.5	29.026	28.376
		1	29.350	28.917
	33	3.5	30.727	29.211
		2	31.701	30.835
		1.5	32.026	31.376
36		4	33.402	31.670
		3	34.051	32.752
		2	34.701	33.835
		1.5	35.026	34.376
	39	4	36.402	34.670
		3	37.051	35.572
		2	37.701	36.835
		1.5	38.026	37.376
42		4.5	39.077	37.129
		3	40.051	38.752
		2	40.701	39.835
		1.5	41.026	40.376
	45	4.5	42.077	40.129
		3	43.051	41.752
		2	43.701	42.835
		1.5	44.026	43.376
48		5	44.752	42.587
		3	46.051	44.752
		2	46.701	45.835
		1.5	47.026	46.376
	52	5	48.752	46.587
		3	50.051	48.752
		2	50.701	49.835
		1.5	51.026	50.376
56		5.5	52.428	50.046
		4	53.402	51.670
		3	54.051	52.752
		2	54.701	53.835
		1.5	55.026	54.376

（续）

公称直径 D、d		螺距 P	中径 D_2、d_2	小径 D_1、d_1	公称直径 D、d		螺距 P	中径 D_2、d_2	小径 D_1、d_1
第一系列	第二系列				第一系列	第二系列			
		(5.5)	56.428	54.046					
		4	57.402	55.670			6	60.103	57.505
	60	3	58.051	56.752	64		4	61.402	59.670
		2	58.701	57.835			3	62.051	60.752
		1.5	59.026	58.376					

注：1. “螺距 P”栏中第一个数值（最大值）为粗牙螺距，其余为细牙螺距。

2. 优先选用第一系列，其次第二系列，第三系列（表中未列出）尽可能不用。

3. 括号内尺寸尽可能不用。

2. 螺纹零件结构要素

表 14-2 普通螺纹收尾、肩距、退刀槽、倒角（GB/T 3—1997） （单位：mm）

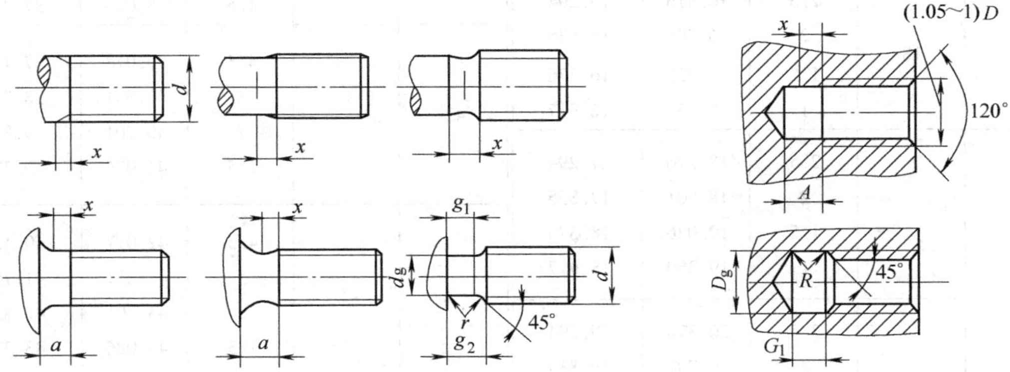

螺距 P	外螺纹									内螺纹							
	收尾 x max		肩距 a max			退刀槽				收尾 x max		肩距 A max		退刀槽			
						g_1 min	g_2 max	d_g	$r\approx$					G_1		$R\approx$	D_g
	一般	短的	一般	长的	短的					一般	短的	一般	长的	一般	短的		
0.5	1.25	0.7	1.5	2	1	0.8	1.5	$d-0.8$		2	1	3	4	2	1		0.2
0.6	1.5	0.75	1.8	2.4	1.2	0.9	1.8	$d-1$		2.4	1.2	3.2	4.8	2.4	1.2		0.3
0.7	1.75	0.9	2.1	2.8	1.4	1.1	2.1	$d-1.1$	0.4	2.8	1.4	3.5	5.6	2.8	1.4	$D+0.3$	0.4
0.75	1.9	1	2.25	3	1.5	1.2	2.25	$d-1.2$		3	1.5	3.8	6	3	1.5		0.4
0.8	2	1	2.4	3.2	1.6	1.3	2.4	$d-1.3$		3.2	1.6	4	6.4	3.2	1.6		0.4
1	2.5	1.25	3	4	2	1.6	3	$d-1.6$	0.6	4	2	5	8	4	2		0.5
1.25	3.2	1.6	4	5	2.5	2	3.75	$d-2$		5	2.5	6	10	5	2.5		0.6
1.5	3.8	1.9	4.5	6	3	2.5	4.5	$d-2.3$	0.8	6	3	7	12	6	3	$D+0.5$	0.8
1.75	4.3	2.2	5.3	7	3.5	3	5.25	$d-2.6$	1	7	3.5	9	14	7	3.5		0.9
2	5	2.5	6	8	4	3.4	6	$d-3$		8	4	10	16	8	4		1

（续）

螺距 P	外螺纹 收尾 x max 一般	外螺纹 收尾 x max 短的	肩距 a max 一般	肩距 a max 长的	肩距 a max 短的	退刀槽 g_1 min	退刀槽 g_2 max	退刀槽 d_g	退刀槽 $r\approx$	内螺纹 收尾 x max 一般	内螺纹 收尾 x max 短的	肩距 A max 一般	肩距 A max 长的	退刀槽 G_1 一般	退刀槽 G_1 短的	退刀槽 $R\approx$	退刀槽 D_g
2.5	6.3	3.2	7.5	10	5	4.4	7.5	$d-3.6$	1.2	10	5	12	18	10	5	$D+0.5$	1.2
3	7.5	3.8	9	12	6	5.2	9	$d-4.4$	1.6	12	6	14	22	12	6		1.5
3.5	9	4.5	10.5	14	7	6.2	10.5	$d-5$		14	7	16	24	14	7		1.8
4	10	5	12	16	8	7	12	$d-5.7$	2	16	8	18	26	16	8		2
4.5	11	5.5	13.5	18	9	8	13.5	$d-6.4$	2.5	18	9	21	29	18	9		2.2
5	12.5	6.3	15	20	10	9	15	$d-7$		20	10	23	32	20	10		2.5
5.5	14	7	16.5	22	11	11	17.5	$d-7.7$	3.2	22	11	25	35	22	11		2.8
6	15	7.5	18	24	12	11	18	$d-8.3$		24	12	28	38	24	12		3

注：1. 外螺纹倒角一般为45°，倒角深度应大于或等于牙型高度。

2. 应优先选用“一般”长度的收尾和肩距。

表 14-3　螺栓和螺钉通孔及沉孔尺寸　（单位：mm）

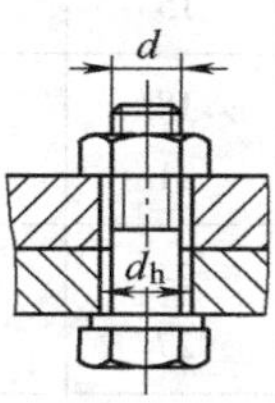

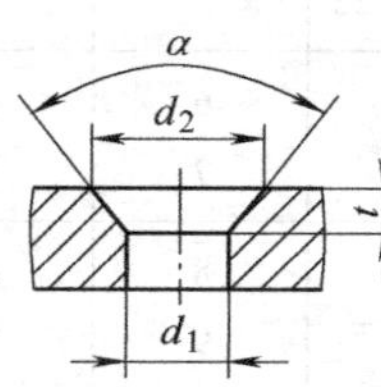

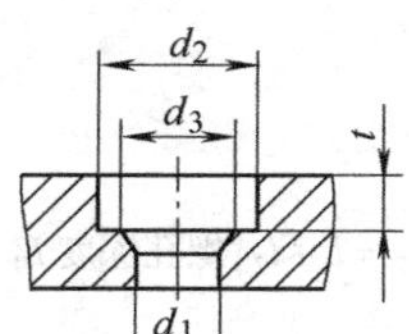

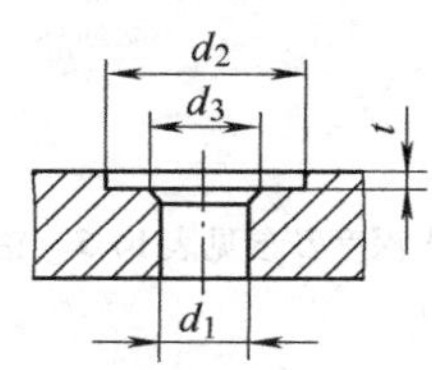

螺纹规格 d	螺栓和螺钉通孔直径 d_h（摘自 GB/T 5277—1985） 精装配	中等装配	粗装配	沉头螺钉及半沉头螺钉的沉孔（摘自 GB/T 152.2—1988） d_2	$t\approx$	d_1	α	内六角圆柱头螺钉的沉孔（摘自 GB/T 152.3—1988） d_2	t	d_3	d_1	六角头螺栓和六角螺母的沉孔（摘自 GB/T 152.4—1988） d_2	d_3	d_1	t
M3	3.2	3.4	3.6	6.4	1.6	3.4	$90^{\circ}\,{}^{-2^{\circ}}_{-4^{\circ}}$	6.0	3.4	—	3.4	9	—	3.4	只要能制出与通孔轴线垂直的圆平面即可
M4	4.3	4.5	4.8	9.6	2.7	4.5		8.0	4.6		4.5	10		4.5	
M5	5.3	5.5	5.8	10.6	2.7	5.5		10.0	5.7		5.5	11		5.5	
M6	6.4	6.6	7	12.8	3.3	6.6		11.0	6.8		6.6	13		6.6	
M8	8.4	9	10	17.6	4.6	9		15.0	9.0		9.0	18		9.0	
M10	10.5	11	12	20.3	5.0	11		18.0	11.0		11.0	22		11.0	
M12	13	13.5	14.5	24.4	6.0	13.5		20.0	13.0	16	13.5	26	16	13.5	
M14	15	15.5	16.5	28.4	7.0	15.5		24.0	15.0	18	14.5	30	18	13.5	
M16	17	18.5	18.5	32.4	8.0	17.5		26.0	17.5	20	17.5	33	20	17.5	
M18	19	20	21	—	—	—		—	—	—	—	36	22	20.0	
M20	21	22	24	40.4	10.0	22		33.0	21.5	24	22.0	40	24	22.0	

（续）

d	精装配	中等装配	粗装配	d_2	$t\approx$	d_1	a	d_2	t	d_3	d_1	d_2	d_3	d_1	t
M22	23	24	26	—	—	—	$90°{}^{-2°}_{-4°}$	—	—	—	—	43	26	24	只要能制出与通孔轴线垂直的圆平面即可
M24	25	26	28					40.0	25.5	28	26.0	48	28	26	
M27	28	30	32					—	—	—	—	53	33	30	
M30	31	33	35					48.0	32.0	36	33.0	61	36	33	
M36	37	39	42					57.0	38.0	42	39.0	42	42	39	

表 14-4　普通粗牙螺纹的余留长度、钻孔余留深度（摘自 JB/ZQ 4247—1986）

（单位：mm）

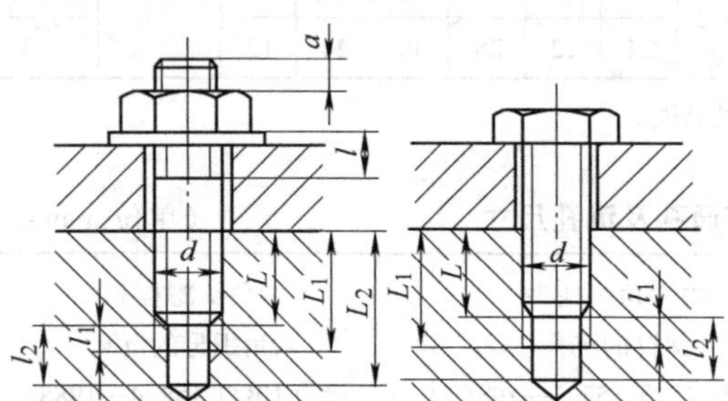

拧入深度 L 参见表 14-5。钻孔深度 $L_2=L+l_2$；螺孔深度 $L_1=L+l_1$

螺纹直径 d	余留长度 内螺纹 l_1	余留长度 外螺纹 l	余留长度 钻孔 l_2	末端长度 a
5	1.5	2.5	5	1～2
6 8	2 2.5	3.5 4	6 8	1.5～2.5
10 12	3 3.5	4.5 5.5	9 11	2～3
14、16 18、20、22	4 5	6 7	12 15	2.5～4
24、27 30	6 7	8 9	18 21	3～5
36 42	8 9	10 11	24 27	4～7
48 56	10 11	13 16	30 33	6～10

表 14-5　粗牙螺栓、螺钉的拧入深度和螺纹孔尺寸（参考）

（单位：mm）

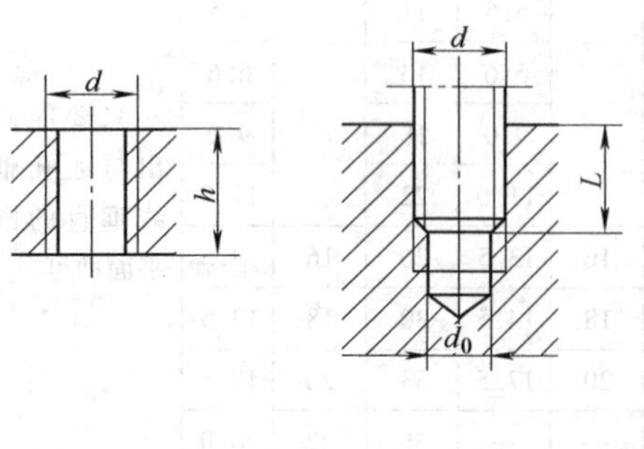

公称直径 d	钻孔直径 d_0	钢或青铜 通孔 h	钢或青铜 不通孔 L	铸铁 通孔 h	铸铁 不通孔 L	铝 通孔 h	铝 不通孔 L
6	5	8	6	12	10	15	12
8	6.8	10	8	15	12	20	16
10	8.5	12	10	18	15	24	20
12	10.2	15	12	22	18	28	24
16	14	20	16	28	24	36	32
20	17.5	25	20	35	30	45	40
24	21	30	24	42	35	55	48
30	26.5	36	30	50	45	70	60
36	32	45	36	65	55	80	72
42	37.5	50	42	75	65	95	85

表 14-6　扳手空间(JB/ZQ4005—1984)　(单位:mm)

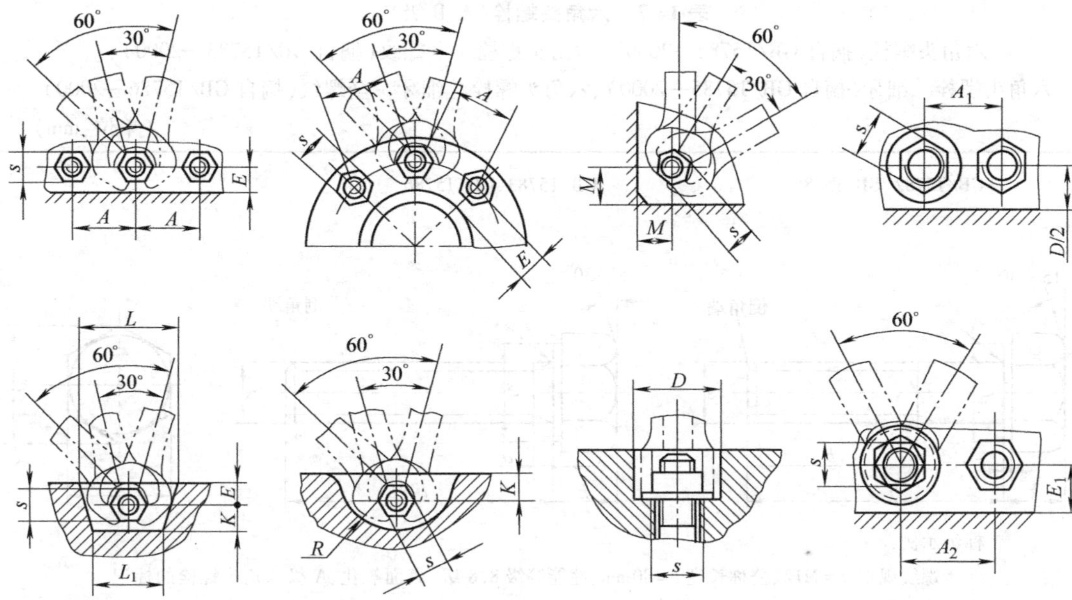

螺纹直径 d	扳手口 s	A	A_1	A_2	$E=K$	E_1	M	L	L_1	R	D
6	10	26	18	18	8	12	15	46	38	20	24
7	11	28	20	18	10	12	16	50	40	22	25
	(12)	30	22	20	10	14	17	52	42	24	26
8	13	32	24	22	11	14	18	55	44	25	28
8	(14)	34	26	24	11	15	19	58	46	26	30
10	16	38	28	26	13	16	22	62	50	30	30
10	(17)	40	28	28	13	18	23	65	52	32	34
12	18	42	—	30	14	18	24	70	55	32	—
12	(19)	44	34	32	14	20	25	75	60	34	40
14	21	48	36	34	15	20	26	80	65	36	40
14	(22)	50	36	34	15	22	28	80	65	38	42
16	24	55	38	38	16	24	30	85	70	42	45
18	27	62	45	42	19	25	32	95	75	46	52
20	30	68	48	46	20	28	35	105	85	50	56
22	(32)	72	50	50	22	30	38	110	90	55	60
22	34	76	55	52	24	32	40	120	95	58	60
24	36	80	58	55	24	34	42	125	100	60	70
27	41	90	65	62	26	36	46	135	110	65	76
30	46	100	72	70	30	40	50	155	125	75	82
33	50	108	76	75	32	44	55	165	130	80	88
36	55	118	85	82	36	48	60	180	145	88	95

3. 螺纹联接标准件

（1）螺栓

表 14-7 六角头螺栓（A、B 级）

六角头螺栓（摘自 GB/T5782—2000）、六角头螺栓 全螺纹（摘自 GB/T5783—2000）、六角头螺栓 细牙（摘自 GB/T5785—2000）、六角头螺栓 细牙 全螺纹（摘自 GB/T5786—2000）

（单位：mm）

GB/T5782、GB/T5785　　　　GB/T5783、GB/T5786

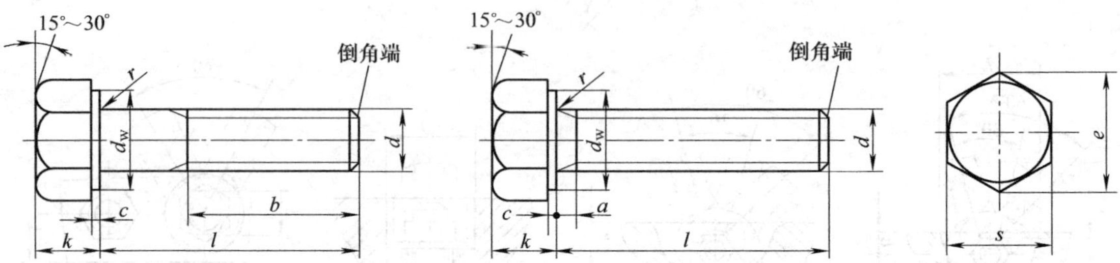

标记示例：

螺纹规格 d = M12、公称长度 l = 80mm、性能等级 8.8 级、表面氧化、A 级六角头螺栓的标记为

螺栓 GB/T5782 M12 × 80

<table>
<tr><td rowspan="2">螺纹规格</td><td>d</td><td>GB/T 5782
GB/T 5783</td><td>M3</td><td>M4</td><td>M5</td><td>M6</td><td>M8</td><td>M10</td><td>M12</td><td>(M14)</td></tr>
<tr><td>$d \times P$</td><td>GB/T 5785
GB/T 5786</td><td>—</td><td>—</td><td>—</td><td>—</td><td>M8 ×1</td><td>M10 ×1</td><td>M12 ×1.5</td><td>(M14 × 1.5)</td></tr>
<tr><td colspan="3">S(max)</td><td>5.5</td><td>7</td><td>8</td><td>10</td><td>13</td><td>16</td><td>18</td><td>21</td></tr>
<tr><td colspan="3">k</td><td>2</td><td>2.8</td><td>3.5</td><td>4</td><td>5.3</td><td>6.4</td><td>7.5</td><td>8.8</td></tr>
<tr><td rowspan="2">e(min)</td><td colspan="2">A 级</td><td>6.01</td><td>7.66</td><td>8.79</td><td>11.05</td><td>14.38</td><td>17.77</td><td>20.03</td><td>23.36</td></tr>
<tr><td colspan="2">B 级</td><td>5.88</td><td>7.5</td><td>8.63</td><td>10.89</td><td>14.20</td><td>17.59</td><td>19.85</td><td>22.78</td></tr>
<tr><td colspan="3">r(min)</td><td>0.1</td><td colspan="2">0.2</td><td>0.25</td><td colspan="2">0.4</td><td colspan="2">0.6</td></tr>
<tr><td rowspan="2">c</td><td colspan="2">max</td><td colspan="2">0.4</td><td colspan="2">0.5</td><td colspan="4">0.6</td></tr>
<tr><td colspan="2">min</td><td colspan="8">0.15</td></tr>
<tr><td colspan="2" rowspan="2">d_w(min)</td><td>A 级</td><td>4.57</td><td>5.88</td><td>6.88</td><td>8.88</td><td>11.63</td><td>14.63</td><td>16.63</td><td>19.64</td></tr>
<tr><td>B 级</td><td>4.45</td><td>5.74</td><td>6.74</td><td>8.74</td><td>11.47</td><td>14.47</td><td>16.47</td><td>19.15</td></tr>
<tr><td rowspan="4">a</td><td rowspan="2">GB/T 5783</td><td>max</td><td>1.5</td><td>2.1</td><td>2.4</td><td>3</td><td>4</td><td>4.5</td><td>5.3</td><td>6</td></tr>
<tr><td>min</td><td>0.5</td><td>0.7</td><td>0.8</td><td>1</td><td>1.25</td><td>1.5</td><td>1.75</td><td>2</td></tr>
<tr><td rowspan="2">GB/T 5786</td><td>max</td><td>—</td><td>—</td><td>—</td><td>—</td><td>3</td><td>3</td><td>4.5</td><td>4.5</td></tr>
<tr><td>min</td><td>—</td><td>—</td><td>—</td><td>—</td><td>1</td><td>1</td><td>1. 5</td><td>1.5</td></tr>
<tr><td colspan="2" rowspan="3">b 参考</td><td>$l \leq 125$</td><td>12</td><td>14</td><td>16</td><td>18</td><td>22</td><td>26</td><td>30</td><td>34</td></tr>
<tr><td>$125 < l \leq 200$</td><td>18</td><td>20</td><td>22</td><td>24</td><td>28</td><td>32</td><td>36</td><td>40</td></tr>
<tr><td>$l > 200$</td><td>31</td><td>33</td><td>35</td><td>37</td><td>41</td><td>45</td><td>49</td><td>53</td></tr>
</table>

（续）

螺纹规格			M3	M4	M5	M6	M8	M10	M12	(M14)
螺纹规格	d	GB/T 5782 GB/T 5783	M3	M4	M5	M6	M8	M10	M12	(M14)
	$d \times P$	GB/T 5785 GB/T 5786	—	—	—	—	M8 ×1	M10 ×1	M12 ×1.5	(M14× 1.5)
l 范围 GB/T 5782 GB/T 5785		A 级 B 级	20 ~ 30	25 ~ 40	25 ~ 50	30 ~ 60	40 ~ 80	45 ~ 100	50 ~ 120	60 ~ 140
l 范围(全螺纹) GB/T 5783 GB/T 5786		A 级 B 级	6 ~ 30	8 ~ 40	10 ~ 50	12 ~ 60	16 ~ 80	20 ~ 100	25 ~ 120	30 ~ 140

螺纹规格			M16	(M18)	M20	(M22)	M24	(M27)	M30	M36
螺纹规格	d	GB/T 5782 GB/T 5783	M16	(M18)	M20	(M22)	M24	(M27)	M30	M36
	$d \times P$	GB/T 5785 GB/T 5786	M16 ×1.5	(M18 ×1.5)	(M20 ×2)	(M22 ×1.5)	M24 ×2	(M27 ×2)	M30 ×2	M36 ×3
S(max)			24	27	30	34	36	40	46	55
k			10	11.5	12.5	14	15	17	18.7	22.5
e(min)		A 级	26.75	30.14	33.53	37.72	39.98	—	—	—
		B 级	26.17	29.56	32.95	37.29	39.55	45.2	50.85	60.79
r(min)			0.6		0.8			1		
c		max	0.8							
		min	0.2							
d_w(min)		A 级	22.49	25.34	28.19	31.71	33.61	—	—	—
		B 级	22	24.85	27.7	31.35	33.25	38	42.75	51.11
a	GB/T5783	max	6	7.5	7.5	7.5	9	9	10.5	12
		min	2	2.5	2.5	2.5	3	3	3.5	4
	GB/T5786	max	4.5	4.5	6	4.5	6	6	6	9
		min	1.5	1.5	2	1.5	2	2	2	3
b 参考		l≤125	38	42	46	50	54	60	66	—
		125 < l≤200	44	48	52	56	60	66	72	84
		l > 200	57	61	65	69	73	79	85	97
l 范围 GB/T 5782 GB/T 5785		A 级	65 ~ 150	70 ~ 150	80 ~ 150	90 ~ 150	90 ~ 150	—	—	—
		B 级	160	160 ~ 180	160 ~ 200	160 ~ 220	160 ~ 240	100 ~ 260	110 ~ 300	140 ~ 360
l 范围(全螺纹) GB/T 5783 GB/T 5786		A 级	30 ~ 150	35 ~ 150	40 ~ 150	45 ~ 150	50 ~ 150	—	—	—
		B 级	160 ~ 200	160 ~ 200	160 ~ 200	160 ~ 200	160 ~ 200	55 ~ 200	60 ~ 200	70 ~ 200
l 系列	12,16,20,25,30,35,40,45,50,(55),60,(65),70,80,90,100,110,120,130,140,150,160,180,200,220,240,260,280,300,320,340,360,380,400,420,440,460,480,500									

（续）

螺纹规格										
螺纹规格	d	GB/T 5782 GB/T 5783	M16	（M18）	M20	（M22）	M24	（M27）	M30	M36
	$d \times P$	GB/T 5785 GB/T 5786	M16 ×1.5	（M18 ×1.5）	（M20 ×2）	（M22 ×1.5）	M24 ×2	（M27 ×2）	M30 ×2	M36 ×3

技术条件	材料	性能等级	螺纹公差	产品等级	表面处理
	钢	5.6、8.8、10.9	6g	A、B	氧化、镀锌钝化

注：1. A、B 为产品等级，A 级为最精确，C 级为最不精确。C 级产品详见表 14-8（GB/T5780—2000、GB/T5781—2000）。A 级用于 $d \leqslant 24$ 和 $l \leqslant 10d$ 或 $\leqslant 150$mm 的螺栓；B 级用于 $d > 24$ 和 $l > 10\ d$ 或 > 150mm 的螺栓。

2. 括号内为非优选的螺纹规格，尽量不采用。

表 14-8　六角头螺栓（C 级）

六角头螺栓（摘自 GB/T 5780—2000）、六角头螺栓　全螺纹（摘自 GB/T5781—2000）

（单位：mm）

GB/T 5780　　　　GB/T 5781

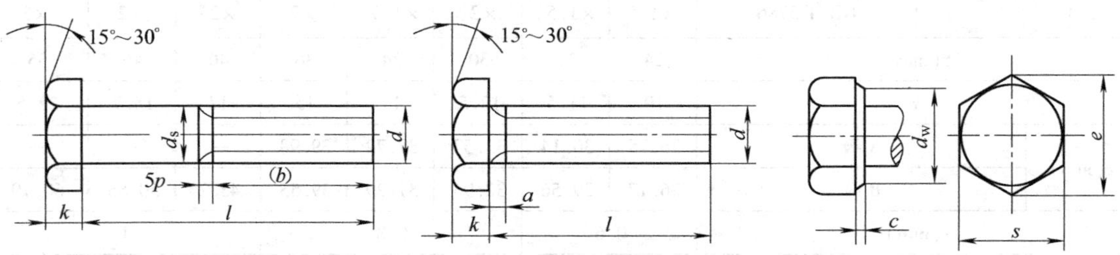

标记示例：

螺纹规格 d = M12×1.5、公称长度 l = 80mm、细牙螺纹、性能等级为 4.8 级、不经表面处理、全螺纹、C 级六角头螺栓的标记为

螺栓　GB/T 5780—2000　M12×1.5×80

螺纹规格 d		M5	M6	M8	M10	M12	（M14）	M16	（M18）	M20	（M22）	M24	（M27）	M30	M36
b 参考	$l \leqslant 125$	16	18	22	26	30	34	38	42	46	50	54	60	66	—
	$125 < l \leqslant 200$	22	24	28	32	36	40	44	48	52	56	60	66	72	84
	$l > 200$	35	37	41	45	49	53	57	61	65	69	73	79	85	97
c(max)		0.5		0.6				0.8							
d_s	max	5.48	6.48	8.58	10.58	12.7	14.7	16.7	18.7	20.8	22.84	24.84	27.84	30.84	37
	min	4.52	5.52	7.42	9.42	11.3	13.3	15.3	17.3	19.16	21.16	23.16	26.16	29.16	35
d_w(min)		6.74	8.74	11.47	14.47	16.47	19.15	22	24.85	27.7	31.35	33.25	38	42.75	51.11
a	max	2.4	3	4	4.5	5.3	6	6	7.5	7.5	7.5	9	9	10.5	12
	min	0.8	1	1.25	1.5	1.75	2	2	2.5	2.5	2.5	3	3	3.5	4
e(min)		8.63	10.89	14.2	17.59	19.85	22.78	26.17	29.56	32.95	37.29	39.55	45.2	50.85	60.79
k		3.5	4	5.3	6.4	7.5	8.8	10	11.5	12.5	14	15	17	18.7	22.5
r(min)		0.2	0.25	0.4	0.4	0.6	0.6	0.6	0.6	0.8	0.8	0.8	1	1	1
s(max)		8	10	13	16	18	21	24	27	30	34	36	41	46	55

（续）

螺纹规格 d		M5	M6	M8	M10	M12	(M14)	M16	(M18)	M20	(M22)	M24	(M27)	M30	M36
l 范围	GB/T 5780	25 ~ 50	30 ~ 60	40 ~ 80	45 ~ 100	55 ~ 120	60 ~ 140	65 ~ 160	80 ~ 180	80 ~ 200	90 ~ 220	100 ~ 240	110 ~ 260	120 ~ 300	140 ~ 400
	GB/T 5781	10 ~ 50	12 ~ 60	16 ~ 80	20 ~ 100	25 ~ 120	30 ~ 140	30 ~ 160	35 ~ 180	40 ~ 200	45 ~ 220	50 ~ 240	55 ~ 280	60 ~ 300	70 ~ 360
l 系列		10,12,16,20,25,30,35,40,45,50,55,50,65,70,80,90,100,110,120,130,140,150,160,180,220,240,260, 280,300,320,340,360,380,400,420,440,460,480,500													
技术要求		材料	性能等级	螺纹公差	产品等级	表面处理									
		钢	3.6、4.6、4.8	8g	C	不经处理、镀锌钝化									

注:括号内为非优选的螺纹规格,尽量不采用。

(2) 螺母

表 14-9　I 型六角螺母(A、B 级)、六角薄螺母(A、B 级)

I 型六角螺母(摘自 GB/T 6170—2000)、I 型六角螺母　细牙(摘自 GB/T 6171—2000)、六角薄螺母(摘自 GB/T 6172.1—2000)、六角薄螺母　细牙(摘自 GB/T 6173—2000)　(单位:mm)

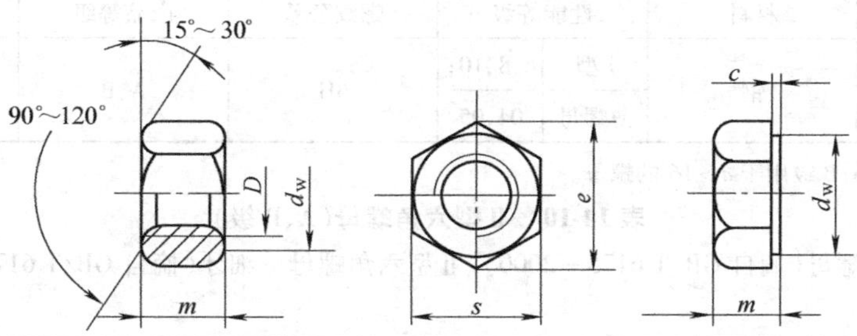

标记示例:

螺纹规格 D = M12、性能等级为 10 级、不经表面处理、A 级 I 型六角螺母的标记为

螺母 GB/T 6170—2000 M12

螺纹规格 D = M12 × 1.5、细牙螺纹、性能等级为 04 级、不经表面处理、A 级六角薄螺母的标记为

螺母 GB/T 6173—2000　M12 × 1.5

螺纹规格	D	GB/T 6170 GB/T 6172.1	M3	M4	M5	M6	M8	M10	M12	(M14)
	$D \times P$	GB/T 6171 GB/T 6173	—	—	—	—	M8 ×1	M10 ×1	M12 ×1.5	(M14 ×1.5)
c	max	GB/T 6170	0.3	0.4	0.5		0.6			
	min	GB/T 6171	0.15							
d_w(min)			4.6	5.9	6.9	8.9	11.6	14.6	16.6	19.6
e(min)			6.01	7.66	8.79	11.05	14.38	17.77	20.03	23.36
m	max	I 型	2.4	3.2	4.7	5.2	6.8	8.4	10.8	12.8
		薄螺母	1.8	2.2	2.7	3.2	4	5	6	7
	min	I 型	2.15	2.9	4.4	4.9	6.44	8.04	10.37	12.1
		薄螺母	1.55	1.95	2.45	2.9	3.7	4.7	5.7	6.42
S(max)			5.5	7	8	10	13	16	18	21

（续）

螺纹规格										
螺纹规格	D	GB/T 6170 GB/T 6172.1	M16	(M18)	M20	(M22)	M24	(M27)	M30	M36
	$D \times P$	GB/T 6171 GB/T 6173	M16 ×1.5	(M18 ×1.5)	M20 ×2	(M22 ×1.5)	M24 ×2	(M27 ×2)	M30 ×2	M36 ×3
c	max	GB/T 6170 GB/T 6171	0.8							
	min		0.2							
d_w(min)			22.5	24.9	27.7	31.4	33.2	38	42.7	51.1
e(min)			26.75	29.56	32.95	37.29	39.55	45.2	50.85	60.79
m	max	Ⅰ型	14.8	15.8	18	19.4	21.5	23.8	25.6	31
		薄螺母	8	9	10	11	12	13.5	15	18
	min	Ⅰ型	14.1	15.1	16.9	18.1	20.2	22.5	24.3	29.4
		薄螺母	7.4	8.42	9.1	9.9	10.9	12.4	13.9	16.9
S(max)			24	27	30	34	36	41	46	55

技术条件	材料	性能等级		螺纹公差	产品等级	表面处理
	钢	Ⅰ型	6,8,10;	6H	A、B	不经处理、镀锌钝化
		薄螺母	04,05			

注：A 级用于 $d \leqslant 16$；B 级用于 $d > 16$ 的螺母。

表 14-10　Ⅱ型六角螺母（A、B 级）

Ⅱ型六角螺母（摘自 GB/T 6175—2000）、Ⅱ型六角螺母　细牙（摘自 GB/T 6176—2000）

（单位：mm）

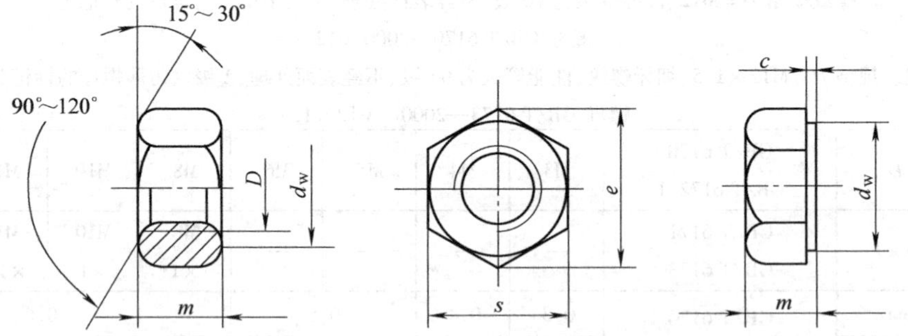

标记示例：

螺纹规格 D＝M10、性能等级为 9 级、不经表面处理、A 级的Ⅱ型六角螺母的标记为

螺母 GB/T 6175—2000—M10

（续）

螺纹规格									
螺纹规格	D	GB/T 6175	M5	M6	M8	M10	M12	（M14）	M16
	$D \times P$	GB/T 6176	—	—	M8×1	M10 ×1	M12 ×1.5	（M14 ×1.5）	M16 ×1.5
c(max)			0.5		0.6				0.8
d_w(min)			6.9	8.9	11.6	14.6	16.6	19.6	22.5
e(min)			8.79	11.05	14.38	17.77	20.03	23.36	26.75
m		max	5.1	5.7	7.5	9.3	12	14.1	16.4
		min	4.8	5.4	7.14	8.94	11.57	13.4	15.7
S(max)			8	10	13	16	18	21	24
螺纹规格	D	GB/T 6175		M20		M24		M30	M36
	$D \times P$	GB/T 6176	（M18 ×1.5）	M20 ×1.5	（M22 ×1.5）	M24 ×2	（M27 ×2）	M30 ×2	M36 ×3
c(max)			0.8						
d_w(min)			24.9	27.7	31.4	33.2	38	42.7	51.1
e(min)			29.56	32.95	37.29	39.55	45.2	50.85	60.79
m		max	17.6	20.3	21.8	23.9	26.7	28.6	34.7
		min	16.9	19	20.5	22.6	25.4	27.3	33.1
S(max)			27	30	34	36	41	46	55

技术条件	材料		性能等级	螺纹公差	产品等级	表面处理
技术条件	钢	粗牙	9、12	6H	A、B	不经处理、镀锌钝化
		细牙	$d \leqslant 16$:8、12;$d \leqslant 39$:10			

注:A 级用于 $d \leqslant 16$;B 级用于 $d > 16$ 的螺母。

表 14-11　圆螺母(摘自 GB/T 812—1988)　　　(单位:mm)

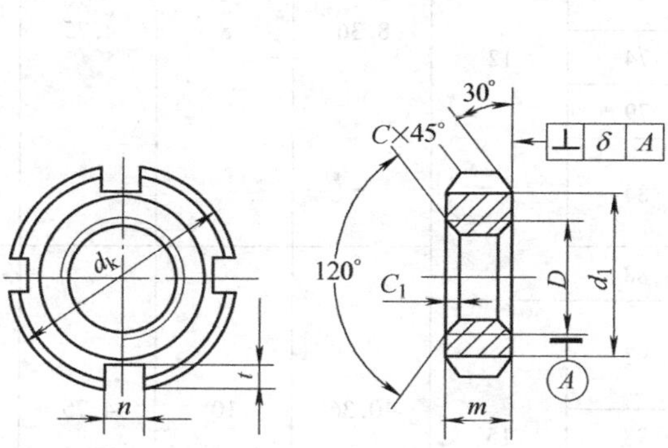

标记示例:

螺纹规格 $D \times P$ = M18 ×1.5、材料 45 钢、槽或全部热处理后硬度 35 ~45HRC、表面氧化的圆螺母的标记为

螺母　GB/T 812—1988　M18 ×1.5

（续）

<table>
<tr><td rowspan="2">螺纹规格
$D\times P$</td><td rowspan="2">d_k</td><td rowspan="2">d_1</td><td rowspan="2">m</td><td colspan="2">n</td><td colspan="2">t</td><td rowspan="2">C</td><td rowspan="2">C_1</td></tr>
<tr><td>max</td><td>min</td><td>max</td><td>min</td></tr>
<tr><td>M10×1</td><td>22</td><td>16</td><td rowspan="6">8</td><td rowspan="3">4.3</td><td rowspan="3">4</td><td rowspan="3">2.6</td><td rowspan="3">2</td><td rowspan="7">0.5</td><td rowspan="22">0.5</td></tr>
<tr><td>M12×1.25</td><td>25</td><td>19</td></tr>
<tr><td>M14×1.5</td><td>28</td><td>20</td></tr>
<tr><td>M16×1.5</td><td>30</td><td>22</td><td rowspan="8">5.3</td><td rowspan="8">5</td><td rowspan="8">3.1</td><td rowspan="8">2.5</td></tr>
<tr><td>M18×1.5</td><td>32</td><td>24</td></tr>
<tr><td>M20×1.5</td><td>35</td><td>27</td></tr>
<tr><td>M22×1.5</td><td>38</td><td>30</td><td rowspan="12">10</td></tr>
<tr><td>M24×1.5</td><td rowspan="2">42</td><td rowspan="2">34</td><td rowspan="7">1</td></tr>
<tr><td>M25×1.5*</td></tr>
<tr><td>M27×1.5</td><td>45</td><td>37</td></tr>
<tr><td>M30×1.5</td><td>48</td><td>40</td></tr>
<tr><td>M33×1.5</td><td rowspan="2">52</td><td rowspan="2">43</td><td rowspan="7">6.3</td><td rowspan="7">6</td><td rowspan="7">3.6</td><td rowspan="7">3</td></tr>
<tr><td>M35×1.5*</td></tr>
<tr><td>M36×1.5</td><td>55</td><td>46</td></tr>
<tr><td>M39×1.5</td><td rowspan="2">58</td><td rowspan="2">49</td><td rowspan="18">1.5</td></tr>
<tr><td>M40×1.5*</td></tr>
<tr><td>M42×1.5</td><td>62</td><td>53</td></tr>
<tr><td>M45×1.5</td><td>68</td><td>59</td></tr>
<tr><td>M48×1.5</td><td rowspan="2">72</td><td rowspan="2">61</td><td rowspan="9">12</td><td rowspan="8">8.36</td><td rowspan="8">8</td><td rowspan="8">4.25</td><td rowspan="8">3.5</td></tr>
<tr><td>M50×1.5*</td></tr>
<tr><td>M52×1.5</td><td rowspan="2">78</td><td rowspan="2">67</td></tr>
<tr><td>M55×2*</td></tr>
<tr><td>M56×2</td><td>85</td><td>74</td><td rowspan="10">1</td></tr>
<tr><td>M60×2</td><td>90</td><td>79</td></tr>
<tr><td>M64×2</td><td rowspan="2">95</td><td rowspan="2">84</td></tr>
<tr><td>M65×2*</td></tr>
<tr><td>M68×2</td><td>100</td><td>88</td><td rowspan="6">10.36</td><td rowspan="6">10</td><td rowspan="6">4.75</td><td rowspan="6">4</td></tr>
<tr><td>M72×2</td><td rowspan="2">105</td><td rowspan="2">93</td><td rowspan="5">15</td></tr>
<tr><td>M75×2*</td></tr>
<tr><td>M76×2</td><td>110</td><td>98</td></tr>
<tr><td>M80×2</td><td>115</td><td>103</td></tr>
<tr><td>M85×2</td><td>120</td><td>108</td></tr>
</table>

注：1. 表中带“＊”者仅用于滚动轴承锁紧装置。

2. 材料：45 钢。

3. 螺纹公差：6H。

4. 垂直度公差 δ 按 GB/T1184—1996 中 9 级规定。

(3) 螺钉

表 14-12　十字槽盘头螺钉(摘自 GB/T 818—2000)、十字槽沉头螺钉(摘自 GB/T 819.1—2000)

(单位:mm)

GB/T 818

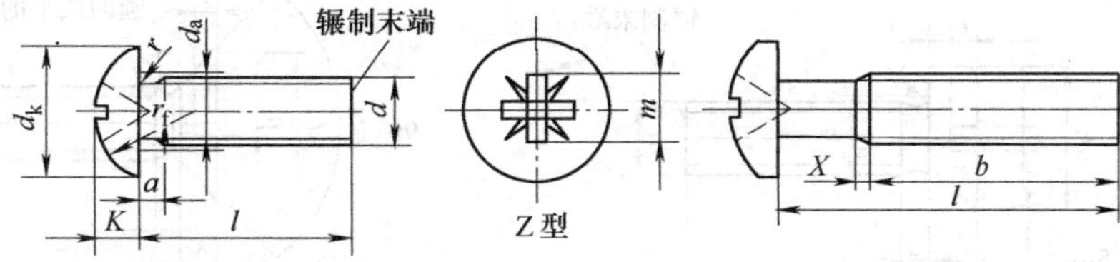

GB/T 819.1

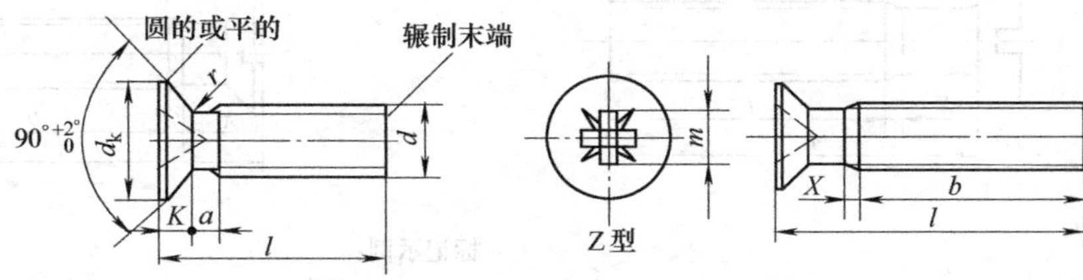

标记示例:

螺纹规格 d = M5、公称长度 l = 20mm、性能等级为 4.8 级、不经表面处理的 A 级十字槽盘头螺钉的标记为

螺钉 GB/T 818—2000　M5×20

螺纹规格 d			M1.6	M2	M2.5	M3	M4	M5	M6	M8	M10
螺距 P			0.35	0.4	0.45	0.5	0.7	0.8	1	1.25	1.5
a		max	0.7	0.8	0.9	1	1.4	1.6	2	2.5	3
b		min	25	25	25	25	38	38	38	38	38
X		max	0.9	1	1.1	1.25	1.75	2	2.5	3.2	3.8
十字槽盘头螺钉	d_a	max	2.0	2.6	3.1	3.6	4.7	5.7	6.8	9.2	11.2
	d_k	max	3.2	4	5	5.6	8	9.5	12	16	20
	K	max	1.3	1.6	2.1	2.4	3.1	3.7	4.6	6.0	7.5
	r	min	0.1	0.1	0.1	0.1	0.2	0.2	0.25	0.4	0.4
	r_f	≈	2.5	3.2	4	5	6.5	8	10	13	16
	m	参考	1.6	2.1	2.6	2.8	4.3	4.7	6.7	8.8	9.9
	l 范围(商品规格)		3~16	3~20	3~25	4~30	5~40	6~45	8~60	10~60	12~60
十字槽沉头螺钉	d_k	max	3	3.8	4.7	5.5	8.4	9.3	11.3	15.8	18.3
	K	max	1	1.2	1.5	1.65	2.7	2.7	3.3	4.65	5
	r	max	0.4	0.5	0.6	0.8	1	1.3	1.5	2	2.5
	m	参考	1.6	1.9	2.8	3.0	4.4	4.9	6.6	8.8	9.8
	l 范围(商品规格)		3~16	3~20	3~25	4~30	5~40	6~50	8~60	10~60	12~60
公称长度 l 的系列			3,4,5,6,8,10,12,(14),16,20,25,30,35,40,45,50,(55),60								

技术条件	材料	性能等级	螺纹公差	产品等级	表面处理
	钢	4.8	6g	A	不经处理、镀锌钝化

注:1. 公称长度 l 中的(14)、(55)规格尽可能不采用。

2. 对十字槽盘头螺钉,$d \leqslant$ M3、$l \leqslant 25$mm 或 $d >$ M4,$l \leqslant 40$mm 时,制出全螺纹($b = l - a$);对十字槽沉头螺钉,$d \leqslant$ M3、$l \leqslant 30$mm 或 $d >$ M4,$l \leqslant 45$mm 时,制出全螺纹[$b = l - (K + a)$]。

3. 无螺纹部分杆径约等于螺纹中径或螺纹大径。

表 14-13　开槽盘头螺钉(摘自 GB/T 67—2000)、开槽沉头螺钉(摘自 GB/T68—2000)

(单位:mm)

GB/T 67

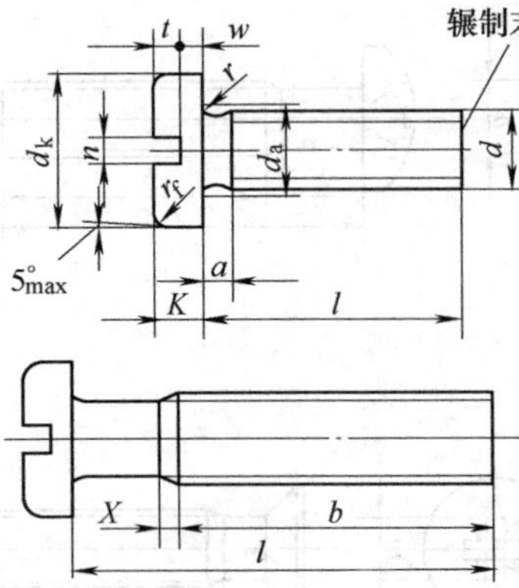

GB/T 68

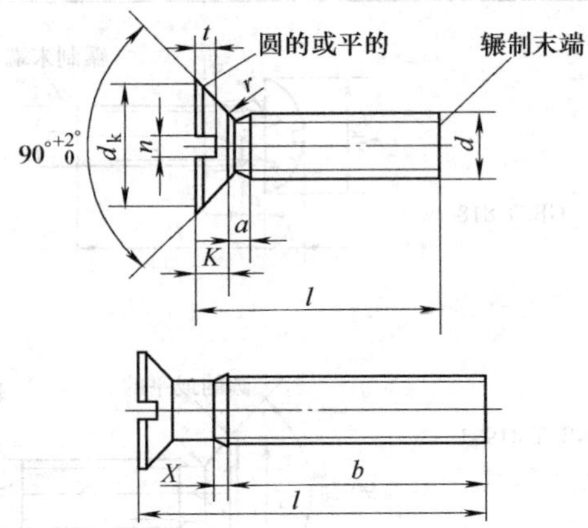

标记示例:

螺纹规格 d = M5、公称长度 l = 20mm、性能等级为 4.8 级、不经表面处理的 A 级开槽盘头螺钉的标记为

螺钉　GB/T 67—1985　M5 × 20

螺纹规格 d			M1.6	M2	M2.5	M3	M4	M5	M6	M8	M10
螺距 P			0.35	0.4	0.45	0.5	0.7	0.8	1	1.25	1.5
a		max	0.7	0.8	0.9	1	1.4	1.6	2	2.5	3
b		min	25	25	25	25	38	38	38	38	38
n		公称	0.4	0.5	0.6	0.8	1.2	1.2	1.6	2	2.5
X		max	0.9	1	1.1	1.25	1.75	2	2.5	3.2	3.8
开槽盘头螺钉	d_a	max	2.0	2.6	3.1	3.6	4.7	5.7	6.8	9.2	11.2
	d_k	max	3.2	4	5	5.6	8	9.5	12	16	20
	K	max	1	1.3	1.5	1.8	2.4	3	3.6	4.8	6
	r	min	0.1	0.1	0.1	0.1	0.2	0.2	0.25	0.4	0.4
	r_f	参考	0.5	0.6	0.8	0.9	1.2	1.5	1.8	2.4	3
	t	min	0.35	0.5	0.6	0.7	1	1.2	1.4	1.9	2.4
	w	min	0.3	0.4	0.5	0.7	1	1.2	1.4	1.0	2.4
	l 范围(商品规格)		2 ~ 16	2.5 ~ 20	3 ~ 25	4 ~ 30	5 ~ 40	6 ~ 50	8 ~ 60	10 ~ 80	12 ~ 80
开槽沉头螺钉	d_k	max	3	3.8	4.7	5.5	8.4	9.3	11.3	15.8	18.3
	K	max	1	1.2	1.5	1.65	2.7	2.7	3.3	4.65	5
	r	max	0.4	0.5	0.6	0.8	1	1.3	1.5	2	2.5
	t	max	0.5	0.6	0.75	0.85	1.3	1.4	1.6	2.3	2.6
		min	0.32	0.4	0.5	0.6	1	1.1	1.2	1.8	2
	l 范围(商品规格)		2.5 ~ 16	3 ~ 20	4 ~ 25	5 ~ 30	6 ~ 40	8 ~ 50	8 ~ 60	10 ~ 80	12 ~ 80
公称长度 l 的系列			2,2.5,3,4,5,6,8,10,12,(14),16,20,25,30,35,40,45,50,(55),60,(65),70,(75),80								
技术条件		材料	性能等级		螺纹公差		产品等级		表面处理		
		钢	4.8、5.8		6g		A		不经处理、镀锌钝化		

注:1. 公称长度 l 中的(14)、(55)、(65)、(75)规格尽可能不采用。

2. 对开槽盘头螺钉,d≤M3、l≤30mm 或 d > M4,l≤40mm 时,制出全螺纹($b = l - a$);对开槽沉头螺钉,d≤M3、l≤30mm 或 d > M4,l≤45mm 时,制出全螺纹[$b = l - (K + a)$]。

3. 无螺纹部分杆径约等于螺纹中径或螺纹大径。

表 14-14　紧定螺钉（摘自 GB/T 71—1985、GB/T73—1985、GB/T75—1985）（单位：mm）

开槽锥端紧定螺钉（GB/T71—1985）　　开槽平端紧定螺钉（GB/T73—1985）　　开槽长圆柱端紧定螺钉（GB/T75—1985）

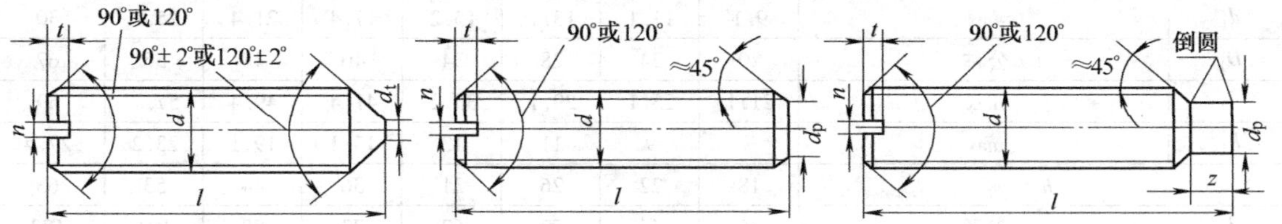

标记示例：

螺纹规格 d = M5、公称长度 l = 12mm、性能等级为 14H 级、表面氧化的开槽锥端紧定螺钉的标记为

螺钉　GB/T 71—1985　M5 × 12

螺纹规格 d		M1.6	M2	M2.5	M3	M4	M5	M6	M8	M10	M12
螺距 P		0.35	0.4	0.45	0.5	0.7	0.8	1	1.25	1.5	1.75
n	公称	0.25	0.25	0.4	0.4	0.6	0.8	1	1.2	1.6	2
t	max	0.74	0.84	0.95	1.05	1.42	1.63	2	2.5	3	3.6
	min	0.56	0.64	0.72	0.8	1.12	1.28	1.6	2	2.4	2.8
d_t	max	0.16	0.2	0.25	0.3	0.4	0.5	1.5	2	2.5	3
d_p	max	0.8	1	1.5	2	2.5	3.5	4	5.5	7	8.5
z	max	1.05	1.25	1.5	1.75	2.25	2.75	3.25	4.3	5.3	6.3
l 范围（商品规格）	GB/T 71	2 ~ 8	3 ~ 10	3 ~ 12	4 ~ 16	6 ~ 20	8 ~ 25	8 ~ 30	10 ~ 40	12 ~ 50	14 ~ 60
	GB/T 75	2.5 ~ 8	3 ~ 10	4 ~ 12	5 ~ 16	6 ~ 20	8 ~ 25	8 ~ 30	10 ~ 40	12 ~ 50	14 ~ 60
	GB/T 73	2 ~ 8	2 ~ 10	2.5 ~ 12	3 ~ 16	4 ~ 20	5 ~ 25	6 ~ 30	8 ~ 40	10 ~ 50	12 ~ 60
公称长度 l 的系列		2,2.5,3,4,5,6,8,10,12,(14),16,20,25,30,35,40,45,50,(55),60									
技术条件	材料	性能等级			螺纹公差		产品等级		表面处理		
	钢	14H、22H			6g		A		氧化或镀锌钝化		

注：公称长度 l 中的（14）、（55）规格尽可能不采用。

表 14-15　吊环螺钉（摘自 GB/T 825—1988）（单位：mm）

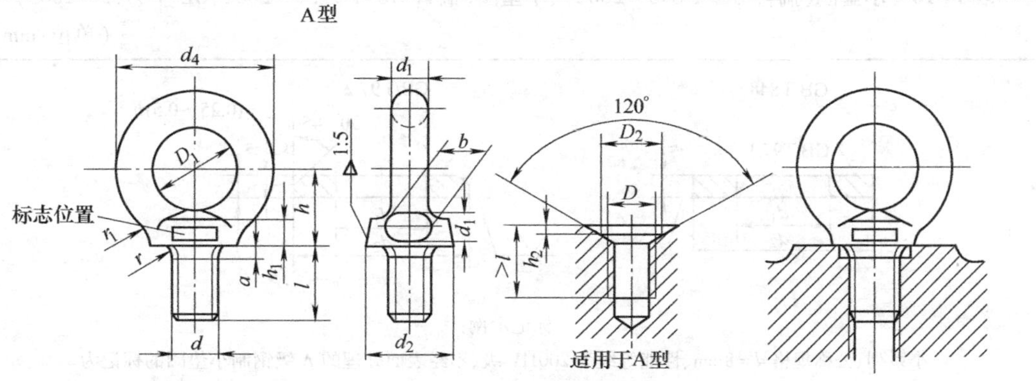

标记示例：

螺纹规格 M20、材料为 20 钢、经正火处理、不经表面处理的 A 型吊环螺钉的标记为

螺钉　GB/T 825—1988　M20

（续）

规格 $d(D)$		M8	M10	M12	M16	M20	M24	M30	M36
d_1	max	9.1	11.1	13.1	15.2	17.4	21.4	25.7	30
D_1	公称	20	24	28	34	40	48	56	67
d_2	max	21.1	25.1	29.1	35.2	41.4	49.4	57.7	69
h_1	max	7	9	11	13	15.1	19.1	23.2	27.4
h		18	22	26	31	36	44	53	63
d_4	参考	36	44	52	62	72	88	104	123
r_1		4	4	6	6	8	12	15	18
r	min	1	1	1	1	1	2	2	3
l	公称	16	20	22	28	35	40	45	55
a	max	2.5	3	3.5	4	5	6	7	8
b		10	12	14	16	19	24	28	32
D_2	min	13	15	17	22	28	32	38	45
h_2	min	2.5	3	3.5	4.5	5	7	8	9.5
单螺钉起吊重量/t	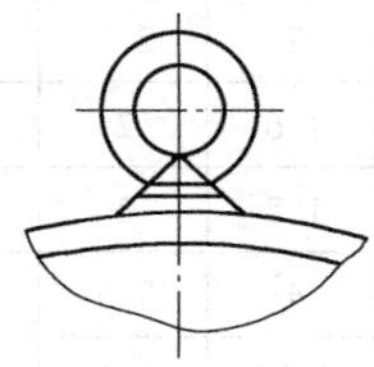	0.16	0.25	0.4	0.63	1	1.6	2.5	4
双螺钉起吊重量/t	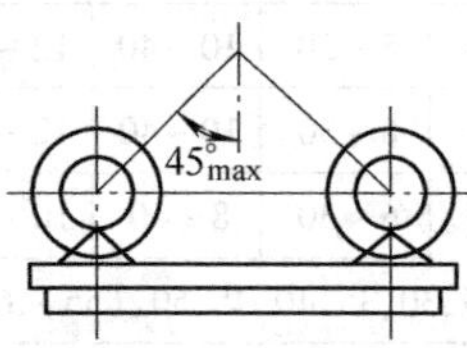	0.08	0.125	0.2	0.32	0.5	0.8	1.25	2

注：1. 材料为20钢或25钢。

2. d 为商品规格。

（4）垫圈

表14-16　小垫圈（摘自GB/T 848—2002）、平垫圈（摘自GB/T 97.1—2002、GB/T 97.2—2002）

（单位：mm）

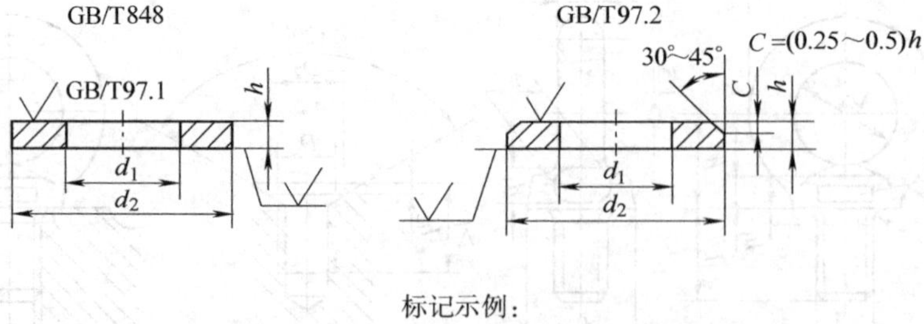

标记示例：

小系列、公称规格 $d=8$mm、性能等级为200HV级、不经表面处理的A级钢制小垫圈的标记为

垫圈　GB/T 848—2002　8

标准系列、公称规格 $d=8$mm、性能等级为200HV级、不经表面处理的A级钢制倒角型平垫圈的标记为

垫圈　GB/T 97.2—2002　8

（续）

公称规格（螺纹大径 d）		1.6	2	2.5	3	4	5	6	8	10	12	(14)	16	(18)	20	(22)	24	(27)	30	36
d_1	GB/T 848	1.7	2.2	2.7	3.2	4.3	5.3	6.4	8.4	10.5	13	15	17	19	21	23	25	28	31	37
	GB/T 97.1																			
	GB/T 97.2	—	—	—	—	—														
d_2	GB/T 848	3.5	4.5	5	6	8	9	11	15	18	20	24	28	30	34	37	39	44	50	60
	GB/T 97.1	4	5	6	7	9	10	12	16	20	24	28	30	34	37	39	44	50	56	66
	GB/T 97.2	—	—	—	—	—														
h	GB/T 848	0.3	0.3	0.5	0.5	0.5	1	1.6	1.6	1.6	2	2.5	2.5	3	3	3	4	4	4	5
	GB/T 97.1					0.8				2	2.5		3							
	GB/T 97.2	—	—	—	—	—														
R_a /μm	GB/T 848	1.6		3.2																
	GB/T 97.1			3.2					6.3											
	GB/T 97.2																			
技术条件		材料				性能等级						产品等级			表面处理					
		钢				200HV、300 HV(淬火并回火)						A			不经处理、镀锌钝化					

注：括号内为非优选规格。

表 14-17　标准型弹簧垫圈（摘自 GB/T 93—1987）、轻型弹簧垫圈（摘自 GB/T 859—1987）

（单位：mm）

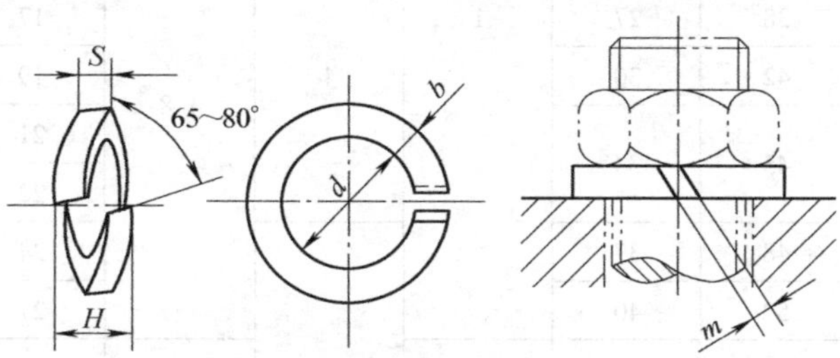

标记示例：

规格为 16mm、材料 65Mn、表面氧化的标准型弹簧垫圈的标记为

垫圈　GB/T 93—1987　16

规格（螺纹大径）			3	4	5	6	8	10	12	(14)	16	(18)	20	(22)	24	(27)	30	36
d		min	3.1	4.1	5.1	6.1	8.1	10.2	12.2	14.2	16.2	18.2	20.2	22.5	24.5	27.5	30.5	36.5
GB/T 93	$S(b)$	公称	0.8	1.1	1.3	1.6	2.1	2.6	3.1	3.6	4.1	4.5	5.0	5.5	6.0	6.8	7.5	9
	H	max	2	2.75	3.25	4	5.25	6.5	7.75	9	10.25	11.25	12.5	13.75	15	17	18.75	22.5
		min	1.6	2.2	2.6	3.2	4.2	5.2	6.2	7.2	8.2	9	10	11	12	13.6	15	18
	m	≤	0.4	0.55	0.65	0.8	1.05	1.3	1.55	1.8	2.05	2.25	2.5	2.75	3	3.4	3.75	4.5
GB/T 859	S	公称	0.6	0.8	1.1	1.3	1.6	2	2.5	3	3.2	3.6	4	4.5	5	5.5	6	—
	b	公称	1	1.2	1.5	2	2.5	3	3.5	4	4.5	5	5.5	6	7	8	9	—
	H	max	1.5	2	2.75	3.25	4	5	6.25	7.5	8	9	10	11.25	12.5	13.75	15	—
		min	1.2	1.6	2.2	2.6	3.2	4	5	6	6.4	7.2	8	9	10	11	12	—
	m	≤	0.3	0.4	0.55	0.65	0.8	1.0	1.25	1.5	1.6	1.8	2.0	2.25	2.5	2.75	3.0	—

注：括号内为非优选规格。

表 14-18 圆螺母用止动垫圈(摘自 GB/T 858—1988) (单位:mm)

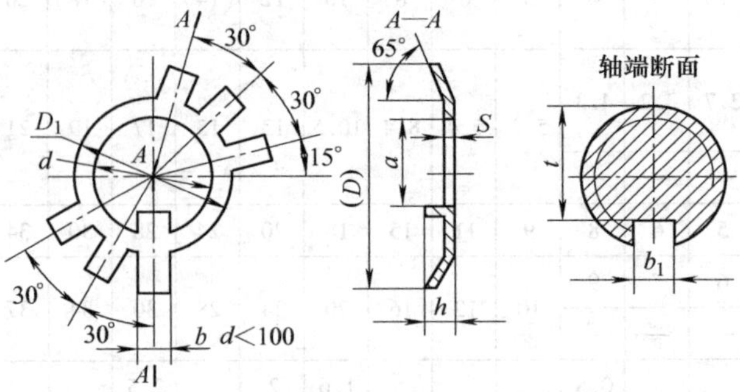

标记示例:

规格为 18、材料 Q235—A、经退火、表面氧化的圆螺母止动垫圈的标记为 垫圈 GB/T 858—1988 18

<table>
<tr><th rowspan="2">规格
(螺纹大径)</th><th rowspan="2">d</th><th rowspan="2">D
(参考)</th><th rowspan="2">D_1</th><th rowspan="2">S</th><th rowspan="2">h</th><th rowspan="2">b</th><th rowspan="2">a</th><th colspan="2">轴端</th></tr>
<tr><th>b_1</th><th>t</th></tr>
<tr><td>10</td><td>10.5</td><td>25</td><td>16</td><td rowspan="11">1</td><td rowspan="4">3</td><td rowspan="3">3.8</td><td>8</td><td rowspan="3">4</td><td>7</td></tr>
<tr><td>12</td><td>12.5</td><td>28</td><td>19</td><td>9</td><td>8</td></tr>
<tr><td>14</td><td>14.5</td><td>32</td><td>20</td><td>11</td><td>10</td></tr>
<tr><td>16</td><td>16.5</td><td>34</td><td>22</td><td rowspan="8">4.8</td><td>13</td><td rowspan="8">5</td><td>12</td></tr>
<tr><td>18</td><td>18.5</td><td>35</td><td>24</td><td rowspan="5">4</td><td>15</td><td>14</td></tr>
<tr><td>20</td><td>20.5</td><td>38</td><td>27</td><td>17</td><td>16</td></tr>
<tr><td>22</td><td>22.5</td><td>42</td><td>30</td><td>19</td><td>18</td></tr>
<tr><td>24</td><td>24.5</td><td rowspan="2">45</td><td rowspan="2">34</td><td>21</td><td>20</td></tr>
<tr><td>25*</td><td>25.5</td><td>22</td><td>—</td></tr>
<tr><td>27</td><td>27.5</td><td>48</td><td>37</td><td rowspan="11">5</td><td>24</td><td>23</td></tr>
<tr><td>30</td><td>30.5</td><td>52</td><td>40</td><td>27</td><td>26</td></tr>
<tr><td>33</td><td>33.5</td><td rowspan="2">56</td><td rowspan="2">43</td><td rowspan="13">1.5</td><td rowspan="6">5.7</td><td>30</td><td rowspan="6">6</td><td>29</td></tr>
<tr><td>35*</td><td>35.5</td><td>32</td><td>—</td></tr>
<tr><td>36</td><td>36.5</td><td>60</td><td>46</td><td>33</td><td>32</td></tr>
<tr><td>39</td><td>39.5</td><td rowspan="2">62</td><td rowspan="2">49</td><td>36</td><td>35</td></tr>
<tr><td>40*</td><td>40.5</td><td>37</td><td>—</td></tr>
<tr><td>42</td><td>42.5</td><td>66</td><td>53</td><td>39</td><td>38</td></tr>
<tr><td>45</td><td>45.5</td><td>72</td><td>59</td><td rowspan="7">7.7</td><td>42</td><td rowspan="7">8</td><td>41</td></tr>
<tr><td>48</td><td>48.5</td><td rowspan="2">76</td><td rowspan="2">61</td><td>45</td><td>44</td></tr>
<tr><td>50*</td><td>50.5</td><td>47</td><td>—</td></tr>
<tr><td>52</td><td>52.5</td><td rowspan="2">82</td><td rowspan="2">67</td><td rowspan="4">6</td><td>49</td><td>48</td></tr>
<tr><td>55*</td><td>56</td><td>52</td><td>—</td></tr>
<tr><td>56</td><td>57</td><td>90</td><td>74</td><td>53</td><td>52</td></tr>
<tr><td>60</td><td>61</td><td>94</td><td>79</td><td>57</td><td>56</td></tr>
</table>

（续）

规格 （螺纹大径）	d	D （参考）	D_1	S	h	b	a	轴端 b_1	轴端 t
64	65	100	84	1.5	6	7.7	61	8	60
65*	66						62		—
68	69	105	88				65		64
72	73	110	93		7	9.6	69	10	68
75*	76						71		—
76	77	115	98				72		70
80	81	120	103				76		74
85	86	125	108				81		79

注：1. 表中带“*”者仅用于滚动轴承锁紧装置。

2. 材料：Q215—A、Q235—A、10 钢、15 钢。

第二节　挡　　圈

表 14-19　轴肩挡圈（摘自 GB/T 886—1986）　　（单位：mm）

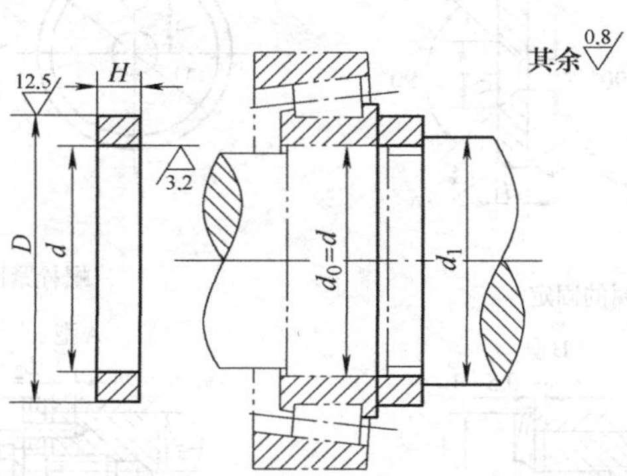

标记示例：

公称直径 $d=30$mm、外径 $D=40$mm、材料为 35 钢、不经热处理及表面处理的轴肩挡圈的标记为

挡圈　GB/T 886—1986　30×40

			20	25	30	35	40	45	50	55	60	65	70	75	80	85	90	95	100
公称直径 d	基本尺寸		20	25	30	35	40	45	50	55	60	65	70	75	80	85	90	95	100
	极限偏差		$^{+0.13}_{0}$			$^{+0.16}_{0}$				$^{+0.19}_{0}$					$^{+0.22}_{0}$				
$d_1 \geqslant$			22	27	32	37	42	47	52	58	63	68	73	78	83	88	93	98	103
2 系列径向轴承用	D		—	—	36	42	47	52	58	65	70	75	80	85	90	95	100	110	115
	H	基本尺寸	—	—	4					5					6				8
		极限偏差	—	—	$^{0}_{-0.30}$														$^{0}_{-0.36}$

（续）

3 系列径向轴承和 2 系列角接触轴承用		*D*	27	32	38	45	50	55	60	68	72	78	83	88	95	100	105	110	115
	H	基本尺寸	4							5					6				8
		极限偏差	0 -0.30																0 -0.36
4 系列径向轴承和 3 系列角接触轴承用		*D*	30	35	40	47	52	58	65	70	75	80	85	90	100	105	110	115	120
	H	基本尺寸	5					6						8					10
		极限偏差	0 -0.30											0 -0.36					

表 14-20　轴端挡圈

螺钉紧固轴端挡圈（摘自 GB/T891—1986）、螺栓紧固轴端挡圈（摘自 GB/T 892—1986）

（单位：mm）

GB/T 891　　　　GB/T 892

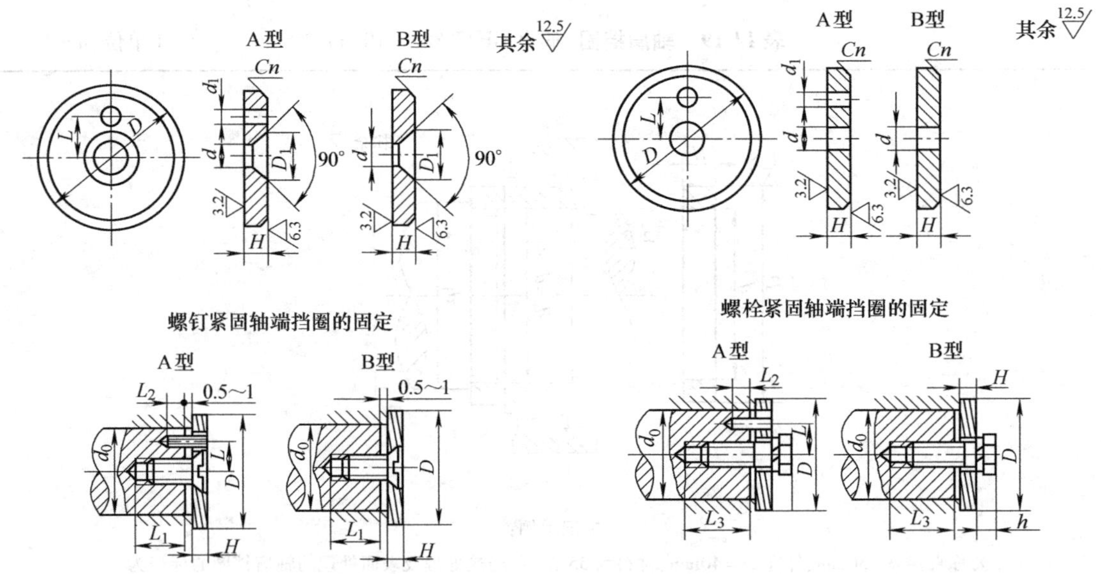

标记示例：

公称直径 $D=45$mm、材料为 Q235—A、不经表面处理的 A 型螺钉紧固轴端挡圈的标记为

挡圈 GB/T 891—1986　45

公称直径 $D=45$mm、材料为 Q235—A、不经表面处理的 B 型螺钉紧固轴端挡圈的标记为

挡圈 GB/T 891—1986　B45

（续）

轴径 $d_0 \leqslant$		14	16	18	20	22	25	28	30	32	35	40	45	50	55	60	65	70	75	85
公称直径 D		20	22	25	28	30	32	35	38	40	45	50	55	60	65	70	75	80	90	100
H	基本尺寸	4					5					6							8	
	极限偏差	0 -0.30																	0 -0.36	
L	基本尺寸	—	—	—	7.5		10			12			16			20			25	
	极限偏差	—	—	—	±0.11					±0.135						±0.165				
d		5.5					6.6					9							13	
d_1		2.1					3.2					4.2							5.2	
n		0.5					1					1.5							2	
螺钉紧固轴端挡圈	D_1	11					13					17							25	
	螺钉 GB/T 819.1（推荐）	M5×12					M6×16					M8×20							M12×25	
	圆柱销 GB/T 119.1（推荐）	A2×10					A3×12					A4×14							A5×16	
螺栓紧固轴端挡圈	螺栓 GB/T 5783（推荐）	M5×16					M6×20					M8×25							M12×30	
	圆柱销 GB/T 119.1（推荐）	A2×10					A3×12					A4×14							A5×16	
	垫圈GB/T 93（推荐）	5					6					8							12	
安装尺寸（参考）	L_1	14					18					22							26	
	L_2	6					7					8							10	
	L_3	16					20					24							28	
	h	4.8					5.6					7.4							10.6	

注：1. 当挡圈装在带螺纹孔轴端时，紧固用螺钉允许加长。

2. 材料为 Q235—A，35 钢，45 钢。

3. 轴端挡圈的固定不属 GB/T 891—1986、GB/T 892—1986，仅供参考。

表 14-21　孔用弹性挡圈—A 型（摘自 GB/T 893.1—1986）　　（单位：mm）

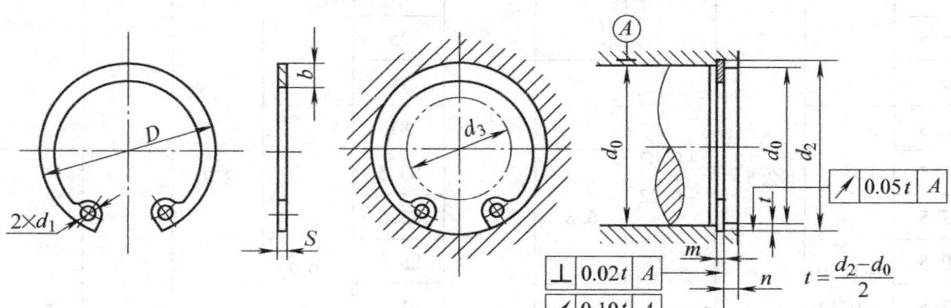

标记示例：

孔径 $d_0=50$mm、材料 65Mn、热处理硬度 44～51HRC、经表面氧化处理的 A 型孔用弹性挡圈的标记为

挡圈　GB/T 893.1—1986　50

（续）

孔径 d_0	挡圈 D 基本尺寸	D 极限偏差	S 基本尺寸	S 极限偏差	$b\approx$	d_1	沟槽(推荐) d_2 基本尺寸	d_2 极限偏差	m 基本尺寸	m 极限偏差	$n\geqslant$	允许套入轴径 $d_3\leqslant$
32	34.4	+0.50 -0.30	1.2	+0.05 -0.13	3.2	2.5	33.7	+0.25 0	1.3	+0.14 0	2.6	20
34	36.5		1.5	+0.06 -0.15	3.6		35.7		1.7			22
35	37.8						37				3	23
36	38.8						38					24
37	39.8						39					25
38	40.8						40					26
40	43.5	+0.90 -0.39			4		42.5				3.8	27
42	45.5						44.5					29
45	48.5				4.7	3	47.5					31
47	50.5	+1.10 -0.46					49.5					32
48	51.5						50.5	+0.3 0				33
50	54.2		2	+0.06 -0.18			53		2.2		4.5	36
52	56.2						55					38
55	59.2				5.2		58					40
56	60.2						59					41
58	62.2						61					43
60	64.2						63					44
62	66.2						65					45
63	67.2						66					46
65	69.2		2.5	+0.07 -0.22			68		2.7			48
68	72.5				5.7		71					50
70	74.5						73					53
72	76.5						75					55
75	79.5				6.3		78					56
78	82.5	+1.30 -0.54					81	+0.35 0			5.3	60
80	85.5				6.8		83.5					63
82	87.5						85.5					65
85	90.5						88.5					68
88	93.5				7.3		91.5					70
90	95.5						63.5					72
92	97.5				7.7		95.5					73
95	100.5						98.5					75

（续）

孔径 d_0	挡圈						沟槽(推荐)					允许套入轴径 $d_3 \leqslant$
	D		S		$b \approx$	d_1	d_2		m		$n \geqslant$	
	基本尺寸	极限偏差	基本尺寸	极限偏差			基本尺寸	极限偏差	基本尺寸	极限偏差		
98	103.5	+1.30 -0.54	2.5	+0.07 -0.22	7.7	3	101.5	+0.35 0	2.7	+0.14 0	5.3	78
100	105.5						103.5					80
102	108		3		8.1	4	106	+0.54 0	3.2	+0.18 0	6	82
105	112						109					83
108	115				8.8		112					86
110	117						114					88
112	119				9.3		116					89
115	122	+1.50 -0.63					119					90
120	127						124	+0.63 0				95
125	132				10		129					100
130	137						134					105
135	142				10.7		139					110
140	147						144					115
145	152				10.9		149					118
150	156						155				7.5	121
155	164				11.6		160					125
160	169						165					130

注：材料65M_n（GB/T 699—1999）、60Si2M_nA（GB/T 1222—1984），热处理硬度：$d_0 \leqslant 48$mm时，47～54HRC；当$d_0 > 48$mm时，44～51HRC。

表14-22　轴用弹性挡圈—A型（摘自GB/T 894.1—1986）　　（单位：mm）

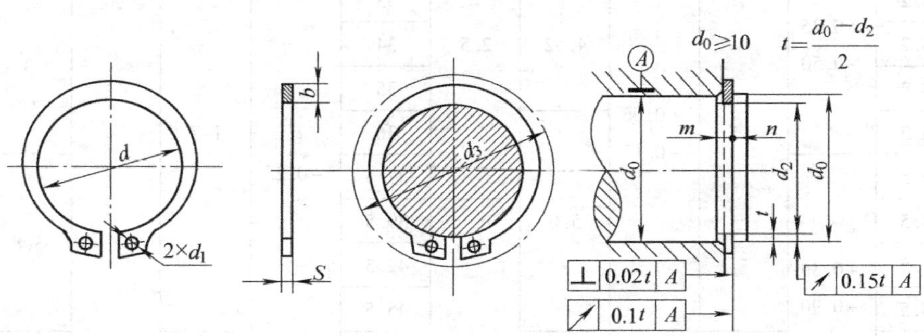

标记示例：

轴径d_0=50mm、材料65Mn、热处理硬度44～51HRC、经表面氧化处理的A型轴用弹性挡圈的标记为

挡圈 GB/T 894.1—1986　50

（续）

轴径 d_0	挡圈						沟槽（推荐）					允许套入孔径 $d_3 \leqslant$
	d		S		$b \approx$	d_1	d_2		m		$n \geqslant$	
	基本尺寸	极限偏差	基本尺寸	极限偏差			基本尺寸	极限偏差	基本尺寸	极限偏差		
11	10.2	+0.10 -0.36	1	+0.05 -0.13	1.52	1.5	10.5	0 -0.11	1.1	+0.14 0	0.8	18.6
12	11				1.72		11.5					19.6
13	11.9				1.88	1.7	12.4				0.9	20.6
14	12.9						13.4					22
15	13.8				2.00		14.3				1.1	23.2
16	14.7				2.32		15.2				1.2	24.4
17	15.7				2.48		16.2					25.6
18	16.5						17				1.5	27
19	17.5					2	18					28
20	18.5	+0.13 -0.42			2.68		19	0 -0.13				29
21	19.5						20					31
22	20.5						21					32
24	22.2	+0.21 -0.42	1.2		3.32		22.9	0 -0.21	1.3		1.7	34
25	23.2						23.9					35
26	24.2						24.9					36
28	25.9				3.60		26.6				2.1	38.4
29	26.9				3.72		27.6					39.8
30	27.9						28.6					42
32	29.6				3.92	2.5	30.3	0 -0.25			2.6	44
34	31.5	+0.25 -0.50	1.5	+0.06 -0.15	4.32		32.3		1.7			46
35	32.2				4.52		33				3	48
36	33.2						34					49
37	34.2						35					50
38	35.2				5.0		36					51
40	36.5	+0.39 -0.90					37.5				3.8	53
42	38.5					3	39.5					56
45	41.5						42.5					59.4
48	44.5						45.5					62.8
50	45.8		2	+0.06 -0.18	5.48		47		2.2		4.5	64.8
52	47.8						49					67
55	50.8	+0.46 -1.10					52	0 -0.30				70.4
56	51.8				6.12		53					71.7
58	53.8						55					73.6

（续）

轴径 d_0	挡圈						沟槽(推荐)					允许套入孔径 $d_3 \leqslant$
	d		S		$b \approx$	d_1	d_2		m		$n \geqslant$	
	基本尺寸	极限偏差	基本尺寸	极限偏差			基本尺寸	极限偏差	基本尺寸	极限偏差		
60	55.8	+0.46 -1.10	2	+0.06 -0.18	6.12	3	57	0 -0.30	2.2	+0.14 0	4.5	75.8
62	57.8						59					79
63	58.8		2.5	+0.07 -0.22			60		2.7			79.6
65	60.8						62					81.6
68	63.5				6.32		65					85
70	65.5						67					87.2
72	67.5						69					89.4
75	70.5						72					92.8
78	73.5						75					96.2
80	74.5				7.0		76.5				5.3	98.2
82	76.5						78.5					101
85	79.5						81.5					104
88	82.5	+0.54 -1.30					84.5	0 -0.35				107.3
90	84.5				7.6		86.5					110
95	89.5				9.2		91.5					115
100	94.5						96.5					121

注：材料65Mn(GB/T 699—1999)、60Si2MnA(GB/T 1222—1984)，热处理硬度：$d_0 \leqslant 48$mm时，47～54HRC；当$d_0 > 48$mm时，44～51HRC。

第三节 键与销

表 14-23 普通平键

键的形式和尺寸(摘自GB/T 1096—2003)、键和键槽的剖面尺寸(摘自GB/T 1095—2003)

(单位：mm)

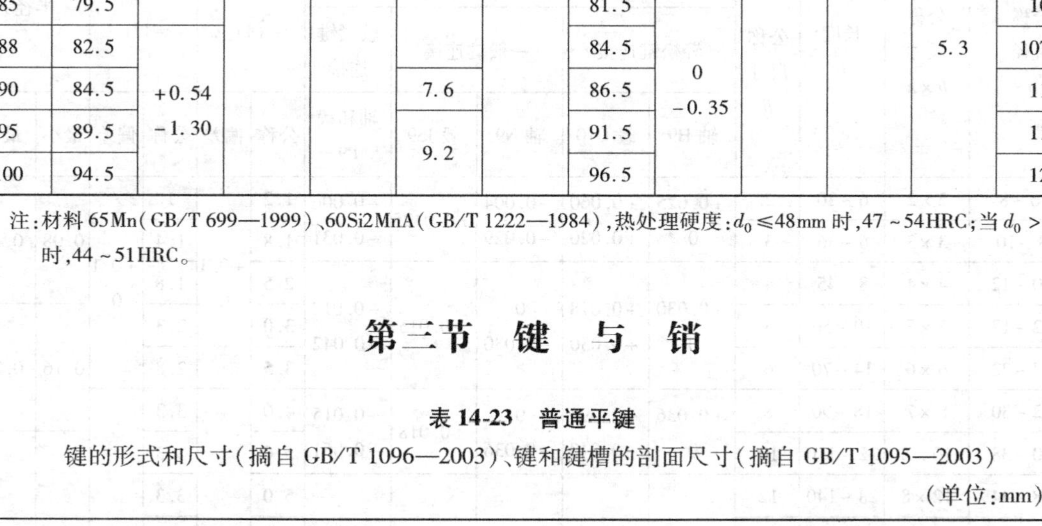

（续）

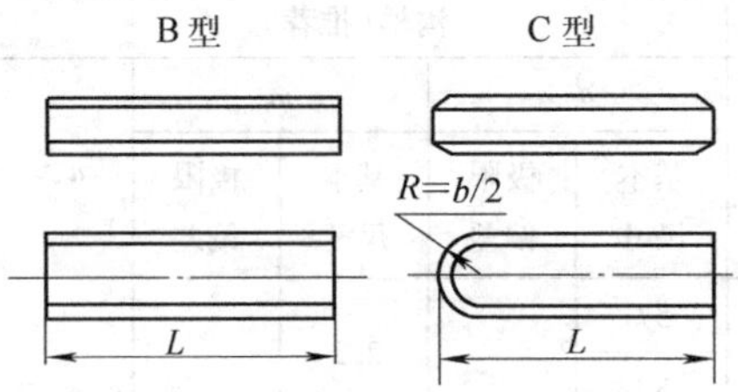

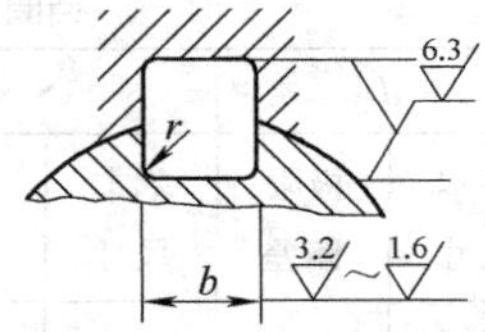

标记示例：

A 型、$b=16\text{mm}$、$h=10\text{mm}$、$L=100\text{mm}$ 的圆头普通平键的标记为

键 16×100　GB/T 1096

B 型、$b=16\text{mm}$、$h=10\text{mm}$、$L=100\text{mm}$ 的平头普通平键的标记为

键 B16×100　GB/T 1096

C 型、$b=16\text{mm}$、$h=10\text{mm}$、$L=100\text{mm}$ 的单头普通平键的标记为

键 C16×100　GB/T 1096

轴	键		键槽											
			宽度 b						深度				半径 r	
				极限偏差					轴 t		毂 t_1			
公称直径 d	公称尺寸 $b\times h$	长度 L	公称尺寸 b	轻松键连接		一般键连接		较紧键连接						
				轴 H9	毂 D10	轴 N9	毂 JS9	轴和毂 P9	公称	偏差	公称	偏差	最小	最大
自 6~8	2×2	6~20	2	+0.025 0	+0.060 +0.020	−0.004 −0.029	±0.0125	−0.006 −0.031	1.2	+0.1 0	1	+0.1 0	0.08	0.16
>8~10	3×3	6~36	3						1.8		1.4			
>10~12	4×4	8~45	4	+0.030 0	+0.078 +0.030	0 −0.030	±0.015	−0.012 −0.042	2.5		1.8			
>12~17	5×5	10~56	5						3.0		2.3		0.16	0.25
>17~22	6×6	14~70	6						3.5		2.8			
>22~30	8×7	18~90	8	+0.036 0	+0.098 +0.040	0 −0.036	±0.018	−0.015 −0.051	4.0	+0.2 0	3.3	+0.2 0	0.25	0.40
>30~38	10×8	22~110	10						5.0		3.3			
>38~44	12×8	28~140	12	+0.043 0	+0.120 +0.050	0 −0.043	±0.0215	−0.018 −0.061	5.0		3.3			
>44~50	14×9	36~160	14						5.5		3.8			
>50~58	16×10	45~180	16						6.0		4.3			
>58~65	18×11	50~200	18						7.0		4.4			
>65~75	20×12	56~220	20	+0.052 0	+0.149 +0.065	0 −0.052	±0.026	−0.022 −0.074	7.5		4.9		0.40	0.60
>75~85	22×14	63~250	22						9.0		5.4			
>85~95	25×14	70~280	25						9.0		5.4			
>95~110	28×16	80~320	28						10.0		6.4			
L 系列	6~22（2 进位），25，28，32，36，40，45，50，56，63，70，80，90，100，110，125，140，160，180，200，220，250，280，320，360，400，450，500。													

注：1. $(d-t)$ 和 $(d+t_1)$ 两组组合尺寸的极限偏差按相应的 t 和 t_1 的极限偏差选取，但 $(d-t)$ 极限偏差的值应取负号“−”。

2. 平键的常用材料为 45 钢。

表 14-24　圆柱销(摘自 GB/T 119.1—2000)、**圆锥销**(摘自 GB/T117—2000)

(单位:mm)

GB/T 119.1　　　　　　　　GB/T117

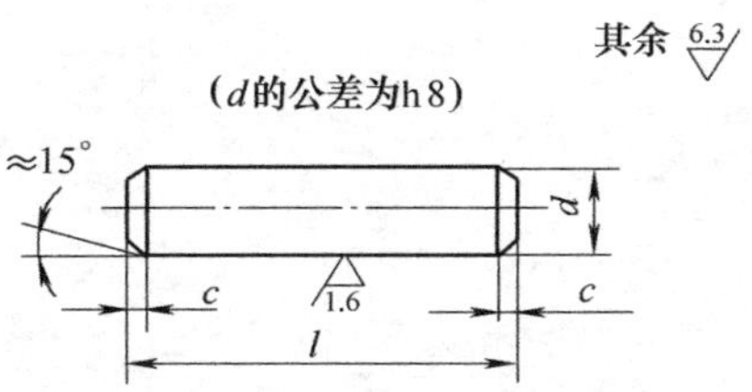

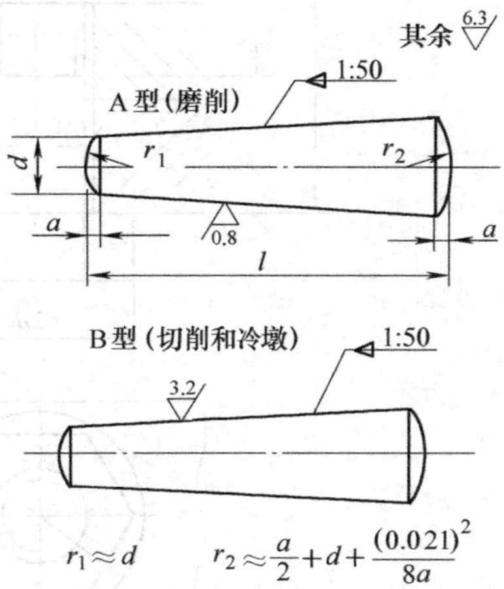

标记示例:

公称直径 $d=6$mm、公差为 m6、公称长度 $l=30$mm、材料为钢、不经淬火、不经表面处理的圆柱销的标记为

销 GB/T 119.1—2000　6 m6 ×30

公称直径 $d=6$mm、长度 $l=30$mm、材料为 35 钢、热处理硬度 28 ~ 38HRC、表面氧化处理的 A 型圆锥销的标记为

销　GB/T 117—2000　6 ×30

公称直径 d		2	3	4	5	6	8	10	12	16	20	25	30
圆柱销	l 商品规格范围	6 ~ 20	8 ~ 30	8 ~ 40	10 ~ 50	12 ~ 60	14 ~ 85	18 ~ 95	22 ~ 140	26 ~ 180	35 ~ 200	50 ~ 200	60 ~ 200
	$c\approx$	0.35	0.50	0.63	0.80	1.2	1.6	2.0	2.5	3.0	3.5	4.0	5.0
圆锥销	l 商品规格范围	10 ~ 35	12 ~ 45	14 ~ 55	18 ~ 60	22 ~ 90	22 ~ 120	26 ~ 160	32 ~ 180	40 ~ 200	45 ~ 200	50 ~ 200	55 ~ 200
	$a\approx$	0.25	0.40	0.5	0.63	0.80	1.0	1.2	1.6	2.0	2.5	3.0	4.0
l 系列公称		6,8, 10,12, 14,16,18,20,22,24,26,28,30,32,35 ~ 100(5 进位),120,140,160,180,200											

注:1. 材料为 35 钢、45 钢。

2. 圆柱销公称直径 d 的公差为 m6($R_a \leqslant 0.8\mu m$) 和 h8($R_a \leqslant 1.6\mu m$);圆锥销公称直径 d 的公差为 h10。

第四节　螺纹联接的简化画法

1. 螺栓联接的简化画法

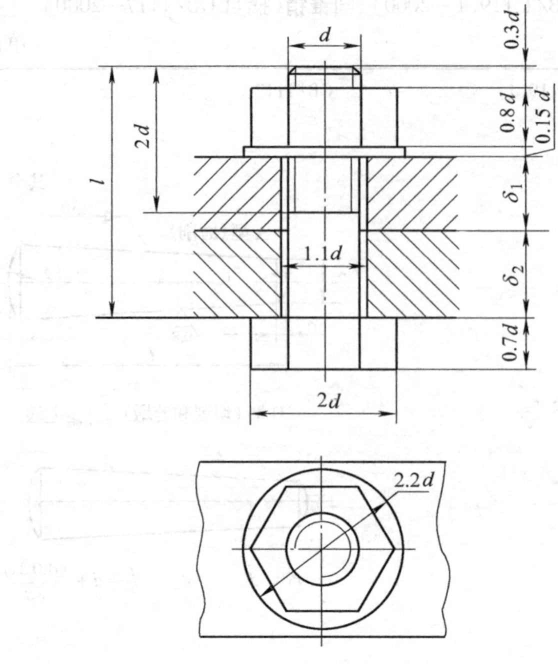

图 14-1　螺栓联接的简化画法

2. 螺钉联接的简化画法

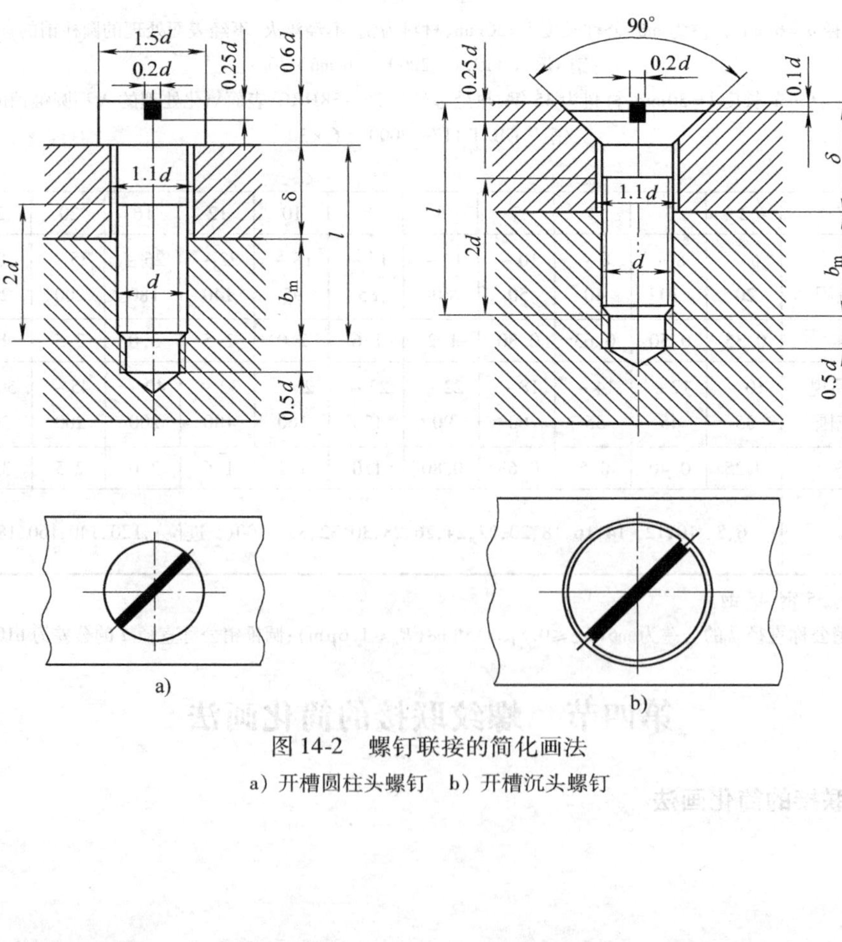

图 14-2　螺钉联接的简化画法

a）开槽圆柱头螺钉　b）开槽沉头螺钉

第十五章 滚动轴承

第一节 常用滚动轴承的主要尺寸和性能

表 15-1 深沟球轴承（摘自 GB/T276—1994）

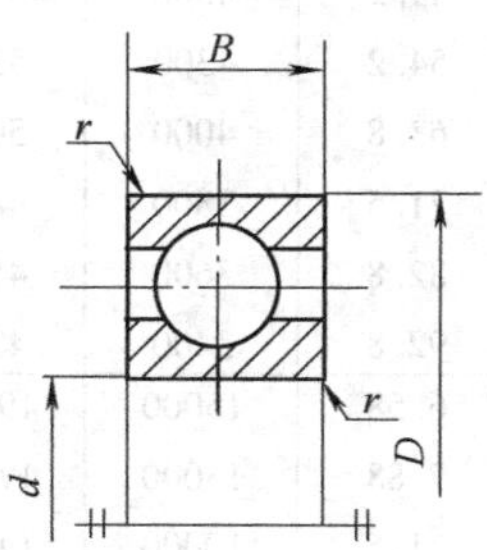

60000 型

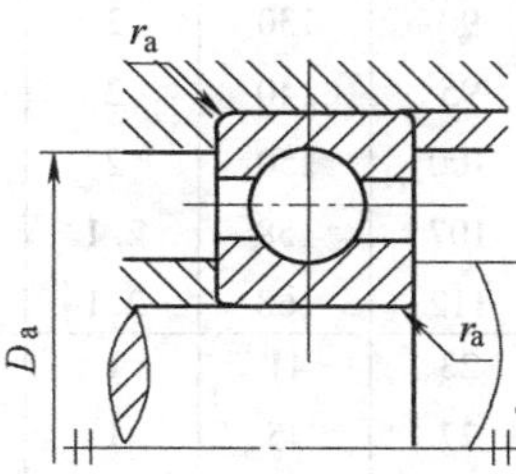

安装尺寸

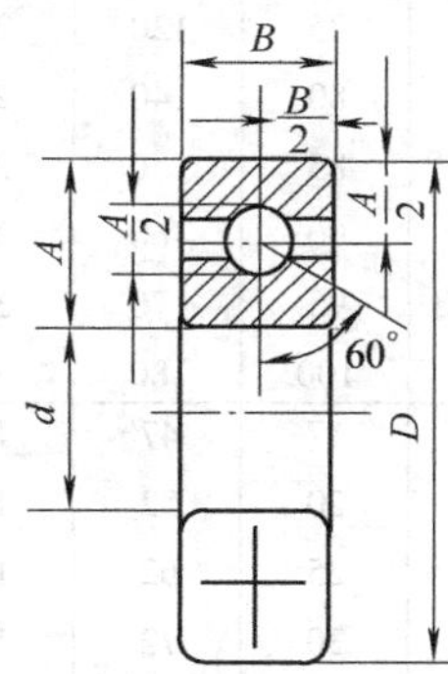

规定画法

标记示例：滚动轴承 6208 GB/T297—1994

F_a/C_{0r}	e	Y	径向当量动载荷	径向当量静载荷
0.014	0.19	2.30	当 $F_a/F_r \leqslant e, P_r = F_r$ 当 $F_a/F_r > e, P_r = 0.56F_r + YF_a$	$P_{0r} = F_r$ $P_{0r} = 0.6F_r + 0.5F_a$ 取上列两式计算结果的较大值
0.028	0.22	1.99		
0.056	0.26	1.71		
0.084	0.28	1.55		
0.11	0.30	1.45		
0.17	0.34	1.31		
0.28	0.38	1.15		
0.42	0.42	1.04		
0.56	0.44	1.00		

轴承型号	基本尺寸/mm				安装尺寸/mm			基本额定载荷/kN		极限转速(r/min)	
	d	D	B	r min	d_a min	D_a max	r_a max	动载荷 C_r	静载荷 C_{0r}	脂润滑	油润滑
6203	17	40	12	0.6	22	35	0.6	9.58	4.78	16000	20000
6204	20	47	14	1	26	41	1	12.8	6.65	14000	18000
6205	25	52	15	1	31	46	1	14.0	7.88	12000	16000
6206	30	62	16	1	36	56	1	19.5	11.5	9500	13000
6207	35	72	17	1.1	42	65	1	25.5	15.2	8500	11000
6208	40	80	18	1.1	47	73	1	29.5	18.0	8000	10000

（续）

轴承型号	基本尺寸/mm				安装尺寸/mm			基本额定载荷/kN		极限转速(r/min)	
	d	D	B	r min	d_a min	D_a max	r_a max	动载荷 C_r	静载荷 C_{0r}	脂润滑	油润滑
6209	45	85	19	1.1	52	78	1	31.5	20.5	7000	9000
6210	50	90	20	1.1	57	83	1	35.0	23.2	6700	8500
6211	55	100	21	1.5	64	91	1.5	43.2	29.2	6000	7500
6212	60	110	22	1.5	69	101	1.5	47.8	32.8	5600	7000
6213	65	120	23	1.5	74	111	1.5	57.2	40.0	5000	6300
6214	70	125	24	1.5	79	116	1.5	60.8	45.0	4800	6000
6215	75	130	25	1.5	84	121	1.5	66.0	49.5	4500	5600
6216	80	140	26	2	90	130	2	71.5	54.2	4300	5300
6217	85	150	28	2	95	140	2	83.2	63.8	4000	5000
6218	90	160	30	2	100	150	2	95.8	71.5	3800	4800
6219	95	170	32	2.1	107	158	2.1	110	82.8	3600	4500
6220	100	180	34	2.1	112	168	2.1	122	92.8	3400	4300
6303	17	47	14	1	23	41	1	13.5	6.58	15000	19000
6304	20	52	15	1.1	27	45	1	15.8	7.88	13000	17000
6305	25	62	17	1.1	32	55	1	22.2	11.5	10000	14000
6306	30	72	19	1.1	37	65	1	27.0	15.2	9000	12000
6307	35	80	21	1.5	44	71	1.5	33.2	19.2	8000	10000
6308	40	90	23	1.5	49	81	1.5	40.8	24.0	7000	9000
6309	45	100	25	1.5	54	91	1.5	52.8	31.8	6300	8000
6310	50	110	27	2	60	100	2	61.8	38.0	6000	7500
6311	55	120	29	2	65	110	2	71.5	44.8	5600	6700
6312	60	130	31	2.1	72	118	2.1	81.8	51.8	5300	6300
6313	65	140	33	2.1	77	128	2.1	93.8	60.5	4500	5600
6314	70	150	35	2.1	82	138	2.1	105	68.0	4300	5300
6315	75	160	37	2.1	87	148	2.1	112	76.8	4000	5000
6316	80	170	39	2.1	92	158	2.1	122	86.5	3800	4800
6317	85	180	41	3	99	166	2.5	132	96.5	3600	4500
6318	90	190	43	3	104	176	2.5	145	108	3400	4300
6319	95	200	45	3	109	186	2.5	155	122	3200	4000
6320	100	215	47	3	114	201	2.5	172	140	2800	3600
6403	17	62	17	1.1	24	55	1	22.5	10.8	11000	15000
6404	20	72	19	1.1	27	65	1	31.0	15.2	9500	13000
6405	25	80	21	1.5	34	71	1.5	38.2	19.2	8500	11000
6406	30	90	23	1.5	39	81	1.5	47.5	24.5	8000	10000
6407	35	100	25	1.5	44	91	1.5	56.8	29.0	6700	8500
6408	40	110	27	2	50	100	2	65.5	37.5	6300	8000
6409	45	120	29	2	55	110	2	75.5	45.5	5600	7000
6410	50	130	31	2.1	62	118	2.1	92.2	55.2	5200	6500
6411	55	140	33	2.1	67	128	2.1	100	62.5	4800	6000
6412	60	150	35	2.1	72	138	2.1	108	70.0	4500	5600
6413	65	160	37	2.1	77	148	2.1	118	78.5	4300	5300
6414	70	180	42	3	84	166	2.5	140	99.5	3800	4800

（续）

轴承型号	基本尺寸/mm				安装尺寸/mm			基本额定载荷/kN		极限转速（r/min）	
	d	D	B	r min	d_a min	D_a max	r_a max	动载荷 C_r	静载荷 C_{0r}	脂润滑	油润滑
6415	75	190	45	3	89	176	2.5	155	115	3600	4500
6416	80	200	48	3	94	186	2.5	162	125	3400	4300
6417	85	210	52	4	103	192	3	175	138	3200	4000
6418	90	225	54	4	108	207	3	192	158	2800	3600
6420	100	250	58	4	118	232	3	222	195	2400	3200

注：1. 后缀带 E 为加强型圆柱滚子轴承，应优先选用。

2. r_{min}分别为 r 的单向最小倒角尺寸；$r_{a\,max}$分别为 r_a 的单向最大倒角尺寸。

表 15-2　圆柱滚子轴承（摘自 GB/T283—1994）

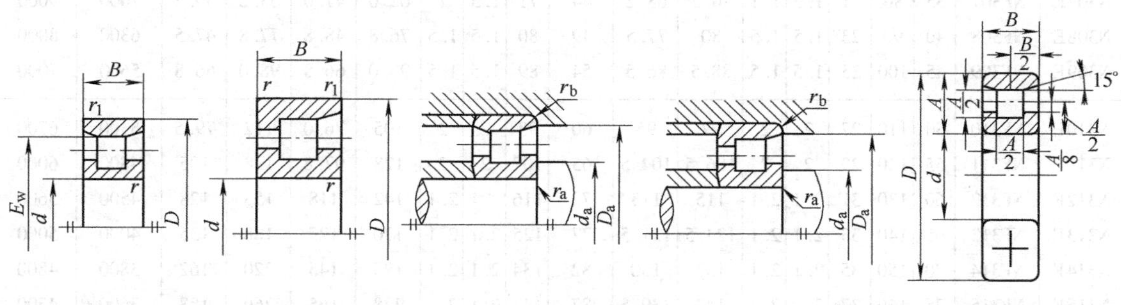

N0000 型　　NF0000 型　　安装尺寸　　规定画法

标记示例：滚动轴承 N206E　GB/T283—1994

径向当量动载荷		径向当量静载荷
$P=F_r$	对轴向承载的轴承（NF 型 1、3 系列） $P_r=F_r+0.3F_a(0\leqslant F_a/F_r\leqslant 0.12)$ $P_r=0.94F_r+0.8F_a(0.12<F_a/F_r\leqslant 0.3)$	$P_{0r}=F_r$

轴承型号		基本尺寸/mm							安装尺寸/mm				基本额定载荷/kN				极限转速/（r/min）	
		d	D	B	r min	r_1 min	E_W N 型	E_W NF 型	d_a min	D_a min	r_a max	r_b max	动载荷 C_r N 型	动载荷 C_r NF 型	静载荷 C_{0r} N 型	静载荷 C_{0r} NF 型	脂润滑	油润滑
N204E	NF204	20	47	14	1	0.6	41.4	40	25	42	1	0.6	25.8	12.5	24.0	11.0	12000	16000
N205E	NF205	25	52	15	1	0.6	46.5	45	30	47	1	0.6	27.5	14.2	26.8	12.8	11000	14000
N206E	NF206	30	62	16	1	0.6	55.5	53.5	36	56	1	0.6	36.0	19.5	35.5	18.2	8500	11000
N207E	NF207	35	72	17	1.1	0.6	64	61.8	42	64	1	0.6	46.5	28.5	48.0	28.0	7500	9500
N208E	NF208	40	80	18	1.1	1.1	71.5	70	47	72	1	1	51.5	37.5	53.0	38.2	7000	9000
N209E	NF209	45	85	19	1.1	1.1	76.5	75	52	77	1	1	58.5	39.8	63.8	41.0	6300	8000
N210E	NF210	50	90	20	1.1	1.1	81.5	80.4	57	83	1	1	61.2	43.2	69.2	48.5	6000	7500
N211E	NF211	55	100	21	1.5	1.1	90	88.5	64	90	1.5	1	80.2	52.8	95.5	60.2	5300	6700
N212E	NF212	60	110	22	1.5	1.5	100	97	69	100	1.5	1.5	89.8	62.8	102	73.5	5000	6300
N213E	NF213	65	120	23	1.5	1.5	108.5	105.5	74	108	1.5	1.5	102	73.2	118	87.5	4500	5600
N214E	NF214	70	125	24	1.5	1.5	113.5	110.5	79	114	1.5	1.5	112	73.2	135	87.5	4300	5300
N215E	NF215	75	130	25	1.5	1.5	118.5	118.3	84	120	1.5	1.5	125	89.0	155	110	4000	5000

（续）

轴承型号		基本尺寸/mm							安装尺寸/mm				基本额定载荷/kN				极限转速/（r/min）	
		d	D	B	r	r_1	E_W		d_a	D_a	r_a	r_b	动载荷 C_r		静载荷 C_{0r}		脂润滑	油润滑
					min		N 型	NF 型	min		max		N 型	NF 型	N 型	NF 型		
N216E	NF216	80	140	26	2	2	127.3	125	90	128	2	2	132	102	165	125	3800	4800
N217E	NF217	85	150	28	2	2	136.5	135.5	95	137	2	2	158	115	192	145	3600	4500
N218E	NF218	90	160	30	2	2	145	143	100	146	2	2	172	142	215	178	3400	4300
N219E	NF219	95	170	32	2.1	2.1	154.5	151.5	107	155	2.1	2.1	208	152	262	190	3200	4000
N220E	NF220	100	180	34	2.1	2.1	163	160	112	164	2.1	2.1	235	168	302	212	3000	3800
N304E	NF304	20	52	15	1.1	0.6	45.5	44.5	26.5	47	1	0.6	29.0	18.0	25.5	15.0	11000	15000
N305E	NF305	25	62	17	1.1	1.1	54	53	31.5	55	1	1	38.5	25.5	35.8	22.5	9000	12000
N306E	NF306	30	72	19	1.1	1.1	62.5	62	37	64	1	1	49.2	33.5	48.2	31.5	8000	10000
N307E	NF307	35	80	21	1.5	1.1	70.2	68.2	44	71	1.5	1	62.0	41.0	63.2	39.2	7000	9000
N308E	NF308	40	90	23	1.5	1.5	80	77.5	49	80	1.5	1.5	76.8	48.8	77.8	47.5	6300	8000
N309E	NF309	45	100	25	1.5	1.5	88.5	86.5	54	89	1.5	1.5	93.0	66.8	98.0	66.8	5600	7000
N310E	NF310	50	110	27	2	2	97	95	60	98	2	2	105	76.0	112	79.5	5300	6700
N311E	NF311	55	120	29	2	2	106.5	104.5	65	107	2	2	128	97.8	138	105	4800	6000
N312E	NF312	60	130	31	2.1	2.1	115	113	72	116	2.1	2.1	142	118	155	128	4500	5600
N313E	NF313	65	140	33	2.1	2.1	124.5	121.5	77	125	2.1	2.1	170	125	188	135	4000	5000
N314E	NF314	70	150	35	2.1	2.1	133	130	82	134	2.1	2.1	195	145	220	162	3800	4800
N315E	NF315	75	160	37	2.1	2.1	143	139.5	87	143	2.1	2.1	228	165	260	188	3600	4500
N316E	NF316	80	170	39	2.1	2.1	151	147	92	151	2.1	2.1	245	175	282	200	3400	4300
N317E	NF317	85	180	41	3	3	160	156	99	160	2.5	2.5	280	212	332	242	3200	4000
N318E	NF318	90	190	43	3	3	169.5	165	104	169	2.5	2.5	298	228	348	265	3000	3800
N319E	NF319	95	200	45	3	3	177.5	173.5	109	178	2.5	2.5	315	245	380	288	2800	3600
N320E	NF320	100	215	47	3	3	191.5	185.5	114	190	2.5	2.5	365	282	425	340	2600	3200
N406	—	30	90	23	1.5	1.5	73	—	39	—	1.5	1.5	57.2	—	53.0	—	7000	9000
N407	—	35	100	25	1.5	1.5	83	—	44	—	1.5	1.5	70.8	—	68.2	—	6000	7500
N408	—	40	110	27	2	2	92	—	50	—	2	2	90.5	—	89.8	—	5600	7000
N409	—	45	120	29	2	2	100.5	—	55	—	2	2	102	—	100	—	5000	6300
N410	—	50	130	31	2.1	2.1	110.8	—	62	—	2	2	120	—	120	—	4800	6000
N411	—	55	140	33	2.1	2.1	117.2	—	67	—	2.1	2.1	128	—	132	—	4300	5300
N412	—	60	150	35	2.1	2.1	127	—	72	—	2.1	2.1	155	—	162	—	400	5000
N413	—	65	160	37	2.1	2.1	135.3	—	77	—	2.1	2.1	170	—	178	—	03800	4800
N414	—	70	180	42	3	3	152	—	84	—	2.5	2.5	215	—	232	—	3400	4300
N415	—	75	190	45	3	3	160.5	—	89	—	2.5	2.5	250	—	272	—	3200	4000
N416	—	80	200	48	3	3	170	—	94	—	2.5	2.5	285	—	315	—	3000	3800
N417	—	85	210	52	4	4	179.5	—	103	—	3	3	312	—	345	—	2800	3600
N418	—	90	225	54	4	4	191.5	—	108	—	3	3	352	—	392	—	2400	3200
N419	—	95	240	55	4	4	201.5	—	113	—	3	3	378	—	428	—	2200	3000
N420	—	100	250	58	4	4	211	—	118	—	3	3	418	—	480	—	2000	2800

（续）

轴承型号		基本尺寸/mm							安装尺寸/mm				基本额定载荷/kN				极限转速/(r/min)	
		d	D	B	r	r_1	E_W		d_a	D_a	r_a	r_b	动载荷 C_r		静载荷 C_{0r}		脂润滑	油润滑
					min		N 型	NF 型	min		max		N 型	NF 型	N 型	NF 型		
N2205E	—	25	52	18	1	0.6	46.5	—	30	47	1	0.6	32.8	—	33.8	—	11000	14000
N2206E	—	30	62	20	1	0.6	55.5	—	36	56	1	0.6	45.5	—	48.0	—	8500	11000
N2207E	—	35	72	23	1.1	0.6	64	—	42	64	1	0.6	57.5	—	63.0	—	7500	9500
N2208E	—	40	80	23	1.1	1.1	71.5	—	47	72	1	1	67.5	—	75.2	—	7000	9000
N2209E	—	45	85	23	1.1	1.1	76.5	—	52	77	1	1	71.0	—	82.0	—	6300	8000
N2210E	—	50	90	23	1.1	1.1	81.5	—	57	83	1	1	74.2	—	88.8	—	6000	7500
N2211E	—	55	100	25	1.5	1.1	90	—	64	91	1.5	1	94.8	—	118	—	5300	6700
N2212E	—	60	110	28	1.5	1.5	100	—	69	100	1.5	1.5	122	—	152	—	5000	6300
N2213E	—	65	120	31	1.5	1.5	108.5	—	74	108	1.5	1.5	142	—	180	—	4500	5600
N2214E	—	70	125	31	1.5	1.5	113.5	—	79	114	1.5	1.5	148	—	192	—	4300	5300
N2215E	—	75	130	31	1.5	1.5	118.5	—	84	120	1.5	1.5	155	—	205	—	4000	5000
N2216E	—	80	140	33	2	2	127.3	—	90	128	2	2	178	—	242	—	3800	4800
N2217E	—	85	150	36	2	2	136.5	—	95	137	2	2	205	—	272	—	3600	4500
N2218E	—	90	160	40	2	2	145	—	100	146	2	2	230	—	312	—	3400	4300
N2219E	—	95	170	43	2.1	2.1	154.5	—	107	155	2.1	2.1	275	—	368	—	3200	4000
N2220E	—	100	180	46	2.1	2.1	163	—	112	164	2.1	2.1	318	—	440	—	3000	3800

注：1. 后缀带 E 为加强型圆柱滚子轴承，应优先选用。

2. r_{min}、r_{1min} 分别为 r、r_1 的单向最小倒角尺寸；r_{amax}、r_{bmax} 分别为 r_a、r_b 的单向最大倒角尺寸。

表 15-3　角接触球轴承（摘自 GB/T292—1994）

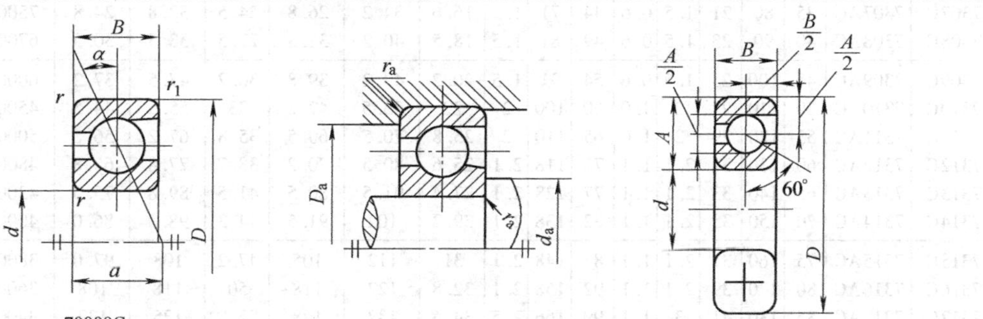

70000C
70000AC 型

安装尺寸

规定画法

标记示例：滚动轴承 7216C　GB/T292—1994

F_a/C_{0r}	e	Y	当量载荷 / 类型	径向当量动载荷	径向当量静载荷
0.015	0.38	1.47			
0.029	0.40	1.40			
0.058	0.43	1.30	7000C（α = 15°）	当 $F_a/F_r \leqslant e, P_r = F_r$ 当 $F_a/F_r > e, P_r = 0.44F_r + YF_a$	$P_{0r} = 0.5F_r + 0.46F_a$ $P_{0r} < F_r$，取 $P_{0r} = F_r$
0.087	0.46	1.23			
0.12	0.47	1.19			
0.17	0.50	1.12			
0.29	0.55	1.02	7000AC（α = 25°）	当 $F_a/F_r \leqslant 0.68, P_r = F_r$ 当 $F_a/F_r > 0.68$，$P_r = 0.41F_r + 0.87F_a$	$P_{0r} = 0.5F_r + 0.38$ $P_{0r} < F_r$，取 $P_{0r} = F_r$
0.44	0.56	1.00			
0.58	0.56	1.00			

（续）

轴承型号		基本尺寸/mm					安装尺寸/mm			7000C			7000AC			极限转速/(r/min)	
										a /mm	基本额定载荷/kN		a /mm	基本额定载荷/kN		脂润滑	油润滑
		d	D	B	r min	r_1 min	d_a min	D_a max	r_a max		动载荷 C_r	静载荷 C_{0r}		动载荷 C_r	静载荷 C_{0r}		
7203C	7203AC	17	40	12	0.6	0.3	22	35	1	9.9	10.8	5.95	12.8	10.5	5.65	15000	20000
7204C	7204AC	20	47	14	1	0.3	26	41	1	11.5	14.5	8.22	14.9	14.0	7.82	13000	18000
7205C	7205AC	25	52	15	1	0.3	31	46	1	12.7	16.5	10.5	16.4	15.8	9.88	11000	16000
7206C	7206AC	30	62	16	1	0.3	36	56	1	14.2	23.0	15.0	18.7	22.0	14.2	9000	13000
7207C	7207AC	35	72	17	1.1	0.6	42	65	1	15.7	30.5	20.0	21	29.0	19.2	8000	11000
7208C	7208AC	40	80	18	1.1	0.6	47	73	1	17	36.8	25.8	23	35.2	24.5	7500	10000
7209C	7209AC	45	85	19	1.1	0.6	52	78	1	18.2	38.5	28.5	24.7	36.8	27.2	6700	9000
7210C	7210AC	50	90	20	1.1	0.6	57	83	1	19.4	42.8	32.0	26.3	40.8	30.5	6300	8500
7211C	7211AC	55	100	21	1.5	0.6	64	91	1.5	20.9	52.8	40.5	28.6	50.5	38.5	5600	7500
7212C	7212AC	60	110	22	1.5	0.6	69	101	1.5	22.4	61.0	48.5	30.8	58.2	46.2	5300	7000
7213C	7213AC	65	120	23	1.5	0.6	74	111	1.5	24.2	69.8	55.2	33.5	66.5	52.5	4800	6300
7214C	7214AC	70	125	24	1.5	0.6	79	116	1.5	25.3	70.2	60.0	35.1	69.2	57.5	4500	6700
7215C	7215AC	75	130	25	1.5	0.6	84	121	1.5	26.4	79.2	65.8	36.6	75.2	63.0	4300	5600
7216C	7216AC	80	140	26	2	1	90	130	2	27.7	89.5	78.2	38.9	85.0	74.5	4000	5300
7217C	7217AC	85	150	28	2	1	95	140	2	29.9	99.8	85.0	41.6	94.8	81.5	3800	5000
7218C	7218AC	90	160	30	2	1	100	150	2	31.7	122	105	44.2	118	100	3600	4800
7219C	7219AC	95	170	32	2.1	1.1	107	158	2.1	33.8	135	115	46.9	128	108	3400	4500
7220C	7220AC	100	180	34	2.1	1.1	112	168	2.1	35.8	148	128	49.7	142	122	3200	4300
7303C	7303AC	17	47	14	1	0.3	23	41	1	10.4	12.8	8.62	14.8	11.5	7.08	14000	19000
7304C	7304AC	20	52	15	1.1	0.6	27	45	1	11.3	14.2	9.68	16.8	13.8	9.10	12000	17000
7305C	7305AC	25	62	17	1.1	0.6	32	55	1	13.1	21.5	15.8	19.1	20.8	14.8	9500	14000
7306C	7306AC	30	72	19	1.1	0.6	37	65	1	15	26.5	19.8	22.2	25.2	18.5	8500	12000
7307C	7307AC	35	80	21	1.5	0.6	44	71	1.5	16.6	34.2	26.8	24.5	32.8	24.8	7500	10000
7308C	7308AC	40	90	23	1.5	0.6	49	81	1.5	18.5	40.2	32.3	27.5	38.5	30.5	6700	9000
7309C	7309AC	45	100	25	1.5	0.6	54	91	1.5	20.2	49.2	39.8	30.2	47.5	37.2	6000	8000
7310C	7310AC	50	110	27	2	1.0	60	100	2	22	53.5	47.2	33	55.5	44.5	4500	7500
7311C	7311AC	55	120	29	2	1.0	65	110	2	23.8	70.5	60.5	35.8	67.2	56.8	5000	6700
7312C	7312AC	60	130	31	2.1	1.1	72	118	2.1	25.6	80.5	70.2	38.7	77.8	65.8	4800	6300
7313C	7313AC	65	140	33	2.1	1.1	77	128	2.1	27.4	91.5	80.5	41.5	89.8	75.5	4300	5600
7314C	7314AC	70	150	35	2.1	1.1	82	138	2.1	29.2	102	91.5	44.3	98.5	86.0	4000	5300
7315C	7315AC	75	160	37	2.1	1.1	87	148	2.1	31	112	105	47.2	108	97.0	3800	5000
7316C	7316AC	80	170	39	2.1	1.1	92	158	2.1	32.8	122	118	50	118	108	3600	4800
7317C	7317AC	85	180	41	3	1.1	99	166	2.5	34.6	132	128	52.8	125	122	3400	4500
7318C	7318AC	90	190	43	3	1.1	104	176	2.5	36.4	142	142	55.6	135	135	3200	4300
7319C	7319AC	95	200	45	3	1.1	109	186	2.5	38.2	152	158	58.5	145	148	3000	4000
7320C	7320AC	100	215	47	3	1.1	114	201	2.5	40.2	162	175	61.9	165	178	2600	3600
7406AC		30	90	23	1.5	0.6	39	81	1	—	—	—	26.1	42.5	32.2	7500	10000
7407AC		35	100	25	1.5	0.6	44	91	1.5	—	—	—	29	53.8	42.5	6300	8500
7408AC		40	110	27	2	1	50	100	2	—	—	—	31.8	62.0	49.5	6000	8000
7409AC		45	120	29	2	1	55	110	2	—	—	—	34.6	66.8	52.8	5300	7000
7410AC		50	130	31	2.1	1.1	62	118	2.1	—	—	—	37.4	76.5	64.2	5000	6700
7412AC		60	150	35	2.1	1.1	72	138	2.1	—	—	—	43.1	102	90.8	4300	5600
7414AC		70	180	42	3	1.1	84	166	2.5	—	—	—	51.5	125	125	3600	4800
7416AC		80	200	48	3	1.1	94	186	2.5	—	—	—	58.1	152	162	3200	4300
7418AC		90	215	54	4	1.5	108	197	3	—	—	—	64.8	178	205	2800	3600

表 15-4　圆锥滚子轴承(摘自 GB/T297—1994)

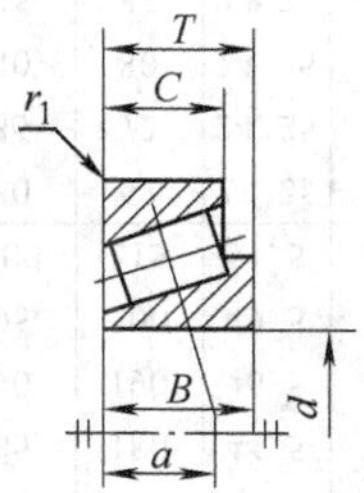

30000 型

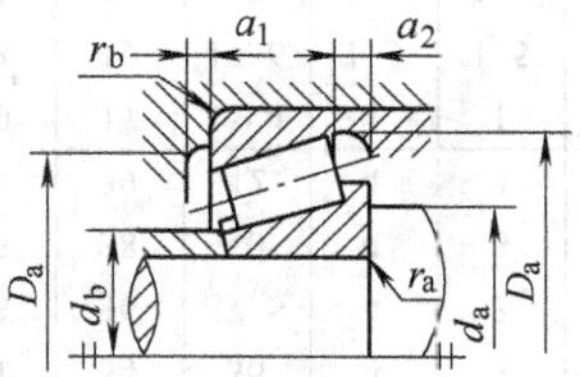

安装尺寸

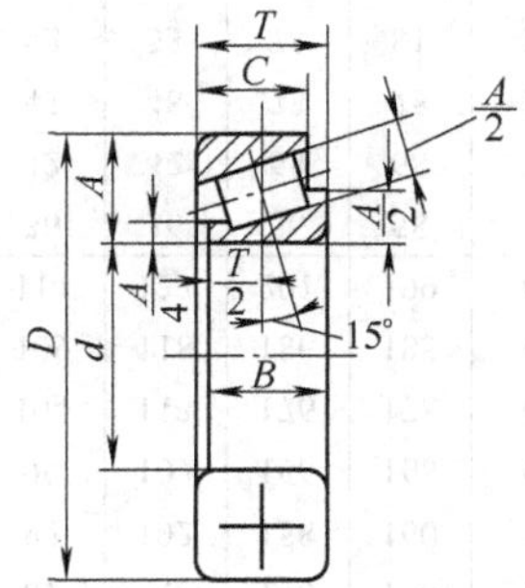

规定画法

标记示例:滚动轴承 30308　GB/T297—1994

径向当量动载荷	当 $F_a/F_r \leqslant e, P_r = F_r$ 当 $F_a/F_r > e, P_r = 0.4F_r + YF_a$
径向当量静载荷	$P_{0r} = F_r$ $P_{0r} = 0.5F_r + Y_0F_a$ 取上两式计算结果较大值

轴承型号	基本尺寸/mm					其他尺寸/mm			安装尺寸/mm								计算系数			基本额定载荷/kN		极限转速/(r/min)	
	d	D	T	B	C	$a\approx$	r min	r_1 min	d_a min	d_b min	D_a max	D_b min	a_1 min	a_2 min	r_a max	r_b max	e	Y	Y_0	动载荷 C_r	静载荷 C_{0r}	脂润滑	油润滑
30203	17	40	13.25	12	11	9.9	1	1	23	23	34	37	2	2.5	1	1	0.35	1.7	1	20.8	21.8	9000	12000
30204	20	47	15.25	14	12	11.2	1	1	26	27	41	43	2	3.5	1	1	0.35	1.7	1	28.2	30.5	8000	10000
30205	25	52	16.25	15	13	12.5	1	1	31	31	46	48	2	3.5	1	1	0.37	1.6	0.9	32.2	37.0	7000	9000
30206	30	62	17.25	16	14	13.8	1	1	36	37	56	58	2	3.5	1	1	0.37	1.6	0.9	43.2	50.5	6000	7500
30207	35	72	18.25	17	15	15.3	1.5	1.5	42	44	65	67	3	3.5	1.5	1.5	0.37	1.6	0.9	54.2	635	5300	6700
30208	40	80	19.75	18	16	16.9	1.5	1.5	47	49	73	75	3	4	1.5	1.5	0.37	1.6	0.9	63.0	74.0	5000	6300
30209	45	85	20.75	19	16	18.6	1.5	1.5	52	53	78	80	3	5	1.5	1.5	0.4	1.5	0.8	67.8	83.5	4500	5600
30210	50	90	21.75	20	17	20	1.5	1.5	57	58	83	86	3	5	1.5	1.5	0.42	1.4	0.8	73.2	92.0	4300	5300
30211	55	100	22.75	21	18	21	2	1.5	64	64	91	95	4	5	2	1.5	0.4	1.5	0.8	90.8	115	3800	4800
30212	60	110	23.75	22	19	22.4	2	1.5	69	69	101	103	4	5	2	1.5	0.4	1.5	0.8	102	130	3600	4500
30213	65	120	24.75	23	20	24	2	1.5	74	77	111	114	4	5	2	1.5	0.4	1.5	0.8	120	152	3200	4000
30214	70	125	26.25	24	21	25.9	2	1.5	79	81	116	119	4	5.5	2	1.5	0.42	1.4	0.8	132	175	3000	3800
30215	75	130	27.25	25	22	27.4	2	1.5	84	85	121	125	4	5.5	2	1.5	0.44	1.4	0.8	138	185	2800	3600
30216	80	140	28.25	26	22	28	2.5	2	90	90	130	133	4	6	2.1	2	0.42	1.4	0.8	160	212	2600	3400

（续）

轴承型号	基本尺寸/mm					其他尺寸/mm			安装尺寸/mm								计算系数			基本额定载荷/kN		极限转速/(r/min)	
	d	D	T	B	C	$a\approx$	r min	r_1 min	d_a min	d_b min	D_a max	D_b min	a_1 min	a_2 min	r_a max	r_b max	e	Y	Y_0	动载荷 C_r	静载荷 C_{0r}	脂润滑	油润滑
30217	85	150	30.5	28	24	29.9	2.5	2	95	96	140	142	5	6.5	2.1	2	0.42	1.4	0.8	178	238	2400	3200
30218	90	160	32.5	30	26	32.4	2.5	2	100	102	150	151	5	6.5	2.1	2	0.42	1.4	0.8	200	270	2200	3000
30219	95	170	34.5	32	27	35.1	3	2.5	107	108	158	160	5	7.5	2.5	2.1	0.42	1.4	0.8	228	308	2000	2800
30220	100	180	37	34	29	36.5	3	2.5	112	114	168	169	5	8	2.5	2.1	0.42	1.4	0.8	255	350	1900	2600
30303	17	47	15.25	14	12	10	1	1	23	25	41	43	3	3.5	1	1	0.29	2.1	1.2	28.2	27.2	8500	11000
30304	20	52	16.25	15	13	11	1.5	1.5	27	28	45	48	3	3.5	1.5	1.5	0.3	2	1.1	33.0	33.2	7500	9500
30305	25	62	18.25	17	15	13	1.5	1.5	32	34	55	58	3	3.5	1.5	1.5	0.3	2	1.1	46.8	48.0	6300	8000
30306	30	72	20.75	19	16	15	1.5	1.5	37	40	65	66	3	5	1.5	1.5	0.31	1.9	1	59.0	63.0	5600	7000
30307	35	80	22.75	21	18	17	2	1.5	44	45	71	74	3	5	2	1.5	0.31	1.9	1	75.2	82.5	5000	6300
30308	40	90	25.25	23	20	19.5	2	1.5	49	52	81	84	3	5.5	2	1.5	0.35	1.7	1	90.8	108	4500	5600
30309	45	100	27.25	25	22	21.5	2	1.5	54	59	91	94	3	5.5	2	1.5	0.35	1.7	1	108	130	4000	5000
30310	50	110	29.25	27	23	23	2.5	2	60	65	100	103	4	6.5	2.1	2	0.35	1.7	1	130	158	3800	4800
30311	55	120	31.5	29	25	25	2.5	2	65	70	110	112	4	6.5	2.1	2	0.35	1.7	1	152	188	3400	4300
30312	60	130	33.5	31	26	26.5	3	2.5	72	76	118	121	5	7.5	2.5	2.1	0.35	1.7	1	170	210	3200	4000
30313	65	140	36	33	28	29	3	2.5	77	83	128	131	5	8	2.5	2.1	0.35	1.7	1	195	242	2800	3600
30314	70	150	38	35	30	30.6	3	2.5	82	89	138	141	5	8	2.5	2.1	0.35	1.7	1	218	272	2600	3400
30315	75	160	40	37	31	32	3	2.5	87	95	148	150	5	9	2.5	2.1	0.35	1.7	1	252	318	2400	3200
30316	80	170	42.5	39	33	34	3	2.5	92	102	158	160	5	9.5	2.5	2.1	0.35	1.7	1	278	352	2200	3000
30317	85	180	44.5	41	34	36	4	3	99	107	166	168	6	10.5	3	2.5	0.35	1.7	1	305	388	2000	2800
30318	90	190	46.5	43	36	37.5	4	3	104	113	176	178	6	10.5	3	2.5	0.35	1.7	1	342	440	1900	2600
30319	95	200	49.5	45	38	40	4	3	109	118	186	185	6	11.5	3	2.5	0.35	1.7	1	370	478	1800	2400
30320	100	215	51.5	47	39	42	4	3	114	127	201	199	6	12.5	3	2.5	0.35	1.7	1	450	525	1600	2000
32206	30	62	21.25	20	17	15.4	1	1	36	36	56	58	3	4.5	1	1	0.37	1.6	0.9	51.8	63.8	6000	7500
32207	35	72	24.25	23	19	17.6	1.5	1.5	42	42	65	68	3	5.5	1.5	1.5	0.37	1.6	0.9	70.5	89.5	5300	6700
32208	40	80	24.75	23	19	19	1.5	1.5	47	48	73	75	3	6	1.5	1.5	0.37	1.6	0.9	77.8	97.2	5000	6300
32209	45	85	24.75	23	19	20	1.5	1.5	52	53	78	81	3	6	1.5	1.5	0.4	1.5	0.8	80.8	105	4500	5600
32210	50	90	24.75	23	19	21	1.5	1.5	57	57	83	86	3	6	1.5	1.5	0.42	1.4	0.8	82.8	108	4300	5300
32211	55	100	26.75	25	21	22.8	2	1.5	64	62	91	96	4	6	2	1.5	0.4	1.5	0.8	108	142	3800	4800

（续）

轴承型号	基本尺寸/mm					其他尺寸/mm			安装尺寸/mm								计算系数			基本额定载荷/kN		极限转速/(r/min)	
	d	D	T	B	C	$a\approx$	r min	r_1 min	d_a min	d_b min	D_a max	D_b min	a_1 min	a_2 min	r_a max	r_b max	e	Y	Y_0	动载荷 C_r	静载荷 C_{0r}	脂润滑	油润滑
32212	60	110	29.75	28	24	25	2	1.5	69	68	101	105	4	6	2	1.5	0.4	1.5	0.8	132	180	3600	4500
32213	65	120	32.75	31	27	27.3	2	1.5	74	75	111	115	4	6	2	1.5	0.4	1.5	0.8	160	222	3200	4000
32214	70	125	33.25	31	27	28.8	2	1.5	79	79	116	120	4	6.5	2	1.5	0.42	1.4	0.8	168	238	3000	3800
32215	75	130	33.25	31	27	30	2	1.5	84	84	121	126	4	6.5	2	1.5	0.44	1.4	0.8	170	242	2800	3600
32216	80	140	35.25	33	28	31.3	2.5	2	90	89	130	135	5	7.5	2.1	2	0.42	1.4	0.8	198	278	2600	3400
32217	85	150	38.5	36	30	34	2.5	2	95	95	140	143	5	8.5	2.1	2	0.42	1.4	0.8	228	325	2400	3200
32218	90	160	42.5	40	34	36.7	2.5	2	100	101	150	153	5	8.5	2.1	2	0.42	1.4	0.8	270	395	2200	3000
32219	95	170	45.5	43	37	39	3	2.5	107	106	158	163	5	8.5	2.5	2.1	0.42	1.4	0.8	302	448	2000	2800
32220	100	180	49	46	39	41.8	3	2.5	112	113	168	172	5	10	2.5	2.1	0.42	1.4	0.8	340	512	1900	2600
32303	17	47	20.25	19	16	12	1	1	23	24	41	43	3	4.5	1	1	0.29	2.1	1.2	35.2	36.2	8500	11000
32304	20	52	22.25	21	18	13.4	1.5	1.5	27	27	45	48	3	4.5	1.5	1.5	0.3	2	1.1	42.8	46.2	7500	9500
32305	25	62	25.25	24	20	15.5	1.5	1.8	32	32	55	58	3	4.5	1.5	1.5	0.3	2	1.1	61.5	68.8	6300	8000
32306	30	72	28.75	27	23	18.8	1.5	1.5	37	37	65	66	4	6	1.5	1.5	0.31	1.9	1	81.5	96.5	5600	7000
32307	35	80	32.75	31	25	20.5	2	1.5	44	44	71	74	4	8	2	1.5	0.31	1.9	1	99.0	118	5000	6300
32308	40	90	35.25	33	27	23.4	2	1.5	49	49	81	83	4	8.5	2	1.5	0.35	1.7	1	115	148	4500	5600
32309	45	100	38.25	36	30	25.6	2	1.5	54	54	91	93	4	8.5	2	1.5	0.35	1.7	1	145	188	4000	5000
32310	60	110	42.25	40	33	28	2.5	2	60	60	100	102	5	9.5	2.1	2	0.35	1.7	1	178	235	3800	4800
32311	55	120	45.5	43	35	30.6	2.5	2	65	65	110	111	5	10.5	2.1	2	0.35	1.7	1	202	270	3400	4300
32312	60	130	48.5	46	37	32	3	2.5	72	72	118	122	6	11.5	2.5	2.1	0.35	1.7	1	228	302	3200	4000
32313	65	140	51	48	39	34	3	2.5	77	79	128	131	6	12	2.5	2.1	0.35	1.7	1	260	350	2800	3600
32314	70	150	54	51	42	36.5	3	2.5	82	84	138	141	6	12	2.5	2.1	0.35	1.7	1	298	408	2600	3400
32315	75	260	58	55	45	39	3	2.5	87	91	148	150	7	13	2.5	2.1	0.35	1.7	1	348	482	2400	3200
32316	80	170	61.5	58	48	42	3	2.5	92	97	158	160	7	13.5	2.5	2.1	0.35	1.7	1	388	542	2200	3000
32317	85	180	63.5	60	49	43.6	4	3	99	102	166	168	8	14.5	3	2.5	0.35	1.7	1	422	592	2000	2800
32318	90	190	67.5	64	53	46	4	3	104	107	176	178	8	14.5	3	2.5	0.35	1.7	1	478	682	1900	2600
32319	95	200	71.5	67	55	49	4	3	109	114	186	187	8	16.5	3	2.5	0.35	1.7	1	515	738	1800	2400
32320	100	215	77.5	73	60	53	4	3	114	122	201	201	8	17.5	3	2.5	0.35	1.7	1	600	872	1600	2000

注：r_{min}、r_{1min}分别为 r、r_1 的单向最小倒角尺寸；r_{amax}、r_{bmax}分别为 r_a、r_b 的单向最大倒角尺寸。

第二节　滚动轴承的配合

1. 滚动轴承的精度等级及其选用

国家标准 GB/T 307.3—1996《滚动轴承　通用技术规则》规定了向心轴承（圆锥滚子轴承除外）精度等级分为 0、6、5、4、2 五级，精度由 0 级到 2 级依次升高；圆锥滚子轴承精度分为 0、6x、5、4 四级；推力轴承分为 0、6、5、4 四级。

表 15-5　滚动轴承精度等级的选用

精度等级	应用情况
0	常称普通级。用于低、中速及旋转精度要求不高的一般旋转机构，在机械中应用最多。例如用于普通电动机、水泵、压缩机等旋转机构中的轴承，汽车、拖拉机变速箱中的轴承，普通机床变速箱、进给箱的轴承等
6	用于旋转精度要求较高、转速较高的旋转机构中。例如用于精密机床变速箱的轴承、普通机床主轴后轴承等
5、4	用于旋转精度要求高、转速高的旋转机构中。例如用于精密机床的主轴承，精密仪表的主要轴承等
2	用于旋转精度要求很高、转速很高的旋转机构中。例如用于精密坐标镗床的主轴承，高精度仪器、仪表的主要轴承

2. 滚动轴承与轴和外壳孔的配合

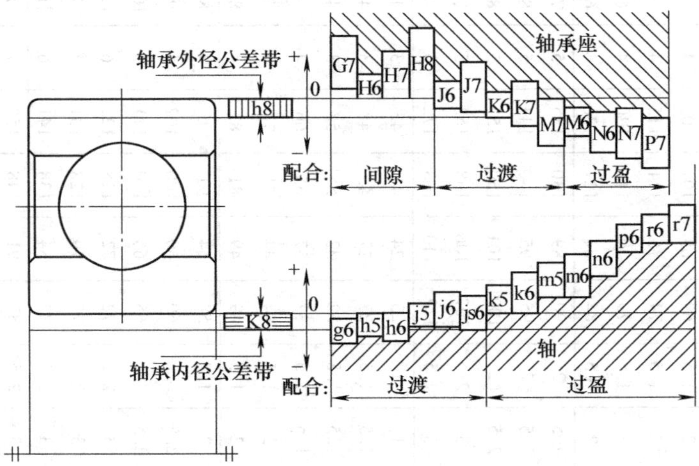

图 15-1　滚动轴承（0 级公差）的配合

表 15-6　滚动轴承的载荷分类

P_r	球轴承	滚子轴承（圆锥轴承除外）	圆锥滚子轴承
轻载荷	$P_r \leqslant 0.07C_r$	$P_r \leqslant 0.08C_r$	$P_r \leqslant 0.13C_r$
正常载荷	$0.07C_r < P_r \leqslant 0.15C_r$	$0.08C_r < P_r \leqslant 0.18C_r$	$0.13C_r < P_r \leqslant 0.26C_r$
重载荷	$P_r > 0.15C_r$	$P_r > 0.18C_r$	$P_r > 0.26C_r$

表 15-7　向心轴承和轴的配合　轴公差带代号

圆柱孔轴承					
运转状态	载荷状态	深沟球轴承、调心球轴承和角接触球轴承	圆柱滚子轴承和圆锥滚子轴承	调心滚子轴承	公差带

（续）

说明	举例		轴承公称内径/mm			
旋转的内圈循环载荷及摆动载荷	一般通用机械、电动机、机床主轴、泵、内燃机、直齿轮传动装置、铁路机车车辆轴箱、破碎机等	轻载荷	≤18	—	—	h5
			>18~100	≤40	≤40	j6
			>100~200	>40~140	>40~100	k6
			—	>140~200	>100~200	m6
		正常载荷	≤18	—	—	j5，js5
			>18~100	≤40	≤40	k5
			>100~140	>40~100	>40~65	m5
			>140~200	>100~140	>65~100	m6
			>200~280	>140~200	>100~140	n6
			—	>200~400	>140~280	p6
			—	—	>280~500	r6
		重载荷		>50~140	>50~100	n6
				>140~200	>100~140	p6
				>200	>140~200	r6
				—	>200	r7
固定内圈局部负荷	静止轴上的各种轮子，张紧轮绳轮、振动筛、惯性振动器	所有载荷	所有尺寸			f6 g6 h6 j6
仅有轴向载荷			所有尺寸			j6、js6
圆锥孔轴承						
所有载荷	铁路机车车辆轴箱		装在退卸套上的所有尺寸			h8
	一般机械传动		装在紧定套上的所有尺寸			h9

注：1. 凡对精度有较高要求的场合，应用j5、k5、m5代替j6、k6、m6。
2. 圆锥滚子轴承、角接触轴承配合对游隙影响不大，可用k6、m6代替k5、m5。
3. 重负荷下轴承游隙应选大于0组。
4. 凡有较高精度或转速要求的场合，应选用h7代替h8。

表15-8 向心轴承和外壳的配合 孔公差带代号

运转状态		载荷状态	其他状况	公差带①	
说明	举例			球轴承	滚子轴承
固定的外圈载荷	一般机械、铁路机车车辆轴箱、电动机、泵、曲轴主轴承	轻、正常、重载荷	轴向易移动、可采用剖分式外壳	H7、G7②	
		冲击载荷	轴向能移动，可采用整体式或剖分式外壳	J7、JS7	
摆动载荷		轻、正常载荷			
		正常、重载荷	轴向不移动，采用整体式外壳	K7	
		重冲击载荷		M7	
旋转的外圈载荷	张紧滑轮、轮毂轴承	轻载荷		J7	K7
		正常载荷		K7、M7	M7、N7
		重载荷		—	N7、P7

① 并列公差带随尺寸的增大从左至右选择，对旋转精度有较高要求时，可相应提高一个公差等级。

② 不适用于剖分外壳。

第三节　角接触轴承的游隙

表 15-9　角接触轴承的轴向游隙

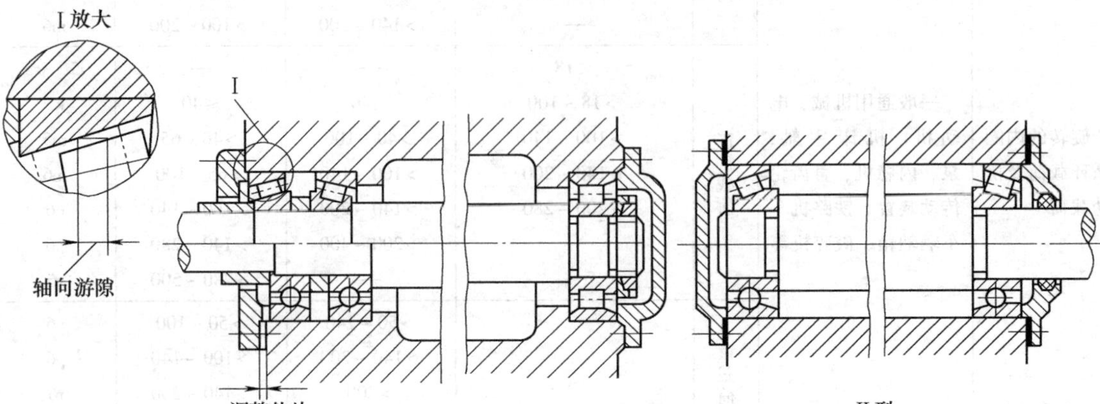

Ⅰ型　　Ⅱ型

轴承类型	轴承内径 d/mm		允许轴向游隙范围/μm						Ⅱ型轴承间允许的距离（大概值）
			Ⅰ型		Ⅱ型		Ⅰ型		
			最小	最大	最小	最大	最小	最大	
角接触球轴承	超过	到	接触角 $\alpha=15°$				接触角 $\alpha=25°$ 及 40°		
	—	30	20	40	30	50	10	20	8d
	30	50	30	50	40	70	15	30	7d
	50	80	40	70	50	100	20	40	6d
	80	120	50	100	60	150	30	50	5d
	120	180	80	150	100	200	40	70	4d
圆锥滚子轴承	超过	到	接触角 $\alpha=10°\sim15°$				接触角 $\alpha=25°\sim30°$		
	—	30	20	40	40	70	—	—	14d
	30	50	40	70	50	100	20	40	12d
	50	80	50	100	80	150	30	50	11d
	80	120	80	150	120	200	40	70	10d
	120	180	120	200	200	300	50	100	9d

注：1. 工作时，不致因轴的热胀冷缩造成轴承损坏时，可取表中最小值，反之取最大值。必要时应根据具体条件再稍加大，使游隙等于或稍大于轴因热胀产生的伸长量 ΔL。ΔL 的近似计算式：$\Delta L \approx 1.13\ (t_2 - t_1)\ L/100$μm。式中，$t_1$—周围环境温度（°C）；$t_2$—工作时轴的温度（°C）；$L$—轴上两端轴承之间的距离（mm）。

2. 本表值为非标准内容，仅供参考。

第十六章　润滑与密封

第一节　常用润滑剂

1. 常用润滑油

表 16-1　常用润滑油的主要性能和用途

名称	代号	运动粘度（40°C）/（mm^2/s）	倾点/℃ ≤	闪点（开口）/℃ ≥	主要用途
全损耗系统用油（GB443—1989）	L-AN5	4.14～5.06	−5	80	用于对润滑无特殊要求的齿轮、轴承、定子和其他低载荷机械。不适用于循环润滑系统
	L-AN7	6.12～7.48		110	
	L-AN10	9.00～11.00		130	
	L-AN15	13.5～16.5		150	
	L-AN22	19.8～24.2			
	L-AN32	28.8～35.2			
	L-AN46	41.4～50.6		160	
	L-AN68	61.2～74.8			
	L-AN100	90.0～110		180	
	L-AN150	135～165			
工业闭式齿轮油（GB5903—1995）	L-CKC68	61.2～74.8	−8	180	适用于齿面接触应力小于 1100MPa 的齿轮润滑，如冶金、矿山、化工、陶瓷、水泥、造纸等工业的闭式齿轮装置
	L-CKC100	90.0～110			
	L-CKC150	135～165		200	
	L-CKC220	198～242			
	L-CKC320	288～352			
	L-CKC460	414～506			
	L-CKC680	612～748	−5	220	
重负荷工业齿轮油	L-CKD68	61.2～74.8	−8	180	适用于齿面接触应力大于 1100MPa 的齿轮润滑，如石油、采矿、冶金、化工、轧钢等机械中的齿轮装置
	L-CKD100	90～110			
	L-CKD150	135～165		200	
	L-CKD220	198～242			
	L-CKD320	288～352			
	L-CKD460	414～506			
	L-CKD680	612～748		220	
蜗杆蜗轮油（SH0094—1991）	L-CKE220，L-CKE/P220	198～242	−6	200	用于铜-钢配对的蜗杆蜗轮传动装置的润滑
	L-CKE320，L-CKE/P320	288～352		200	
	L-CKE460，L-CKE/P460	414～506		220	
	L-CKE680，L-CKE/P680	612～748		220	
	L-CKE1000，L-CKE/P1000	900～1100		220	

2. 常用润滑脂

表 16-2　常用润滑脂的主要性能和用途

名称	牌号	代号	锥入度 1/10mm	滴点≥/°C	主要用途
钙基润滑脂（GB491—1987）	1 号	ZG-1	310～340	80	耐水性能好。适用于工作温度≤55～60°C 的工业、农业和交通运输等机械设备的轴承润滑，特别适用于有水或潮湿的场合
	2 号	ZG-2	265～295	85	
	3 号	ZG-3	220～250	90	
	4 号	ZG-4	175～205	95	
钠基润滑脂（GB492—1989）	2 号	ZN-2	265～295	160	耐水或耐潮湿性能差。适用于工作温度 -10～110°C 的一般中负荷机械设备的轴承润滑
	3 号	ZN-3	220～250	160	
钙钠基润滑脂（SH/T0368—1992）	2 号	ZGN-2	250～290	120	耐溶、耐水，用在工作温度 80～100°C、有水分或较潮湿环境中工作的机械润滑，如铁路机车、列车、小电动机、发电机以及高温轴承。不适于低温工作
	3 号	ZGN-3	200～240	135	
滚珠轴承脂（SY1514—1982）	—	ZG69-2	250～290	120	用于各种机械的滚动轴承润滑
通用锂基润滑脂（GB7324—1994）	1 号	ZL-1	310～340	170	有良好的耐水性、耐热性。用于工作温度在 -20～120°C 范围内的各种机械滚动或滑动轴承及其他摩擦部位的润滑
	2 号	ZL-2	265～295	175	
	3 号	ZL-3	220～250	180	
7407 号齿轮润滑脂（SH/T0469—1994）	—	—	75～90	160	用于各种低速、中或重负荷齿轮、链轮和联轴器等的润滑，使用温度≤120°C，可承受冲击载荷

第二节　常用润滑装置

表 16-3　直通式压注油杯（摘自 JB/T7940. 1—1995）　　（单位：mm）

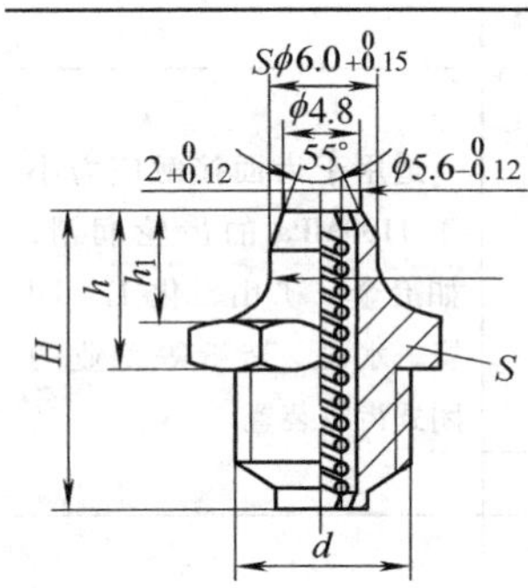

d	H	h	h_1	S 基本尺寸	S 极限偏差	钢球（GB/T308—2002）
M6	13	8	6	8	0 -0. 22	3
M8×1	16	9	6. 5	10		
M10×1	18	10	7	11		

标记示例：

联接螺纹 M8×1、直通式压注油杯的标记为

油杯 M8×1　JB/T7940. 1—1995

表 16-4　压配式压注油杯（摘自 JB/T7940. 4—1995）　　（单位：mm）

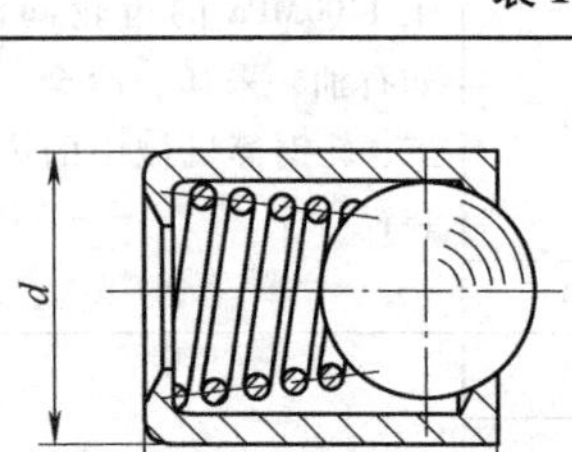

标记示例：

d=6mm、压配式压注油杯的标记为

油杯 6　JB/T7940. 4—1995

d 基本尺寸	d 极限偏差	H	钢球（GB/T308—2002）
6	+0. 040 +0. 028	6	4
8	+0. 049 +0. 034	10	5
10	+0. 058 +0. 040	12	6
16	+0. 063 +0. 045	20	11
25	+0. 085 +0. 064	30	13

表 16-5　旋盖式油杯（摘自 JB/T7940.3—1995）　　　　（单位：mm）

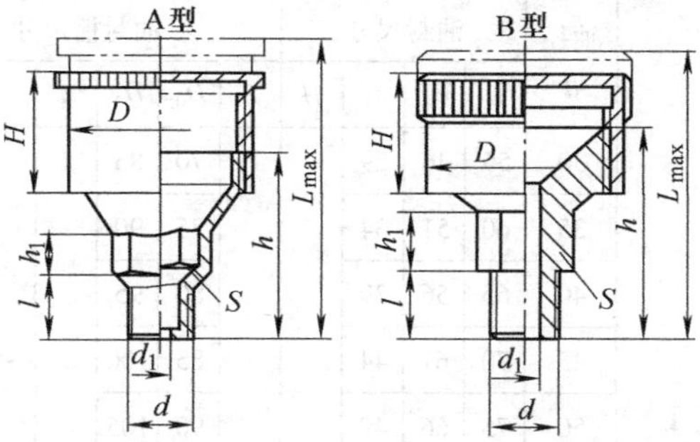

标记示例：
最小容量 25cm³，A 型旋盖式油杯的标记为
油杯 A25　JB/T7940.3—1995

最小容量/cm³	d	l	H	h	h_1	d_1	D		L_{max}	S	
							A 型	B 型		基本尺寸	极限偏差
1.5	M8×1	8	14	22	7	3	16	18	33	10	0 −0.22
3	M10×1		15	23	8	4	20	22	35	13	0 −0.27
6			17	26			26	28	40		
12	M14×1.5	12	20	30	10	5	32	34	47	18	
18			22	32			36	40	50		
25			24	34			41	44	55		
50	M16×1.5		30	44			51	54	70	21	0 −0.33
100			38	52			68	68	85		
200	M24×1.5	16	48	64	16	6	—	86	108	30	—

第三节　常用密封装置

1. 接触式密封

表 16-6　毡圈油封及槽（摘自 JB/ZQ4606—1986）　　　　（单位：mm）

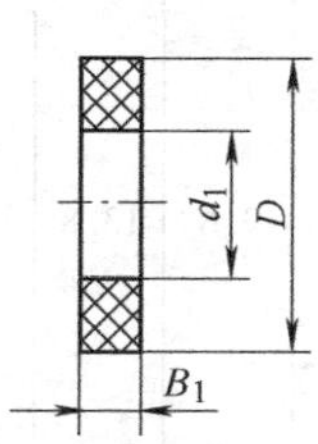

毡圈

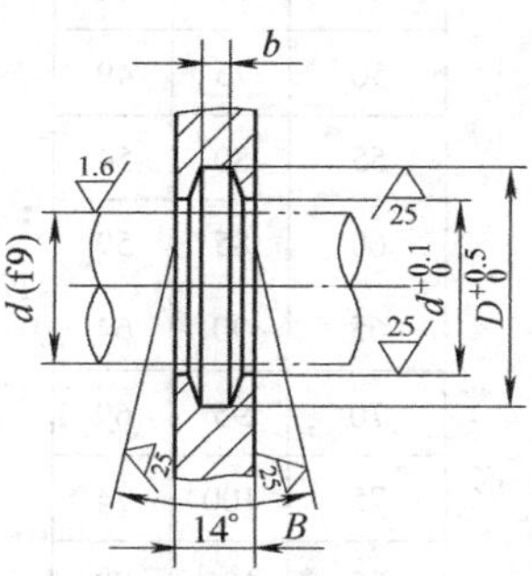

装毡圈的沟槽尺寸

标记示例：
轴径 $d=30$mm 的毡圈油封的标记为
毡圈 30　JB/ZQ4606—1986

轴径 d	毡圈 D	毡圈 d_1	毡圈 b_1	槽 D_0	槽 d_0	槽 b	槽 B_{min} 钢	槽 B_{min} 铸铁
15	29	14	6	28	16	5	10	12
20	33	19		32	21			
25	39	24	7	38	26	6	12	15
30	45	29		44	31			
35	49	34		48	36			
40	53	39		52	41			
45	61	44	8	60	46	7		
50	69	49		68	51			
55	74	53		72	56			
60	80	58		78	61			
65	84	63		82	66			
70	90	68		88	71			
75	94	73		92	77			
80	102	78	9	100	82	8	15	18

表 16-7　J 形无骨架橡胶油封（摘自 HG4-338—1966）　　（单位：mm）

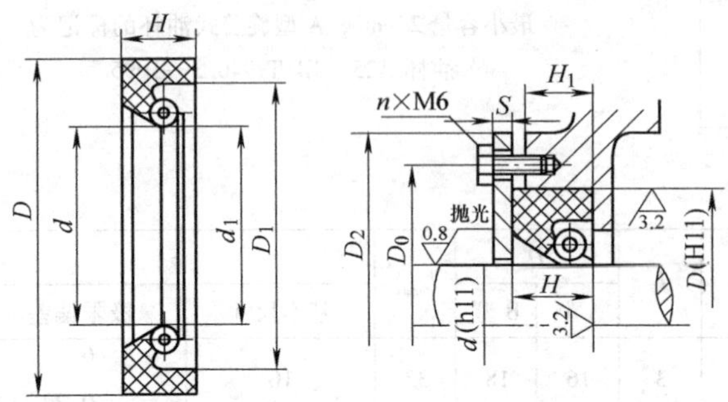

标记示例：

$d=50$mm、$D=75$mm、$H=12$mm，耐油橡胶Ⅰ-1，J 形无骨架橡胶油封的标记为

J 型油封 50×75×12 橡胶Ⅰ-1　HG4-338—1966

轴径	油封尺寸				油封槽尺寸				
d	D	D_1	d_1	H	S	D_0	D_2	n	H_1
30	55	46	29	12	6～8	70	85	5	12—(1～2)
35	60	51	34			75	90		
40	65	56	39			80	95		
45	70	61	44			85	100		
50	75	66	49			90	105		
55	80	71	54			95	110		
60	85	76	59			100	115		
65	90	81	64			105	120		
70	95	86	69			110	125		
75	100	91	74			115	130		
80	105	96	79			120	135		
85	110	101	84			125	140		
90	115	106	89			130	145		
95	120	111	94			135	150		

表 16-8　U 形无骨架橡胶油封（摘自 HG4-339—1966）　　（单位：mm）

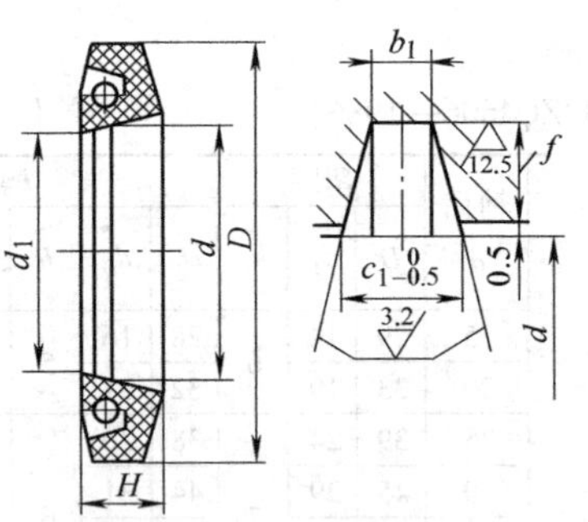

标记示例：

$d=45$mm、$D=70$mm、$H=12.5$mm，耐油橡胶Ⅰ-1，U 形无骨架橡胶油封的标记为

U 形油封 45×70×12.5 橡胶Ⅰ-1　HG4-339—1966

轴径	油封尺寸			油封槽尺寸		
d	D	d_1	H	b_1	c_1	f
30	55	29	12. 5	9. 6	13. 8	12. 5
35	60	34				
40	65	39				
45	70	44				
50	75	49				
55	80	54				
60	85	59				
65	90	64				
70	95	69				
75	100	74				
80	105	79				
85	110	84				
90	115	89				
95	120	94				

表 16-9　内包骨架旋转轴唇形密封圈（摘自 GB13871—1992）　　（单位：mm）

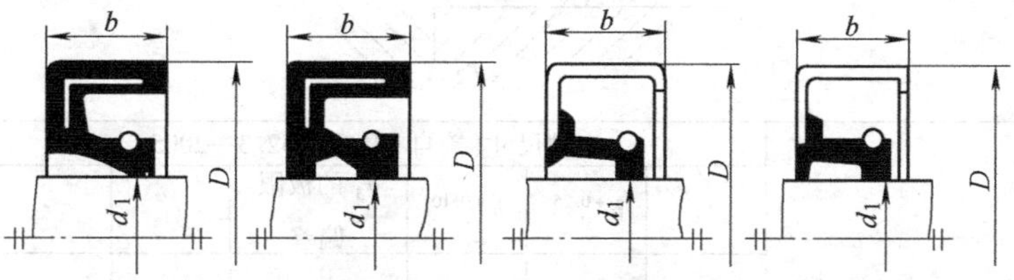

B 型　内包骨架型　　FB 型　带副唇内包骨架型　　W 型　外露骨架型　　FW 型　带副唇外露骨架型

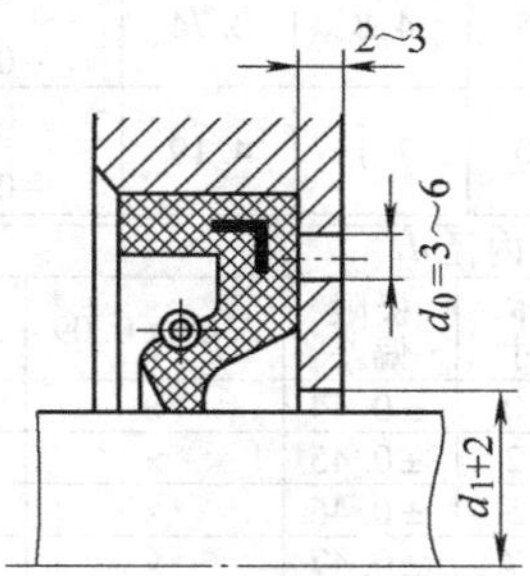

安装图

标记示例：

带副唇外露骨架型密封圈，基本内径 $d_1=22$mm、基本外径 $D=35$mm，其标记为

FW　022035　GB13871—1992

d_1	D	b
18	30，35	7
20	35，40，(45)	
22	35，40，47	
25	40，47，52	
28	40，47，52	
30	42，47，(50)，52	
32	45，47，52	8
35	50，52，55	
38	55，58，62	
40	55，(60)，62	
42	55，62	
45	62，65	
50	68，(70)，72	
55	72，(75)，80	
60	80，85	
65	85，90	10
70	90，95	
75	95，100	
80	100，110	
85	110，120	12
90	(115)，120	
95	120	

旋转唇形密封圈的安装要求

轴导入倒角

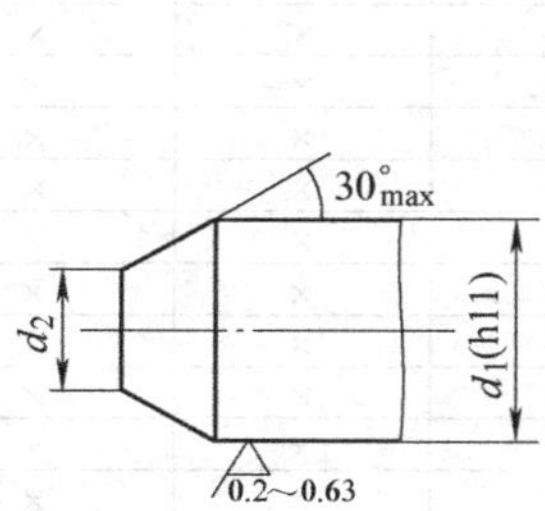

d_1	d_1-d_2
$d_1 \leqslant 10$	1.5
$10<d_1 \leqslant 20$	2
$20<d_1 \leqslant 30$	2.5
$30<d_1 \leqslant 40$	3
$40<d_1 \leqslant 50$	3.5
$50<d_1 \leqslant 70$	4
$70<d_1 \leqslant 95$	4.5
$95<d_1 \leqslant 130$	5.5

腔体内孔尺寸

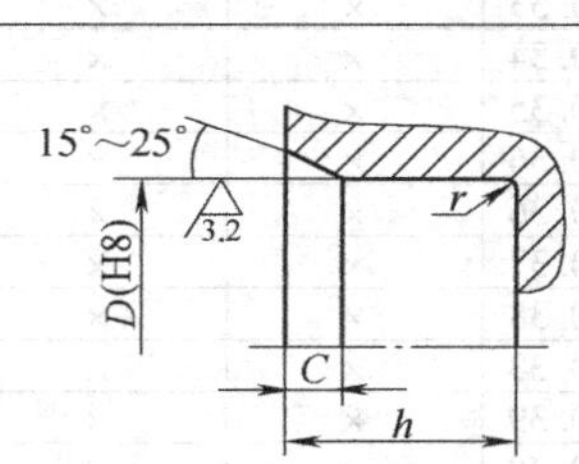

基本宽度 b	最小内孔深 h	倒角长度 C	r_{max}
≤10	$b+0.9$	0.70～1.00	0.50
>10	$b+1.2$	1.20～1.50	0.75

注：1. 括号内尺寸为国内补充的常用规格。

2. 安装要求中若轴端采用倒圆导入倒角，则倒圆的圆角半径不小于表中的（d_1-d_2）之值。

表 16-10　O 形橡胶密封圈（摘自 GB/T 3452.1—2005）　　（单位：mm）

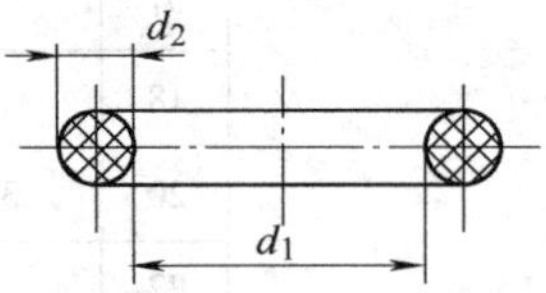

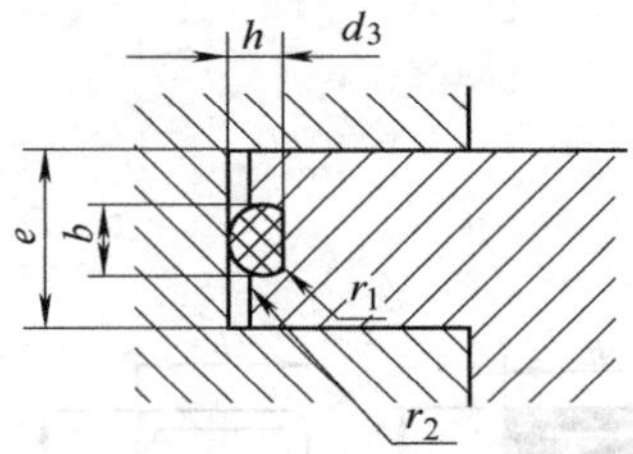

标记示例：

一般用途的 O 形圈，等级代号为 N，内径 $d_1 = 50$mm、截面直径 $d_2 = 3.55$mm 的标记为

O 形圈　50 × 3.55-G-N　　GB3452.1—2005

沟槽尺寸（摘自 GB/T 3452.3—2005）					
d_2	$b^{+0.25}_{0}$	$h^{+0.10}_{0}$	d_3 的极限偏差	r_1	r_2
2.65	3.6	2.07	0 −0.05	0.4 ~ 0.8	0.1 ~ 0.3
3.55	4.8	2.74	0 −0.06		
5.30	7.1	4.19	0 −0.07	0.8 ~ 1.2	

内径 d_1		截面直径 d_2			内径 d_1		截面直径 d_2		
基本尺寸	极限偏差	2.65 ± 0.09	3.55 ± 0.10	5.30 ± 0.13	基本尺寸	极限偏差	2.65 ± 0.09	3.55 ± 0.10	5.30 ± 0.13
15.0	±0.22	×	—	—	45.0	±0.44	×	×	×
15.5	±0.23	×	—	—	46.2	±0.45	×	×	×
16.0	±0.23	×	—	—	47.5	±0.46	×	×	×
17.0	±0.24	×	—	—	48.7	±0.47	×	×	×
18.0	±0.25	×	×	—	50.0	±0.48	×	×	×
19.0	±0.25	×	×	—	51.5	±0.49	×	×	×
20.0	±0.26	×	×	—	53.0	±0.50	×	×	×
20.6	±0.26	×	×	—	54.5	±0.51	×	×	×
21.2	±0.27	×	×	—	56.0	±0.52	×	×	×
22.4	±0.28	×	×	—	58.0	±0.54	×	×	×
23.0	±0.29	×	×	—	60.0	±0.55	×	×	×
23.6	±0.29	×	×	—	61.5	±0.56	×	×	×
24.3	±0.30	×	×	—	63.0	±0.57	×	×	×
25.0	±0.30	×	×	—	65.0	±0.58	×	×	×
25.8	±0.31	×	×	—	67.0	±0.60	×	×	×
26.5	±0.31	×	×	—	69.0	±0.61	×	×	×
27.3	±0.32	×	×	—	71.0	±0.63	×	×	×
28.0	±0.32	×	×	—	73.0	±0.64	×	×	×
29.0	±0.33	×	×	—	75.0	±0.65	×	×	×
30.0	±0.34	×	×	—	77.5	±0.67	×	×	×
31.5	±0.35	×	×	—	80.0	±0.69	×	×	×
32.5	±0.36	×	×	—	82.5	±0.71	×	×	×
33.5	±0.36	×	×	—	85.0	±0.72	×	×	×
34.5	±0.37	×	×	—	87.5	±0.74	×	×	×
35.5	±0.38	×	×	—	90.0	±0.76	×	×	×
36.5	±0.38	×	×	—	92.5	±0.77	×	×	×
37.5	±0.39	×	×	—	95.0	±0.79	×	×	×
38.7	±0.40	×	×	—	97.5	±0.81	×	×	×
40.0	±0.41	×	×	×	100	±0.82	×	×	×
41.2	±0.42	×	×	×	103	±0.85	×	×	×
42.5	±0.43	×	×	×	106	±0.87	×	×	×
43.7	±0.44	×	×	×	109	±0.89	×	×	×

注：1. “×”表示适合选用。

2. 标记中的“G”代表一般用途的 O 型橡胶密封圈。

3. 等级代号为 N 或 S。

2. 非接触式密封

表 16-11　油沟式密封槽（摘自 JB/ZQ4245—1986）　　（单位：mm）

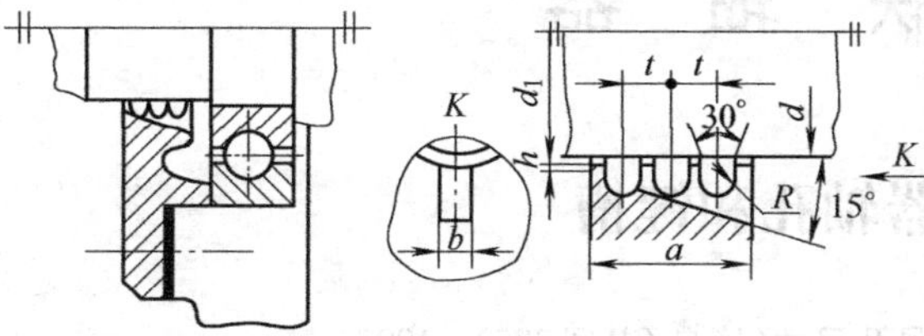

轴径 d	25 ~ 80	> 80 ~ 120	> 120 ~ 180	> 180	油沟数 n
R	1.5	2	2.5	3	$n = 2 \sim 4$（使用 3 个的较多）
t	4.5	6	7.5	9	
b	4	5	6	7	
d_1	$d_1 = d + 1$				
a_{min}	$a_{min} = nt + R$				

注：表中 R、t、b 尺寸，在个别情况下可用于与表中不相对应的轴径上。

表 16-12　迷宫密封槽　　（单位：mm）

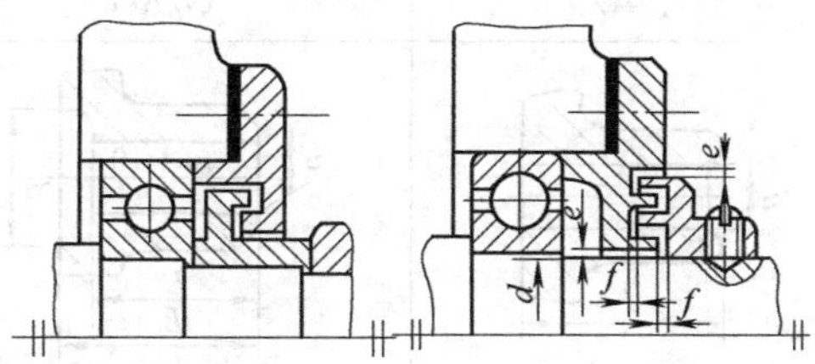

轴径 d	15 ~ 50	50 ~ 80	80 ~ 110	110 ~ 180
e	0.2	0.3	0.4	0.5
f	1	1.5	2	2.5

第十七章 联 轴 器

第一节 联轴器轴孔和键槽

表 17-1 联轴器轴孔和键槽形式、代号及尺寸（摘自 GB/T 3852—1997）

轴孔形式及代号

长圆柱形轴孔 （Y 型）	有沉孔的短圆柱形轴孔 （J 型）	无沉孔的短圆柱形轴孔 （J_1 型）	有沉孔的短圆锥形轴孔 （Z 型）
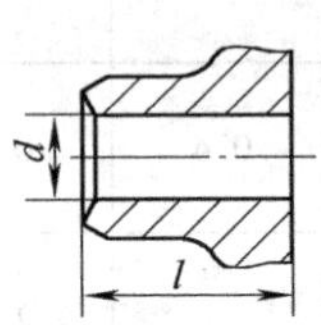	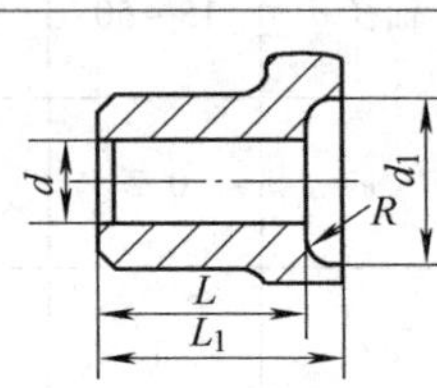	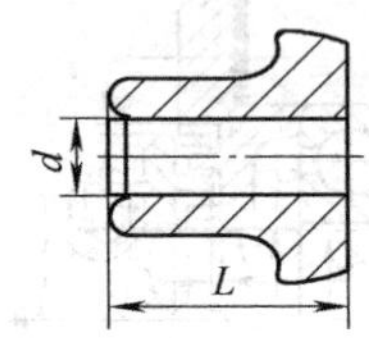	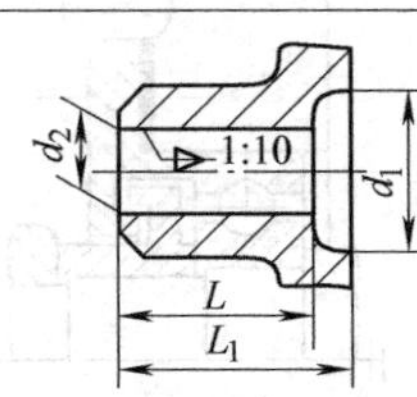

键槽型式及代号

圆柱形孔平键单键槽 （A 型）	圆柱形孔 120°布置 平键双键槽 （B 型）	圆柱形孔 180°布置 平键双键槽 （B_1 型）	圆锥形孔平键单键槽 （C 型）
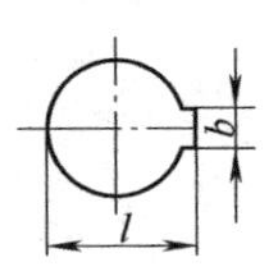	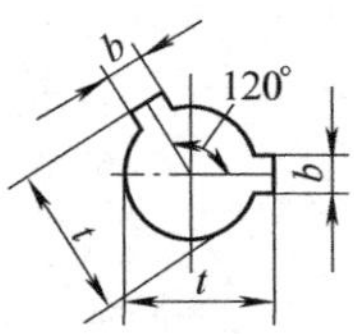	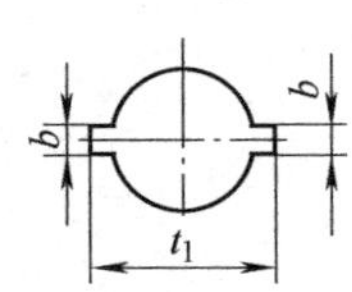	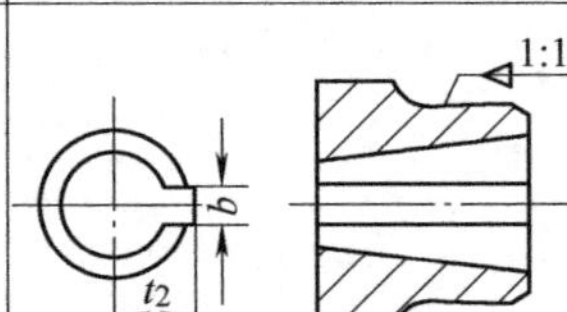

尺寸系列 （单位：mm）

轴孔直径 d(H7) d_z(Js10)	轴孔长度 L Y 型	轴孔长度 L J、J_1、Z 型	L_1	沉孔 d_1	沉孔 R	A 型、B 型、B_1 型键槽 b(P9) 公称尺寸	b(P9) 极限偏差	t 公称尺寸	t 极限偏差	t_1 公称尺寸	t_1 极限偏差	C 型键槽 b(P9) 公称尺寸	b(P9) 极限偏差	t_2 公称尺寸	t_2 极限偏差
16	42	30	42	38	1.5	5	-0.012 -0.042	18.3	+0.1 0	20.6	+0.2 0	3	-0.012 -0.042	8.7	±0.1
18						6		20.8		23.6		4		10.1	
19								21.8		24.6				10.6	
20	52	38	52					22.8		25.3				10.9	
22								24.8		27.6				11.9	
24						8	-0.015 -0.051	27.3	+0.2 0	30.6	+0.4 0	5		13.4	
25	62	44	62	48				28.3		31.6				13.7	
28								31.3		34.6				15.2	
30	82	60	82	55				33.3		36.6				15.8	
32					2	10		35.3		38.6		6		17.3	

（续）

轴孔直径 d(H7) d_z(Js10)	轴孔长度 L Y 型	轴孔长度 L J、J_1、Z 型	L_1	沉孔 d_1	沉孔 R	A 型、B 型、B_1 型键槽 b(P9) 公称尺寸	b(P9) 极限偏差	t 公称尺寸	t 极限偏差	t_1 公称尺寸	t_1 极限偏差	C 型键槽 b(P9) 公称尺寸	b(P9) 极限偏差	t_2 公称尺寸	t_2 极限偏差
35	82	60	82	55	2	10	-0.015 -0.051	38.3	+0.2 0	41.6	+0.4 0	6	-0.012 -0.042	18.3	±0.1
38				65				41.3		44.6				20.3	
40	112	84	112			12	-0.018 -0.061	43.3		46.6		10	-0.015 -0.051	21.2	±0.2
42								45.3		48.6				22.2	
45				80		14		48.8		52.6		12	-0.018 -0.061	23.7	
48								51.8		55.6				25.2	
50				95				53.8		57.6				26.2	
55					2.5	16		59.3		63.6		14		29.2	
56								60.3		64.4				29.7	
60	142	107	142	105		18		64.4		68.8		16		31.7	
63								67.4		71.8				32.2	
65								69.4		73.8				34.2	
70				120		20		74.9		79.8		18		36.8	
71								75.9		80.8				37.3	
75								79.9		84.8				39.3	
80	172	132	172	140		22	-0.022 -0.074	85.4		90.8		20	-0.022 -0.074	41.6	
85								90.4		95.8				44.1	
90				160	3	25		95.4		100.8		22		47.1	
95								101.4		105.8				49.6	
100	212	167	212	180		28		106.4		112.8		25		51.3	
110								116.4		122.8				56.3	

第二节　常用联轴器

表 17-2　凸缘联轴器（摘自 GB/T 5843—2003）　　（单位：mm）

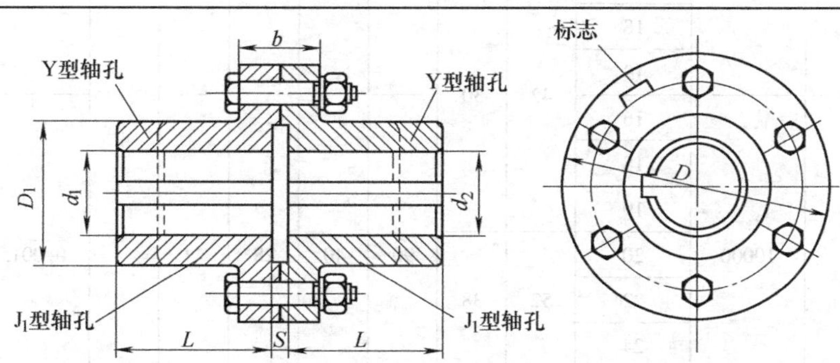

GY 型凸缘联轴器

（续）

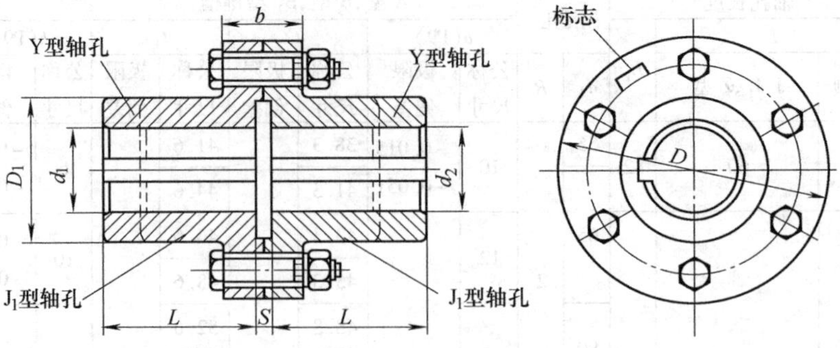

GYS 型有对中榫凸缘联轴器

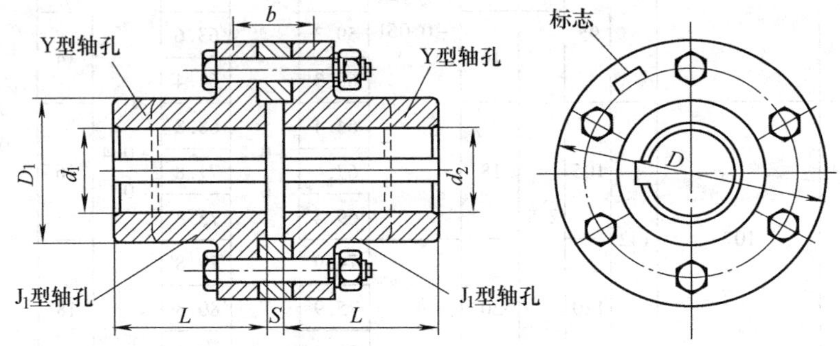

GYH 型有对中环凸缘联轴器

标记示例：

GY4 凸缘联轴器，主动端：J_1 型轴孔，A 型键槽，$d_1=30\text{mm}$、$L=60\text{mm}$；从动端：J_1 型轴孔，B 型键槽，$d_2=28\text{mm}$、$L=44\text{mm}$。标记为

$$\text{GY4 联轴器}\frac{J_1 30\times 60}{J_1 B28\times 44}\quad \text{GB/T 5843—2003}$$

<table>
<tr><th rowspan="2">型号</th><th rowspan="2">公称转矩
T_n
/N·m</th><th rowspan="2">许用转速
[n]
/r·min⁻¹</th><th rowspan="2">轴孔直径
d_1、d_2</th><th colspan="2">轴孔长度 L</th><th rowspan="2">D</th><th rowspan="2">D_1</th><th rowspan="2">b</th><th rowspan="2">b_1</th><th rowspan="2">S</th><th rowspan="2">质量
/kg</th><th rowspan="2">转动惯量
/kg·m⁻²</th></tr>
<tr><th>Y 型</th><th>J_1 型</th></tr>
<tr><td rowspan="5">GY1
GYS1
GYH1</td><td rowspan="5">25</td><td rowspan="5">12000</td><td>12</td><td rowspan="2">32</td><td rowspan="2">27</td><td rowspan="5">80</td><td rowspan="5">30</td><td rowspan="5">26</td><td rowspan="5">42</td><td rowspan="12">6</td><td rowspan="5">0.0008</td><td rowspan="5">1.16</td></tr>
<tr><td>14</td></tr>
<tr><td>16</td><td rowspan="6">42</td><td rowspan="6">30</td></tr>
<tr><td>18</td></tr>
<tr><td>19</td></tr>
<tr><td rowspan="7">GY2
GYS2
GYH2</td><td rowspan="7">63</td><td rowspan="7">10000</td><td>16</td><td rowspan="7">90</td><td rowspan="7">40</td><td rowspan="7">28</td><td rowspan="7">44</td><td rowspan="7">0.0015</td><td rowspan="7">1.72</td></tr>
<tr><td>18</td></tr>
<tr><td>19</td></tr>
<tr><td>20</td><td rowspan="3">52</td><td rowspan="3">38</td></tr>
<tr><td>22</td></tr>
<tr><td>24</td></tr>
<tr><td>25</td><td>62</td><td>44</td></tr>
</table>

（续）

型号	公称转矩 T_n /N·m	许用转速 $[n]$ /r·min^{-1}	轴孔直径 d_1、d_2	轴孔长度 L Y型	轴孔长度 L J_1型	D	D_1	b	b_1	S	质量 /kg	转动惯量 /kg·m^{-2}
GY3 GYS3 GYH3	112	9500	20	52	38	100	45	30	46	6	0.0025	2.38
			22									
			24									
			25	62	44							
			28									
GY4 GYS4 GYH4	224	9000	25			105	55	32	48		0.003	3.15
			28									
			30	82	60							
			32									
			35									
GY5 GYS5 GYH5	400	8000	30			120	68	36	52	8	0.007	5.43
			32									
			35									
			38									
			40	112	84							
			42									
GY6 GYS6 GYH6	900	6800	38	82	60	140	80	40	56		0.015	7.59
			40	112	84							
			42									
			45									
			48									
			50									
GY7 GYS7 GYH7	1600	6000	48			160	100				0.031	13.1
			50									
			55									
			56									
			60	142	107							
			63									
GY8 GYS8 GYH8	3150	4800	60			200	130	50	68	10	0.103	27.5
			63									
			65									
			70									
			71									
			75									
			80	172	132							

注：质量、转动惯量是按 GY 型联轴器 Y/J_1 轴孔组合形式和最小轴孔直径计算的。

表 17-3　基本型弹性套柱销联轴器(摘自 GB/T 4323—2002)　　　(单位:mm)

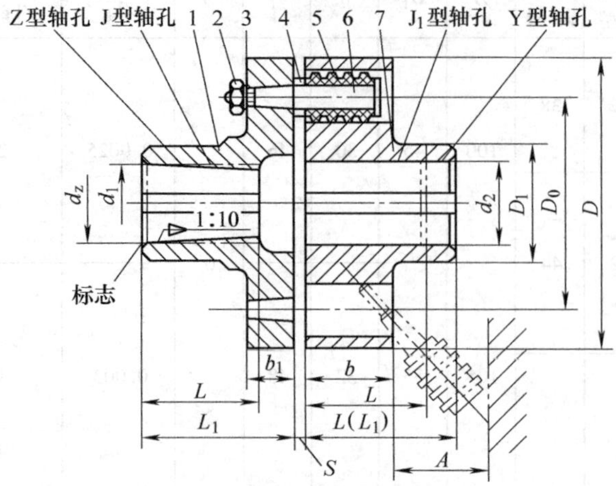

1、7—半联轴器
2—螺母
3—垫圈
4—挡圈
5—弹性套
6—柱销

标记示例:

LT5 弹性套柱销联轴器,主动端:J_1 型轴孔,A 型键槽,$d_1=30$mm、$L=60$mm;从动端:J_1 型轴孔,B 型键槽,$d_2=35$mm、$L=60$mm。标记为

$$\text{LT5 联轴器}\frac{J_1 30\times 60}{J_1 B35\times 60}\quad \text{GB/T 4323—2002}$$

型号	公称转矩 T_n /N·m	许用转速 $[n]$ /r·min^{-1}	轴孔直径 d_1、d_2、d_z	轴孔长度			$L_{推荐}$	D	A	质量 m /kg	转动惯量 I /kg·m^{-2}
				Y 型	J、J_1、Z 型						
				L	L_1	L					
LT1	6.3	8800	9	20	—	14	25	71	18	0.82	0.0005
			10、11	25		17					
			12、14	32		20					
LT2	16	7600	12、14				35	80		1.20	0.0008
			16、18、19	42	42	30					
LT3	31.5	6300	16、18、19				38	95	35	2.20	0.0023
			20、22	52	52	38					
LT4	63	5700	20、22、24				40	106		2.84	0.0037
			25、28	62	62	44					
LT5	125	4600	25、28				50	130	45	6.05	0.0120
			30、32、35	82	82	60					
LT6	250	3800	32、35、38				55	160		9.57	0.0280
			40、42	112	112	84					
LT7	500	3600	40、42、45、48				65	190		14.01	0.0550
LT8	710	3000	45、48、50、55、56				70	224	65	23.12	0.1340
			60、63	142	142	107					

（续）

型号	公称转矩 T_n /N·m	许用转速 $[n]$ /r·min^{-1}	轴孔直径 d_1、d_2、d_z	轴孔长度 Y型 L	轴孔长度 J、J_1、Z型 L_1	轴孔长度 J、J_1、Z型 L	$L_{推荐}$	D	A	质量 m /kg	转动惯量 I /kg·m^{-2}
LT9	1000	2850	50、55、56	112	112	84	80	250	65	30.69	0.2130
			60、63、65、70、71	142	142	107					
LT10	2000	2300	63、65、70、71、75				100	315	80	61.40	0.6600
			80、85、90、95	172	172	132					
LT11	4000	1800	80、85、90、95				115	400	100	120.70	2.1220
			100、110	212	212	167					
LT12	8000	1450	100、110、120、125				135	475	130	210.34	5.3900
			130	252	252	202					
TL13	16000	1150	120、125	212	212	167	160	600	180	419.36	17.5800
			130、140、150	252	252	202					
			160、170	302	302	242					

注：质量、转动惯量按材料为铸钢、无孔、$L_{推荐}$计算近似值。

表 17-4　制动轮型弹性套柱销联轴器（摘自 GB/T 4323—2002）　　（单位：mm）

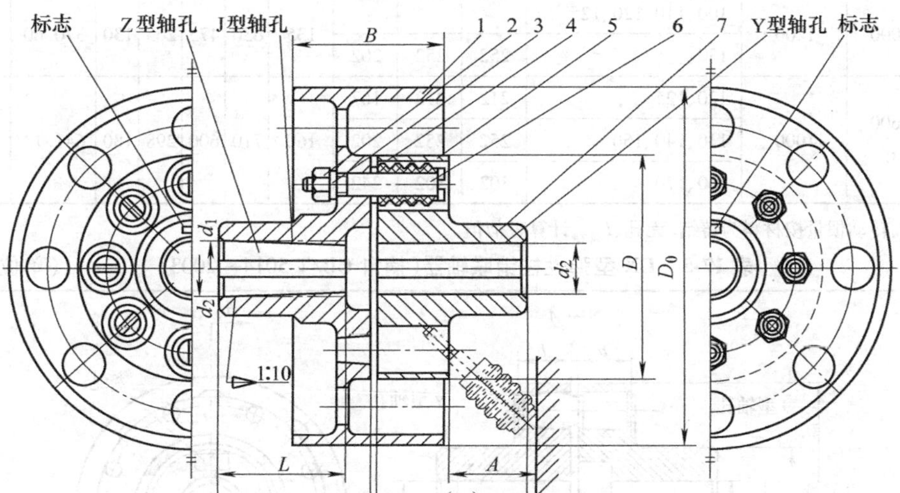

1—制动轮　2—螺母　3—垫圈　4—挡圈　5—弹性套　6—柱销　7—半联轴器

标记示例：

LTZ10 制动轮型弹性套柱销联轴器，主动端：J_1 型轴孔，A 型键槽，d_1 = 85mm，L = 132mm；从动端：J_1 型轴孔，A 型键槽，d_2 = 85mm，L = 132mm。标记为

LTZ10 联轴器 $J_1 85 \times 132$　　GB/T 4323—2002

（续）

<table>
<tr><th rowspan="3">型号</th><th rowspan="3">公称转矩
T_n
/N·m</th><th rowspan="3">许用转速
[n]
/r·min^{-1}</th><th rowspan="3">轴孔直径
d_1、d_2、d_z</th><th colspan="4">轴孔长度</th><th rowspan="3">D_0</th><th rowspan="3">D</th><th rowspan="3">B</th><th rowspan="3">A</th><th rowspan="3">质量
m
/kg</th><th rowspan="3">转动惯量
I
/kg·m^{-2}</th></tr>
<tr><th>Y型</th><th colspan="2">J、J_1、Z型</th><th rowspan="2">$L_{推荐}$</th></tr>
<tr><th>L</th><th>L_1</th><th>L</th></tr>
<tr><td rowspan="2">LTZ5</td><td rowspan="2">125</td><td rowspan="2">3800</td><td>25、28</td><td>62</td><td>62</td><td>44</td><td rowspan="2">50</td><td rowspan="2">200</td><td rowspan="2">130</td><td rowspan="2">85</td><td rowspan="5">45</td><td rowspan="2">13.38</td><td rowspan="2">0.416</td></tr>
<tr><td>30、32、35</td><td rowspan="2">82</td><td rowspan="2">82</td><td rowspan="2">60</td></tr>
<tr><td rowspan="2">LTZ6</td><td rowspan="2">250</td><td rowspan="2">3000</td><td>32、35、38</td><td rowspan="2">55</td><td rowspan="2">250</td><td rowspan="2">160</td><td rowspan="2">105</td><td rowspan="2">21.25</td><td rowspan="2">0.1053</td></tr>
<tr><td>40、42</td><td rowspan="3">112</td><td rowspan="3">112</td><td rowspan="3">84</td></tr>
<tr><td>LTZ7</td><td>500</td><td rowspan="5">2400</td><td>40、42、45、48</td><td>65</td><td rowspan="5">315</td><td>190</td><td rowspan="3">132</td><td>35.00</td><td>0.2522</td></tr>
<tr><td rowspan="2">LTZ8</td><td rowspan="2">710</td><td>45、48、50、55、56</td><td rowspan="2">70</td><td rowspan="2">224</td><td rowspan="4">65</td><td rowspan="2">45.14</td><td rowspan="2">0.3470</td></tr>
<tr><td>60、63</td><td>142</td><td>142</td><td>107</td></tr>
<tr><td rowspan="2">LTZ9</td><td rowspan="2">1000</td><td>50、55、56</td><td>112</td><td>112</td><td>84</td><td rowspan="2">80</td><td rowspan="2">250</td><td rowspan="4">168</td><td rowspan="2">58.67</td><td rowspan="2">0.4070</td></tr>
<tr><td>60、63、65、70、71</td><td rowspan="2">142</td><td rowspan="2">142</td><td rowspan="2">107</td></tr>
<tr><td rowspan="2">LTZ10</td><td rowspan="2">2000</td><td rowspan="2">1900</td><td>63、65、70、71、75</td><td rowspan="2">100</td><td rowspan="2">400</td><td rowspan="2">315</td><td rowspan="2">80</td><td rowspan="2">100.30</td><td rowspan="2">1.3050</td></tr>
<tr><td>80、85、90、95</td><td rowspan="2">172</td><td rowspan="2">172</td><td rowspan="2">132</td></tr>
<tr><td rowspan="2">LTZ11</td><td rowspan="2">4000</td><td rowspan="2">1500</td><td>80、85、90、95</td><td rowspan="2">115</td><td rowspan="2">500</td><td rowspan="2">400</td><td rowspan="2">210</td><td rowspan="2">100</td><td rowspan="2">198.73</td><td rowspan="2">4.3300</td></tr>
<tr><td>100、110</td><td rowspan="2">212</td><td rowspan="2">212</td><td rowspan="2">167</td></tr>
<tr><td rowspan="2">LTZ12</td><td rowspan="2">8000</td><td rowspan="2">1200</td><td>100、110、120、125</td><td rowspan="2">135</td><td rowspan="2">630</td><td rowspan="2">475</td><td rowspan="2">265</td><td rowspan="2">130</td><td rowspan="2">370.60</td><td rowspan="2">12.4900</td></tr>
<tr><td>130</td><td>252</td><td>252</td><td>202</td></tr>
<tr><td rowspan="3">TLZ13</td><td rowspan="3">16000</td><td rowspan="3">1000</td><td>120、125</td><td>212</td><td>212</td><td>167</td><td rowspan="3">160</td><td rowspan="3">710</td><td rowspan="3">600</td><td rowspan="3">298</td><td rowspan="3">180</td><td rowspan="3">641.13</td><td rowspan="3">30.4800</td></tr>
<tr><td>130、140、150</td><td>252</td><td>252</td><td>202</td></tr>
<tr><td>160、170</td><td>302</td><td>302</td><td>242</td></tr>
</table>

注：质量、转动惯量按材料为铸钢、无孔、$L_{推荐}$计算近似值。

表 17-5 LX 型弹性柱销联轴器（摘自 GB/T 5014—2003）（单位：mm）

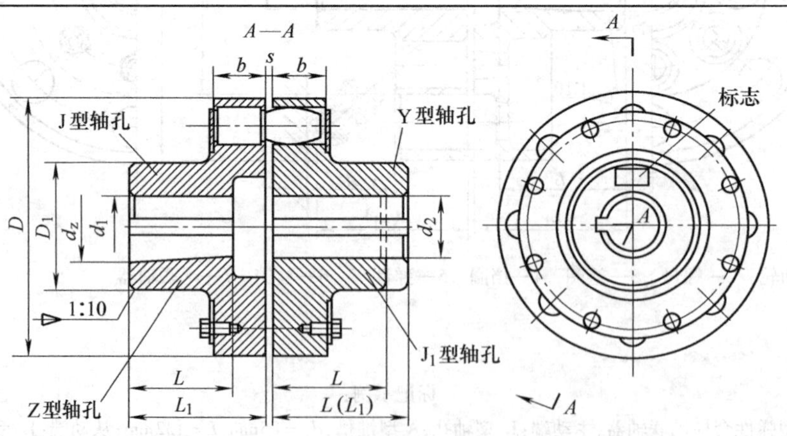

标记示例：

LX5 弹性柱销联轴器，主动端：Z 型轴孔，C 型键槽，d_z = 75mm，L = 107mm；从动端：J 型轴孔，B 型键槽，d_2 = 70mm，L = 107mm。标记为

$$\text{LX5 联轴器}\frac{\text{ZC75}\times 107}{\text{JB70}\times 107}\quad \text{GB/T 4323—2003}$$

（续）

<table>
<tr><th rowspan="3">型号</th><th rowspan="3">公称转矩
T_n
/N·m</th><th rowspan="3">许用转速
[n]
/r·min^{-1}</th><th rowspan="3">轴孔直径
d_1、d_2、d_z</th><th colspan="3">轴孔长度</th><th rowspan="3">D</th><th rowspan="3">D_1</th><th rowspan="3">b</th><th rowspan="3">s</th><th rowspan="3">质量
m
/kg</th><th rowspan="3">转动惯量
I
/kg·m^{-2}</th></tr>
<tr><th>Y 型</th><th colspan="2">J、J_1、Z 型</th></tr>
<tr><th>L</th><th>L_1</th><th>L</th></tr>
<tr><td rowspan="8">LX1</td><td rowspan="8">250</td><td rowspan="8">8500</td><td>12</td><td rowspan="2">32</td><td rowspan="2">—</td><td rowspan="2">27</td><td rowspan="8">90</td><td rowspan="8">40</td><td rowspan="8">20</td><td rowspan="8">2.5</td><td rowspan="8">2</td><td rowspan="8">0.002</td></tr>
<tr><td>14</td></tr>
<tr><td>16</td><td rowspan="3">42</td><td rowspan="3">42</td><td rowspan="3">30</td></tr>
<tr><td>18</td></tr>
<tr><td>19</td></tr>
<tr><td>20</td><td rowspan="6">52</td><td rowspan="6">52</td><td rowspan="6">38</td></tr>
<tr><td>22</td></tr>
<tr><td>24</td></tr>
<tr><td rowspan="8">LX2</td><td rowspan="8">560</td><td rowspan="8">6300</td><td>20</td><td rowspan="8">120</td><td rowspan="8">55</td><td rowspan="8">28</td><td rowspan="8">2.5</td><td rowspan="8">5</td><td rowspan="8">0.009</td></tr>
<tr><td>22</td></tr>
<tr><td>24</td></tr>
<tr><td>25</td><td rowspan="2">62</td><td rowspan="2">62</td><td rowspan="2">44</td></tr>
<tr><td>28</td></tr>
<tr><td>30</td><td rowspan="7">82</td><td rowspan="7">82</td><td rowspan="7">60</td></tr>
<tr><td>32</td></tr>
<tr><td>35</td></tr>
<tr><td rowspan="8">LX3</td><td rowspan="8">1250</td><td rowspan="8">4750</td><td>30</td><td rowspan="8">160</td><td rowspan="8">75</td><td rowspan="8">36</td><td rowspan="8">2.5</td><td rowspan="8">8</td><td rowspan="8">0.026</td></tr>
<tr><td>32</td></tr>
<tr><td>35</td></tr>
<tr><td>38</td></tr>
<tr><td>40</td><td rowspan="11">112</td><td rowspan="11">112</td><td rowspan="11">84</td></tr>
<tr><td>42</td></tr>
<tr><td>45</td></tr>
<tr><td>48</td></tr>
<tr><td rowspan="9">LX4</td><td rowspan="9">2500</td><td rowspan="9">3870</td><td>40</td><td rowspan="9">195</td><td rowspan="9">100</td><td rowspan="9">45</td><td rowspan="9">3</td><td rowspan="9">22</td><td rowspan="9">0.109</td></tr>
<tr><td>42</td></tr>
<tr><td>45</td></tr>
<tr><td>48</td></tr>
<tr><td>50</td></tr>
<tr><td>55</td></tr>
<tr><td>56</td></tr>
<tr><td>60</td><td rowspan="2">142</td><td rowspan="2">142</td><td rowspan="2">107</td></tr>
<tr><td>63</td></tr>
</table>

（续）

<table>
<tr><th rowspan="3">型号</th><th rowspan="3">公称转矩
T_n
/N·m</th><th rowspan="3">许用转速
[n]
/r·min^{-1}</th><th rowspan="3">轴孔直径
d_1、d_2、d_z</th><th colspan="3">轴孔长度</th><th rowspan="3">D</th><th rowspan="3">D_1</th><th rowspan="3">b</th><th rowspan="3">s</th><th rowspan="3">质量
m
/kg</th><th rowspan="3">转动惯量
I
/kg·m^{-2}</th></tr>
<tr><th>Y 型</th><th colspan="2">J、J_1、Z 型</th></tr>
<tr><th>L</th><th>L_1</th><th>L</th></tr>
<tr><td rowspan="9">LX5</td><td rowspan="9">3150</td><td rowspan="9">3450</td><td>50</td><td rowspan="3">112</td><td rowspan="3">112</td><td rowspan="3">84</td><td rowspan="9">220</td><td rowspan="9">120</td><td rowspan="9">45</td><td rowspan="9">3</td><td rowspan="9">30</td><td rowspan="9">0.191</td></tr>
<tr><td>55</td></tr>
<tr><td>56</td></tr>
<tr><td>60</td><td rowspan="12">142</td><td rowspan="12">142</td><td rowspan="12">107</td></tr>
<tr><td>63</td></tr>
<tr><td>65</td></tr>
<tr><td>70</td></tr>
<tr><td>71</td></tr>
<tr><td>75</td></tr>
<tr><td rowspan="8">LX6</td><td rowspan="8">6300</td><td rowspan="8">2720</td><td>60</td><td rowspan="8">280</td><td rowspan="8">140</td><td rowspan="8">56</td><td rowspan="8">4</td><td rowspan="8">53</td><td rowspan="8">0.543</td></tr>
<tr><td>63</td></tr>
<tr><td>65</td></tr>
<tr><td>70</td></tr>
<tr><td>71</td></tr>
<tr><td>75</td></tr>
<tr><td>80</td><td rowspan="2">172</td><td rowspan="2">172</td><td rowspan="2">132</td></tr>
<tr><td>85</td></tr>
<tr><td rowspan="9">LX7</td><td rowspan="9">11200</td><td rowspan="9">2360</td><td>70</td><td rowspan="3">142</td><td rowspan="3">142</td><td rowspan="3">107</td><td rowspan="9">320</td><td rowspan="9">170</td><td rowspan="9">56</td><td rowspan="9">4</td><td rowspan="9">98</td><td rowspan="9">1.314</td></tr>
<tr><td>71</td></tr>
<tr><td>75</td></tr>
<tr><td>80</td><td rowspan="4">172</td><td rowspan="4">172</td><td rowspan="4">132</td></tr>
<tr><td>85</td></tr>
<tr><td>90</td></tr>
<tr><td>95</td></tr>
<tr><td>100</td><td rowspan="2">212</td><td rowspan="2">212</td><td rowspan="2">167</td></tr>
<tr><td>110</td></tr>
<tr><td rowspan="7">LX8</td><td rowspan="7">16000</td><td rowspan="7">2120</td><td>80</td><td rowspan="4">172</td><td rowspan="4">172</td><td rowspan="4">132</td><td rowspan="7">360</td><td rowspan="7">200</td><td rowspan="7">56</td><td rowspan="7">5</td><td rowspan="7">119</td><td rowspan="7">2.023</td></tr>
<tr><td>85</td></tr>
<tr><td>90</td></tr>
<tr><td>95</td></tr>
<tr><td>100</td><td rowspan="3">212</td><td rowspan="3">212</td><td rowspan="3">167</td></tr>
<tr><td>110</td></tr>
<tr><td>120</td></tr>
</table>

（续）

型号	公称转矩 T_n /N·m	许用转速 $[n]$ /r·min^{-1}	轴孔直径 d_1、d_2、d_z	轴孔长度			D	D_1	b	s	质量 m /kg	转动惯量 I /kg·m^{-2}
				Y 型	J、J_1、Z 型							
				L	L_1	L						
LX8	16000	2120	125				360	200	56	5	119	2.023
LX9	22400	1850	100				410	230	63	5	197	4.386
			110	212	212	167						
			120									
			125									
			130	252	252	202						
			140									
LX10	35500	1600	110	212	212	167	480	280	75	6	322	9.760
			120									
			125									
			130	252	252	202						
			140									
			150									

注：质量、转动惯量是按 J/Y 轴孔组合型式和最小轴孔直径计算的。

表 17-6　LXZ 型弹性柱销联轴器（摘自 GB/T 5014—2003）　　（单位：mm）

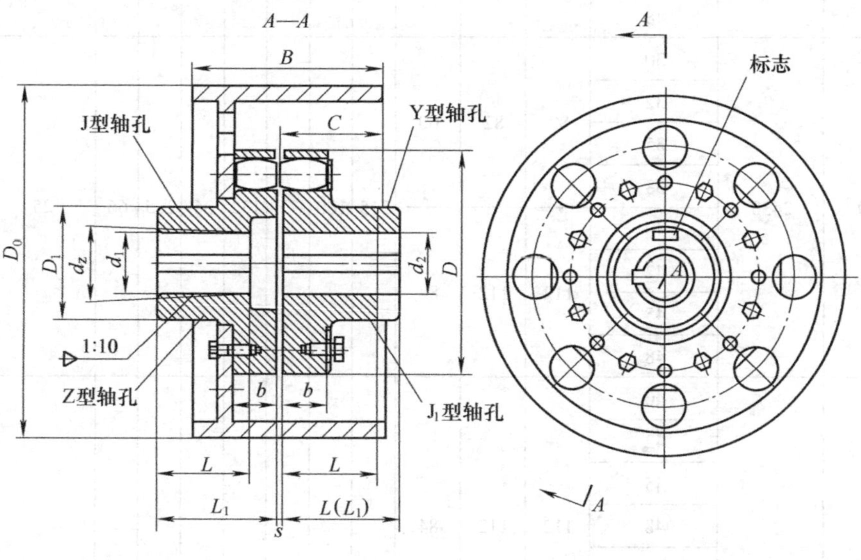

标记示例：

LXZ6 弹性柱销联轴器，主动端：Z 型轴孔，C 型键槽，d_z = 75mm，L = 107mm；从动端：J 型轴孔，B 型键槽，d_2 = 70mm，L = 107mm。标记为

$$\text{LXZ6 联轴器}\frac{\text{ZC75}\times 107}{\text{JB70}\times 107}\quad \text{GB/T 4323—2003}$$

（续）

型号	公称转矩 T_n /N·m	许用转速 $[n]$ /r·min^{-1}	轴孔直径 d_1、d_2、d_z	轴孔长度			D_0	D	D_1	B	b	S	C	质量 m /kg	转动惯量 I /kg·m^{-2}
				Y 型	J、J_1、Z 型										
				L	L_1	L									
LXZ1	560	5600	20	52	52	38	200	120	55	85	28	2.5	42	11	0.055
			22												
			24												
			25	62	62	44									
			28												
			30	82	82	60									
			32												
			35												
LXZ2	1250	3750	30	82	82	60	200	160	75	85	36	2.5	42	14	0.072
			32												
			35												
			38												
			40	112	112	84									
			42												
			45												
			48												
LXZ3	1250	2430	30	82	82	60	315	160	75	132	36	2.5	66	25	0.313
			32												
			35												
			38												
			40	112	112	84									
			42												
			45												
			48												
LXZ4	2500	2430	40	112	112	84	315	195	100	132	45	3	66	40	0.504
			42												
			45												
			48												
			50												
			55												
			56												
			60	142	142	107									
			63												

（续）

型号	公称转矩 T_n /N·m	许用转速 $[n]$ /r·min^{-1}	轴孔直径 d_1、d_2、d_z	轴孔长度 Y型 L	轴孔长度 J、J_1、Z型 L_1	轴孔长度 J、J_1、Z型 L	D_0	D	D_1	B	b	S	C	质量 m /kg	转动惯量 I /kg·m^{-2}
LXZ5	2500	1900	40	112	112	84	400	195	100	168	45	3	84	59	1.192
			42												
			45												
			48												
			50												
			55												
			56												
			60	142	142	107									
			63												
LXZ6	3150	1900	50	112	112	84	400	220	120	168	45	3	84	69	1.402
			55												
			56												
			60	142	142	107									
			63												
			65												
			70												
			71												
			75												
LXZ7	3150	1500	50	112	112	84	500	220	120	210	45	3	105	91	2.872
			55												
			56												
			60	142	142	107									
			63												
			65												
			70												
			71												
			75												
LXZ8	6300	1900	60	142	142	107	400	280	140	168	56	4	84	88	1.800
			63												
			65												
			70												
			71												
			75												

（续）

型号	公称转矩 T_n /N·m	许用转速 [n] /r·min^{-1}	轴孔直径 d_1、d_2、d_z	轴孔长度 Y型 L	轴孔长度 J、J_1、Z型 L_1	轴孔长度 J、J_1、Z型 L	D_0	D	D_1	B	b	S	C	质量 m /kg	转动惯量 I /kg·m^{-2}
LXZ8	6300	1900	80	172	172	132	400	280	140	168	56	4	84	88	1.800
			85												
LXZ9	6300	1500	60	142	142	107	500	280	140	210	56	4	105	113	3.582
			63												
			65												
			70												
			71												
			75												
			80	172	172	132									
			85												
LXZ10	11200	1500	70	142	142	107	500	320	170	210	56	4	150	156	4.970
			71												
			75												
			80	172	172	132									
			85												
			90												
			95												
			100	212	212	167									
			110												
LXZ11	11200	1220	70	142	142	107	630	320	170	265	56	4	132	187	9.392
			71												
			75												
			80	172	172	132									
			85												
			90												
			95												
			100	212	212	167									
			110												
LXZ12	16000	1220	80	172	172	132	630	360	200	265	56	5	132	326	16.43
			85												
			90												
			95												
			100	212	212	167									

（续）

型号	公称转矩 T_n /N·m	许用转速 $[n]$ /r·min^{-1}	轴孔直径 d_1、d_2、d_z	轴孔长度			D_0	D	D_1	B	b	S	C	质量 m /kg	转动惯量 I /kg·m^{-2}
				Y型	J、J_1、Z型										
				L	L_1	L									
LXZ12	16000	1220	110	212	212	167	630	360	200	265	56	5	132	326	16.43
			120												
			125												

注：质量、转动惯量是按 J/Y 轴孔组合型式和最小轴孔直径计算的。

第十八章　渐开线圆柱齿轮

第一节　齿轮精度及其选择

1. 齿轮精度

渐开线圆柱齿轮精度国家标准体系由两项标准和四项指导性文件组成，其文件编号和名称如下：

文件编号	名　　称
GB/T 10095.1—2001	渐开线圆柱齿轮　精度　第1部分　轮齿同侧齿面偏差的定义和允许值
GB/T 10095.2—2001	渐开线圆柱齿轮　精度　第2部分　径向综合偏差与径向跳动的定义和允许值
GB/Z 18620.1—2002	圆柱齿轮　检验实施规范　第1部分　轮齿同侧齿面的检验
GB/Z 18620.2—2002	圆柱齿轮　检验实施规范　第2部分　径向综合偏差、径向跳动、齿厚和侧隙的检验
GB/Z 18620.3—2002	圆柱齿轮　检验实施规范　第3部分　齿轮坯、轴中心距和轴线平行度
GB/Z 18620.4—2002	圆柱齿轮　检验实施规范　第4部分　表面结构和轮齿接触斑点的检验

2. 精度等级

（1）轮齿同侧齿面偏差的精度等级　对于分度圆直径为5～10000mm、法向模数为0.5～70mm、齿宽为4～1000mm的渐开线圆柱齿轮，共11项同侧齿面偏差（参阅参考文献[2]）由GB/T 10095.1—2001规定了0、1、2、…、12共13个精度等级。其中0级最高，12级最低。

（2）径向综合偏差的精度等级　对于分度圆直径为5～1000mm、法向模数0.2～10mm的渐开线圆柱齿轮，径向综合总偏差F''_i和一齿径向综合偏差f''_i（参阅参考文献[2]）由GB/T 10095.2—2001规定了4、5、…、12共9个精度等级。其中4级最高，12级最低。

（3）径向跳动的精度等级　对于分度圆直径为5～10000mm、法向模数为0.5～70mm的渐开线圆柱齿轮，径向跳动由GB/T 10095.2—2001在附录B中推荐了0、1、2、…、12共13个精度等级。其中0级最高、12级最低。

3. 齿轮精度选择

齿轮精度等级是考虑齿轮工作条件与适用范围、圆周速度等因素来选择。

表18-1　各类机械传动中所应用的齿轮精度等级（按GB/T 10095—2001）

产品类型	精度等级	产品类型	精度等级	产品类型	精度等级
测量齿轮	2～5	轻型汽车	5～8	轧钢机	6～10
涡轮机齿轮	3～6	载重汽车	6～9	矿用绞车	6～10
金属切削机床	3～8	航空发动机	4～8	起重机械	7～10
内燃机车	6～7	拖拉机	6～9	农业机械	8～11
汽车底盘	5～8	通用减速器	6～9		

表 18-2　各精度等级齿轮的适用范围

精度等级	工作条件与适用范围	圆周速度/m·s⁻¹		齿面的最后加工
		直齿	斜齿	
3	用于最平稳且无噪声的极高速下工作的齿轮；特别精密的分度机构齿轮；特别精密机械中的齿轮；控制机构齿轮；检测5、6级的测量齿轮	>50	>75	特精密的磨齿和珩磨；用精密滚刀滚齿或单边剃齿（大多数齿轮不经淬火）
4	用于精密分度机构的齿轮；特别精密机械中的齿轮；高速涡轮机构齿轮；控制机构齿轮；检测7级的测量齿轮	>40	>70	精密磨齿；大多数用精密滚刀滚齿和珩齿或单边剃齿
5	用于高平稳且低噪声的高速传动的齿轮；精密机构中的齿轮；涡轮机传动的齿轮；检测8、9级的测量齿轮；重要的航空、船用齿轮箱齿轮	>20	>40	精密磨齿；大多数用精密滚刀滚齿，进而研齿或剃齿
6	用于高速下平稳工作，需要高效率及低噪声的齿轮；航空、汽车用齿轮；读数装置中的精密齿轮；机床传动链齿轮；机床传动齿轮	到15	到30	精密磨齿或剃齿
7	在中速或大功率下工作的齿轮；机床变速箱进给齿轮；减速器齿轮；起重机齿轮；汽车以及读数装置中的齿轮	到10	到15	无需热处理的齿轮，用精确刀具加工；对于淬硬齿轮必须精整加工（磨齿、研齿、珩磨）
8	一般机器中无特殊精度要求的齿轮；机床变速齿轮；汽车制造业中不重要齿轮；冶金、起重机械齿轮；通用减速器的齿轮；农业机械中的重要齿轮	到6	到10	滚、插齿均可，不用磨齿；必要时剃齿或研齿
9	用于不提出精度要求的粗糙工作的齿轮；因结构上考虑，受载低于计算载荷的传动用齿轮；低速不重要工作机械的动力齿轮；农机齿轮	到2	到4	不需要特殊的精加工工序

第二节　检测项目的极限偏差及其他数据

表 18-3　单个齿距极限偏差 $\pm f_{pt}$（摘自 GB/T 10095.1—2001）

分度圆直径 d/mm	法向模数 m_n/mm	精度等级				
		5	6	7	8	9
		$\pm f_{pt}$/μm				
$20<d\leqslant50$	$2<m_n\leqslant3.5$	5.5	7.5	11.0	15.0	22.0
	$3.5<m_n\leqslant6$	6.0	8.5	12.0	17.0	24.0
$50<d\leqslant125$	$2<m_n\leqslant3.5$	6.0	8.5	12.0	17.0	23.0
	$3.5<m_n\leqslant6$	6.5	9.0	13.0	18.0	26.0
	$6<m_n\leqslant10$	7.5	10.0	15.0	21.0	30.0
$125<d\leqslant280$	$2<m_n\leqslant3.5$	6.5	9.0	13.0	18.0	26.0
	$3.5<m_n\leqslant6$	7.0	10.0	14.0	20.0	28.0
	$6<m_n\leqslant10$	8.0	11.0	16.0	23.0	32.0
$280<d\leqslant560$	$2<m_n\leqslant3.5$	7.0	10.0	14.0	20.0	29.0
	$3.5<m_n\leqslant6$	8.0	11.0	16.0	22.0	31.0
	$6<m_n\leqslant10$	8.5	12.0	17.0	25.0	35.0

表 18-4　齿距累积总公差 F_p（摘自 GB/T 10095.1—2001）

分度圆直径 d/mm	法向模数 m_n/mm	精度等级 5	6	7	8	9
		$F_p/\mu m$				
$20 < d \leqslant 50$	$2 < m_n \leqslant 3.5$	15.0	21.0	30.0	42.0	59.0
	$3.5 < m_n \leqslant 6$	15.0	22.0	31.0	44.0	62.0
$50 < d \leqslant 125$	$2 < m_n \leqslant 3.5$	19.0	27.0	38.0	53.0	76.0
	$3.5 < m_n \leqslant 6$	19.0	28.0	39.0	55.0	78.0
	$6 < m_n \leqslant 10$	20.0	29.0	41.0	58.0	82.0
$125 < d \leqslant 280$	$2 < m_n \leqslant 3.5$	25.0	35.0	50.0	70.0	100.0
	$3.5 < m_n \leqslant 6$	25.0	36.0	51.0	72.0	102.0
	$6 < m_n \leqslant 10$	26.0	37.0	53.0	75.0	106.0
$20 < d \leqslant 560$	$2 < m_n \leqslant 3.5$	33.0	46.0	65.0	92.0	131.0
	$3.5 < m_n \leqslant 6$	33.0	47.0	66.0	94.0	133.0
	$6 < m_n \leqslant 10$	34.0	48.0	68.0	97.0	137.0

表 18-5　齿廓总公差 F_α（摘自 GB/T 10095.1—2001）

分度圆直径 d/mm	法向模数 m_n/mm	精度等级 5	6	7	8	9
		$F_\alpha/\mu m$				
$20 < d \leqslant 50$	$2 < m_n \leqslant 3.5$	7.0	10.0	14.0	20.0	29.0
	$3.5 < m_n \leqslant 6$	9.0	12.0	18.0	25.0	35.0
$50 < d \leqslant 125$	$2 < m_n \leqslant 3.5$	8.0	11.0	16.0	22.0	31.0
	$3.5 < m_n \leqslant 6$	9.5	13.0	19.0	27.0	38.0
	$6 < m_n \leqslant 10$	12.0	16.0	23.0	33.0	46.0
$125 < d \leqslant 280$	$2 < m_n \leqslant 3.5$	9.0	13.0	18.0	25.0	36.0
	$3.5 < m_n \leqslant 6$	11.0	15.0	21.0	30.0	42.0
	$6 < m_n \leqslant 10$	13.0	18.0	25.0	36.0	50.0
$280 < d \leqslant 560$	$2 < m_n \leqslant 3.5$	10.0	15.0	21.0	29.0	41.0
	$3.5 < m_n \leqslant 6$	12.0	17.0	24.0	34.0	48.0
	$6 < m_n \leqslant 10$	14.0	20.0	28.0	40.0	56.0

表 18-6　螺旋线总公差 F_β（摘自 GB/T 10095.1—2001）

分度圆直径 d/mm	齿宽 b/mm	精度等级 5	6	7	8	9
		$F_\beta/\mu m$				
$20 < d \leqslant 50$	$10 < b \leqslant 20$	7.0	10.0	14.0	20.0	29.0
	$20 < b \leqslant 40$	8.0	11.0	16.0	23.0	32.0
$50 < d \leqslant 125$	$10 < b \leqslant 20$	7.5	11.0	15.0	21.0	30.0
	$20 < b \leqslant 40$	8.5	12.0	17.0	24.0	34.0
	$40 < b \leqslant 80$	10.0	14.0	20.0	28.0	39.0

（续）

分度圆直径 d/mm	齿宽 b/mm	精度等级				
		5	6	7	8	9
		$F_\beta/\mu m$				
$125 < d \leqslant 280$	$10 < b \leqslant 20$	8.0	11.0	16.0	22.0	32.0
	$20 < b \leqslant 40$	9.0	13.0	18.0	25.0	36.0
	$40 < b \leqslant 80$	10.0	15.0	21.0	29.0	41.0
$280 < d \leqslant 560$	$20 < b \leqslant 40$	9.5	13.0	19.0	27.0	38.0
	$40 < b \leqslant 80$	11.0	15.0	22.0	31.0	44.0
	$80 < b \leqslant 160$	13.0	18.0	26.0	36.0	52.0

表 18-7　径向跳动公差 F_r（摘自 GB/T 10095.2—2001）

分度圆直径 d/mm	法向模数 m_n/mm	精度等级				
		5	6	7	8	9
		$F_r/\mu m$				
$20 < d \leqslant 50$	$2.0 < m_n \leqslant 3.5$	12	17	24	34	47
	$3.5 < m_n \leqslant 6.0$	12	17	25	35	49
$50 < d \leqslant 125$	$2.0 < m_n \leqslant 3.5$	15	21	30	43	61
	$3.5 < m_n \leqslant 6.0$	16	22	31	44	62
	$6.0 < m_n \leqslant 10$	16	23	33	46	65
$125 < d \leqslant 280$	$2.0 < m_n \leqslant 3.5$	20	28	40	56	80
	$3.5 < m_n \leqslant 6.0$	20	29	41	58	82
	$6.0 < m_n \leqslant 10$	21	30	42	60	85
$280 < d \leqslant 560$	$2.0 < m_n \leqslant 3.5$	26	37	52	74	105
	$3.5 < m_n \leqslant 6.0$	27	38	53	75	106
	$6.0 < m_n \leqslant 10$	27	39	55	77	109

表 18-8　基准面与安装面的形状公差（摘自 GB/Z 18620.3—2002）

确定轴线的基准面	图示	公差项目		
		圆度	圆柱度	平面度
两个"短的"圆柱或圆锥形基准面	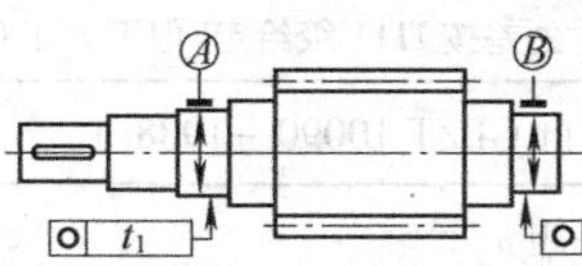	$0.04(L/b)F_\beta$ 或 $0.1F_p$ 取两者中之小值		
一个"长的"圆柱或圆锥形基准面	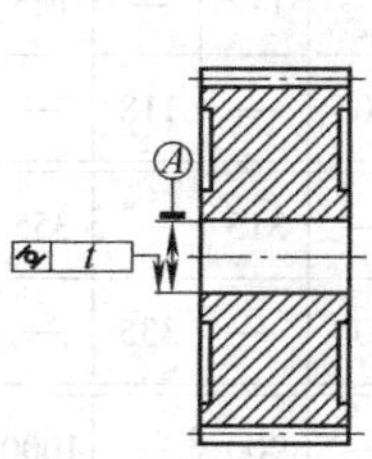		$0.04(L/b)F_\beta$ 或 $0.1F_p$ 取两者中之小值	

（续）

确定轴线的基准面	图示	公差项目		
		圆度	圆柱度	平面度
一个“短的”圆柱面和一个端面	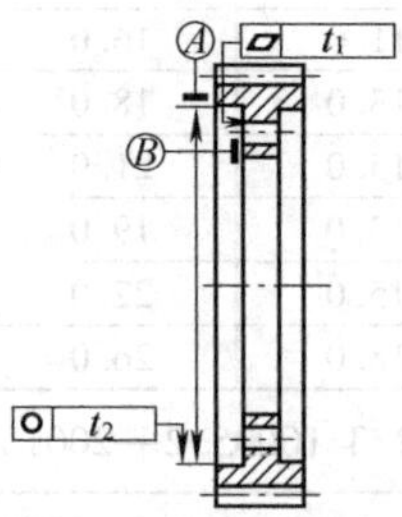	$0.06F_p$		$0.06(D_d/b)F_\beta$

注：1. 齿轮坯的公差应减至能经济地制造的最小值。

2. L—较大的轴承跨距；D_d—基准面直径；b—齿宽。

表 18-9　安装面的跳动公差（摘自 GB/Z 18620.3—2002）

确定轴线的基准面	跳动量（总的指示幅度）	
	径向	轴向
仅指圆柱或圆锥形基准面	$0.15F_\beta L/b$ 或 $0.3F_p$ 取两者中大值	
一个圆柱基准面和一个端面基准面	$0.3F_p$	$0.2F_\beta D_d/b$

注：齿轮坯的公差应减至能经济地制造的最小值。

表 18-10　轮坯的尺寸公差和形状公差

齿轮精度等级		6	7	8	9
孔	尺寸公差	IT6	IT7		IT8
	形状公差				
轴颈（轴齿轮）	尺寸公差	IT5	IT6		IT7
	形状公差				
顶圆柱面	作齿厚测量基准	IT8			IT9
	不作齿厚测量基准	尺寸公差按 IT11 级给定，但不大于 $0.1m_n$			

表 18-11　齿轮传动中心距系列（摘自 GB/T 10090—1988）　（单位：mm）

一级齿轮传动中心距 a

系列 1	63	—	71	—	80	—	90	—	100	—	112	—	125	—	140	—	160	—
系列 2	—	67	—	75	—	85	—	95	—	106	—	118	—	132	—	150	—	170
系列 1	180	—	200	—	224	—	250	—	280	—	315	—	355	—	400	—	450	—
系列 2	—	190	—	212	—	236	—	265	—	300	—	335	—	375	—	425	—	475
系列 1	500	—	560	—	630	—	710	—	800	—	900	—	1000	—	1120	—	1250	—
系列 2	—	530	—	600	—	670	—	750	—	850	—	950	—	1060	—	1180	—	1320

（续）

二级齿轮传动总中心距 a 和高、低速级中心距 a_1、a_2																	
系列 1	a	171	—	192	—	215	—	240	—	272	—	305	—	340	—	384	—
	a_1	71	—	80	—	90	—	100	—	112	—	125	—	140	—	160	—
	a_2	100	—	112	—	125	—	140	—	160	—	180	—	200	—	224	—
系列 2	a	—	181	—	203	—	227	—	256	—	288	—	322	—	362	—	406
	a_1	—	75	—	85	—	95	—	106	—	118	—	132	—	150	—	170
	a_2	—	106	—	118	—	132	—	150	—	170	—	190	—	212	—	236
系列 1	a	430	—	480	—	539	—	605	—	680	—	765	—	855	—	960	—
	a_1	180	—	200	—	224	—	250	—	280	—	315	—	355	—	400	—
	a_2	250	—	280	—	315	—	355	—	400	—	450	—	500	—	560	—
系列 2	a	—	455	—	512	—	571	—	640	—	725	—	810	—	905	—	1025
	a_1	—	190	—	212	—	236	—	265	—	300	—	335	—	375	—	425
	a_2	—	265	—	300	—	335	—	375	—	425	—	475	—	530	—	600
系列 1	a	1080	—	1210	—	1360	—	1530	—	1710	—	1920	—	2150	—	2400	
	a_1	450	—	500	—	560	—	630	—	710	—	800	—	900	—	1000	
	a_2	630	—	710	—	800	—	900	—	1000	—	1120	—	1250	—	1400	
系列 2	a	—	1145	—	1280	—	1450	—	1620	—	1810	—	2030	—	2270	—	
	a_1	—	475	—	530	—	600	—	670	—	750	—	850	—	950	—	
	a_2	—	670	—	750	—	850	—	950	—	1060	—	1180	—	1320	—	

表 18-12　中心距极限偏差（$\pm f_a$）参考值　（单位：μm）

齿轮精度等级			1 ~ 2	3 ~ 4	5 ~ 6	7 ~ 8	9 ~ 10	11 ~ 12
f_a			IT5/2	IT6/2	IT7/2	IT8/2	IT9/2	IT11/2
齿轮副的中心距 /mm	大于	到						
	18	30	3	6.5	10.5	16.5	26	65
	30	50	3.5	8	12.5	19.5	31	80
	50	80	4	9.5	15	24	37	90
	80	120	5	11	17.5	27	43.5	110
	120	180	6	12.5	20	31.5	50	125
	180	250	7	14.5	23	36	57.5	145
	250	315	8	16	26	40.5	65	160
	315	400	9	18	28.5	44.5	70	180
	400	500	10	20	31.5	48.5	77.5	200
	500	630	11	22	35	55	87	220
	630	800	12.5	25	40	62	100	250
	800	1000	14.5	28	45	70	115	280

表 18-13　轴线平行度公差的最大推荐值(摘自 GB/Z 18620.3—2002)

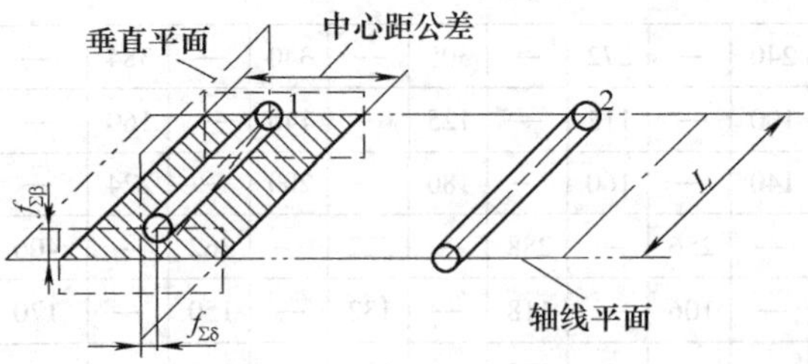

轴线平行度偏差的方向	轴线平行度公差的最大推荐值	
垂直平面内	$f_{\Sigma\beta}=0.5L\times F_\beta/b$	L——两轴轴承的较长跨距 F_β——螺旋线总公差(查表 18-6)
轴线平面内	$f_{\Sigma\delta}=2f_{\Sigma\beta}$	

表 18-14　轮齿接触斑点(摘自 GB/Z18620.4—2002)

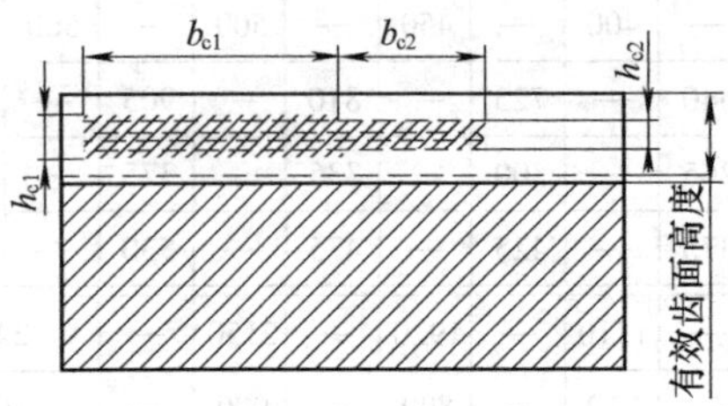

b_{c1}——接触斑点的较大长度,单位%

b_{c2}——接触斑点的较小长度,单位%

h_{c1}——接触斑点的较大高度,单位%

h_{c2}——接触斑点的较小高度,单位%

项 目	直齿轮装配后的接触斑点				斜齿轮装配后的接触斑点			
	精度等级(按 GB/T10095—2001)							
	4 级及更高	5 和 6	7 和 8	9～12	4 级及更高	5 和 6	7 和 8	9～12
b_{c1} 占齿宽的百分比	50%	45%	35%	25%	50%	45%	35%	25%
h_{c1} 占有效齿面高度的百分比	70%	50%			50%	40%		
b_{c2} 占齿宽的百分比	40%	35%		25%	40%	35%		25%
h_{c2} 占有效齿面高度的百分比	50%	30%			30%	20%		

表 18-15　对于中、大模数齿轮最小侧隙 j_{bnmin} 的推荐值(摘自 GB/Z18620.2—2002)

(单位:mm)

m_n	最小中心距 a					
	50	100	200	400	800	1600
1.5	0.09	0.11	—	—	—	—
2	0.10	0.12	0.15	—	—	—
3	0.12	0.14	0.17	0.24	—	—
5	—	0.18	0.21	0.28	—	—
8	—	0.24	0.27	0.34	0.47	—
12	—	—	0.35	0.42	0.55	—
18	—	—	—	0.54	0.67	0.94

表 18-16　切齿径向进刀公差 b_r

齿轮精度等级	4	5	6	7	8	9
b_r	1.26IT7	IT8	1.26IT8	IT9	1.26IT9	IT10

注:IT 值按齿轮分度圆直径查表 14-1。

表 18-17　标准模数系列(摘自 GB1357—1987)　(单位:mm)

第一系列	1.25, 1.5, 2,2.5,3,4,5,6,8,10,12,16,20,25,32,40,50
第二系列	1.75,2.25,2.75,(3.25),3.5,(3.75),4.5,5.5,(6.5),7,9,(11),14,18,22,28,36,45

注:1. 本表适用于渐开线圆柱齿轮。对斜齿轮则是指法向模数。

2. 选用模数时,应优先采用第一系列,其次是第二系列,括号内的模数值尽可能不用。

表 18-18　公法线长度 L'($m=1, \alpha=20°$)　(单位:mm)

齿轮齿数 z	跨测齿数 n	公法线长度 L'	齿轮齿数 z	跨测齿数 n	公法线长度 L'	齿轮齿数 z	跨测齿数 n	公法线长度 L'
4	2	4.4842	34	4	10.8086	64	8	23.0373
5	2	4.4982	35	4	10.8227	65	8	23.0513
6	2	4.5122	36	5	13.7888	66	8	23.0654
7	2	4.5262	37	5	13.8028	67	8	23.0794
8	2	4.5402	38	5	13.8168	68	8	23.0934
9	2	4.5542	39	5	13.8308	69	8	23.1074
10	2	4.5683	40	5	13.8448	70	8	23.1214
11	2	4.5823	41	5	13.8588	71	8	23.1354
12	2	4.5963	42	5	13.8728	72	9	26.1015
13	2	4.6103	43	5	13.8868	73	9	26.1155
14	2	4.6243	44	5	13.9008	74	9	26.1295
15	2	4.6383	45	6	16.8670	75	9	26.1435
16	2	4.6523	46	6	16.8810	76	9	26.1575
17	2	4.6663	47	6	16.8950	77	9	26.1715
18	3	7.6324	48	6	16.9090	78	9	26.1855
19	3	7.6464	49	6	16.9230	79	9	26.1995
20	3	7.6604	50	6	16.9370	80	9	26.2136
21	3	7.6744	51	6	16.9510	81	10	29.1797
22	3	7.6885	52	6	16.9650	82	10	29.1937
23	3	7.7025	53	6	16.9790	86	10	29.2077
24	3	7.7165	54	7	19.9452	84	10	29.2217
25	3	7.7305	55	7	19.9592	85	10	29.2357
26	3	7.7445	56	7	19.9732	86	10	29.2497
27	4	10.7106	57	7	19.9872	87	10	29.2637
28	4	10.7246	58	7	20.0012	88	10	29.2777
29	4	10.7386	59	7	20.0152	89	10	29.2917
30	4	10.7526	60	7	20.0292	90	11	32.2579
31	4	10.7666	61	7	20.0432	91	11	32.2719
32	4	10.7806	62	7	20.0572	92	11	32.2859
33	4	10.7946	63	8	23.0233	93	11	32.2999

（续）

齿轮齿数 z	跨测齿数 n	公法线长度 L'	齿轮齿数 z	跨测齿数 n	公法线长度 L'	齿轮齿数 z	跨测齿数 n	公法线长度 L'
94	11	32.3139	119	14	41.5204	144	17	50.7270
95	11	32.3279	120	14	41.5344	145	17	50.7410
96	11	32.3419	121	14	41.5484	146	17	50.7550
97	11	32.3559	122	14	41.5625	147	17	50.7690
98	11	32.3699	123	14	41.5765	148	17	50.7830
99	12	35.3361	124	14	41.5905	149	17	50.7970
100	12	35.3501	125	14	41.6045	150	17	50.8110
101	12	35.3641	126	15	44.5706	151	17	50.8250
102	12	35.3781	127	15	44.5846	152	17	50.8390
103	12	35.3920	128	15	44.5986	153	18	53.8051
104	12	35.4061	129	15	44.6126	157	18	53.8192
105	12	35.4201	130	15	44.6266	155	18	53.8332
106	12	35.4341	131	15	44.6406	156	18	53.8472
107	12	35.4481	132	15	44.6546	157	18	53.8612
108	13	38.4142	133	15	44.6686	158	18	53.8752
109	13	38.4282	134	15	44.6826	159	18	53.8892
110	13	38.4423	135	16	47.6488	160	18	53.9032
111	13	38.4563	136	16	47.6628	161	18	53.9172
112	13	38.4703	137	16	47.6768	162	19	56.8833
113	13	38.4843	138	16	47.6908	163	19	56.8972
114	13	38.4983	139	16	47.7048	164	19	56.9113
115	13	38.5123	140	16	47.7188	165	19	56.9253
116	13	38.5263	141	16	47.7328	166	19	56.9394
117	14	41.4924	142	16	47.7468	167	19	56.9534
118	14	41.5064	143	16	47.7608	168	19	56.9674

注：1. 对标准直齿圆柱齿轮，公法线长度 $L=L'm$；L'为 $m=1\text{mm}$，$\alpha=20°$时的公法线长度。

2. 斜齿轮的公法线长度在法面内测量，其值可按上表确定，但必须根据假想齿数 z'查表，z'按下式计算

$$z'=Kz$$

式中，K 为分度圆柱上齿的螺旋角 β 有关的假想齿数系数，见表 18-19。假想齿数常非整数，其小数部分 $\Delta z'$所对应的公法线长度 $\Delta L'$可查表 18-20。故总的公法线长度

$$L_n=(L'+\Delta L')m_n$$

式中，m_n 为法面模数，L'为与假想齿数 z'整数部分相对应的公法线长度，查表 18-18。

表 18-19　假想齿数系数 $K(\alpha_n=20°)$

β(°)	K	差值	β(°)	K	差值	β(°)	K	差值	β(°)	K	差值
1	1.000	0.002	11	1.054	0.011	21	1.216	0.024	31	1.548	0.047
2	1.002	0.002	12	1.065	0.012	22	1.240	0.026	32	1.595	0.051
3	1.004	0.003	13	1.077	0.013	23	1.266	0.027	33	1.646	0.054
4	1.007	0.004	14	1.090	0.014	24	1.293	0.030	34	1.700	0.058
5	1.011	0.005	15	1.114	0.015	25	1.323	0.031	35	1.758	0.062
6	1.016	0.006	16	1.119	0.017	26	1.354	0.034	36	1.820	0.067
7	1.022	0.006	17	1.136	0.018	27	1.388	0.036	37	1.887	0.072
8	1.028	0.008	18	1.154	0.019	28	1.424	0.038	38	1.959	0.077
9	1.036	0.009	19	1.173	0.021	29	1.462	0.042	39	2.036	0.083
10	1.045	0.009	20	1.194	0.022	30	1.504	0.044	40	2.119	0.088

注：当螺旋角 β 为非整数时，系数 K 和差值可按内插法求出。

表 18-20　$\Delta z'$的公法线长度 $\Delta L'$　　（单位：mm）

$\Delta z'$	0.00	0.01	0.02	0.03	0.04	0.05	0.06	0.07	0.08	0.09
0.0	0.0000	0.0001	0.0003	0.004	0.0006	0.0007	0.0008	0.0010	0.0011	0.0013
0.1	0.0014	0.0015	0.0017	0.0018	0.0020	0.0021	0.0022	0.0024	0.0025	0.0027
0.2	0.0028	0.0029	0.0031	0.0032	0.0034	0.0035	0.0036	0.0038	0.0039	0.0041
0.3	0.0042	0.0043	0.0045	0.0046	0.0048	0.0049	0.0050	0.0052	0.0053	0.0055
0.4	0.0056	0.0057	0.0059	0.0060	0.0062	0.0063	0.0064	0.0066	0.0067	0.0069
0.5	0.0070	0.0071	0.0073	0.0074	0.0076	0.0077	0.0078	0.0080	0.0081	0.0083
0.6	0.0084	0.0085	0.0087	0.0088	0.0090	0.0091	0.0092	0.0094	0.0095	0.0097
0.7	0.0098	0.0099	0.0101	0.0102	0.0104	0.0105	0.0106	0.0108	0.0109	0.0111
0.8	0.0112	0.0114	0.0115	0.0116	0.0118	0.0119	0.0120	0.0122	0.0123	0.0125
0.9	0.0126	0.0127	0.0129	0.0132	0.0132	0.0133	0.0134	0.0136	0.0137	0.0139

注：如 $\Delta z'=0.47$ 时，由上表查得 $\Delta L'=0.0066$。

表 18-21　标准直齿圆柱齿轮分度圆弦齿厚及弦齿高（$\alpha=20°$，$h_a^*=1$）

弦齿厚 $\bar{s}=K_1m$；弦齿高 $\bar{h}=K_2m$

齿数 z	K_1	K_2	齿数 z	K_1	K_2	齿数 z	K_1	K_2	齿数 z	K_1	K_2
10	1.5643	1.0616	43	1.5705	1.0143	76	1.5707	1.0081	109	1.5707	1.0057
11	1.5655	1.0560	44	1.5705	1.0140	77	1.5707	1.0080	110	1.5707	1.0056
12	1.5663	1.0514	45	1.5705	1.0137	78	1.5707	1.0079	111	1.5707	1.0056
13	1.5670	1.0474	46	1.5705	1.0134	79	1.5707	1.0078	112	1.5707	1.0055
14	1.5675	1.0440	47	1.5705	1.0131	80	1.5707	1.0077	113	1.5707	1.0055
15	1.5679	1.0411	48	1.5705	1.0128	81	1.5707	1.0076	114	1.5707	1.0054
16	1.5683	1.0385	49	1.5705	1.0126	82	1.5707	1.0075	115	1.5707	1.0054
17	1.5686	1.0362	50	1.5705	1.0123	83	1.5707	1.0074	116	1.5707	1.0053
18	1.5688	1.0342	51	1.5705	1.0121	84	1.5707	1.0073	117	1.5707	1.0053
19	1.5690	1.0324	52	1.5706	1.0119	85	1.5707	1.0072	118	1.5707	1.0053
20	1.5692	1.0308	53	1.5706	1.0116	86	1.5707	1.0072	119	1.5708	1.0052
21	1.5694	1.0294	54	1.5706	1.0114	87	1.5707	1.0071	120	1.5708	1.0052
22	1.5695	1.0281	55	1.5706	1.0112	88	1.5707	1.0070	121	1.5708	1.0051
23	1.5696	1.0268	56	1.5706	1.0110	89	1.5707	1.0069	122	1.5708	1.0051
24	1.5697	1.0257	57	1.5706	1.0108	90	1.5707	1.0068	123	1.5708	1.0050
25	1.5698	1.0247	58	1.5706	1.0106	91	1.5707	1.0068	124	1.5708	1.0050
26	1.5698	1.0237	59	1.5706	1.0105	92	1.5707	1.0067	125	1.5708	1.0049
27	1.5699	1.0228	60	1.5706	1.0102	93	1.5707	1.0066	126	1.5708	1.0049
28	1.5700	1.0220	61	1.5706	1.0101	94	1.5707	1.0065	127	1.5708	1.0049
29	1.5700	1.0213	62	1.5706	1.0100	95	1.5707	1.0064	128	1.5708	1.0048
30	1.5701	1.0206	63	1.5706	1.0098	96	1.5707	1.0064	129	1.5708	1.0048
31	1.5701	0.0199	64	1.5706	1.0097	97	1.5707	1.0064	130	1.5708	1.0047
32	1.5702	1.0193	65	1.5706	1.0095	98	1.5707	1.0063	131	1.5708	1.0047
33	1.5702	1.0187	66	1.5706	1.0094	99	1.5707	1.0062	132	1.5708	1.0047
34	1.5702	1.0181	67	1.5706	1.0092	100	1.5707	1.0061	133	1.5708	1.0047
35	1.5702	1.0176	68	1.5707	1.0091	101	1.5707	1.0061	134	1.5708	1.0046
36	1.5703	1.0171	69	1.5707	1.0090	102	1.5707	1.0060	135	1.5708	1.0046
37	1.5703	1.0167	70	1.5707	1.0088	103	1.5707	1.0060	140	1.5708	1.0044
38	1.5703	1.0162	71	1.5707	1.0087	104	1.5707	1.0059	145	1.5708	1.0042
39	1.5704	1.0158	72	1.5707	1.0086	105	1.5707	1.0059	150	1.5708	1.0041
40	1.5704	1.0154	73	1.5707	1.0085	106	1.5707	1.0058			
41	1.5704	1.0150	74	1.5707	1.0084	107	1.5707	1.0058	齿条	1.5708	1.0000
42	1.5704	1.0147	75	1.5707	1.0083	108	1.5707	1.0057			

注：1. 对于斜齿圆柱齿轮和圆锥齿轮，使用本表时，应以当量齿数 z_v 代替 z（斜齿轮：$z_v=z/\cos^3\beta$；锥齿轮 $z_v=z/\cos\delta$）。

2. z_v 非整数时，可用插值法求出。

第三节　圆柱齿轮规定画法

国家标准 GB/T 4459.2—2003 规定了圆柱齿轮的画法。

1. 单个齿轮的画法

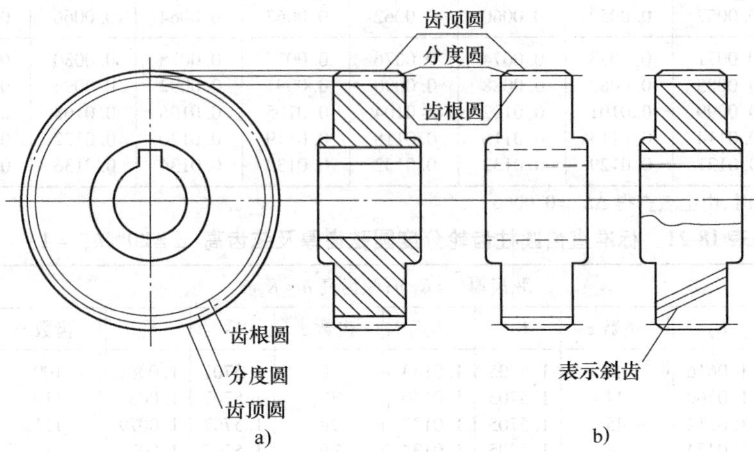

图 18-1　单个圆柱齿轮的画法

a）直齿　b）斜齿

单个齿轮的画法如图 18-1 所示，应遵循以下规定。

1）分度线和分度圆用细点划线绘制。

2）齿根线和齿根圆用细实线绘制，也可省略不画。在剖视图中，当剖切平面通过齿轮轴线时，齿根线用粗实线绘制，轮齿按不剖处理，即轮齿部分不画剖面线。

3）当需要表示斜齿轮的齿线方向时，可用三条与齿线方向一致的细实线表示。

2. 一对齿轮啮合的画法

1）在垂直于齿轮轴线投影面的视图中，啮合区内的齿顶圆均用粗实线绘制，也可省略不画，如图 18-2a 所示。两个分度圆用点划线画成相切，两个齿根圆可省略不画。

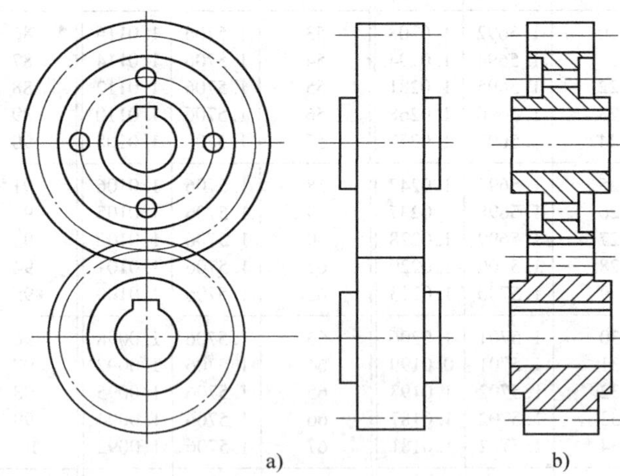

图 18-2　齿轮啮合的画法

2）在平行于圆柱齿轮轴线投影的视图中，啮合区齿顶线不需画出，分度线用粗实线绘制，其他处的分度线用细点划线绘制，如图 18-2a 所示。当剖切平面通过两个啮合齿轮的轴线时，在啮合区内，两条分度线重合为一条，用细点划线绘制。两条齿根线都用粗实线画出，两条齿顶线中的一条用粗实线绘制，而另一条用虚线画出或省略不画，如图 18-2b 所示。

第十九章　电　动　机

第一节　Y 系列三相异步电动机

Y 系列电动机为全封闭自扇冷式笼型三相异步电动机，是按照国际电工委员会（IEC）标准设计的，具有国际互换性特点。用于空气中不含易燃、易爆或腐蚀性气体的场合。适用于电源电压为 380V 无特殊要求的机械上，如机床、泵、风机、运输机、搅拌机、农业机械等；也用于某些需要高起动转矩的机器上，如压缩机等。

表 19-1　Y 系列（IP44）三相异步电动机技术数据（摘自 JB/T9616—1999）

电动机型号	额定功率/kW	满载转速/(r/min)	堵转转矩/额定转矩	最大转矩/额定转矩
同步转速 3000r/min,2 级				
Y801-2	0.75	2825	2.2	2.2
Y802-2	1.1	2825	2.2	2.2
Y90S-2	1.5	2840	2.2	2.2
Y90L-2	2.2	2840	2.2	2.2
Y100L-2	3	2880	2.2	2.2
Y112M-2	4	2890	2.2	2.2
Y132S1-2	5.5	2900	2.0	2.2
Y132S2-2	7.5	2900	2.0	2.2
Y160M1-2	11	2930	2.0	2.2
Y160M2-2	15	2930	2.0	2.2
Y160L-2	18.5	2930	2.0	2.2
Y180M-2	22	2940	2.0	2.2
Y200L1-2	30	2950	2.0	2.2
Y200L2-2	37	2950	2.0	2.2
Y225M-2	45	2970	2.0	2.2
Y250M-2	55	2970	2.0	2.2
同步转速 1000r/min,6 级				
Y90S-6	0.75	910	2.0	2.0
Y90L-6	1.1	910	2.0	2.0
Y100L-6	1.5	940	2.0	2.0
Y112M-6	2.2	940	2.0	2.0
Y132S-6	3	960	2.0	2.0
Y132M1-6	4	960	2.0	2.0
Y132M2-6	5.5	960	2.0	2.0
Y160M-6	7.5	970	2.0	2.0
Y160L-6	11	970	2.0	2.0
同步转速 1000r/min,6 级				
Y180L-6	15	970	1.8	2.0
Y200L1-6	18.5	970	1.8	2.0
Y200L2-6	22	970	1.8	2.0
Y225M-6	30	980	1.7	2.0
Y250M-6	37	980	1.8	2.0
Y280S-6	45	980	1.8	2.0
Y280M-6	55	980	1.8	2.0
同步转速 1500r/min,4 级				
Y801-4	0.55	1390	2.2	2.2
Y802-4	0.75	1390	2.2	2.2
Y90S-4	1.1	1400	2.2	2.2
Y90L-4	1.5	1400	2.2	2.2
Y100L1-4	2.2	1420	2.2	2.2
Y100L2-4	3	1420	2.2	2.2
Y112M-4	4	1440	2.2	2.2
Y132S-4	5.5	1440	2.2	2.2
Y132M-4	7.5	1440	2.2	2.2
Y160M-4	11	1460	2.2	2.2
Y160L-4	15	1460	2.2	2.2
Y180M-4	18.5	1470	2.0	2.2
Y180L-4	22	1470	2.0	2.2
Y200L-4	30	1470	2.0	2.2
Y225S-4	37	1480	1.9	2.2
Y225M-4	45	1480	1.9	2.2
Y250M-4	55	1480	2.0	2.2
Y280S-4	75	1480	1.9	2.2
Y280M-4	90	1480	1.9	2.2

（续）

电动机型号	额定功率/kW	满载转速/(r/min)	堵转转矩/额定转矩	最大转矩/额定转矩	电动机型号	额定功率/kW	满载转速/(r/min)	堵转转矩/额定转矩	最大转矩/额定转矩
同步转速 750r/min,8 级					同步转速 750r/min,8 级				
Y132S-8	2.2	710	2.0	2.0	Y200L-8	15	730	1.8	2.0
Y132M-8	3	710	2.0	2.0	Y225S-8	18.5	730	1.7	2.0
Y160M1-8	4	720	2.0	2.0	Y225M-8	22	730	1.8	2.0
Y160M2-8	5.5	720	2.0	2.0	Y250M-8	30	730	1.8	2.0
Y160L-8	7.5	720	2.0	2.0	Y280S-8	37	740	1.8	2.0
Y180L-8	11	730	1.7	2.0	Y280M-8	45	740	1.8	2.0

注：电动机型号意义：以 Y132S2-2-B3 为例，Y 表示系列代号，132 表示机座中心高，S2 表示短机座，第 2 种铁心长度（M—中机座，L—长机座），2 为电动机的极数，B3 表示安装形式。

表 19-2　Y 系列电动机的安装形式

安装形式	基本安装型		由 B3 派生安装型			
	B3	V5	V6	B6	B7	B8
示意图	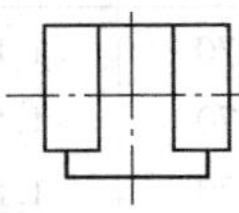	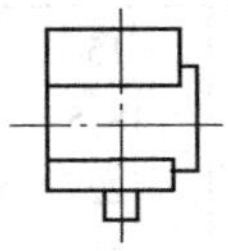	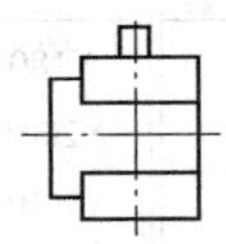	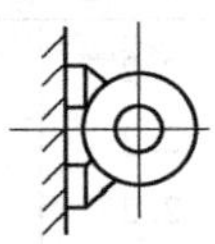	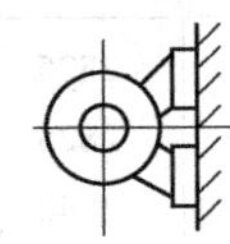	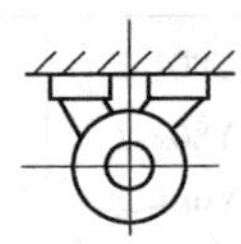
轴中心高	80 ~ 280		80 ~ 160			
安装形式	基本安装型	由 B5 派生安装型		基本安装型	由 B35 派生安装型	
	B5	V1	V3	B35	V15	V36
示意图	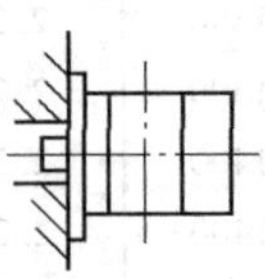	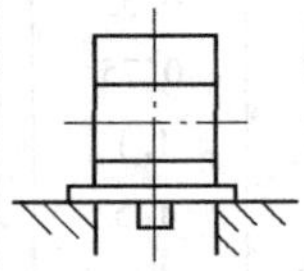	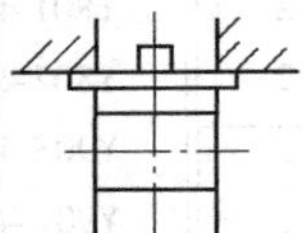	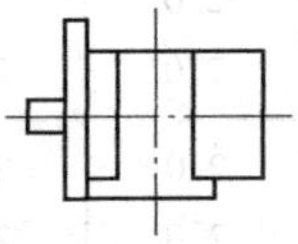	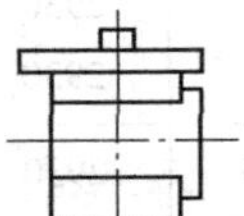	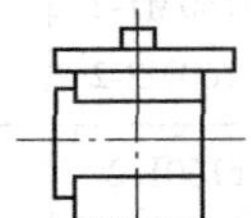
轴中心高/mm	80 ~ 225	80 ~ 280	80 ~ 160	80 ~ 280	80 ~ 160	

表 19-3　机座带底角、端盖无凸缘 Y 系列电动机的安装及外形尺寸　（单位：mm）

B3、B6、B7、B8、V5、V6

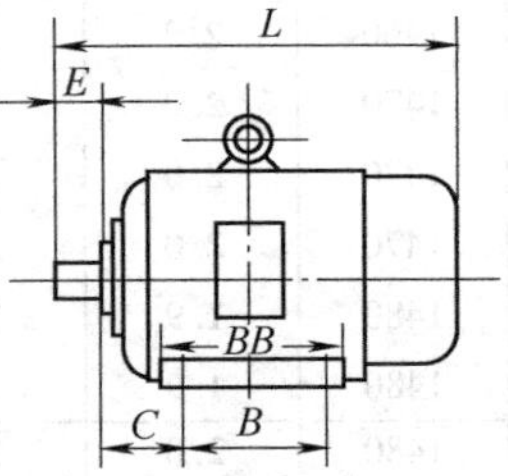

Y80~Y132

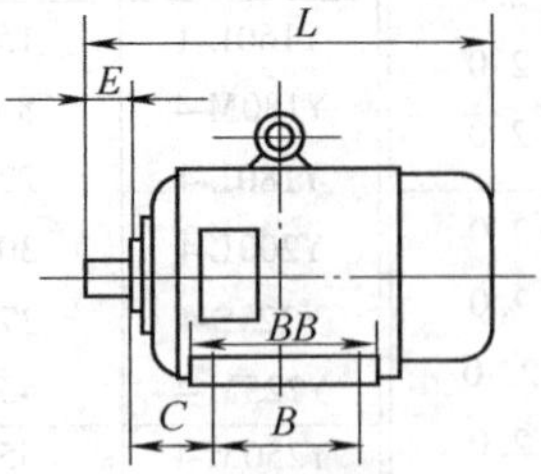

Y160~Y315

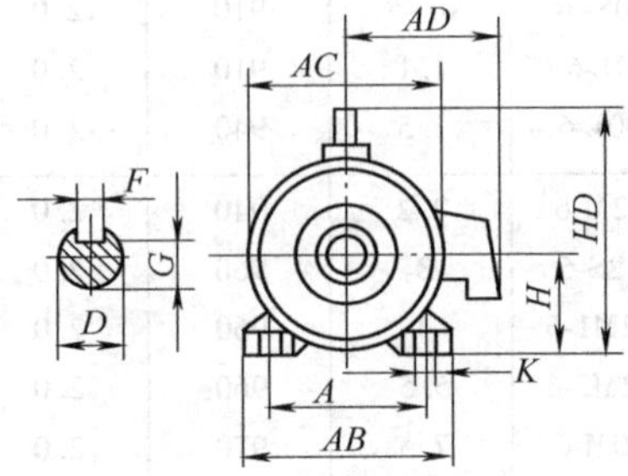

（续）

机座号	极数	A	B	C	D		E	F	G	H	K	AB	AC	AD	HD	BB	L
80	2,4	125	100	50	19	+0.009 −0.004	40	6	15.5	80	10	165	165	150	170	130	285
90S	2,4,6	140		56	24		50	8	20	90		180	175	155	190		310
90L			125													155	335
100L		160	140	63	28		60		24	100	12	205	205	180	245	170	380
112M		190		70						112		245	230	190	265	180	400
132S	2,4,6,8	216		89	38	+0.018 +0.002	80	10	33	132		280	270	210	315	200	475
132M			178													238	515
160M		254	210	108	42		110	12	37	160	15	330	325	255	385	270	600
160L			254													314	645
180M		279	241	121	48			14	42.5	180		355	360	285	430	311	670
180L			279													349	710
200L		318	305	133	55	+0.030 +0.011		16	49	200		395	400	310	475	379	775
225S	4,8	356	286	149	60		140	18	53	225	19	435	450	345	530	368	820
225M	2		311		55		110	16	49							393	815
	4,6,8				60		140	18	53								845
250M	2	406	349	168						250	24	490	495	385	575	455	930
	4,6,8				65				58								
280S	2	457	368	190						280		550	555	410	640	530	1000
	4,6,8				75			20	67.5								
280M	2		419		65			18	58							581	1050
	4,6,8				75			20	67.5								

第二节　YZR、YZ 系列冶金及起重用三相异步电动机

冶金及起重用三相异步电动机是用于驱动各种形式的起重机械和冶金设备中的辅助机械的专用系列产品。它具有较大的过载能力和较高的机械强度，特别适用于短时或断续周期运行、频繁起动和制动、有时过负荷及有显著的振动与冲击的设备。

YZR 系列为绕线转子电动机，YZ 系列为笼型转子电动机。冶金及起重用电动机大多采用绕线转子，但对于 30kW 以下的电动机以及在起动不是很频繁而电网容量又许可满压起动

的场合，也可采用笼型转子。

根据负荷的不同性质，电动机常用的工作制分为 S2（短时工作制）、S3（断续周期工作制）、S4（包括起动的断续周期性工作制）、S5（包括电制动的断续周期工作制）四种。电动机的额定工作制为 S3，每一工作周期为 10min（相当于等效起动 6 次/h）。电动机的基准负荷持续率 *FC* 为 40%，*FC* = 工作时间/一个工作周期（工作时间包括起动和制动时间）。

表 19-4 YZR 系列电动机技术数据（摘自 JB/T10105—1999）

型号	S2				S3								
					6 次/h*								
	30min		60min		*FC* = 15%		*FC* = 25%		*FC* = 40%			*FC* = 60%	
	额定功率/kW	转速/(r/min)	额定功率/kW	转速/(r/min)	额定功率/kW	转速/(r/min)	额定功率/kW	转速/(r/min)	额定功率/kW	最大转矩/额定转矩	转速/(r/min)	额定功率/kW	转速/(r/min)
YZR112M-6	1.8	815	1.5	866	2.2	725	1.8	815	1.5	2.5	866	1.1	912
YZR132M1-6	2.5	892	2.2	908	3.0	855	2.5	892	2.2	2.86	908	1.3	924
YZR132M2-6	4.0	900	3.7	908	5.0	875	4.0	900	3.7	2.51	908	3.0	937
YZR160M1-6	6.3	921	5.5	930	7.5	910	6.3	921	5.5	2.56	930	5.0	935
YZR160M2-6	8.5	930	7.5	940	11	908	8.5	930	7.5	2.78	940	6.3	949
YZR160L-6	13	942	11	957	15	920	13	942	11	2.47	945	9.0	952
YZR180L-6	17	955	15	962	20	946	17	955	15	3.2	962	13	963
YZR200L-6	26	956	22	964	33	942	26	956	22	2.88	964	19	969
YZR225M-6	34	957	30	962	40	947	34	957	30	3.3	962	26	968
YZR250M1-6	42	960	37	965	50	950	42	960	37	3.13	960	32	970
YZR250M2-6	52	958	45	965	63	947	52	958	45	3.48	965	39	969
YZR280S-6	63	966	55	969	75	960	63	966	55	3	969	48	972
YZR160L-8	9	694	7.5	705	11	676	9	694	7.5	2.73	705	6	717
YZR180L-8	13	700	11	700	15	690	13	700	11	2.72	700	9	720
YZR200L-8	18.5	701	15	712	22	690	18.5	701	15	2.94	712	13	718
YZR225M-8	26	708	22	715	33	696	26	708	22	2.96	715	18.5	721
YZR250M1-8	35	715	30	720	42	710	35	715	30	2.64	720	26	725
YZR250M2-8	42	716	37	720	52	706	42	716	37	2.73	720	32	725
YZR280M-8	63	722	55	725	75	715	63	722	55	2.85	725	43	730
YZR315S-8	85	724	75	727	100	719	85	724	75	2.74	727	63	731
YZR280S-10	42	571	37	560	55	564	42	571	37	2.8	572	32	578
YZR280M-10	55	565	45	560	63	548	55	556	45	3.16	560	37	569
YZR315S-10	63	580	55	580	75	574	63	580	55	3.11	580	48	585

（续）

型号	S3		S4 及 S5									
			150 次/h *						300 次/h *			
	FC = 100%		FC = 25%		FC = 40%		FC = 60%		FC = 40%		FC = 60%	
	额定功率/kW	转速/(r/min)	额定功率/kW	转速/(r/min)	额定功率/kW	转速/(r/min)	额定功率/kW	转速/(r/min)	额定功率/kW	转速/(r/min)	额定功率/kW	转速/(r/min)
YZR112M-6	0.8	940	1.6	845	1.3	890	1.1	920	1.2	900	0.9	930
YZR132M1-6	1.5	940	2.2	908	2.0	913	1.7	931	1.8	926	1.6	936
YZR132M2-6	2.5	950	3.7	915	3.3	925	2.8	940	3.4	925	2.8	940
YZR160M1-6	4.0	944	5.8	927	5.0	935	4.8	937	5.0	935	4.8	937
YZR160M2-6	5.5	956	7.5	940	7.0	945	6.0	954	6.0	954	5.5	959
YZR160L-6	7.5	970	11	950	10	957	8.0	969	8.0	969	7.5	971
YZR180L-6	11	975	15	960	13	965	12	969	12	969	11	972
YZR200L-6	17	973	21	965	18.5	970	17	973	17	973	—	—
YZR225M-6	22	975	28	965	25	969	22	973	22	973	20	977
YZR250M1-6	28	975	33	970	30	973	28	975	26	977	25	978
YZR250M2-6	33	974	42	967	37	971	33	975	31	976	30	977
YZR280S-6	40	976	52	970	45	974	42	975	40	977	37	978
YZR160L-8	5	724	7.5	712	7	716	5.8	724	6.0	722	50	727
YZR180L-8	7.5	726	11	711	10	717	8.0	728	8.0	728	7.5	729
YZR200L-8	11	723	15	713	13	718	12	720	12	720	11	724
YZR225M-8	17	723	21	718	18.5	721	17	724	17	724	15	727
YZR250M1-8	22	729	29	700	25	705	22	712	22	712	20	716
YZR250M2-8	27	729	33	725	30	727	28	728	26	730	25	731
YZR280M-8	40	732	52	727	45	730	42	732	42	732	37	735
YZR315S-8	55	734	64	731	60	733	56	733	52	735	48	736
YZR280S-10	27	582	33	578	30	579	28	580	26	582	25	583
YZR280M-10	33	587	42	—	37	—	33	—	31	—	28	—
YZR315S-10	40	588	50	583	45	585	42	586	40	587	37	587
YZR315M-10	50	587	65	584	60	585	55	586	50	587	48	588
YZR355M-10	63	589	80	587	72	588	65	589	60	590	55	590

注："*"为热等效起动次数。

表 19-5　YZR、YZ 系列电动机安装形式及其代号

安装形式	代号	制造范围(机座号)	备注
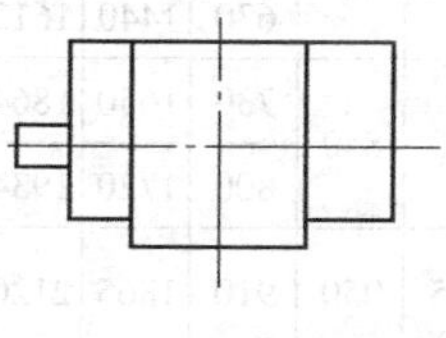	IM1001	112 ~ 160	圆柱轴伸
	IM1003	180 ~ 400	锥形轴伸

（续）

安装形式	代号	制造范围（机座号）	备注
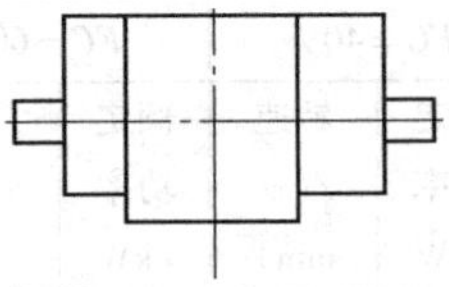	IM1002	112～160	圆柱轴伸
	IM1004	180～400	锥形轴伸

表 19-6　YZR 系列电动机的安装及外形尺寸　（单位：mm）

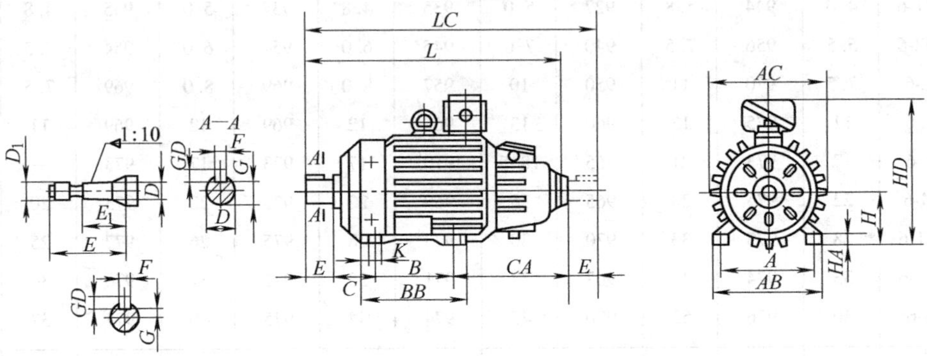

机座号	安装尺寸														外形尺寸						
	H	A	B	C	CA	K	螺栓直径	D	D_1	E	E_1	F	G	GD	AC	AB	HD	BB	L	LC	HA
112M	112	190	140	70	300	12	M10	32		80		10	27	8	245	250	330	235	590	670	15
132M	132	216	178	89				38					33		285	275	360	260	645	727	17
160M	160	245	210	108	330	15	M12	48		110		14	42.5	9	325	320	420	290	758	868	20
160L			254															335	800	912	
180L	180	279	279	121	360			55	M36×3		82		19.9		360	360	460	380	870	980	22
200L	200	318	305	133	400	19	M16	60	M42×3	140	105	16	21.4	10	405	405	510	400	975	1118	25
225M	225	356	311	149	450			65					23.9		430	455	545	410	1050	1190	28
250M	250	406	349	168	540	24	M20	70	M48×3			18	25.4	11	480	515	605	510	1195	1337	30
289S	280	457	368	190				85	M56×3	170	130	20	31.7	12	535	575	665	530	1265	1438	32
280M			419															580	1315	1489	
315S	315	508	406	216	600	28	M24	95	M64×4			22	35.2	14	620	640	750		1390	1562	35
315M			457															630	1440	1613	
355M	355	610	560	254				110	M80×4	210	165	25	41.9		710	740	840	730	1650	1864	38
355L			630		630													800	1720	1934	
400L	400	686	710	280		35	M30	130	M100×4	250	200	28	50	16	840	855	950	910	1865	2120	50

表 19-7 YZ 系列电动机技术数据(摘自 JB/T10104—1999)

型号	S2						S3 6次/h*					
	30min			60min			15%			25%		
	额定功率/kW	定子电流/A	转速/(r/min)	额定功率/kW	定子电流/A	转速/(r/min)	额定功率/kW	定子电流/A	转速/(r/min)	额定功率/kW	定子电流/A	转速/(r/min)
YZ112M-6	1.8	4.9	892	1.5	4.25	920	2.2	6.5	810	1.8	4.9	892
YZ132M1-6	2.5	6.5	920	2.2	5.9	935	3.0	7.5	804	2.5	6.5	92
YZ132M2-6	4.0	9.2	915	3.7	8.8	912	5.0	11.6	890	4.0	9.2	915
YZ100M1-6	6.3	14.1	922	5.5	12.5	933	7.5	16.8	903	6.3	14.1	922
YZ100M2-6	8.5	18	943	7.5	15.9	948	11	25.4	926	8.5	18	943
YZ160L-6	15	32	920	11	24.6	953	15	32	920	13	28.7	936
YZ100L-8	9	21.1	694	7.5	18	705	11	27.4	675	9	21.1	694
YZ180L-8	13	30	675	11	25.8	694	15	35.3	654	13	30	675
YZ200L-8	18.5	40	697	15	33.1	710	22	47.5	686	18.5	40	697
YZ225M-8	26	53.5	701	22	45.8	712	33	69	687	26	53.5	701
YZ250M1-8	35	74	681	30	63.3	694	42	89	663	35	74	681

型号	S3 6次/h*													
	额定功率/kW	定子电流/A	转速 r/min	最大转矩/额定转矩	堵转转矩/额定转矩	堵转电流/额定电流	效率(%)	功率因素	额定功率/kW	定子电流/A	转速/(r/min)	额定功率/kW	定子电流/A	转速/(r/min)
YZ112M-6	1.5	4.25	920	2.7	2.44	4.47	69.5	0.765	1.1	2.7	946	0.8	3.5	980
YZ132M1-6	2.2	5.9	935	2.9	3.1	5.16	74	0.745	1.8	5.3	950	1.5	4.9	960
YZ132M2-6	3.7	8.8	912	2.8	3.0	5.54	79	0.79	3.0	7.5	940	2.8	7.2	945
YZ100M1-6	5.5	12.5	933	2.7	2.5	4.9	80.6	0.83	5.0	11.5	940	4.0	10	953
YZ100M2-6	7.5	15.9	948	2.9	2.4	5.52	83	0.86	6.3	14.2	956	5.5	13	961
YZ160L-6	11	24.6	953	2.9	2.7	6.17	84	0.852	9	20.6	964	2.5	18.8	972
YZ100L-8	7.5	18	705	2.7	2.5	5.1	82.4	0.766	6.0	15.6	717	5	14.2	724
YZ180L-8	11	25.8	694	2.5	2.6	4.9	80.9	0.811	9	21.5	710	7.5	19.2	718
YZ200L-8	15	33.1	710	2.8	2.7	6.1	86.2	0.80	13	28.1	714	11	26	720
YZ225M-8	22	45.8	712	2.9	2.9	6.2	87.5	0.834	18.5	40	718	17	37.5	720
YZ250M1-8	30	63.3	694	2.54	2.7	5.47	85.7	0.84	26	56	702	22	45	717

注:“ * ”为热等效起动次数。

表 19-8　YZ 系列电动机的安装及外形尺寸　（单位：mm）

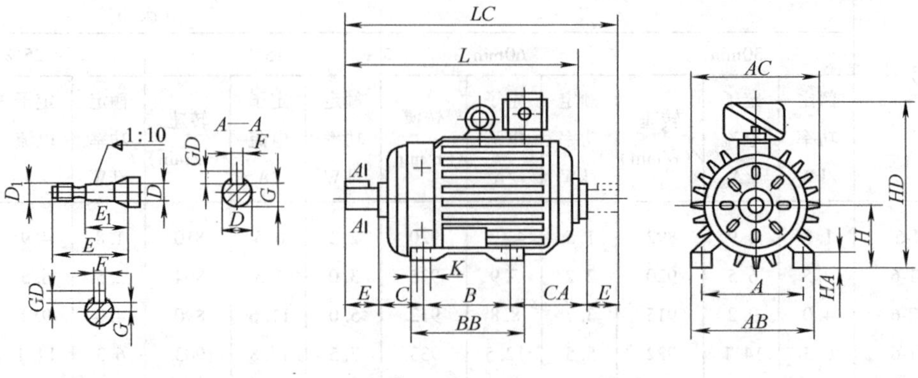

<table>
<tr><th rowspan="2">机座号</th><th colspan="14">安装尺寸</th><th colspan="7">外形尺寸</th></tr>
<tr><th>H</th><th>A</th><th>B</th><th>C</th><th>CA</th><th>K</th><th>螺栓直径</th><th>D</th><th>D_1</th><th>E</th><th>E_1</th><th>F</th><th>G</th><th>GD</th><th>AC</th><th>AB</th><th>HD</th><th>BB</th><th>L</th><th>LC</th><th>HA</th></tr>
<tr><td>112M</td><td>112</td><td>190</td><td>140</td><td>70</td><td>135</td><td rowspan="2">12</td><td rowspan="2">M10</td><td>32</td><td rowspan="4"></td><td rowspan="2">80</td><td rowspan="4"></td><td rowspan="2">10</td><td>27</td><td rowspan="2">8</td><td>245</td><td>250</td><td>325</td><td>235</td><td>420</td><td>505</td><td>15</td></tr>
<tr><td>132M</td><td>132</td><td>216</td><td>178</td><td>89</td><td>150</td><td>38</td><td>33</td><td>285</td><td>275</td><td>355</td><td>260</td><td>495</td><td>577</td><td>17</td></tr>
<tr><td>160M</td><td rowspan="2">160</td><td rowspan="2">254</td><td>210</td><td rowspan="2">108</td><td rowspan="3">180</td><td rowspan="3">15</td><td rowspan="3">M12</td><td rowspan="2">48</td><td rowspan="3">110</td><td rowspan="3">14</td><td rowspan="2">42.5</td><td rowspan="3">9</td><td rowspan="2">325</td><td rowspan="2">320</td><td rowspan="2">420</td><td>290</td><td>608</td><td>718</td><td rowspan="2">20</td></tr>
<tr><td>160L</td><td>254</td><td>335</td><td>650</td><td>762</td></tr>
<tr><td>180L</td><td>180</td><td>279</td><td>279</td><td>121</td><td>55</td><td>M36×3</td><td>82</td><td>19.9</td><td>360</td><td>360</td><td>460</td><td>380</td><td>685</td><td>800</td><td>22</td></tr>
<tr><td>200L</td><td>200</td><td>318</td><td>305</td><td>133</td><td>210</td><td rowspan="2">19</td><td rowspan="2">M16</td><td>60</td><td rowspan="2">M42×3</td><td rowspan="3">140</td><td rowspan="3">105</td><td rowspan="2">16</td><td>21.4</td><td rowspan="2">10</td><td>405</td><td>405</td><td>510</td><td>400</td><td>780</td><td>928</td><td>25</td></tr>
<tr><td>225M</td><td>225</td><td>356</td><td>311</td><td>149</td><td>258</td><td>65</td><td>23.9</td><td>430</td><td>455</td><td>545</td><td>410</td><td>830</td><td>998</td><td>28</td></tr>
<tr><td>250M</td><td>250</td><td>406</td><td>349</td><td>168</td><td>295</td><td>24</td><td>M20</td><td>70</td><td>M48×3</td><td>18</td><td>25.4</td><td>11</td><td>480</td><td>515</td><td>605</td><td>510</td><td>935</td><td>1092</td><td>30</td></tr>
</table>

参考文献

[1] 黄劲枝,程时甘.机械分析应用基础[M].北京:化学工业出版社,2006.

[2] 朱孝录.齿轮传动设计手册[M].北京:化学工业出版社,2005.

[3] 程时甘,黄劲枝.机械设计基础[M].2版.北京:机械工业出版社,2006.

[4] 吴宗泽.机械零件设计手册[M].北京:化学工业出版社,2004.

[5] 王三民.机械原理与设计课程设计[M].北京:机械工业出版社,2005.

[6] 陆玉,何在洲,佟延伟.机械设计课程设计[M].3版.北京:机械工业出版社,1999.

[7] 王昆,何小柏,汪信远.机械设计-机械设计基础课程设计[M].北京:高等教育出版社,1995.

[8] 刘春林.机械设计基础课程设计[M].杭州:浙江大学出版社,2004.

[9] 龚溎义.机械设计课程设计图册[M].3版.北京:高等教育出版社,1989.

[10] 荣涵锐.机械设计课程设计简明图册[M].哈尔滨:哈尔滨工业大学出版社,2005.

[11] 陈于萍,周兆元.互换性与测量计术基础[M].2版.北京:机械工业出版社,2006.

[12] 方昆凡.公差与配合实用手册[M].北京:机械工业出版社,2006.